JN440930

전환사회의 시작

마을공동체의 기후혁명

; 탄소중립마을 실천 가이드

안병철 저

목차

제2부
전환사회의 시작, 마을공동체로부터

5장 | 전환사회를 이끄는 마을공동체 191

프롤로그

오늘날 인류는 그 어느 때보다 심각한 지구 환경의 위기에 직면하고 있다. 기상관측 이래 가장 더웠던 2024년을 보내면서, 폭염과 가뭄, 산불, 홍수 같은 극단적 기상 현상은 이제 더 이상 이례적인 사건이 아니며, 이러한 현상들은 앞으로 점점 더 빈번하고 강렬하게 발생할 것이라는 것을 충분히 짐작할 수 있게 되었다. 생물다양성 위기는 수많은 종의 멸종을 가속화하고, 이는 생태계 구조의 붕괴로 이어져 인류 생존의 근본적인 기반을 위협할 수 있다. 유엔환경계획UNEP은 "생물다양성 손실과 기후변화는 상호 연결된 위기이며, 어느 하나를 해결하지 않고는 다른 문제를 해결할 수 없다"고 경고하며[01] 이 문제의 긴급성을 강조한다.

농업 생산성에 미치는 이상기후의 심각한 영향은 작물의 생육 주기를 교란시키고, 식량안보를 위협하고 있다. 세계은행은 최근 보고서에서 "기후변화로 인해 수십 년 내로 수백만 명이 물 부족과 식량 불안정에 직면할 것"이라고 지적하며, 이에 따른 경제적, 사회적 영향을 경고했다[02]. 이러한 위기는 생태적 문제를 넘어 전 지구적 차원에서 사회적 안정성과 경제적 지속가능성을 심각히 위협하는 요소가 되고 있다.

국제사회는 이러한 위기를 해결하기 위해 여러 해에 걸쳐 여러 협약과 정책을 제시하고 공동의 노력을 촉구하고 있지만 시간이 흐를수록 기후 위험성의 수위는 점점 높아져 가고 있다. IPCC의 제6차 평가보고서에서 "인류가 현재의 온실가스 배출 추세를 지속한다면, 지구 평균 온도가 2100년까지 2.7℃ 상승할 가능성이 매우 높다"고 경고하며 즉각적이고 강력한 대응이 필요함을 강조했는데[03] 이는 파리협정에서 국제사회가 합의한 지구 평균기온 상승을 산업화 이전 대비 2℃ 이내로 제한하고, 가능하다면 1.5℃로 억제하겠다는 약속을 위협하거나 이미 초과할 위험에 처했음을 의미한다. 또한 제 28차 당사국 총회에서는 파리협정 이후 최초로 전 지구적 이행점검 GST이 실시되어, 각국의 온실가스 감축 이행 상황이 평가되었는데 2019년 대비 2030년까지 배출량을 43%, 2035년까지 60% 감축해야 한다는 점이 강조되었다. 또한 2030년까지 전 세계 재생에너지 용량을 현재 대비 3배로 확대해야 한다는 구체적인 목표도 제시되었다. 2024년 11월에 개최된 COP-29에서는 '에너지 전력망 및 전력망 서약'이 채택되어, 2030년까지 세계 에너지 저장 시스템 ESS 용량을 6배로 확대하고, 2040년까지 전력망을 8000만km 추가하거나 개선하기로 결의했으며, 우리나라를 비롯한 세계 35개 국가는 '유기성 폐기물 메탄 감축' 선언을 하고, NDC 수립 시 유기성 폐기물에서 메탄을 줄이기 위한 부문별 목표 및 구체적인 정책과 로드맵을 세우기로 했다[04].

기후위기 대응을 위한 국제사회의 궁극적인 목표는 2050년까지 온실가스의 순배출을 제로 zero로 만드는 것이다. 그 수단으로 선택된 탄소중립은 온실가스 배출을 최대한 줄이고, 나머지 배출량은 흡수하거나 상쇄하여 순배출량을 '제로'로 만드는 것을 의미한다. 이는 단순한 환경정책이 아니라, 경제적, 사회적, 기술적 전환을 요구하는 종합적인 접근 방식이다. 재생에너지, 에너지 효율성, 그리고 탈탄소 산업 구조는 이러한 전환의 중심에 있다. 세계에너지기구 IEA는 "탄소중립은 단지 환경을 보호하기 위한 조치가 아니라, 새로운 경제적 기회를 창출하는 미래 전략"이라고 강조하며[05] 각국이 적극적으로 전환에 나설 것을 권고하고 있다.

근대화, 산업화를 지나 첨단 과학의 눈부신 발전을 이룬 현대사회의 구성원들은 '기후위기'라고 하는 난제를 풀기 위한 경쟁에 돌입했다. 그리고 탄소중립 실현이라는 명확한 목표를 달성하기 위해 각 분야에서는 도전 가능한 모든 수단이 총동원되고 있다. 이 공동의 목표에 대한 합의는 이미 이루어졌다. 다만 지금까지 누려온 삶의 방식에 대한 변화의 필요성을 받아들이는 속도와 정도에서 각 국가별로 사회 집단별로 차이가 날 뿐이다. 뉴노멀 New Normal시대에 모두가 공감하는 '탄소중립'이라는 개념은 시간이 지나면서 그 심각성과 시급성이 희석될 가능성에 대한 우려도 제기되고 있다. 이 개념이 지속적으로 중요한 역할을 지탱하려면, 실질적인 행동과 구체적인 결과로 전환할 수 있는 실행력이 필수적이다.

어떤 방식으로 실현할 것인가? 어느 분야에서 얼마나 많은 온실가스 감축량을 달성해야 하며, 이를 주어진 시간 내에 완수할 수 있는가? 모두가 알고 있듯, 현재의 에너지 사용 방식을 근본적으로 전환하지 않고서는 탄소중립 목표를 달성하는 것은 불가능하다. 이는 단순한 기술적 문제나 에너지 전환의 문제가 아니라, 사회 전반의 구조와 시스템을 바꾸는 전환사회로의 여정이라고 할 수 있다. 탄소중립 실현은 이러한 전환사회의 핵심 과제이며, 그 과정에서 에너지 체계의 전환, 탈탄소 산업구조 구축, 자원순환 경제 실현 등이 필수적인 전략으로 자리 잡는다. 화석연료 중심의 에너지 체계를 재생에너지로 전환하고, 에너지 효율성을 극대화하며, 탈탄소 산업구조를 구축하는 등 다각적인 노력이 필수적이다. 그러나 탄소중립을 실현하기 위한 전략과 계획의 우선순위는 각국이 처한 사회적, 경제적, 환경적 여건에 따라 달라질 수밖에 없다. 전환사회의 과정은 각국의 산업구조, 자원 보유 상황, 경제적 여건에 따라 서로 다른 방식과 속도로 진행된다. 태양광, 풍력, 바이오에너지는 에너지 전환의 핵심 수단이며, 일부 국가는 원자력을 전략적 대안으로 채택하고 있다. 이러한 차이는 각국이 파리협정의 감축 목표를 어떻게 해석하고 실행하느냐에 따라 탄소중립 달성에 영향을 미친다. 그러나 탄소중립 실현 과정에서 자국의 에너지 소비와 연계된 산업구조, 경제적 부담, 전환 비용 등은 여전히 주요 장애 요인으로 작용하며, 국가별 전환의 방식과 속도에 큰 영향을 미친다.

그럼에도 불구하고, 미국, 영국, 중국, 일본, EU 등 주요국은 재생에너지 비율을 빠르게 확대하고 있으며, 2025년 상반기 기준 이들 국가의 비율은 30%에서 60%에 이른다. 독일과 중국은 목표치를 초과 달성하기도 했다. 이러한 노력은 국제사회의 전환사회 진입 속도를 보여주는 희망적인 신호로 평가된다. 이러한 흐름은 탄소중립 실현의 가능성을 증명함과 동시에, 전환사회가 더 이상 선택이 아닌 필수적인 미래임을 시사한다. 특히, RE100 캠페인 참여 기업 수가 증가하며, 재생에너지 사용은 기업 경쟁력의 지표가 되고 있다. 전문가들은 탄소중립 실현 여부와 이를 위한 기술적 노하우를 먼저 확보한 국가가 국제사회에서 에너지 이니셔티브와 경제적 우위를 점할 것이라고 전망한다. 전환사회에서는 기후환경 기술 경쟁력이 세계 경제를 주도할 핵심 역량으로 자리 잡게 될 것이며 '기후선진국'의 필수 요건이 될 가능성이 높다. 결국, 탄소중립을 실현하느냐 못하느냐의 문제를 넘어서, 전환사회의 흐름 속에서 얼마나 빠르게, 적절한 시점에 자국의 에너지 전환과 산업구조 혁신을 이룰 수 있는가의 문제가 앞으로 국가 경쟁력에 큰 영향을 미칠 것이다. 이미 이러한 방향으로 경제 패러다임이 바뀌었으며 기존 체계의 구조적 전환을 필수적으로 요구한다. 이러한 전환은 단순한 기술적 해결책을 넘어, 사회적 합의와 행동 변화를 동반해야 하며, 궁극적으로는 '전환사회'로의 이행을 지향한다. 후위기를 단순히 위기가 아닌 경제적 재편과 지속가능한 발전의 기회로 전환하려는 노력은 우리의 미래를 새롭게 정의할 것이다.[03]

우리는 온실가스 감축과 흡수를 위한 노력과 더불어 기후변화 적응의 문제를 눈여겨 봐야 한다. 감축의 기술적 해결뿐 아니라, 폭염, 가뭄, 폭우, 홍수, 한파의 재난 문제와 생물다양성, 식량위기의 문제가 있다. 그리고 재난의 가장 앞줄에 사회적 약자와 취약계층이 놓여 있다는 것을 인식해야 한다.[06]

국제적 협력과 국가 정책만으로 기후위기를 대응하기에는 분명 한계가 있다. 온실가스 감축과 기후변화 적응, 이러한 위기의 규모와 복잡성을 감안할 때, 지역사회에서의 대응이 점점 더 중요해지고 있다. 기후위기는 각 지역에 상이한 방식으로 영향을 미치며, 이에 따른 감축과 적응 역시 각 지역의 특성과 상황에 맞게 세분화되어야 한다. IPCC에서 "기후변화의 효과적인 해결책은 지역적 대응에 달려 있다"고 강조하며, 지역사회의 참여와 역할을 중요시하고 있다[07]. 지역사회의 참여와 협력이 필수적이다. 기후위기 대응은 단순히 국가적 차원에서 이루어지는 것이 아니라, 지역 주민들의 직접적인 행동과 참여를 통해 구체화된다고 할 수 있다.

이 책에서는 '마을공동체'를 중심으로 지역 단위의 기후위기 대응 모델을 탐구한다. 자연기반의 친환경 마을공동체의 진화 과정 속에 등장했었던 생태마을, 저탄소 중심의 녹색마을, 에너지 자립마을에 이어서 '탄소중립마을'이라고 하는 기후위기 대응을 위한 적극적인 접근 방식의 마을공동체를 제시한다. 이는 에너지 전환, 자원순환, 지속가능한 건축, 교통 시스템 혁신, 생물다양성 보호 등 다양한 요소를 융합해 온실가스 배출을 줄이고 지역사회의 지속가능성을 강화하며, 동시에 기후변화 적응의 방안을 실천하는 공동체이다.

자연생태계의 원리에 순응하며, 그 속에서 얻어지는 에너지를 마을이라는 공간 단위에서 자연스럽게 활용할 수 있는 구조를 갖춘 것이 탄소중립 마을공동체의 핵심이다. 이러한 마을공동체는 재생에너지를 중심으로 마을 구성요소의 탈탄소화를 융합적으로 적용하며, 가장 적극적인 방식으로 기후위기 대응에 기여하는 '기후 환경 마을공동체'라 할 수 있다. 온실가스 배출량과 흡수량을 정량적으로 평가하여 넷 제로 상태를 목표로 하지만, 단순히 에너지 전환에 몰입하는 것에 그치지 않는다. 오히려 저탄소 건축, 교통, 자원 순환, 생물다양성 보존, 기후 적응 등 다양한 방식을 통해 건강하고 지속가능한 삶의 방향성을 제시하고 이를 실천하는 데 초점을 맞춘다.

이 책은 총 5개의 장으로 구성되어 있다. 첫 장에서는 최근 급변하는 기후 영향에 대해 알아본다. 폭염, 산불, 홍수와 같은 극단적 기후 현상과 이로 인한 생물다양성 위기, 식량안보 문제를 이야기한다. 두 번째에서는 기후위기에 맞선 국제사회의 갈망에 의한 규칙, 법, 제도 등의 다방면의 노력과 협력에 대해 알아보고, IPCC, 유엔기후변화협약, COP 회의 등 글로벌 대응과 협력의 흐름을 이야기한다. 세 번째 장에서는 기후위기 시대에 우리에게 필요한 전환사회의 개념과 방식에 대해 서술하고, 에너지 전환, 산업 전환, 자원 순환의 과정에 대해 알아본다. 네 번째 장에서는 전환사회의 구체적인 모습, 마을공동체를 중심으로 지금까지 진화되어온 모습들에 대해 서술하였다, 생태마을, 녹색마을, 에너지자립마을, 탄소중립마을 등의 개념과 실제 사례를 통해 마을공동체의 역할을 조명한다. 그리고 탄소중립 마을의 성공을 위한 마을공동체 네트워크화 구현 방안에 대해 설명한다.

다섯 번째 장에서는 유럽과 한국의 마을공동체가 전하는 공존의 가치와 전환의 길을 소개한다. 기후위기 대응과 탄소중립 실천을 통해 전환사회의 시작을 알린 유럽 마을의 메시지이자, 이를 이어가는 국내 마을의 도전기를 함께 담았다. 이 장을 통해 기후위기 대응과 탄소중립 마을공동체의 개념을 충분히 이해하고 체험할 수 있으며, 각 마을이 선택한 전환 방식과 생태환경 구축 사례를 구체적으로 살펴본다.

독일의 윤데 Jühnde는 바이오에너지를 기반으로 전력과 난방을 자급자족하며, 친환경 영농을 통해 지역 경제를 활성화한 대표적 마을공동체이다. 반슈타트는 마을 내 수로와 녹지광장을 통해 탄소중립과 기후변화 적응의 가능성을 보여주며, 덴마크의 삼쇠 Samsø는 주민 주도의 에너지 전환을 통해 탄소중립 섬으로 탈바꿈하였다. 오스트리아의 무렉 Mureck은 지역자원을 활용해 에너지 자립과 경제 활성화를 동시에 실현한 사례이다. 이들의 진화 과정은 기후위기 대응에서 지역 공동체의 참여가 얼마나 중요한지를 분명히 알려주며, 지구적 문제를 지역 차원에서 창의적이고 실질적으로 해결하는 방식을 보여준다.

국내에서도 이러한 전환의 움직임이 시작되었다. 충남 홍성의 원천 마을은 축산 바이오에너지를 중심으로 전기와 난방을 자급하며, 주민 주도의 에너지 협동조합과 지역농업 연계를 통해 지속가능한 농촌경제 모델을 만들어가고 있다. 충북 괴산의 장암리 마을은 산림 바이오에너지를 활용해 난방 에너지 자립을 실현하고, 산림자원의 순환경제를 마을공동체와 연결해 실질적인 기후위기 대응 모델로 발전시키고 있다. 경기도 여주의 구양리 마을은 태양광 에너지를 기반으로 전력 자립을 이루며, 초과 생산된 전력을 판매해 마을 소득을 창출하고 기후적응형 농촌 공동체의 길을 모색하고 있다.

이 장에서 다루는 유럽과 국내의 마을공동체 사례는 기후위기 대응의 최전선에서 '지역이 주도하는 전환'의 가능성을 확인시켜 주며, 기후위기와 탄소중립이라는 인류 공동의 과제를 풀어내는 구체적이고 실천적인 해법을 보여준다.

기후위기와 탄소중립은 더 이상 먼 미래의 문제가 아니라 당장 마주하고 있는 현실이다. 우리 사회가 지금 어떤 선택을 하느냐에 따라 미래 세대의 삶은 전혀 다른 모습이 될 것이다. 그러나 이러한 변화에 대한 돌파구는 국가와 기업 같은 거대 조직의 노력만으로는 달성할 수 없다. 진정한 전환사회로의 이동은 지역 단위의 공동체와 개인의 행동이 결합될 때 비로소 가능하다. 유럽의 사례를 통해 우리는 나아가야 할 전환의 방향을 탐색할 수 있다. 그러나 우리의 궁극적인 목표는 단순히 유럽 모델을 모방하는 것이 아니라, 각 지역의 고유한 환경과 사회적 여건에 맞는 새로운 전환 모델을 만들어가는 것이다. 마을공동체의 잠재력을 진정으로 이해하고 이를 활용할 수 있다면, 기후위기라는 도전은 위기가 아니라 더 나은 미래로 나아가는 전환점이자 기회가 될 것이다.

2년 전 연구년 기간 동안 유럽 여러 국가를 방문하며 체험하고 관찰한 다양한 인상과 통찰을 자유로운 형식으로 기록하였다. 더불어, 국내 세 곳의 전환 마을에서 얻은 소중한 사례들을 공유하고자 한다. 이 과정에서 무더운 여름날 유럽 마을들을 함께 탐방하였으며, 국내 전환 마을 탐방을 안내해 주신 녹색전환연구소의 이유진 소장님과 연구원님들의 헌신적인 협력에 깊은 감사를 표한다. 또한, 이듬해 2차 유럽 답사에 동행해 주신 한국강넷의 이준경 대표님과 김경철 부산기후영화제 PD님, 그리고 늘 함께했었던 연구실 제자들께 지면을 통해 진심 어린 감사 인사를 전한다.

끝으로 기후위기 대응과 탄소중립, 그리고 마을공동체를 중심으로 한 전환사회의 실현에 관심이 있는 분들께 작은 참고가 되길 바란다. 기후위기는 인류가 직면한 중대한 도전이지만, 그 해결책은 원대한 이상이 아니라 지역사회와 일상적 실천 속에 내재해 있다. 우리의 마을과 공동체, 그리고 일상 속 삶의 방식에서 그 지혜를 찾을 수 있을 것이다. 변화의 길 위에서 함께하는 동반자가 되어 지속가능한 전환사회를 향한 여정에 작은 힘이라도 보탤 수 있기를 진심으로 희망한다.

제1부

기후위기 대응과 전환사회의 전제

1장 | 기후위기의 경고

우리가 살아가면서 기후변화의 심각성을 어떻게 인지할 수 있을까? 과거와 현재의 데이터를 비교하는 과학적 방법도 유효하지만, 최근 들어 더욱 빈번해진 극단적인 기후 현상과 재난을 통해 직관적으로 그 심각성을 체감할 수 있다. 폭염, 가뭄, 폭우, 홍수 등 선례 없이 격변하는 기후 패턴은 전 지구적으로 발생하고 있으며, 이는 재난과 자연생태계의 교란을 가속화하고 있다. 특히, 이러한 기후위기의 영향은 사회적 취약계층에게 더욱 치명적으로 다가오며, 기후 불평등이라는 새로운 문제를 야기하고 있다.

2025년 1월 세계기상기구 WMO가 발표한 보고서[1]는 이러한 기후위기의 현실을 극명하게 보여준다. 보고서에 따르면, 지난해 지구 평균기온이

1) 2024년 전 지구 기후현황 보고서(2025. 1. 10. 발표), WMO는 유럽중기예보센터, 미 항공우주국 NASA 등 6개 주요 기상 관측기구로부터 데이터를 종합해 지구 평균기온 상승치를 최종 확정했다. WMO에서는 매년 글로벌 연례기후 업데이트를 발표한다.

산업화 이전보다 1.55도 상승한 것으로 관측되었다.[01] 이는 2015년 파리기후변화협약에서 약 200개국이 합의한 기후 재앙 방지 목표선인 1.5도 상승 한계를 처음으로 넘어선 기록이다. 다만, 세계기상기구는 이 상승 폭이 엘니뇨 현상 등과 같은 자연적 요인에 의해 발생한 일시적 현상일 가능성이 있다고 보았다. 그러나 기후 전문가들은 이러한 기록이 일시적인 현상이더라도, 지구 평균기온 상승세가 지속적으로 가속화되고 있다는 점에서 우려를 표명하고 있다. 특히 2023년부터 본격화된 엘니뇨 현상이 지난해 기록적인 기온 상승에 기여했을 가능성을 지적하면서도, 현재와 같은 상승세가 이어질 경우 기후 재앙이 현실화될 가능성이 높다는 경고를 덧붙였다.

2024년 5월, 영국 가디언지에서 최고권위 기후학자 380명을 대상으로 설문조사한 결과, 80% 이상이 금세기말까지 2.5°C이상 오를 것이라고 답했고, 3°C이상 상승할 것이라고 답한 전문가도 42%에 달했다. 그리고 1.5°C 상승목표를 충족할 것이라고 답한 비율은 6%에 그쳤다. 일시적인 연도의 평균기온이 1.5°C의 기준을 넘는다고 하더라도 이것이 국제사회가 약속한 목표가 단번에 상실된다는 것을 의미하지는 않을 것이나, 실제 기후 전문가들이 바라보는 기후위기 징후는 매우 부정적이며 심각한 상태이다.

세계기상기구가 지구 기후를 모니터링하는 데 사용하는 데이터 세트 중 하나인 유럽연합의 코페르니쿠스 기후변화 서비스(C3S)의 ERA5 데이터 세트[2)]에 의하면, 2023년 6월에서 2024년 5월까지의 평균 기온은 1850~1900년 산업화 이전 평균보다 1.63°C 높아 기록상 최고치를 나타났다.[02]

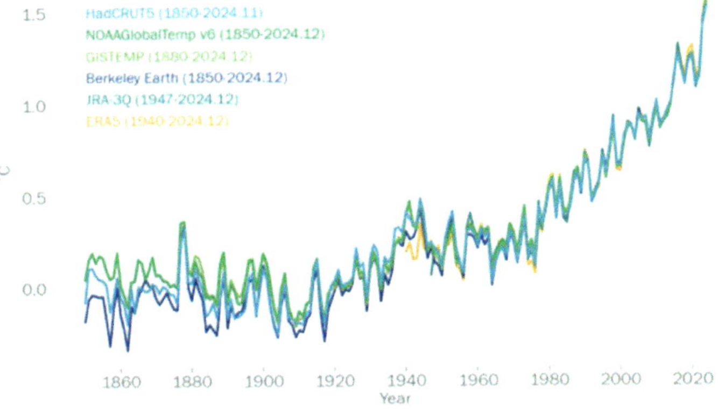

1850-1900년 대비 1850-2024년 전 지구 평균 기온 추이
출처: 세계기상기구(WMO) 자료[02]

"이러한 통계 이면에는 파리협정에서 설정한 목표를 달성하기 위한 궤도에서 멀리 벗어나 있다는 암울한 현실이 있으며, 온실가스 배출을 줄이기 위해 시급히 더 많은 일을 해야 하며, 그렇지 않으면 수조 달러의 경제적 비용, 더 극단적인 날씨로 인한 수백만 명의 생명, 환경과 생물 다양성에 대한 광범위한 피해 측면에서 점점 더 무거운 대가를 치르게 될 것이다"는 WMO의 바렛 사무차장의 무거운 인터뷰에서 그 심각성을 짐작할 수 있다.

지구촌의 전역에서 동시다발적으로 발생하는 폭염, 가뭄, 산불, 폭우, 홍수, 자연생태계 교란, 식량위기의 문제는 이미 더 이상 경고의 수준이 아

2) ERA5는 WMO가 전 세계 기온을 모니터링하는 데이터 세트 중 하나이며, 1940년부터 현재까지의 기간을 다루고 있다.

니다. 이미 우리 앞에 와 있으며, 가늠하기 어려울 정도의 손실과 피해로 닥치기 전에 현세대의 인류사회가 반드시 해결해야 할 시급한 과제이다.

■ 폭염과 가뭄

2021년 9월, BBC는 전 세계적으로 기온이 50도에 이르는 극한 폭염 일수가 1980년대 이후 두 배로 증가했다는 분석 결과를 발표했다. 1980년부터 2009년까지 50도 이상을 기록한 일수는 연평균 약 14일이었으나, 2010년부터 2019년 사이에는 이 수치가 26일로 증가했다. 또한, 같은 기간 동안 평균 45도 이상을 기록한 날도 연간 약 2주가량 더 발생했으며, 기후 과학자들은 이러한 현상의 주요 원인으로 화석연료 사용을 지목했다.[03]

2022년, 유럽은 500년 만의 최악의 가뭄으로 큰 타격을 입었다. 영국은 1935년 이후 처음으로 40도를 넘어섰고, 독일에서는 라인강 수위가 급격히 낮아져 강바닥이 드러났으며, 이로 인해 화물선들이 좁아진 수로를 피해 이동하는 모습이 보도되기도 했다. 프랑스에서는 원자력발전소의 냉각수 공급에 비상이 걸렸고, 스페인과 포르투갈에서는 연일 45도를 넘는 기록적인 폭염과 극심한 가뭄이 지속되었다.

코페르니쿠스 기후변화 서비스 Copernicus Climate Change Service의 ERA5 데이터 세트에 따르면, 2024년 7월 22일 지구의 지표면 대기 온도는 17.15℃로 역대 최고치를 기록했다[04]. 이는 지난해 세계기상기구가 발표한 지구 평균 기온 16.95℃를 상회하는 수치로, 국제사회가 설정한 지구 기온 상승 마지노선을 다시 한 번 넘어섰음을 보여준다.[05] 특히, 지난 13개월 동안의 기온은 이전 기록과 상당한 차이를 보였으며, 일평균 기온이 가장 높은 10년이 2015년부터 2024년까지의 10년이라는 사실은 지구 온난화의 가속화를 명확히 보여주는 지표이다.

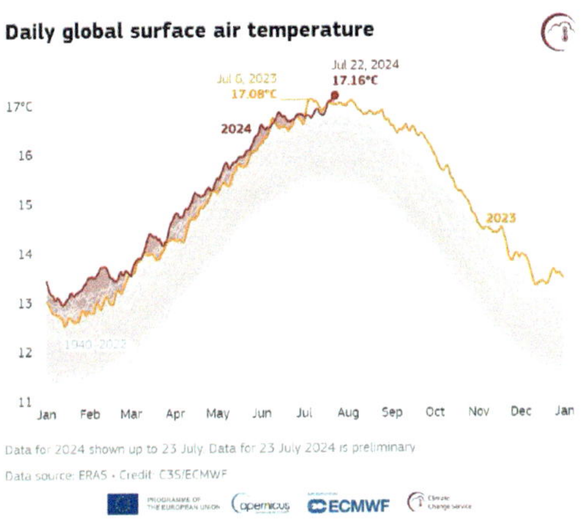

2024년 7월 22일의 지표면 대기온도가 일평균 17.15℃로 최고치 경신을 보여주고 있다[03].

국내의 가뭄 취약성 또한 심각한 수준이다. 기상청의 '2022년 연 기상 가뭄[3] 발생 특성' 분석 결과에 따르면, 남부지방의 기상 가뭄 발생 일수는 227.3일로 1974년 기상 관측 이래 가장 길었으며, 특히 광주·전남 지역은 281.3일을 기록했다. 이는 50년 만의 최악의 가뭄으로, 물 부족 현상이 극심해져 여수 국가산업단지로의 물 공급 중단이라는 초유의 사태가 발생할 뻔하기도 했다.

최근 30년간 기록적인 폭염으로 악명 높았던 해는 2018년, 1994년,

---

3) 기상 가뭄은 특정 지역 강수량이 평균 강수량보다 적어 건조한 기간이 일정 기간 이상 지속되는 현상을 뜻한다.

2024년이다. 특히, 2024년 8월 서울 지역의 열대야 일수는 근대 관측이 시작된 1907년 이래 118년 만에 역대 최다 기록을 경신했다. 이는 30년간 '최악의 폭염'으로 불렸던 1994년의 36.0일을 넘어섰으며, 기상 관측 이래 최장 열대야 일수를 기록한 지역이 속출했다.

	1994년	2018년	2024년
전국	29.6일	31일	30.1일
서울	29일	35일	33일
부산	10일	18일	22일
대전	43일	37일	43일

역대급 폭염일수를 기록했었던 1994년, 2018년, 2024년의 폭염일수 비교
자료: 기상청 기상자료개방포털(https://data.kma.go.kr/) 재작성

1994년 폭염 기록이 2018년에 경신되기까지 24년이 걸렸지만, 2018년에 버금가는 2024년 폭염은 단 6년 만에 발생했다. 이처럼 점점 짧아지는 폭염의 주기는 기후위기의 심각성을 여실히 보여준다. 가뭄과 폭염은 농업과 어업 등 1차 산업에 직접적인 피해를 입힌다. 수분 부족으로 농작물 생육이 저해되고, 고온으로 인한 수질 오염과 양식 생물의 대량 폐사가 발생하기도 한다. 또한, 극심한 가뭄은 자연생태계를 교란시켜 생물 서식환경에 악영향을 미치며, 이는 생물다양성 감소로 이어져 궁극적으로 인류 사회에 치명적인 피해를 초래한다.

2023년 이상기후 보고서에 따르면, 우리나라 주변 해역의 해수면 온도는 17.5℃로 최근 10년간(2014~2023년) 2021년(17.7℃)에 이어 두 번째로 높았으며, 1993년 이래 최고치를 기록했다. 또한, 해수면 높이와 해수면

온도 모두 최근 10년간 급격히 상승하는 추세를 보이고 있다.[06]

■ 잦아지는 대형 산불

가뭄이 지속될수록 산불 재난의 위험성은 더욱 가중된다. 2025년 1월 미국 캘리포니아주 로스앤젤레스에서 발생한 대형 산불은 이러한 상관관계를 보여주는 대표적 사례다. 고온·건조한 기후, 강한 산타아나 바람, 지구 평균기온 상승이라는 세 가지 기후적 요인이 중첩되면서 발생한 전형적인 복합기후재난이었다. 2024년 여름의 기록적인 폭염과 가뭄은 초목을 말라붙게 하여 산불의 연료 역할을 했고, 이는 불길이 빠르게 확산되는 원인이기도 했다. 전문가들은 기후변화가 산불의 빈도와 강도를 증가시키고 있다고 경고하며, 이번 사건 역시 그 연장 선상에서 이해할 수 있다고 설명한다. 산불로 인한 피해는 막대했다. 약 30여명의 사망자가 발생했고, 수천 채의 주택과 건물이 잿더미로 변했다. 경제적 피해는 약 237조 원에 달할 것으로 추정되며, 이는 로스앤젤레스뿐만 아니라 미국 전체 경제에도 심각한 영향을 미칠 것으로 보인다. 특히, 환경 피해는 더욱 심각했다. 울창한 산림과 야생동물 서식지가 소실되었고, 대기 중 유해물질과 미세먼지의 확산은 지역 주민의 건강을 위협했다. 생물다양성 감소와 생태계 붕괴 가능성은 기후위기의 악순환을 가속화하는 요인이 되고 있다. 특히 주목할 점은 지속된 가뭄과 물 부족이 산불의 발화뿐 아니라 진화 실패의 요인으로 작용했다는 사실이다. 기후변화로 인해 대기 및 물순환 체계가 붕괴되면서, 이는 단지 산불 대응의 문제를 넘어서 농업·산업·일상생활 전반에 위기를 초래하는 사회경제적 리스크로 확산되고 있다. 가뭄과 물 부족은 지역사회의 생존 기반을 위협하는 구조적 위협 요인으로 부상하고 있다.

이러한 대형 산불은 전 세계적으로 빈번해지고 있다. 2023년 5월 캐나다에서는 대한민국 국토 면적의 절반 이상을 태운 산불이 발생해, 그 영향이 미국 동부까지 확산되었다. 같은 해 8월 하와이 마우이섬에서는 100년 만에 최악의 산불이 발생해 중심시가지의 80%가 소실되었고, 2020년 캘리포니아에서는 약 32만 헥타르, 2019년 인도네시아 32만 헥타르, 러시아에서는 388만 헥타르의 산림이 화재로 소실되었다. 이러한 사례들은 모두 기후변화에 기인한 산불의 상시화와 초국경화, 그리고 복원 불가능한 생태계 파괴의 실체를 보여준다. 이는 단지 개별 국가의 재난이 아니라, 전 지구적 대응 체계와 복원 전략의 대전환이 요구되는 위기임을 시사한다.

국내 역시 예외는 아니다. 2022년 3월 울진·삼척 산불로 16,000ha의 산림이 소실되고 9,000억 원의 피해가 발생했다. 2020년 안동 산불에서는 1,944ha, 2019년 고성·강릉·인제 산불에서는 약 2,872ha가 피해를 입었다. 최근 10년간 산불 피해 면적은 평균 4,030ha였으며, 2023년에는 4,992ha로 약 25% 증가했다.[07] 우리나라는 일반적으로 피해 면적이 100ha 이상이거나 산불 지속시간이 24시간을 초과할 경우를 대형산불로 분류하며, 이들 대부분은 3~4월 사이 강원 동해안 지역에 집중되는 경향을 보인다. 1991년부터 2023년까지 발생한 대형산불 74건 중 절반에 가까운 36건이 동해안 인근에서 발생했으며, 이로 인한 피해 면적은 전체의 56%에 달한다.[08] 이는 양간지풍(襄干之風)[4)]으로 불리는 국지 강풍, 인화성이 높은 소나무 단순림 중심의 숲 구조, 점점 건조해지는 기후 조건이 중첩된

4) 해마다 봄철 동해안 일대 양양과 간성, 혹은 양양과 강릉에 부는 국지적인 강풍이란 뜻이며, 고온건조하며 소형 태풍급에 버금갈 정도로 풍속이 빠른 것이 특징이다.

결과로 볼 수 있다. 최근 들어 산불은 계절적·지역적 경계를 넘어서 대형화, 일상화, 동시다발화되는 경향을 보이고 있다.[09] 5ha 이상 산불 발생 건수는 35건으로, 최근 10년 평균(11건) 대비 3배 이상 증가했고, 대형산불 역시 평균 2.5건 대비 8건으로 대폭 늘었다. 하루 10건 이상 산불이 발생한 '산불 다발 일수'도 17일에 달해, 이전 10년 평균인 8.2일의 두 배를 넘어섰다. 이는 산불이 특정 계절의 일시적 재난을 넘어 복합기후위기 현상으로 구조화되고 있음을 의미한다.

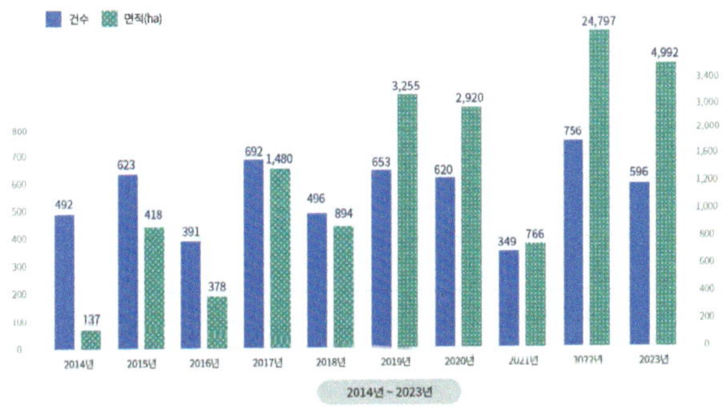

최근 10년간 산불 발생건수 및 피해면적
출처: 산림청 산림재난(검색일 2025.2.1)

이러한 경향은 2025년 3월 영남지역의 초대형 산불 사례를 통해 뚜렷이 확인되었다. 당시 경북 북부와 경남 동부 지역에서 발생한 산불은 약 4만 6천 헥타르의 산림을 태우고, 75명의 인명 피해를 초래하며 역대 최악의 산불 중 하나로 기록되었다. 고온·건조·강풍이라는 삼중의 기후 요인이 작용하는 가운데, 불법 소각 등 인적 요인과 초기 대응체계의 분절성, 야간 진화 장비의 부족 등이 겹치면서 산불은 급속히 확산되었다. 이 사건은 산불이 더 이상 단순한 자연재해가 아닌, 기후위기 속 복합재난으로 전환되었음을 보여주는 대표 사례로 평가된다. 산불은 단순히 탄소 배출 증가에 그치지 않는다. 산불 이후에는 나무 뿌리의 고사로 인한 토사 유출 및 홍수 위험 증가, 생물다양성 급감, 야생동물 서식지의 파괴, 지역 생태계 기능 상실 등이 연쇄적으로 발생한다. 결국 산불은 기후위기 대응을 저해하고, 장기적으로는 생태적 회복력과 지역사회의 지속가능성을 약화시키는 중대한 구조적 위협이라 할 수 있다.

유엔환경계획 UNEP은 지속적으로 증가하는 산불 발생의 주된 원인으로 '기후변화'와 '토지이용변화'를 꼽으며, 앞으로 산불이 더 빈번히 발생하고 그 강도도 더욱 세질 것이라고 경고했다. 또한, UNEP은 산불 발생 건수가 2030년까지 14%, 2050년까지 30%, 2100년까지 50% 증가할 것으로 전망했다. 특히, 산불과 기후변화는 악순환 구조를 형성하고 있다. UNEP은 "기후변화로 인해 기온이 상승하고 가뭄이 빈번해지며, 상대습도가 낮아지고 강풍과 번개가 더 자주 발생함에 따라 산불 시즌이 길어질 것"이라고 설명했다. 또한, "산불은 열대우림 등 탄소를 풍부하게 저장한 생태계를 황폐화시켜 기후변화를 더욱 악화시킨다".[10]고 지적하며, 이 문제의 심각성을 강조했다.

대형 산불은 더 이상 특정 지역의 문제가 아닌, 전 지구적 위기로 자리잡고 있다. 기후변화로 인한 극단적인 날씨 변화와 건조한 환경은 산불 발생의 빈도와 규모를 증가시키고 있으며, 이는 생태계 파괴와 경제적 손실로 이어져 인류사회에 심각한 위협이 되고 있다. 이제는 단순히 산불을 진화하는 데 그치는 것이 아니라, 기후 문제의 본질에 접근해야 한다. 가뭄 발생의 원인이 되는 물순환 구조의 복원과 지속 가능한 산림 관리 체계 구축 등 근본적인 해결방안을 마련하는 것이 시급하다.

■ 기록적인 폭우

동일한 시점에 세계의 한쪽에서는 가뭄과 산불이 발생하고, 다른 한쪽에서는 기록적인 폭우가 쏟아지는 극단적 기상이변이 빈번해지고 있다. 이는 기후변화로 인한 대기의 불안정성이 심화되고 있음을 보여준다. 2023년 여름, 유럽은 사상 최대의 폭염과 가뭄에 시달리며 자연재해의 심각성을 경험했다. 같은 시기, 중국은 600년 만의 대홍수를 기록하며 정반대의 기후 재난을 겪었다. 자금성 일부가 침수되는 사태가 발생했으며, 허베이성 린청현은 단 48시간 동안 994.6mm에 달하는 강우량을 기록해 기상 관측 이래 최대치를 경신했다. 베이징과 허베이 지역의 총 14개 기상관측소에서 사상 최대 강우량 기록이 동시에 갱신되었다.[11]

2024년 4월, 건조한 사막 기후로 유명한 중동의 아랍에미리트 두바이에서도 극단적인 폭우가 발생했다. 평소 연간 강수량에 해당하는 비가 단 12시간 동안 쏟아지며 도로와 기반 시설이 물에 잠겼다. 세계에서 두 번째로 바쁜 공항인 두바이 국제공항은 활주로가 침수되며 일시적으로 운영이 중단되는 사태가 벌어졌다. 두바이는 고온 건조한 사막 기후로 인해 폭우와 같은 기상이변에 대응할 수 있는 기반 시설이 부족한 상황이다. 이러한 여건은 기후변화로 인한 극단적 강우의 영향이 더욱 심각하게 나타나는 원인으로 분석된다.[12]

국내에서도 지난 2024년 7월, 충청·전북·경북 지역을 중심으로 200년 빈도의 기록적인 폭우, 이른바 '물 폭탄'이 발생했다. 1시간당 100mm를 초과한 강우가 5개 이상 지역에서 기록되었으며, 전북 익산에서는 500년 빈도를 상회하는 시간당 142mm, 군산에서는 기상 관측 사상 최고치인 시간당 146mm의 폭우가 관측되었다. 이러한 집중호우는 새벽 시간대에 발생하여 취약한 대응 환경으로 인해 인명 피해를 초래했다. 전국적으로 5명의 사망자와 1명의 실종자가 보고되었다.[6]

2025년 7월에는 더욱 강력한 극한 호우[5)]가 전국을 강타했다. 7월 16일부터 20일까지 남부 및 중부 지역에서 최대 800mm의 누적 강우량이 기록되었으며, 산청군에서는 5일간 793.5mm, 광주에서는 단일 일일 강우량 426.4mm로 기록을 경신했다. 산사태와 급류로 최소 20여명 이상의 사망자와 10여명의 실종자가 발생했다.

기후변화에 대한 정부간 협의체(IPCC)는 지난 6차 평가보고서를 통해, 현재와 같은 '고탄소 사회'가 지속될 경우 21세기 말 동아시아 지역에서 5일 최대 강수량이 29% 많아지고, 상위 5%의 극한 강수일수[6)]도 1.5배 늘어날 것으로 경고하고 있다. 2022년 6월 기상청과 APEC 기후센터는 국내 하천 유역별 극한 강수량의 미래 변화 분석을 통해, 현재와 비슷하거나 좀 더 높은 탄소 배출이 이어진다면 60년 뒤인 21세기 후반(2081~2100년) 전국의 평균 극한 강수량은 지금보다 53%(70.8~311.8mm) 급증할 것이며, 100년에 한 번 쏟아지는 '대형 폭우'의 양은 최대 70% 이상 증가할 것으로 전망했다.[11] 하늘에 구멍이 뚫린 것처럼 하루 500~600mm 넘는 기록적인 폭우가 특정 지역에 쏟아지는 일이 현실화 될 수 있다는 것이다.

---

5) 기상청은 1시간 누적 강수량이 50mm 이상이면서 동시에 3시간 누적 강수량이 90mm 이상인 비 또는 1시간 누적 강수량이 72mm 이상인 비를 극한호우로 분류한다.

6) 특정 기준 이상의 강한 강우가 발생한 날의 수를 의미하며, '극한강우'의 기준은 지역이나 연구에 따라 다를 수 있으나, 일반적으로 하루 동안 일정량(예: 50mm 이상)의 많은 비가 내린 경우를 지칭한다.

■ 생태계 교란-생물다양성 위기

IPCC가 발간한 제6차 종합보고서에 따르면, 기후변화의 심각성은 전 세계적으로 우려할 수준에 이르렀다. 보고서는 5가지 배출 시나리오 중 어느 시나리오를 적용하더라도 2040년까지 지구 평균 기온이 1.5℃를 초과할 것이라고 전망했다. 가장 유리한 시나리오(SSP1-1.9)에서도, 2080년 이후에야 온도 상승세가 감소할 가능성이 제시되었을 뿐이다. 이는 탄소 배출을 크게 줄이더라도 기후 변화가 당장 안정되기는 어렵다는 암울한 현실을 반영한다.

보고서는 기후위기의 악화를 막지 못한다면, 경제 성장과 생태계 보전이라는 목표를 동시에 이루는 것은 불가능하다고 경고했다. 특히, 온실가스 배출을 급격히 줄이고 생물다양성과 생태계를 보전하며, 지구 평균 온도를 1.5℃ 아래로 제한하지 않는다면, 생태계 붕괴와 생물다양성 상실은 가속화될 것[19]이라는 점을 강조했다. 이러한 극단적인 기상현상은 서식지의 변화와 파괴를 초래하며, 생물종의 서식 환경을 교란하거나 생태계 구조 자체를 변형시키는 결과를 낳고 있다. 이로 인해 생물종 간 상호작용에도 큰 변화가 발생하며, 많은 종이 새로운 환경에 적응하기 위한 생존 경쟁에 직면하게 된다.

특히, 해양 산성화와 해수 온도의 상승은 해양 생물다양성에 막대한 영향을 미치고 있다. 산호초의 백화현상은 해양 생태계의 균형을 깨뜨리는 대표적인 사례로, 산호초에 의존하는 수많은 해양 생물종의 서식지를 파괴한다. 또한, 온도와 습도의 변화는 해충과 병원체의 분포와 활동에 변화를 가져와 생물종에 새로운 질병을 유발하거나 기존의 해충 문제를 악화시킬 수 있다. 이러한 변화는 특히 적응력이 낮은 종과 특정 지역에만 서식하는 고유종에 더 큰 영향을 미친다. 고유종은 환경 변화에 취약하기 때문에 멸종 위험이 급격히 증가할 수 있다. 기후변화로 인한 생태계의 교란은 단순히 일부 종의 생존 위협을 넘어, 전체 생태계의 안정성을 흔들며 생물다양성 손실을 가속화시키고 있다.

세계자연기금 WWF이 발간한 지구생명 보고서 2022[7)]에 따르면, 1970년부터 2018년까지 동물 개체군의 규모가 평균 69% 감소하며, 생물다양성이 심각한 위기에 직면해 있음을 보여주었다. 특히, 담수 생물종의 감소율은 83%에 달해 가장 큰 영향을 받은 것으로 나타났으며, 라틴아메리카 지역에서는 야생동물 개체군 풍부도가 무려 94% 감소하는 등 심각한 손실을 기록했다.[20] WWF는 이러한 생물다양성 손실의 주요 원인으로 '기후변화'와 '서식지 파괴'를 지목했다. 기후변화는 폭염과 가뭄의 빈도와 강도를 증가시켜 식물의 고사와 동물의 폐사를 초래하며, 해수면 상승으로 인해 서식지 훼손을 가속화하고 있다. 이러한 변화는 특정 지역의 생물종뿐만 아니라 전 세계 생태계의 안정성을 심각하게 위협하고 있다.

WWF는 이러한 위기를 완화하기 위해 세 가지 주요 전략을 제시했다. 첫째, 생태계 복원을 통해 생물다양성을 회복하고 지속 가능성을 확보하기 위한 자연 보전 및 회복 노력의 확대가 필요하다. 둘째, 자원의 낭비를 줄이고 환경에 미치는 부담을 최소화하는 방식으로 전환하기 위한 지속

7) 런던동물학회(ZSL)와 공동연구로 발간되었는 지구생명지수(LPI)에 의해, 전 세계 5,230종의 생물종을 대표하는 3만1821개의 개체군을 조사한 결과, 1970년부터 2018년까지 야생동물 개체군 규모가 평균 69% 감소했다고 밝혔다.

가능한 식량 생산과 소비를 강조했다. 마지막으로, 온실가스 배출을 줄이고 기후변화의 영향을 완화하기 위해 모든 부문에서 신속하고 철저한 탈탄소화가 필수적이라고 제안했다.[20]

보고서는 네이처 포지티브 Nature Positive개념을 강조하며, 자연 손실을 막고 생물다양성 감소 추세를 회복으로 전환하는 것을 목표로 하고 있다. 특히, 2030년까지 네이처 포지티브 사회를 실현할 것을 촉구하며, 이는 자연과 경제의 공존을 위한 필수적인 전략으로 제시되고 있다. 생물다양성 감소는 단순히 생태계에 국한된 문제가 아니라, 광범위한 경제적 영향을 초래한다. 예를 들어, 꿀벌과 같은 수분 매개 생물종의 감소는 생태계 서비스의 약화를 통해 식량 생산과 경제 전반에 걸쳐 심각한 파급효과를 미친다. 꿀벌은 식물의 번식과 작물 생산에 필수적인 자연적 수분 작업을 수행하며, 이를 통해 다양한 식물 종의 생존과 번식을 가능하게 한다. 이는 식량 공급 체계와 직접적으로 연결되어 있다.

그러나 최근 몇 년간, 꿀벌은 기후변화, 기생충, 살충제 등 복합적인 요인으로 인해 대규모로 사라지는 꿀벌군집붕괴현상(CCD)[8)]에 직면하고 있다. 보고에 따르면, 2022년 초에는 78억 마리, 2023년 초에는 140억 마리의 꿀벌이 사라졌다고 한다. 이로 인해 수박, 멜론 등 작물을 재배하는 시설원예농가에서는 수정벌 구매 비용이 2~4배 증가하는 경제적 부담이 발생하고 있다.[09] 이는 농업 부문에 그치지 않고, 생태계 서비스가 경제 전

8) 꿀을 채집하러 나간 꿀벌들이 특별한 이유없이 벌집으로 돌아오지 않는 것으로 벌집 내에 유충들과 여왕벌이 집단으로 폐사하는 현상이다.

반에 미치는 중요성을 재확인시켜 준다. 따라서 네이처 포지티브 사회로의 전환은 생물다양성 회복과 더불어 지속 가능한 경제 체계를 구축하기 위한 필수적인 과제가 되고 있다.

꿀벌과 같은 수분 매개 생물종의 감소는 농업 생산성에 직접적인 악영향을 미친다. 수분이 제대로 이루어지지 않으면 작물 생산량이 감소하게 되며, 이는 농작물 가격 상승과 식량안보 위협으로 이어질 수 있다. 자연 수분 매개자의 감소는 농업 분야에서 추가적인 노동력과 비용의 발생으로 이어지며, 이는 결국 소비자가 부담하게 되는 구조로 전환된다. 꿀벌의 감소는 한 생물종의 손실로 끝나는 문제가 아니다. 이로인해 농업 생산성, 경제적 비용 증가, 생태계 건강 악화, 생물다양성 감소 등 광범위한 연쇄 효과를 초래하게 된다. 이러한 사례는 개별 생물종의 중요성을 넘어, 생태계와 인간 사회 전체에 심대한 영향을 미치는 문제로 해석될 수 있다.

기후온난화에 따른 생태계 교란 중 위해 생물종 출현의 문제도 심상치 않다. 2023년 6월 미국 네바다주의 도시를 뒤덮은 모르몬 귀뚜라미 떼와 세계 곳곳으로 퍼져가는 빈대 출현은 서막에 불과할지도 모른다. 세계기후특성 WWA에 따르면, 비정상적으로 고온의 극단적 더위가 발생할 가능성은 기후변화로 인해 최소 30배 이상 증가했다고 한다. 이러한 변화는 생태계 교란과 생물다양성 위기를 가속화하며, 인간 사회와 경제에 예상치 못한 추가적 부담을 초래할 수 있다.

국제사회는 생물다양성 감소를 막기 위해 다양한 협약과 이니셔티브를 추진하고 있다. 최근 2022년 생물다양성협약 제15차 당사국총회 COP-15에서는 쿤밍-몬트리올 글로벌 생물다양성 프레임워크 GBF가 채택되었다. 이 프레임워크는 2030년까지 생물다양성 손실을 회복으로 전환하기 위한 구체적인 목표를 제시하며, 전 지구적으로 육상 및 해양의 최소 30%를 보호지역으로 보전·관리하고, 훼손된 생태계의 최소 30%를 복원하기로 합의하였다. 이 외에도 생물다양성 보전을 위한 23개의 실천 목표가 설정되었다.

또한, 기후위기의 적응 방식과 구체적인 이행에 대한 가이드 역할을 해줄 수 있는 EU의 자연복원법이 우여곡절 끝에 2024년 6월 17일 최종 승인되었고 8월 18일 시행되었다. 이 법안은 급변하는 생태 위기에 대응하기 위한 해법을 제시하며, Fit for 55와 유럽 그린딜의 핵심 내용을 법제화한 진전된 실천 강령으로 평가받고 있다. EU 자연복원법은 복원 계획에 도전적인 목표량과 목표 기간을 제시하며, 기후위기 적응과 생물다양성 복원의 구체적인 이행 가이드를 제공하고 있다. 이는 생물다양성 보전과 복원을 위한 중요한 패키지로, 지속가능한 생태계 구축에 대한 기대를 높이고 있다.

■ 식량안보 위기

식량안보란 넓은 뜻으로는 자국민에게 충분한 양과 양질의 식량을 필요한 시기와 장소에 따라 적절하게 공급할 수 있는 상태를 말한다. 또한 국가가 전쟁, 기후변화, 자연재해 등 유사시를 대비해 식량의 생산, 수입, 비축 등을 통해 일정한 식량의 양을 준비하는 것을 말하며, 식량자급률[9] 과

9) 한 나라의 전체 식량소비량에서 자국산 식량이 차지하는 비율을 말한다. 식량자급률이 높은 나라보다 낮은 나라가 전 세계적으로 더 많다.

밀접한 관계가 있다.[13]

2023년 세계 식량위기 보고서 Global Report on Food Crises에 따르면, 급성 식량불안을 경험하며 긴급한 식량, 영양, 생계 지원이 필요한 인구가 2022년 기준 4년 연속 증가한 것으로 나타났다. 이 기간 동안 58개국에서 2억 5,800만 명 이상이 심각한 기아에 직면했으며, 이 중 7개국은 기근 직전 상황에 처한 것으로 보고되었다. 이는 2021년 53개국 1억 9,300만 명에서 증가한 수치로, 최근 7년 내 가장 높은 수준이다.[13] 또한, 2022년 러시아-우크라이나 전쟁은 물가 폭등과 에너지 안보 위기를 야기하며 식량안보에 대한 우려를 더욱 증폭시켰다. 이러한 상황은 기후변화로 인해 생태계 질서가 불균형을 이루면서 나타날 수 있는 결과를 경고한다. 기후변화는 극단적인 기상 현상, 서식지 파괴, 작물 생산 감소 등을 초래하여 식량체계의 안정성을 위협하며, 이는 전 세계적으로 식량안보 문제를 더욱 심화시키고 있다.

기후변화는 농업과 같은 1차 산업에 심각한 영향을 미치며, 특히 농업 생산성과 식량 체계의 안정성을 위협한다. 기온 상승은 농작물에 열 스트레스를 유발하여 수확량과 품질을 저하시킬 수 있다. 또한, 폭염과 가뭄은 작물 생장에 직접적인 피해를 주며, 작물의 생육 주기를 교란시키는 주요 요인으로 작용한다. 기후변화로 인한 집중호우, 불규칙한 강수 패턴, 해수면 상승, 하천 흐름의 변화는 농업용수의 가용성에 큰 영향을 미친다. 이는 세계적으로 물 부족 현상을 가중시키며, 특히 물 의존도가 높은 작물 재배 지역에서 심각한 피해를 초래할 가능성이 크다.

기온 상승으로 인한 생태계 교란은 해충과 질병의 확산을 가속화할 가능성이 높다. 이전에 없었던 새로운 해충과 병원체가 출현하거나 기존의 해충 문제가 악화되면서 농작물 피해가 늘어나고, 이는 생물다양성 감소와 글로벌 식량 시스템의 취약성을 더욱 높이는 결과를 가져올 수 있다. 또한 많은 인구에게 중요한 단백질 공급원을 제공하는 가축은 변화하는 환경 조건에 적응하는데 어려움을 겪게 되고 건강, 생식 능력 및 전반적인 식량 생산에 부정적인 영향을 미칠 수 있다.[15]

유엔세계식량계획 UN World Food Programme, WFP은 2022년 4월, 유엔과 유럽연합 등 다른 기관과 공동으로 발표한 '식량위기에 대응하는 글로벌 네트워크' Global Network Against Food Crisis 연례보고서를 통해, 심각한 식량 불안정 상황이 기하급수적으로 악화되고 있음을 경고했다. 보고서는 이러한 위기의 근본 원인을 해결하는 것이 시급하며, 기후위기, 건강위기(코로나19), 분쟁, 빈곤과 불평등을 기반으로 한 경제위기가 복합적으로 작용한 결과라고 지적했다[16]. 특히, 아프리카 동북부 지역에서는 3년간 계속된 가뭄으로 인해 2,300만 명 이상이 극심한 식량 불안에 시달리고 있다. 또한, 남미 지역에서는 라니냐로 인한 기상이변이 발생하며, 콩과 옥수수 생산량 감소가 식량 가격 상승으로 이어지고 있다. 이러한 상황은 농업 생산성 감소와 식량 체계의 불안정성을 심화시키고 있다.[17] 경제협력개발기구 OECD와 유엔식량농업기구 FAO 또한 비료 가격 상승과 농업 생산성 감소 가능성에 대한 경고를 내놓고 있으며, 이는 세계 식량 체계에 중대한 영향을 미칠 수 있다. 이러한 경고는 기후변화에 적극적으로 대응하지 않을 경우 세계 식량 위기가 더욱 심화될 것이라는 우려를 뒷받침한다.

영국 싱크탱크인 왕립국제문제연구소 채텀하우스 Chatham House는 '2021 기후변화 리스크 평가' 보고서에서, 2050년까지 글로벌 식량 수요를 충족시키려면 농업 생산량을 약 50% 늘려야 한다고 전망했다. 그러나 보고서는 온실가스 배출을 대폭 감축하지 않을 경우, 수확량이 최대 30%까지 감소할 수 있다고 경고했다. 특히, 2040년대까지 세계 4대 옥수수 생산국인 미국, 중국, 브라질, 아르헨티나의 수확량이 10% 이상 감소할 확률이 40~70%에 달할 것으로 예측되었다. 이들 국가는 전 세계 옥수수 수출의 87%를 차지하고 있어, 생산량 감소는 글로벌 공급망 차질과 함께 옥수수 가격 상승을 초래할 가능성이 높다.[17] 밀·콩·옥수수 등 세계 곡물수입 7위 국가인 우리나라에 미칠 수 있는 영향이 우려된다. 과연 우리나라의 장기적인 식량 안보 대책은 충분한 것인가? 국내 많은 전문가들은 우리의 식량안보 대비는 상대적으로 미흡하다고 평가한다.

2024년 6월 1일, 중국은 '식량안보 보장법'을 시행하며 농산물 생산과 비축에 국가 차원에서 적극적으로 개입하겠다는 의지를 분명히 했다. 이는 러시아-우크라이나 전쟁으로 인한 글로벌 식량 가격 급등과 미·중 전략경쟁으로 인해 공급망 불안정성이 심화되는 상황에서 나온 조치로 해석된다. 중국의 식량 자급률은 최근 20여 년간 100%에서 76%로 하락했으며, 국제적인 불확실성 속에서 곡물 가격 변동이 자국 경제에 미치는 심각한 영향을 여러 차례 경험한 바 있다. 이에 따라 중국은 식량 생산량 증대를 위해 '퇴림환경' 退林還耕 정책[10)]을 추진하고 있다. 이 정책은 경작지 확

10) 식량안보에 초점을 맞추고 경작지를 확대하려는 노력의 일환으로, 숲이나 녹지를 경작지로 전환하는 정책을 말한다.

장을 위해 숲을 농지로 전환하는 것을 골자로 하지만, 환경 보호와의 상충 가능성으로 인해 논란을 불러일으키고 있다. 일부 전문가들은 녹지의 경작지 전환이 중국의 자연환경 보전 정책과 충돌할 수 있다고 경고하며, 생태계 파괴와 토양 침식 등의 부작용을 우려하고 있다. 그러나 기후위기와 국제사회의 불확실성이 심화되면서, 전 세계적으로 식량 생산을 환경 보호보다 우선시하는 사례가 점차 증가하고 있다는 점은 주목할 만하다. 중국이 자국의 식량 안보를 강화하기 위해 농산물 수출 통제에 나설 경우, 이는 세계 농산물 시장에 큰 파장을 일으킬 가능성이 높다. 특히, 주요 곡물 수입국인 우리나라는 공급망 차질로 인한 경제적 피해와 식량안보 위협에 직면할 수 있는 점에서 대비책을 마련해야 한다.[18]

국내총생산(GDP)과 1인당 GDP를 기준으로 세계 10위권의 경제 대국인 대한민국은 영국 경제지 이코노미스트가 매년 발표하는 글로벌 식량안보지수 GFSI에서 2023~2024년 24위, 2021년 32위를 기록하며, 경제협력개발기구 OECD 회원국 중 낮은 식량 자급률을 보이는 국가로 나타났다. 농림축산식품부에 따르면, 2023년 기준 대한민국의 곡물 자급률은 20.6%, 식량 자급률은 45.8%로 집계되었다. 이 중 쌀의 자급률은 92.5%로 높은 수준을 유지하고 있으나, 쌀 생산량은 면적 감소로 연평균 1.3% 줄었으며 중장기적으로 벼 재배면적과 쌀 생산량은 지속적으로 감소될 것으로 전망된다[21]. 특히 국민의 주식으로 널리 소비되는 밀의 자급률은 0.8%, 사료 및 가공용으로 사용되는 옥수수는 0.7%, 단백질 공급원인 콩은 8.5%에 그쳐, 대부분의 곡물을 수입에 의존하고 있다. 이러한 낮은 자급률은 글로벌 공급망 불안정성과 기후위기로 인한 식량위기에 대한 취약성을 드러내며, 국민의 기본적 생존권과 직결된 식량안보 문제를 해결하기 위해 다각적이고 체계적인 정책 마련이 시급함을 보여준다.

특히, 글로벌 공급망의 변화와 기후위기의 심화를 고려할 때, 자급률 제고뿐만 아니라 안정적인 식량 확보를 위한 국가 차원의 종합적 시스템 구축이 절실히 요구된다.

2장 | 국제 협력과 정책의 진화

지난 50여 년간 국제사회는 기후위기에 대응하기 위해 끊임없이 논의와 협력을 이어왔다. 이러한 논의의 산물로 등장한 약속과 협약들은 시대적 전환점에서 중요한 이정표 역할을 해왔다. 초기에는 자발적 약속에 기반한 협력이 주를 이루었으나, 이후 법적 구속력을 갖춘 협약으로 발전하였고, 최근에는 다시 자발적 기여 NDC와 국제적 협력을 강조하는 방식으로 진화하고 있다. 기후변화는 그 자체의 복잡성과 더불어 경제, 사회, 환경 등 다양한 분야와 얽혀 있어 국제사회 내에서 쟁점과 이견이 끊임없이 제기된다. 그럼에도 불구하고 공동의 해결책을 찾으려는 노력과 협력은 지속되고 있으며, 이러한 과정은 기후위기 대응 정책의 발전과 국제 협력의 기반을 다지는 데 중요한 역할을 해왔다.

기후위기 대응을 위한 국제사회의 흐름을 이해하기 위해서는, 공동의 약속 이행을 이끌었던 주요 국제회의와 협약을 살펴볼 필요가 있다. 1979년 스위스 제네바에서 개최된 '세계기후회의' WCC는 기후변화 문제를 다룬 최초의 국제회의로, 기후위기 논의의 출발점이 되었다. 이어 1988년, '세계기상기구' WMO와 '유엔환경계획' UNEP이 협력하여, 인간활동에 대한 기후변화의 위험을 평가하는 조직인 '기후변화에 관한 정부간 패널' IPCC을 설립하였고, 1992년, 브라질 리우데자네이루에서 열린 '유엔환경개발회의' UNCED에서는 많은 국가들이 기후변화의 심각성을 공감하며, '기후변화에 관한 국제연합 기본협약' UNFCCC을 채택했다. 이 협약은 기후위기 대응을 위한 국제사회의 공동 노력의 기본 틀을 제공하며, 이후 논의의 기반이 되었다.

기후위기 대응을 위한 국제사회의 논의 과정과 협약의 이행 구조를 쉽게 이해하기 위해서는 '유엔기후체제' UN Climate Regime를 대해 살펴볼 필요가 있다. 유엔기후체제는 기후변화를 제어하기 위한 구체적인 행동 의무를 설정하고, 이를 평가 및 이행하도록 하는 이행 메커니즘으로 구성되어 있다. 현대 국제 규범에서 흔히 활용되는 기본협약과 의정서 방식 framework convention-protocol을 따르고 있다[11]. 즉 기후변화협약은 하나의 원칙으로서의 기능을 하고 이를 구체화하고 데이터를 진화시키는 것은 이후에 성립되는 또 다른 조약인 의정서에 의하는 방식이라고 할 수 있다.[01]

11) 기후변화협약 제17조의 의정서 성립에 관한 근거에 의해, 1997년 교토의정서와 2015년 파리협정이 체결되었다.

Part 1: 국제 협약과 체제 구축

■ 기후변화협약과 당사국총회 UNFCCC & COP

지구상 국가 대부분은 인류의 무분별한 온실가스 배출로 인한 기후변화가 인류의 생존을 위협할 수 있다는 문제의 심각성에 공감하였고, 이를 국제협약을 통하여 해결하고자 1992년 6월 브라질 리우데자네이루에서 개최된 유엔환경개발회의 UNCED에서 '기후변화에 관한 국제연합 기본협약' 즉 '기후변화협약'을 탄생시키게 되었다[12]. 이는 기후변화 문제를 해결하기 위한 국제사회의 첫 번째 포괄적인 노력으로, 이후 여러 중요한 협약과 이니셔티브로 발전해 왔다. 이 협약은 기후변화에 대한 국제적인 관심을 불러일으키고, 지속가능한 발전을 위한 중요한 발판을 마련했다는 평가를 받는다. 목적은 대기 중 온실가스 농도를 안정화시켜, 기후 시스템에 위험한 영향을 미치지 않도록 하며, 기후변화로 인해 발생할 수 있는 피해를 줄이려는 것이다.

협약의 원칙은 선진국과 개발도상국의 차이를 인정하면서, 모두가 기후변화 문제 해결에 책임을 공유해야 한다는 것이다. '공동의 그러나 차별화된 책임' Common But Differentiated Responsibilities, CBDR 에 따라 각자의 능력에 맞게 온실가스를 감축해야 하며, 선진국은 역사적으로 더 많은 온실가스를 배출했으므로 더 큰 책임을 져야 한다는 개념이 포함되어 있다. 협약의 최고의사결정기구로 당사국총회 Conference of the Parties, COP를 두고 있다.

---

12) 1990년 유엔총회는 기후변화협약을 위한 정부간 협상위원회를 발족시켰고, 5차례 이상의 협의를 거쳐 1992년 5월 기본협약 형태로 협약을 채택하였다. 1990년 6월 유엔환경개발회의에서 협약의 최종 기한이 설정되었으며, 현재 198개국이 참여하고 있다.

당사국들은 매년 회의를 개최하여 협약 및 이행상황을 정기적으로 검토하며, 협약의 효과적 이행촉진에 필요한 결정을 한다. 1994년 협약의 발효 이후 1995년 제1차 당사국총회가 독일 베를린에서 개최된 것을 시작으로 매년 1회씩 진행되고 있다.

당사국들은 정기적으로 국가 온실가스 인벤토리[13] 감축 노력, 기후변화 적응 전략 등을 포함한 보고서를 제출해야 하며, 당사국총회는 이를 바탕으로 각 당사국이 협약에서 약속한 목표와 의무를 얼마나 충실히 이행하고 있는지 평가한다.[14] 또한, 당사국총회는 기술 이전, 재정 지원, 역량 강화 등 개발도상국의 기후변화 대응을 지원하기 위한 메커니즘을 논의하고 결정한다.

각 COP는 기후변화 대응을 위한 국제사회의 협력과 진전을 보여주는 중요한 이정표로, 당사국들의 책임과 역할을 강화하며 지속 가능한 미래를 위한 정책적·실질적 기반을 마련하고 있다.

- **COP-1**

  : **1995**년 베를린, 기후변화협약 체결 이후 최초의 당사국총회 개최, 선진국의 온실가스 감축 책임을 강조, '베를린 위임사항 (Berlin Mandate)' 채택, 교토의정서 체결을 위한 협상의 기초 마련

---

13) 국가 단위에서 일정기간 동안 배출되거나 흡수된 온실가스 양을 부문별로 정리한 공식적인 목록이며, UNFCCC과 파리협정에 따라 회원국이 정기적으로 작성·제출해야 한다.

14) 당사국총회의 1차 이행점검(GST) 결과는 COP-28(2023년, 두바이)에서 발표하였으며, 다음 이행점검은 2028년 완료 예정이며, 그 결과는 COP-33에서 정리될 전망이다.

• **COP-3**

: **1997**년 교토, 법적 구속력이 있는 감축 목표를 설정한 '교토의정서' 채택. 선진국들에게 특정한 감축 목표를 부여하고, 이행 메커니즘(공동이행, 청정개발체제, 배출권거래)을 도입

• **COP-15**

: **2009**년 코펜하겐, 법적 구속력 없는 '코펜하겐 합의', 선진국이 개발도상국에 대한 기후 재정지원 약속했으나, 구체적인 감축 목표와 이행체계 합의 실패 → 구속력 있는 후속 협상 필요성 확인

• **COP-21**

: **2015**년 파리, 기후 거버넌스의 전환점, 역사적인 '파리협정' 채택, 모든 국가가 감축 의무를 지는 체제로 전환, 지구 평균기온 상승을 2℃ 이내, 1.5℃까지 제한 목표 설정, 자발적인 감축 목표(NDCs)를 제출하고, 5년마다 이를 갱신하도록 규정

• **COP-26**

: **2021**년 글래스고, 1.5℃ 목표 달성을 위한 전 지구적 감축 노력 가속화 촉구, 석탄발전의 단계적 감축 및 화석연료 보조금 감축 명시, 선진국의 기후재정 확대 압박 강화와 손실 및 피해에 대한 논의 다뤄짐

• **COP-28**

: **2023**년 두바이, 첫 전 지구 이행점검(GST) 실시, 현재 감축 노력이 1.5℃ 목표 달성에 미치지 못함을 공식 확인, 'UAE 합의' 채택 - 화석연료의 단계적 전환 최초로 명시, 기후적응 및 손실과 피해 기금 출범, 130여 개국, 식량 시스템과 기후연계 선언 채택

• **COP-29**

: **2024**년 아제르바이잔, 기후재정 체계 재설계가 핵심 의제로 부상, 특히 군소도서 개발도상국(SIDS)과 최빈국(LDCs)의 취약한 지역사회를 지원하기 위해 손실 및 피해 기금 운영 및 분배방식 구체화, 의장단은 모든 국가가 2025년까지 국가적응계획(NAP)을 마련, 제출할 것을 촉구, 적응 재정 확대의 필요성을 강조

COP는 기후위기 대응을 위한 국제 협력의 핵심 기구로서, 매년 열리는 이 회의에서 기후 문제를 논의하고 공동의 해결책을 모색하는 공론의 장이다. 각국이 제출한 감축 목표(NDCs)를 실질적으로 이행하도록 하는 것이 큰 과제이다. 목표 달성을 위한 구체적이고 효과적인 정책과 기술개발 그리고 협약체결 당시 예상치 못했던 쟁점 등 여러 가지 난제들이 놓여 있다. 특히 기후위기에 취약한 개발도상국을 위한 충분한 재정과 기술 지원은 모두가 협력하고 우선시 되어야 할 과제이다.

■ 교토의정서와 파리협정

1995년 이후 지금까지 진행되어온 약 서른 번에 가까운 당사국 총회 중에서 눈여겨봐야 할 두 번의 COP가 있다. 유엔기후체제의 구조 전환의 중심에 있었던 제3차와 제21차 당사국총회이다. 1997년, 일본 교토에서 개최된 당사국총회 COP-3에서는 선진국(부속서 I 국가)들의 온실가스 감축 의무를 규정한 '교토의정서' Kyoto Protocol가 채택되었다. 기후변화 대응을 위한 최초의 국제적인 구속력을 가진 협약으로, 감축에 대한 구체적인 목표와 법적 의무를 설정했다는 점과 유연한 메커니즘(공동이행, 청정개발체제, 배출권거래)을 도입했다는 점에서 유의미한 평가를 받는다.[02]

2008년에서 2012년까지의 1차 공약기간 동안 선진국들은 온실가스[15)] 배출량을 1990년 기준, 평균 5.2% 감축해야 한다는 목표가 주어졌다[02].

---

15) 6대 온실가스로 이산화탄소(CO_2), 메탄(CH_4), 아산화질소(N_2O), 수소불화탄소(HFCs), 과불화탄소(PFCs), 육불화황(SF_6)이 규정되었다.

교토의정서에서는 세 가지의 유연성 메커니즘을 도입했는데 이는 자국 내에서만 온실가스 감축을 하는 것이 아니라, 국제적인 협력이나 시장 기반의 메커니즘을 활용하는 것이다.

- **배출권 거래** Emissions Trading, ET
  : 온실가스 배출량을 목표치보다 더 줄인 국가가 남은 배출 허용량을 다른 국가에 판매할 수 있는 제도
- **청정개발체제** Clean Development Mechanism, CDM
  : 선진국이 개발도상국에서 온실가스 감축 프로젝트를 실행하고, 그 감축량을 자국의 감축 목표 달성에 활용할 수 있는 제도
- **공동이행** Joint Implementation, JI
  : 선진국 간에 온실가스 감축 프로젝트를 공동으로 수행하고, 그 성과를 공유하는 제도

하지만 세계 온실가스 배출의 약 25%를 차지하고 있었던 미국이 2001년 조지 W. 부시 대통령 취임 후 협정에서 탈퇴하면서 큰 타격을 받았다. 교토의정서는 2012년까지의 1차 공약기간을 목표로 했으며, 이후 기후 변화에 대한 국제적인 논의는 교토의정서를 기반으로 하여 COP-21에서 '파리협정'으로 이어졌다.

2015년 제21차 당사국총회 에서 모든 국가가 참여하는 신기후체제의 근간이 된 파리협정이 채택되었다.[16)] 선진국에만 온실가스 감축 의무를 부과하던 기존의 교토의정서 체제를 넘어 모든 국가가 자국의 상황을 반영하여 참여하는 보편적인 체제가 성립되었다.[01] 지구 평균기온 상승을 산

업화 이전 대비 2℃ 보다 상당히 낮은 수준으로 유지하고, 1.5℃로 제한하기 위해 노력한다는 전 지구적 장기목표 하에 모든 국가가 2020년부터 기후행동에 참여하며, 5년 주기 이행점검을 통해 점차 노력을 강화할 것을 문제해결의 지향점으로 설정하였다. 또한, 모든 국가가 자발적으로 결정한 국가 온실가스 감축목표를 5년 단위로 제출하고 이행하도록 하였다. 이를 위한 재원은 선진국이 선도적인 역할을 하며 기후행동 및 지원에 대한 투명성 체제를 강화하며, 2023년부터 5년 단위로 이행 및 목표 달성을 평가하는 전 지구적 '이행점검'을 실시하기로 하였다.

파리협정은 모두가 참여하는 포괄적 체제라는 차별성을 가지고 있다. 교토 체제하에서는 감축 의무 부담국가가 40여 개국이며, 전 세계 온실가스 배출량의 22%에 불과한 반면, 파리협정 체제하에서는 198개국, 전 세계 배출량의 95.7%(INDC 제출 161개국 기준)를 차지한다. 교토의정서는 주로 온실가스 배출량 감축에 집중한 반면, 파리협정은 감축 뿐만 아니라 적응, 재원, 기술이전, 투명성 등 다양한 분야를 포괄하고 있다는 점이 특징이다. 또한 기후변화협약의 목표는 온실가스가 기후 체계에 위험한 영향을 미치지 않을 수준으로 대기 중 온실가스 농도를 안정화시키는 것이 목표였던 반면, 파리협정은 온도 목표를 구체화하고 있다. 즉 파리협정 제2조에서, 지구 평균 온도 상승을 2℃ 보다 훨씬 아래 well below로 유지해야 하고, 1.5℃까지 제한하도록 노력한다고 규정하고 있다. 교토의정서가 개별 국가에게 온실가스 감축목표를 할당하는 방식 Top-down이었다면, 파리협

16) 2015년 12월 파리에서 채택되고, 2016년 4월 22일 미국 뉴욕에서 서명된 파리협정은 10월 5일 발효 요건이 충족되어 30일 후인 11월 4일 공식 발효되었다.

정은 각 당사국이 스스로 온실가스 감축목표인 NDC[17]를 설정하는 방식이다. 5년마다 국제사회 차원의 종합적 이행 상황을 점검 Global Stocktake하고, 차기 NDC는 이전 NDC 보다 강화되어야 한다는 진전원칙 Progression을 적용하고 있다. 파리협정은 NDC의 내용을 규정하고 의무를 부과하는 것이 아니라 NDC 제출 및 점검 등 관련 절차에 일정한 구속력을 부여하여 당사국이 목표를 달성해 나가도록 유도하는 체제이다.

구분	교토의정서	파리협정
당사국총회	COP-3	COP-21
대상국가	선진국 (기후변화협약 Annex1국가)	모든 당사국
범위	온실가스 감축	감축, 적응, 재원, 기술이전, 역량배양, 투명성 등 포괄
의무준수	징벌적 (미달성량의 1.3배 패널티)	비징벌적
의무강화	-	진전원칙 전지구적 이행점검(매5년)
지속성	매 공약기간 대상협상 필요	주기적 이행상황 점검

■ IPCC 보고서: 지구의 건강진단서

Intergovernmental Panel on Climate Change Report

기후변화의 원인, 영향, 위험성, 미래 전망 및 평가에 대한 객관적이고 과학적인 근거는 어디에서 도출되며, 그 신뢰성은 어느 정도인가? 이는

17) NDC Nationally Determined Contribution는 각 당사국이 감축, 적응, 재원, 기술, 역량배양, 투명성 등 분야에서 취할 노력을 스스로 결정하여 제출한 목표를 뜻한다. 파리협정 이전 제출한 것은 Intented NDC INDC로 지칭하였다.

기후위기 대응을 위한 정책 수립과 실행 방안을 마련하는 데 있어 가장 핵심적인 요소이다.

1988년, 기후변화의 과학적 근거 마련과 사회경제적 영향평가 수행을 위해 '기후변화에 관한 정부간 패널 IPCC이 설립되었다. IPCC는 유엔기후변화협약과 함께 기후변화 문제를 다루기 위해 서로 긴밀히 협력하는 두 개의 주요 국제기구 중 하나이다. 세계기상기구 WMO와 유엔환경계획 UNEP에 의해 조직되었으며, 주된 활동은 인간 활동에 대한 기후변화의 위험을 평가하고 기후변화협약에 관련된 의제의 실행 여부에 대한 주제 보고서를 작성하고 출판하는 데 있다. 기후변화의 과학적 근거를 평가하고, 기후변화의 현재 상태와 미래 전망을 종합한 보고서를 작성하며 기후변화의 원인, 영향, 리스크, 대응 방안 등을 다룬다.

IPCC는 전 세계 수천 명의 과학자들이 참여하여 기후변화 관련 최신 연구 결과를 종합·평가하고, 이를 바탕으로 정책 결정자들이 기후위기 대응 전략을 수립할 수 있도록 지원하는 역할을 한다. 또한, 유엔기후변화협약 이행을 위한 과학적 기반을 제공하며, 정기적으로 평가 보고서와 특별 보고서를 발간한다. 2021년부터 2023년까지 발표된 제6차 평가 보고서 AR6는 기후변화의 현재 상태와 미래 전망, 그리고 이를 완화하고 적응하기 위한 방안을 종합적으로 제시하며, 전 세계 기후 정책의 근간이 되고 있다.

갈수록 심각해지는 기후 영향에 대응하기 위한 전 세계의 노력은 여전히 불충분한 상황이며, 특히 취약 계층이 기후위기로 인해 기존의 사회적·경제적 불평등을 더욱 심각하게 겪을 수 있다고 지적하고 있다. IPCC가

지금까지 출판한 총 6차례의 보고서는 기후위기 대응 과정을 체계적으로 정리하며, 기후 시나리오와 행동 계획을 제시하고 있다. 이를 심층적으로 이해하는 것은 기후위기 대응을 위한 과학적 근거를 확보하고, 정책적 방향성을 설정하며, 교육적 가치를 창출하는 데 필수적이라 할 수 있다.

1990년에 발표된 1차 보고서는 인간 활동이 기후변화에 미치는 영향을 평가한 최초의 국제적인 문서이다. 화석연료의 연소, 산업 활동, 농업 등 인간 활동이 대기 중 이산화탄소와 메탄 등 온실가스의 농도를 증가시키고 있음을 지적했다.[18] 온실가스 농도 증가가 지구의 기온 상승을 초래할 것이라고 예측했으며, 이산화탄소의 농도가 높아질수록 기온 상승이 더욱 심화될 것으로 보았다.

2차 보고서는 기후변화에 대한 과학적, 기술적, 사회경제적 측면을 포괄적으로 다루었다는 평가를 받는다. 화석연료 사용과 삼림 파괴 등이 대기 중 온실가스 농도를 증가시키고 있음을 강조했다. 예측된 기온 상승의 폭은 시나리오에 따라 다르지만, 대체로 1℃에서 3.5℃ 사이의 범위로 제시되었다. 또한 극단적인 기후 현상의 빈도와 강도가 증가할 것으로 예측했는데 이는 폭염, 가뭄, 강한 폭풍, 홍수 등의 형태로 나타날 수 있다고 하였다. 해수면 상승의 주요 원인으로는 지구 온난화로 인한 해수의 열팽창 즉, 해수가 따뜻해지면 부피가 팽창하게 되어 상승하는 것이며 또 하나는 빙하와 얼음이 녹으면서 물이 바다로 유입되는 현상이라는 것이다.

---

18) 2100년에는 지구의 평균기온이 약 3℃ 상승하며, 대기농도를 현재 수준으로 유지하려면 CO_2 배출을 60%이상 감축해야 하며, 해수면이 2030년에는 20cm, 21세기 말에는 65cm까지 상승할 수 있다고 했다.

2001년에 발간된 3차 보고서는 세계적인 온실가스 배출의 원인을 분석하고, 경제 성장, 인구 증가, 에너지 사용의 증가 등을 주요 원인으로 지목했다. 생태계, 인간 건강, 농업, 해수면 상승 등 다양한 분야에 미치는 영향을 상세하게 설명하고 있으며, 특히, 취약한 지역과 인구에 미치는 영향에 대해 강조했다. 보고서에서 예측한 기후 민감도는 1.5~4.5℃이다. 평균 표면 온도는 1.4~5.8℃ 오를 것으로 예측돼 1990~2100년 동안 큰 폭의 상승이 예측된다고 발표하였다. 해수면은 같은 기간 0.1~0.9m 상승할 것으로 보았다.[18] 그리고 기후변화에 적응하고 온실가스 배출을 감소시키기 위한 에너지 효율성, 재생에너지 사용 확대, 숲의 보호 및 복원 등이 포함되었다.

4차 보고서는 2007년에 발간되었으며, 지구 평균 온도가 산업화 이전에 비해 상당히 상승했음을 지적하며[19)], 21세기 말까지 전 세계 평균 기온이 20세기 말에 비해 약 1.1℃에서 6.4℃ 상승할 것이며, 해수면은 21세기 말까지 18cm에서 최대 59cm까지 상승할 것으로 예측하였다. 이러한 상승폭의 중간값인 3.8℃ 정도 상승한다고 가정할 경우, 생물종의 30~40%가 멸종위험에 노출되고, 모든 위도에서 곡물의 생산성이 감소하기 시작하여 3천만~1억 2천만 정도의 인류가 기근의 위험에 노출된다고 전망하였다.[01] 기후모델을 사용하여 몇가지 시나리오에 따른 결과를 제시하였다. 기후변화로 인한 자연 재해의 증가, 생물다양성의 손실, 농업과 수자원에 미치는 영향 등을 다루었다. 취약한 지역과 인구 그룹에 대한 기후변화

19) 인류의 활동에 의하여 발생한 지구 온실가스 배출량은 산업화 이전부터 증가해 왔으며, 1970년부터 2004년 사이에 70%나 증가하였다.

의 영향을 특히 강조하였으며 기후변화에 적응하는 방법과 전략을 제시하였다.

5차 보고서는 2013년과 2014년에 발표되었으며, 미래 기후변화에 대한 RCP[20] 시나리오에 따라 RCP 2.6낮은 배출, RCP 4.5 및 RCP 6.0중간 배출, 그리고 RCP 8.5높은 배출로 구분하여 기온 상승, 해수면 상승, 극단적 기후 현상의 증가 등을 다루었다. 21세기 말까지 전 세계 평균 기온은 20세기 말 대비 약 0.3℃에서 4.8℃까지 상승할 수 있으며, 21세기 말까지 해수면이 26cm에서 82cm까지 상승할 수 있다고 경고하였다.[03] 영향, 적응, 그리고 취약성 부문에서 기후변화가 자연 환경, 인간의 복지, 경제에 미치는 영향을 평가와 지역별 영향과 취약성을 분석하고, 기후변화에 적응하기 위한 전략과 방안을 제시하였다.

6차 보고서[21]는 2023년 3월 20일, IPCC 제58차 총회에서 우리나라를 비롯한 195개국 회원국의 만장일치로 승인되었다. 기후모델과 과거 기록을 통해 미래 기후변화의 다양한 시나리오를 제시하며, 기온 상승, 해수면 상승, 극단적 기후 현상의 증가 등을 다루었다. 글로벌 온난화를 1.5℃ 이하로 제한하는 것의 중요성을 강조하며, 이를 위한 긴급한 행동의 필요성을 언급하였다.[04]

---

20) Representative Concentration Pathways는 기후모델을 통해 미래의 온실가스 농도와 배출량을 예측하는 시나리오로서, 지구의 대기 중 온실가스 농도 변화를 기반으로 하여, 미래의 기후 변화를 추정한다.

21) 명칭은 "Climate Change 2021/2022"이며, "The Physical Science Basis"(물리적 과학의 기초), "Impacts, Adaptation and Vulnerability"(영향, 적응 및 취약성), "Mitigation of Climate Change"(기후변화의 완화)의 세부분으로 구성되어 있다.

지구 평균 온도는 산업화 이전 시대 1850-1900년 대비 약 1.09℃ 0.95℃에서 1.20℃의 범위 상승했다. 사회경제적 발전 경로 Shared Socioeconomic Pathways, SSPs[22]에 따른 21세기 말까지의 기온 상승 예측에서 SSP1-1.9 시나리오는 1.5℃ 목표에 근접한 온도 상승을, 반면 SSP5-8.5 시나리오는 5.7℃에 이르는 상당한 온도 상승으로 나타났다.[05]

또한 5가지 시나리오 중 어떤 배출 시나리오를 적용하더라도 2040년까지 모두 1.5도를 초과하는 것으로 예측되었고, 이러한 온난화 증상은 강화되다가 아주 탄소를 잘 줄이면 SSP1-1.9 적용시 2080년 이후에나 감소하는 것으로 나타났다. SSP 시나리오에 따라 21세기 말까지 해수면이 28cm에서 98cm까지 상승할 수 있다고 예측되었는데, 이는 1901년부터 2018년까지의 기간 동안 연평균 1.3mm에서 3.6mm 상승률을 보였다는 것을 의미한다. 특히 표층 해수 온도는 1971년부터 2010년까지 평균적으로 0.11℃에서 0.33℃ 사이 상승했다. 산업 혁명 이후 대기 중 이산화탄소 농도의 증가로 인해 해양의 pH 수준이 감소하고 있다. 1880년 대비 2015년의 해양 pH 수준은 약 0.1 단위 감소했으며, 이는 해양 산성화가 약 30% 증가했음을 의미한다.[05]

또한 기후적응 분야에 해당되는 영향, 적응, 그리고 취약성 부문에서 기후변화로 인한 건강, 식량안보, 물 부족, 생물다양성, 도시 및 해안 지역의 취약성을 평가하였다. 극단적인 기후현상, 폭염, 가뭄, 홍수 등의 빈도와

---

22) SSP1 (지속 가능한 발전),SSP2 (중간 발전 경로),SSP3 (분열된 세계),SSP4 (불평등한 세계),SSP5 (경제 중심적 성장)이며, SSPs는 기후 변화의 물리적 영향뿐만 아니라, 사회경제적 요인을 고려하여 보다 포괄적인 기후 변화 시나리오를 제공한다.

강도가 전례 없이 높아졌으며, 인간의 복지, 건강, 경제 및 생태계에 심각한 영향을 미친다. 특히 소규모 섬, 해안 지역 등 기후변화에 취약한 지역에서 더욱 심각하며, 해양 및 육상 생태계에 미치는 영향 분석에서 생물종의 멸종 위험 증가, 서식지 변화, 해양 산성화와 같은 문제의 심각성을 밝히고 있다.

Table SPM.1 | Changes in global surface temperature, which are assessed based on multiple lines of evidence, for selected 20-year time periods and the five illustrative emissions scenarios considered. Temperature differences relative to the average global surface temperature of the period 1850–1900 are reported in °C. This includes the revised assessment of observed historical warming for the AR5 reference period 1986–2005, which in AR6 is higher by 0.08 [–0.01 to +0.12] °C than in AR5 (see footnote 10). Changes relative to the recent reference period 1995–2014 may be calculated approximately by subtracting 0.85°C, the best estimate of the observed warming from 1850–1900 to 1995–2014.
{Cross-Chapter Box 2.3, 4.3, 4.4, Cross-Section Box TS.1}

	Near term, 2021–2040		Mid-term, 2041–2060		Long term, 2081–2100	
Scenario	Best estimate (°C)	*Very likely* range (°C)	Best estimate (°C)	*Very likely* range (°C)	Best estimate (°C)	*Very likely* range (°C)
SSP1-1.9	1.5	1.2 to 1.7	1.6	1.2 to 2.0	1.4	1.0 to 1.8
SSP1-2.6	1.5	1.2 to 1.8	1.7	1.3 to 2.2	1.8	1.3 to 2.4
SSP2-4.5	1.5	1.2 to 1.8	2.0	1.6 to 2.5	2.7	2.1 to 3.5
SSP3-7.0	1.5	1.2 to 1.8	2.1	1.7 to 2.6	3.6	2.8 to 4.6
SSP5-8.5	1.6	1.3 to 1.9	2.4	1.9 to 3.0	4.4	3.3 to 5.7

5개의 배출시나리오별 지구 평균기온에 미치는 영향

선택된 20년 기간과 고려된 **5가지 예시적배출 시나리오**에 대해 여러 관측선을 기반으로 평가된 지구 표면 온도의 변화.

Part 2: 탄소중립을 위한 제도와 정책

탄소중립을 위한 온실가스 감축을 위해 유럽연합, 영국, 미국, 중국, 일본, 한국 등 세계 여러 국가들은 각자의 경제적·사회적 상황에 맞는 다양한 법제화를 진행하고 있다. 이들은 탄소 가격제, 탄소세, 배출권거래제와 같은 제도적 장치를 도입하여 온실가스 배출에 비용을 부과하고, 이를 통해 탈탄소 기술 개발과 녹색 에너지로의 전환을 촉진하고 있다. 또한, 환경, 사회, 지배구조 ESG 기준이 기업들에게 강조되면서, 기후위기 대응에 대한 기업의 책임과 참여를 확대하고 있다. 그러나 여전히 많은 국가들이 탄소중립 목표 달성에 어려움을 겪고 있으며, 기술이전, 재정지원, 국제협력 등의 글로벌 차원의 협력이 요구되는 실정이다.

이 장에서는 기후위기 대응과 탄소중립을 위해 일부 국가에서 시행 중인 대표적인 법·제도와 정책을 소개하고, 그 취지와 의미, 그리고 주요 쟁점에 대해 살펴본다.

■ 그린 딜과 EU 기후법 Green Deal & European Climate Law

그린 딜은 2019년 유럽연합이 발표한 대규모 정책 이니셔티브로, 유럽 경제를 지속 가능한 체제로 전환하고 2050년까지 탄소중립 Net-Zero을 달성하기 위한 포괄적인 전략이다. 이 정책은 경제 성장과 환경 보호를 동시에 이루기 위한 다양한 정책 및 규제 수단을 포함한다. 중요한 이슈는 기후위기 대응이 경제 발전의 걸림돌이 아니라 새로운 성장 동력이 될 수 있다는 것을 보여주려 한 점이다. 특히, 그린 딜은 전환 과정에서 기후변화의 영향을 크게 받는 지역과 산업 종사자들이 피해를 보지 않도록 정의로운 전환 Just Transition메커니즘을 포함하고 있다. 이를 통해 사회적·경제적 충격을 최소화하고, 모든 이해관계자가 공정하게 혜택을 누릴 수 있도록 하는 것을 목표로 한다. 또한, 그린 딜은 재생에너지 확대, 에너지 효율성, 순환경제 Circular Economy구축, 생물다양성 보호 등 다양한 분야에서의 혁신을 촉진하며, 유럽을 글로벌 기후 리더로 자리매김하려는 야심찬 비전을 담고 있다.

산업 부문에서는 탈탄소화를 가속화하기 위해 철강, 시멘트, 화학 등 온실가스를 다량 배출하는 주요 산업의 친환경 전환을 촉진하고, 배출권거래제 ETS의 적용 범위를 확대하며 규제를 강화하고 있다. 또한, 교통 부문에서는 전기차 보급을 확대하고, 공공 교통시스템 개선 및 대중교통 전환을 유도하는 정책을 통해 탄소 배출량을 감축하는 지속가능한 교통체계를 구축하고 있다. 농업 부문에서도 온실가스 감축과 함께 생태복원 및 생물다양성 보호를 위한 포괄적인 정책이 추진되고 있다. 건축 부문에서는 에너지 소비를 줄이고 탄소중립 건축을 실현하기 위해 기존 건물의 대규모 리노베이션을 장려하고, 신규 건물에는 고효율 에너지 시스템과 탄소 저감 기술을 적용하는 기준을 강화하고 있다.

EU는 '유럽 그린 딜 투자계획' European Green Deal Investment Plan과 '정의로운 전환 메커니즘'을 통해 총 1조 유로 규모의 재원을 조성하여[23], 공공 및

23) EU 모든 회원국이 각국의 국내총소득(GNI)에 비례하여 분담한다. 또한 탄소국경조정메커니즘(CBAM), 디지털세, 배출권거래제 등 새로운 세원이 도입되어 회원국의 부담이 완화될 수 있다.

민간 부문에서 기후중립 경제로의 전환을 촉진하는 다양한 지원 프로그램을 운영하고 있다. 이러한 재원은 특히 탄소 집약 산업 및 사회적·경제적 영향이 큰 지역의 공정한 전환을 지원하는 데 집중적으로 사용되고 있다.[06,07]

2021년 통과된 유럽연합 기후법 European Climate Law은 유럽 그린 딜의 핵심요소로, 2050년 탄소 중립 목표를 법적으로 구속력 있게 설정하고, 기후변화 대응을 위한 정책의 일관성과 추진력을 강화하는 것을 목표로 한다. 이 법에 따라 2030년까지의 온실가스 감축 목표는 1990년 대비 55% 감축으로 상향 조정되었으며, 이는 "Fit for 55" 패키지[24)]로 알려진 정책 프레임워크의 기반이 되었다. 또한, 유럽연합은 2040년까지 1990년 대비 90% 이상의 온실가스 감축을 목표로 하는 중간 목표를 검토 중에 있으며, 이를 통해 2050년 탄소 중립 목표를 달성하기 위한 노력을 가속화하고 있다.

이러한 정책들은 재생에너지 확대, 에너지 효율 증대, 산업 부문의 탈탄소화 등을 포함한 다양한 분야에서의 전환을 촉진하고 있다.

■ 배출권거래제 European Union Emissions Trading System, EU ETS ; 탄소전환 마켓, 탄소배출의 저울

EU ETS는 유럽연합의 핵심 기후 정책 수단으로, 2005년 세계 최초로 도입된 가장 규모가 큰 탄소시장이다. 온실가스 배출 감축을 위한 시장 기

24) 그린딜의 핵심 실행계획 중 하나이며, 2021년 7월 유럽연합 집행위원회가 발표한 이 패키지는 탄소 중립 목표(2050년)를 달성하기 위한 중간 단계로 마련되었다.

반의 경제적 접근 방식을 채택하며, 기업과 산업 간의 탄소 배출권 거래를 통해 온실가스 배출을 줄이는 역할을 한다. ETS는 배출 가능한 온실가스의 총량(캡)을 설정하고, 각 기업에게 배출권을 할당하는 "캡 앤 트레이드" cap-and-trade 방식으로 운영된다. 기업들은 배출권을 초과하는 배출량만큼 배출권을 구입해야 하며, 할당된 배출권보다 적게 배출할 경우 잉여 배출권을 판매할 수 있다. 배출권의 총량은 시간이 지남에 따라 점차 줄어들며, 이를 통해 전체적인 탄소 배출량을 감소시키는 것이다.[08]

주로 에너지 생산, 제조업, 항공 부문에 적용되며, 이들 산업은 유럽 내 전체 온실가스 배출량의 약 45%를 차지한다. 현재는 11,000개 이상의 발전소와 산업 시설이 이 제도에 포함되어 있다.[09] 2021년부터는 항공 부문이 포함되었으며, EU 내에서 출발하거나 도착하는 항공편에 대해 배출권이 요구된다. EU ETS는 탄소 가격을 형성하여, 기업들이 온실가스를 배출하는 데 따른 경제적 비용을 반영하도록 한다. 배출권 가격은 수요와 공급에 따라 시장에서 결정되며, 기업들이 탄소 배출을 줄이기 위한 기술을 채택할 수 있는 동기를 부여한다. EU는 Fit for 55 패키지를 통해 2030년까지 1990년 대비 55% 감축 목표를 설정하고, EU ETS를 강화했으며 이에 따라 배출권의 총량을 더욱 줄이고, 무료 배출권 할당을 축소하며, 해상 부문도 ETS에 포함하는 등 범위를 확장했다.[10]

기업들은 배출권 구매 대신 기술혁신을 통해 탄소배출을 줄이는 방법을 찾을 수 있는 동기부여가 생긴다. 높은 탄소가격이 형성되면, 기업들은 장기적으로 저탄소 기술개발에 투자하게 되고, 결과적으로 재생에너지, 에너지 효율성 향상, 친환경 기술 등의 발전을 촉진할 수 있다. 하지만 배출권 거래에서 문제점이 노출되고 지속적인 보완 및 개선을 통해 효율성을 높여야 하는 요구가 있다. 배출권 거래에서의 탄소가격은 시장에서 수요와 공급에 의해 결정되기 때문에, 가격 변동성이 큰 편이다. 초기 몇 년 동안에는 탄소가격이 지나치게 낮아서 기업들이 배출량을 줄일 동기를 얻지 못하는 문제가 발생했다. 또한 ETS의 규제가 엄격해질수록, 일부 기업들이 생산 활동을 규제가 덜한 국가로 이전하는 '탄소누출' Carbon Leakage 현상[25]이 발생한다 .이로 인해 유럽 내에서는 탄소배출이 줄어들더라도, 다른 지역에서 탄소배출이 증가할 가능성이 있는 것이다. 게다가 일부 산업, 특히 에너지 집약적 산업에 대해 상당한 양의 무료 배출권이 할당되었다. 이는 해당 산업들이 국제 경쟁력을 유지하도록 돕기 위한 조치이지만, 탄소누출을 방지한다는 명분 아래 실제로는 탄소 감축효과가 제한적일 수 있다.

ETS의 비용부담은 특정 산업에 집중되며, 특히 에너지 집약적인 산업들이 더 큰 부담을 안게 되는 불평등이 발생할 수 있다. 산업계와 소비자들이 경제적 타격을 입을 수 있는 반면, 일부 산업이나 기업들은 상대적으로 덜 영향을 받을 수 있다. ETS는 배출권 총량을 점진적으로 줄여나가는 방식이지만, 기후 과학자들과 환경 운동가들은 이 감축 속도가 충분히 빠르지 않다고 비판한다.[11] 이는 유럽연합이 2050년까지 탄소중립을 달성하기 위해 설정한 목표와 비교했을 때, 배출권의 점진적 감축이 과연 충분한지에 대한 의문을 제기한다. 이러한 문제들에도 불구하고, EU ETS는 세

---

25) 탄소누출은 엄격한 환경 규제가 없는 국가에서 저렴하게 생산된 상품이 EU로 수입되어, 규제를 준수하고 있는 EU 내 기업들이 불이익을 받는 현상을 말한다.

계적으로 가장 널리 알려진 탄소배출 규제 시스템 중 하나로, 지속적인 개혁과 개선을 통해 그 효과를 강화하고 있다.

■ 탄소국경조정제도 Carbon Border Adjustment Mechanism, CBAM ; 탄소 방어벽

EU로 수입되는 제품에 대해 그 생산 과정에서 발생한 탄소 배출량에 따라 추가적인 비용을 부과하는 제도이다. 탄소배출 규제가 느슨한 국가에서 생산된 제품들이 유럽 내 기업들과 경쟁할 때 발생할 수 있는 탄소누출 문제를 해결하기 위한 목적으로 도입되었다. 탄소누출을 방지하기 위해, 탄소 배출이 많은 국가에서 수입되는 상품에 비용을 부과하여 공정한 경쟁을 유도한다.[12] EU로 수출하는 기업들이 탄소 배출을 줄이지 않으면 CBAM에 의해 추가 비용이 발생하므로, 전 세계적으로 온실가스 감축 노력을 강화하는 압력이 될 수 있다. CBAM은 특정 상품군에 대해 수입시 탄소배출량에 따라 탄소인증서[26)]를 구입하도록 요구하며, 만약 해당 국가에서 이미 탄소세나 유사한 제도를 통해 탄소 비용을 지불했다면 그만큼 감면된다.

CBAM은 단계적으로 도입되며, 초기에는 탄소배출이 많은 특정 산업에 우선 적용된다. 2023년부터 시험 운영이 시작되었으며, 현재 적용 대상 품목은 철강, 시멘트, 비료, 알루미늄, 전력 등의 고탄소 산업 제품이다. 2026년부터는 본격적으로 전 품목에 확대 적용될 예정이다. CBAM은 기

---

26) 탄소인증서는 EU가 도입한 새로운 규제로, 수입 제품의 탄소 배출량에 따른 추가 비용을 부과하는 시스템이다. ETS에서 적용되는 배출권과 비슷한 개념으로, 탄소 배출량이 많을수록, 수입업자는 더 많은 탄소인증서를 구매해야 한다.

후위기 대응을 위한 혁신적인 무역 정책 도구로, 무역과 환경 규제를 통합한 글로벌 최초의 사례로 주목받고 있다.[13] 탄소배출 규제가 느슨한 국가의 기업들에게도 지속가능한 생산 방식을 선택하도록 압박하며, 기후위기에 대응하는 글로벌 협력의 일환으로 작용할 수 있다.

독일

● 재생에너지법 Erneuerbare-Energien-Gesetz, EEG

독일의 에너지전환 정책인 "에네르기벤데 Energiewende"의 핵심이다. 2000년 처음 도입된 이 법은 기후위기에 대응하고, 독일의 에너지 시스템을 탈 탄소화하여 화석연료 의존도를 줄이는 것이며, 재생에너지 생산 촉진과 전력망에 재생에너지를 우선적으로 공급하는 법적 장치라고 할 수 있다.

EEG 제정시 법안의 핵심은 재생에너지로 생산된 전력을 우선적으로 전력망에 연결하고, 일정한 고정가격을 보장해 주는 발전차액지원제도 Feed-in Tariff, FIT였다. 이로 인해 태양광, 풍력, 바이오매스, 수력 등의 에너지원에서 발전된 전력이 안정적으로 수익을 창출할 수 있게 되었고, 발전소 운영자는 일정기간 동안 고정된 가격을 통해 수익을 보장받을 수 있기 때문에 재생에너지에 대한 투자가 촉진되었다.[14] 2014년 이후부터는 점진적으로 비용을 절감하면서도 재생에너지의 비율을 지속적으로 확대하기 위해 고정된 매입 가격 대신, 재생에너지 프로젝트들이 경매제를 통해 가격을 책정받는 방식으로 전환되었다. 재생에너지 비율을 2030년까지 65%, 2050년까지 80% 이상으로 확대하는 것을 목표로 하는 독일에서 EEG는 중요한 법 제도적 틀을 제공한다.

재생에너지 지원을 위해 전력 소비자들에게 EEG 부담금을 부과한다. 이 부담금은 전기 요금에 포함되며, 이를 통해 재생에너지 전력 생산자들에게 보조금을 지급하는 재원을 마련한다. 이 부담금은 시간이 지나면서 변동되며, 비용 분배 방식에 대해 논란이 있었지만, 에너지 전환 정책을 지원하는 중요한 재정적 메커니즘으로 작용하고 있다. EEG 덕분에 독일의 재생에너지 발전 비율은 크게 증가했으며, 2020년 기준으로 독일 전력의 약 46%가 재생에너지에서 생산되었다. 하지만 EEG 부담금은 주요 논쟁거리이기도 하다. 전기 요금에 대한 불만이 제기되고 있으며, 부담금의 조정 및 대안이 논의되고 있다 전력 소비자들에게 추가적인 부담이며 산업계의 일부에서는 전력 비용 상승에 대한 우려가 제기된다. 또한, 재생에너지원, 특히 풍력과 태양광은 자연 조건에 따라 전력 생산이 변동될 수 있다. 이로 인해 전력망 안정성이 저하될 수 있다는 우려가 제기되며, 저장기술 및 유연한 전력망의 필요성이 강조된다.

독일은 이를 해결하기 위해 배터리 저장 기술 및 스마트 그리드 도입을 확대하고 있다. EEG 개정 이후 발전차액지원제도 Feed-in Tariff, FIT 방식에서 경매제로 전환되면서, 재생에너지 생산 단가가 하락하고 경쟁력이 높아졌다. 그러나 소규모 발전 사업자들은 경매제를 통해 가격 경쟁에 어려움을 겪을 수 있어, 중소기업에 대한 지원책이 필요하다는 목소리가 나오기도 한다. 특히 에너지 집약적인 산업들은 국제 경쟁력을 유지하기 위해 일부 무료 할당이나 추가적인 보조금을 요구하고 있다.[15] EEG는 독일의 재생에너지 확대 및 기후 목표 달성을 위한 핵심 법안이지만, 전력 비용, 에너지 공급 안정성, 소규모 발전 사업자 보호 등의 쟁점들이 남아 있다. 앞으로도 이러한 이슈들을 해결하기 위한 법 개정 및 정책 조정이 뒤따를 것으로 보인다.

● 발전차액지원제도 Feed-in Tariff, FIT

FIT는 독일의 재생에너지법의 중요한 핵심요소 중 하나이다. 재생에너지를 생산하는 기업이나 개인에게 고정된 가격으로 장기간(보통 20년간) 재생에너지로 생산된 전력을 전력망에 판매할 수 있도록 보장해주는 제도이다. 재생에너지 투자가 안정적으로 이루어질 수 있게 하고, 재생에너지 시장의 성장을 이끌어왔다. 재생에너지 생산자는 법으로 정해진 고정된 가격으로 전력을 판매할 수 있으며 이 가격은 화석연료로 생산된 전기보다 일반적으로 높게 책정되어 재생에너지 투자가 수익성을 보장받는다. 재생에너지 생산자는 20년 동안 고정된 가격을 받을 수 있기 때문에, 긴 시간 동안 안정적으로 수익을 예상할 수 있다. 재생에너지는 전력망에 우선적으로 공급되며, 이는 화석연료 기반 발전소보다 재생에너지가 먼저 전력망에 진입할 수 있도록 보장한다.

독일은 2014년부터 EEG의 일부 내용을 수정해, 발전차액지원제도에서 경매제도 Auction System로 전환하는 과정을 거쳤다. 이 제도는 재생에너지 개발자들이 경쟁을 통해 발전 단가를 제시하고, 가장 저렴한 가격을 제시한 사업자에게 지원을 제공하는 방식이다. 이로 인해 재생에너지 비용이 하락하고, 시장 경쟁을 촉진하는 효과를 기대하고 있다. 그러나 여전히 작은 규모의 재생에너지 사업이나 자가 소비용 에너지 생산에 대해서는 발전차액지원제도가 유지되고 있다.[16] 따라서, 발전차액지원제도는 독일의 EEG의 초기 핵심 제도였으며, 현재는 일부가 경매제도로 대체되었으나 여전히 재생에너지의 중요한 지원 방식으로 남아 있다.

● 탄소세 CO_2-Preis

2021년 독일은 특정 부문에 대한 탄소세를 도입했다. 이 제도는 교통, 건물 난방, 산업 부문에서 사용되는 화석연료에 대해 톤당 이산화탄소 배출량에 따라 가격을 부과하는 것을 의미한다. 기업과 가정이 화석연료 사용을 줄이고, 재생에너지 및 효율적인 에너지 사용을 장려하는 것이 목적이다.

탄소세는 주로 난방용 연료와 교통 부문에 적용된다. 즉, 석유, 천연가스, 석탄 등 화석연료를 사용하는 경우에 이산화탄소 배출량에 따라 가격이 매겨진다. 전력 부문은 이미 EU 배출권 거래제의 적용을 받고 있어 탄소세는 주로 교통과 난방 부문에 집중되어 있다. 2021년 도입시에는 톤당 25유로로 시작하여, 2025년까지 톤당 55유로로 단계적으로 인상될 예정이다. 이후에는 시장 기반 가격 책정이 도입되어 배출권의 수요와 공급에 따라 가격이 결정될 것이다.[17] 탄소세는 연료 가격을 상승시키므로, 소비자들의 에너지 비용이 증가할 수 있다. 이로 인해 경제적 부담이 발생할 수 있으며, 특히 저소득 가구와 에너지 집약적 산업에 대한 추가적인 지원이 필요할 수 있다. 탄소 가격이 높아지면서 에너지 전환이 가속화되지만, 이 과정에서 사회적 불평등 문제와 국제 경쟁력에 미치는 부정적 영향이 야기된다. 독일의 에너지 집약적 산업이 해외의 규제가 덜한 국가들과 경쟁할 때 비용 부담이 커질 수 있다.[18]

독일 정부는 탄소세 수입을 저소득층 가정이나 중소기업을 지원하는데 사용하고 보조금 및 세금 환급을 통해 에너지 비용 상승에 따른 부담을 완화하려고 한다. 또한 탄소누출 문제를 해결하기 위해, CBAM을 EU 차원에서 도입하고 있다. 이를 통해 탄소배출이 많은 국가에서 수입되는 제품에 추가 비용을 부과함으로써 국내 기업의 경쟁력을 보호하고, 탄소배출이 적은 제품이 더 공정하게 경쟁할 수 있도록 한다. 에너지 집약적 산업에는 재정적 지원을 제공하여, 그들이 재생에너지로 전환하거나, 더 에너지 효율적인 기술을 도입할 수 있도록 장려할 수 있다.

탄소세의 부담을 줄이기 위해서는 소비자와 기업이 에너지 효율을 높이고 재생에너지를 더 많이 사용할 수 있는 환경을 조성하는 것이 중요하다. 독일은 이미 에너지 효율 개선 프로젝트와 재생에너지 보급 확대를 통해 이러한 목표 달성하려고 노력하고 있다.

● 부활절 패키지 Wind-an-Land-Gesetz

독일의 부활절 패키지는 2022년에 도입된 법안으로, 독일의 에너지 전환 Energiewende을 가속화하고 2045년까지 기후중립을 달성하기 위한 핵심 개혁 법안이다[27]. 2030년까지 전력 생산의 80%를 재생에너지로 충당하는 것이 핵심 의제이다. 2030년까지 최소 115GW의 육상풍력 발전과 215GW의 태양광 발전을 이루어야 한다. 육상풍력과 해상풍력 모두 확장을 목표로 하고 있으며, 2030년까지 해상풍력 발전 용량을 30GW로 늘리고, 2045년까지는 70GW로 확대할 계획이다.[19]

소규모 태양광 발전소에 대한 인센티브와 보조금이 강화되었으며, 특

27) 독일 연방 경제·기후 보호부 BMWK 주도로 발의된 법안이며 로베르트 하벡 장관이 이끄는 녹색당이 주도했다.

히 지붕에 설치되는 태양광 패널에 대한 보조금을 높였다. 개인, 농장주, 사업체들이 태양광 설비를 설치하고, 초과 전력을 전력망에 공급하는 것이 용이해졌다. 재생에너지를 통합하기 위해 전력망을 확장하고 현대화하는 계획과 전력망 확장의 승인 절차를 간소화하는 방안을 포함하였다.[21] 이 법안은 독일의 기후목표 달성을 위한 중요한 전환점으로 평가되지만, 일부에서는 목표가 지나치게 야심 차거나 규제 문제를 충분히 해결하지 못했다는 비판도 제기되었다.[20] 풍력과 태양광 발전 시설의 급격한 확대가 필요하지만, 이 목표를 달성하기 위한 현행 허가 절차가 여전히 매우 느리다는 점이 꾸준히 지적되고 있다. 특히, 풍력 발전소의 설치가 지역 주민의 반대, 환경 보호 문제 등으로 지연되는 경우가 많다.[22] 재생에너지 발전량이 늘어남에 따라 전력망의 현대화와 확장은 필수적이다. 그러나 독일의 전력망 확장은 이미 몇 년 동안 목표를 달성하지 못했고, 인프라 확장을 가속화해야 한다는 목소리가 많다. 허가 절차를 간소화하고 전력망 확장 프로젝트를 신속히 처리할 필요성이 강조되고 있다.[21]

부활절 패키지의 또 다른 쟁점은 자연 및 환경보호와 재생에너지 확장 간의 충돌이다. 풍력터빈 설치와 같은 프로젝트가 생태계를 해치지 않도록 하려는 노력을 계속하고 있지만, 환경보호 규정과 재생에너지 목표 간의 균형을 맞추는 것이 쉽지 않다. 풍력 및 태양광 발전소가 지역사회에 미치는 영향을 둘러싸고 지역 주민들과의 갈등이 적지 않다. 주민들이 재생에너지 프로젝트에서 혜택을 직접적으로 누릴 수 있도록 하는 방안과 참여에 의한 금전적 혜택을 받을 수 있는 기회 마련이 해법 중 하나이다.[24]

부활절 패키지는 독일의 기후 정책이 국제적으로 중요한 모델이 될 수 있음을 시사한다. 다른 국가들도 독일의 재생에너지 확대 및 에너지 전환 정책을 참고하여 자국의 기후 목표를 달성하기 위한 전략을 마련한다. 독일이 기후중립을 달성하고 재생에너지를 확대하는 데 중요한 발판이 되지만, 허가 절차, 전력망 확장, 환경보전과 같은 쟁점 해결이 지속적인 도전 과제가 될 것이다.

● 육상풍력 발전법 Wind-an-Land-Gesetz

이 법은 부활절 패키지의 일환으로, 독일 내 육상 풍력 발전을 촉진하기 위해 특별히 마련된 법안이다. 각 연방주가 2032년까지 최소 2%의 토지를 육상 풍력 발전에 할당하도록 규정하고 있다. 또한 풍력 발전 설치를 가속화하기 위해 허가 절차를 간소화하고, 환경 보호와 야생동물 보호를 동시에 고려하는 내용을 포함하고 있다.[21] 독일에서 2030년까지 재생에너지 비율 80%를 달성하기 위해서는 풍력발전의 확대가 필수적이나, 일부 지역에서는 풍력기 설치에 대한 허가 절차가 복잡하고, 주민 반대나 환경적 요인으로 인해 설치 속도가 더디게 진행되어 왔다. 독일 정부는 풍력기 설치를 촉진하기 위해 각 주별로 2032년까지 최소한 2%의 토지를 풍력 발전 설치 용도로 할당해야 한다는 법적 의무를 도입했다. 이를 통해 주마다 풍력발전의 비율을 높이고, 설치 부지를 확보하는 과정을 간소화하려는 것이다. 이 법은 2022년에 의회를 통과되었으며, 각 주의 지리적, 경제적, 사회적 상황에 따라 설치 목표가 다를 수 있지만, 법적으로는 모든 주가 2%를 목표로 설정되었고 각 주의 상황에 맞는 유연한 정책 적용이 가능하도록 하였다. 풍력발전 설치가 늘어남에 따라 환경적 영향을 최소화하려는 노력도 병행되고 있다. 야생동물 보호구역이나 환경 민감 지역에 대한 보호를 유지하면서도 풍력발전 설치가 가능하도록 부지 선정에 신중성

을 기하고 있다.[20]

또한 이 법에서 주민의 참여와 수익 공유를 중요하게 다룬다. 지역주민들이 풍력발전에 직접 참여하거나, 발전소 운영으로 인한 수익을 공유할 수 있는 구조를 마련하여 풍력발전에 대한 수용성을 높이려는 정책이 병행되고 있다. 이를 통해 주민 수용성을 개선하고 지역 경제에 도움이 되는 방식으로 풍력발전이 자리 잡을 수 있도록 지원하고 있다.

영국

● 재생에너지 지원제도: 의무제도와 차액계약제도[28)]

Renewables Obligation, RO & Contracts for Difference, CfD

2002년에 도입된 재생에너지 '의무제도' Renewables Obligation, **RO**는 전력 공급업체들이 재생에너지로 생산된 전력을 일정 비율 이상 구매하도록 법적으로 의무화한 제도이다. '의무 할당제'라고도 한다. 영국 내에서 재생에너지 발전을 장려하고, 탄소배출을 줄이기 위한 중요한 정책 도구 중 하나이다. 2017년에 종료되었으나, 이전에 참여한 프로젝트는 여전히 혜택을 받는다.

전력 공급업체들은 매년 전체 전력 공급량의 일정 비율을 재생에너지로 충당해야 한다. 이 목표를 달성하기 위해, 전력 공급업체는 ROCs Renewables Obligation Certificates라는 인증서를 구매해야 하고 인증서는 재생에너지 발전소에서 생산된 전력에 대해 발급된다. 재생에너지 발전소는 자신들이 생산한 전력량에 따라 ROC를 발급받으며 전력 공급업체는 이러한 인증서를 구매함으로써 재생에너지 사용 의무를 충족할 수 있다. 전력 공급업체가 필요한 ROC 수량을 충족하지 못할 경우, 그들은 벌금 buy-out payment을 지불해야 하고 모인 벌금은 ROC를 보유한 공급업체들에게 다시 분배되므로, 재생에너지를 사용한 업체가 추가적인 혜택을 얻을 수 있는 구조이다.

---

28) 재생에너지 의무 제도 RO는 주로 영국의 전기법인 Electricity Act 1989에 근거하며, 차액제도 CfD는 에너지법 Energy Act 2013에 근거한다.

RO는 영국에서 풍력, 태양광, 바이오매스 등의 재생에너지 발전소 건설을 적극적으로 유도하며, 재생에너지 비중을 크게 늘리는 데 기여했으나, 2017년 이후로는 RO 제도를 대신하여 '차액계약제도' Contracts for Difference, CfD 가 도입되었다. CfD는 재생에너지 발전소에 고정된 전력구매 가격을 보장해 주는 제도이다. 전력시장에서 발전소와 정부 간에 고정된 전력 가격을 보장하는 계약으로, 시장가격과의 차이에 따라 보전하거나 환불하는 방식으로 운영된다. 발전소 운영자에게 더 안정적인 수익을 제공하여 재생에너지 투자를 촉진한다. 하지만 CfD 계약은 시장가격과 고정가격 간의 차액을 보전하거나 반환하는 구조로 인해 계약 구조가 복잡하고 투명성이 부족하다는 비판을 받기도 한다. 특히, 중소 발전사업자들은 이러한 복잡성으로 인해 CfD 경매 참여에 어려움을 겪고 있다. 가격 경쟁에서 상대적으로 규모가 작은 사업자들은 불리한 입장에 놓이게 되며, 공정한 경쟁이 이루어지기 어렵다는 우려가 있다. 또한 기후 조건에 따른 발전량의 변동, 저장 기술과 유연한 전력망의 확보 등의 문제, 특히 정부 보조금 형태로 운영되기 때문에, 정부재정에 대한 부담이 커질 수 있으며 특히 재생에너지와 저탄소 전력 비중이 커질수록 보조금 지출이 증가하며, 이로 인해 장기적으로 정책의 지속가능성에 대한 의문이 제기되기도 한다.

중소기업에 대한 기술적, 재정적 지원을 강화함으로써 공정한 경쟁을 촉진할 수 있어야 하며 경매 과정에서 소규모 프로젝트와 대규모 프로젝트를 구분하거나, 특정 발전원의 비중을 높이는 방식으로 경매구조 개선을 추진할 수 있다. 앞서 독일 사례에서 보았듯이 재생에너지의 불확실성을 극복하기 위해서는 에너지 저장 기술과 스마트 그리드와 같은 전력망 인프라 개선이 필수적이다. 정부 재정 부담을 줄이기 위해, CfD 정책과 함께 탄소세와 탄소 국경조정 메커니즘과 같은 시장기반 정책을 병행하여 운영할 수 있다. 이를 통해 전력시장의 부담을 나누고, 장기적인 지속가능성을 기대할 수 있다.

● 탈석탄 정책-석탄발전소 폐쇄

영국은 2008년 기후변화법을 통해 탈탄소화 목표를 설정했으며 2019년 개정을 통해 석탄 발전을 중단하고, 2050년까지 탄소중립 목표를 달성하는 것을 밝혔다. 2012년 석탄이 영국 전력의 39%를 차지했으나, 이 비율은 급격히 감소하여 2024년에는 완전히 0%가 되었다. 2013년 영국 정부는 최소 탄소가격제를 도입하여, 석탄발전의 경제성을 악화시켰다. 석탄은 가스 및 재생에너지보다 더 비싼 에너지원이 되었고, 석탄발전소는 더 이상 경제적으로 유지될 수 없었다. 또한, 2016년의 대기오염 제한 규정은 석탄 발전소가 더 이상 경제적으로 운영되지 않게 만들었다.[25]

영국 정부는 해상풍력 발전에 대한 강력한 지원을 통해 재생 에너지를 빠르게 확대했다. 2019년의 해상풍력 부문 협약 Offshore Wind Sector Deal은 해상풍력 산업을 국가의 주요 에너지 공급원으로 자리잡게 했으며, 장기적인 자금 지원과 연구개발을 통해 성장했다. 전력망의 혁신적 투자는 재생에너지의 효율적인 배치와 사용을 가능하게 했다. 영국은 2010년부터 송전망 업그레이드를 시작했으며, 2022년에는 장기적인 전력망 업그레이드 계획을 발표하여 추가적으로 21GW의 청정 전력을 연결할 수 있는 방안을 제시했다. 그리고 2024년 10월 1일, 마지막 석탄발전소 Ratcliffe-on-Soar를 폐쇄했다. 이로써 영국은 G7 국가 중 최초로 석탄 발전을 완전히 중단한 나라가 되었다. 이번 폐쇄는 영국의 석탄 의존도를 빠르게 줄여온 정책의 일환으로, 2012년에 전력의 40%를 차지하던 석탄 발전이 2024년에 이르러 0%로 완전히 사라졌다.[26] 3년 전인 2021년 6월 30일, 영국 에너지 기후변화 장관이 영국은 계획보다 1년 앞당겨 더 이상 석탄을 사용하여 전기를 생산하지 않을 것이라고 발표한 바 있었다.[29)]

영국의 석탄발전 종료는 풍력과 태양광 발전의 큰 성장을 통해 가능했다. 2012년부터 2023년까지 풍력발전은 315% 증가하여 62테라와트시 TWh를 추가 생산했고, 태양광 발전은 75TWh로 증가했다. 이를 통해 약 2,800만 톤의 석탄을 대체하였으며, 2023년 석탄 가격을 기준으로 약 29억 파운드의 비용 절감을 달성했다. 글로벌 싱크탱크인 엠버의 프랭키 메이오는 "영국은 석탄 없는 전력 시대를 열었으며, 이로 인해 대규모 오염원을 재생 가능 에너지원으로 전환하는 데 성공했다"고 강조한다. 앞으로도 청정 전력 시스템을 구축하기 위한 노력이 계속될 것이며, 이를 통해 수입 가스에 대한 의존도를 줄이고 에너지 비용을 낮추며 경제 전체의 탈탄소화를 지원할 것[26]이라고 한다.

영국의 마지막 석탄 발전소 폐쇄와 석탄 의존도의 완전한 종식은 2012년 이후 진행된 빠른 탈석탄 과정의 결실이라는 평가를 받는다. 이 과정에서 전력 부문의 배출량이 75% 감소하였으며[30)], 이제 풍력과 태양광 발전

29) 에너지 및 기후변화 장관 앤-마리 트레벨리언(Anne-Marie Trevelyan)은 Powering Past Coal Alliance(PPCA) 유럽 라운드테이블에서 석탄 발전 종료 일정을 발표했다. London Climate Action Week의 일환으로 진행되었으며, 영국이 석탄 발전을 2024년 10월 1일까지 종료하겠다는 계획을 강조하는 자리였다.[08]

30) 영국의 전력 부문 탄소 배출량은 2012년 1억 6천만 톤에서 2023년 4천 1백만 톤으로 74% 감소했으며, 이는 영국의 연간 온실가스 배출량의 두 배 이상에 해당하는 양을 줄인 것이다.[07]

이 그 자리를 차지하게 되었다.

● 탄소가격제 Carbon Price Floor

영국은 2013년부터 전력 부문에서의 탄소 배출에 대해 최소 가격을 부과하는 탄소가격제 CPF를 도입했다. CPF는 영국 정부가 석탄과 같은 고탄소 연료에서 재생에너지로 전환을 가속화하기 위해 설정한 최소 탄소가격을 말한다. 이 제도는 전력 생산시 발생하는 온실가스 배출에 대해 톤당 최소 가격을 책정해 탄소배출 비용을 높이고, 저탄소 전력 생산으로의 전환을 유도하며 석탄 발전의 경제성을 낮추는데 기여하였다는 평가를 받는다.

탄소가격이 낮게 형성되는 경우에도 최소한의 탄소가격을 보장하여, 탄소배출의 진정한 사회적 비용을 반영하고, 탄소 집약적인 에너지원이 더 비싸지게 하여 재생에너지로 전환할 수 있는 경제적 동기를 부여하는데 기여한다.[27] CPF는 유럽 배출권 거래제의 탄소가격에 더해지는 형태로 운영된다. 만약 ETS 탄소가격이 일정 수준 아래로 떨어지면, 영국 정부는 그 차액을 CPF로 채워 탄소배출 비용을 높인다. 이를 통해 전력 생산자들이 재생에너지원을 선택하도록 유도한다.[28]

CPF는 석탄 발전을 줄이는 데 큰 영향을 미쳤다. 2015년 이후, 석탄 발전의 경제성이 악화되면서 영국의 석탄 사용이 급격히 감소했으며, 그 결과 전력 부문의 탄소배출량이 크게 줄었다. 석탄 발전소들은 점차적으로 폐쇄되거나 다른 연료로 전환되었고, 재생에너지가 이를 대체하게 되었다.[29] CPF 제도는 영국이 석탄 발전을 단계적으로 종료하고 재생에너지로 빠르게 전환하는 데 기여한 주요 정책 중 하나이다.

● 건축물 에너지 성능 인증 Energy Performance Certificates, EPC

건물의 에너지 효율성을 평가하는 제도이다. EPC는 주거용 및 상업용 건물에 대해 발행되며, 건물이 얼마나 에너지를 효율적으로 사용하는지, 그리고 이를 개선하기 위한 제안을 포함한다.

EPC는 A부터 G까지의 에너지 등급을 사용하며, A는 가장 에너지 효율이 높은 등급을 의미하며, G는 가장 효율이 낮은 등급을 나타낸다. 이를 통해 건물 소유자나 잠재적 구매자, 임차인들이 해당 건물이 얼마나 에너지를 효율적으로 사용하는지 쉽게 이해할 수 있다. EPC는 건물 판매나 임대 시 필수적으로 제공되어야 하며, 발행된 후 10년간 유효하다. 만약 건물을 임대하거나 판매할 계획이 있다면 EPC를 소유하지 않는 경우 법적 문제가 발생할 수 있다.[30] EPC는 단순히 에너지 등급을 제공하는 것에 그치지 않고, 에너지 효율을 향상시키기 위한 구체적인 제안을 포함한다. 이는 보일러 교체, 단열재 추가 설치, 이중창 도입 등의 방법을 제안할 수 있으며, 이를 통해 건물의 에너지 효율을 개선하고 에너지 비용을 절감할 수 있다.[31]

최소 에너지 효율 표준 Minimum Energy Efficiency Standards, MEES라는 법적 요건에 따라, 임대용 건물은 최소한 E 등급 이상을 받아야 한다. 영국 정부가 건물의 에너지 효율을 높이고 탄소 배출을 줄이기 위한 목표의 일환이며 2025년부터는 이 기준이 더 강화될 예정이다.

미국

● 인플레이션 감축법 Inflation Reduction Act, IRA

이 법은 2022년 8월 16일 조 바이든 대통령이 서명한 법안으로, 기후위기 대응를 포함하여 의료비 절감, 세금개혁, 재정적자 감축 등 미국 경제의 여러 측면에서 긍정적인 변화를 촉진하고자 하는 광범위한 법률이다. 특히 IRA는 기후위기 대응을 위한 투자 법안으로, 청정에너지 및 재생에너지 분야에 약 3,690억 달러라는 역대급 투자계획을 세웠으며[32], 태양광, 풍력, 전기차 등 청정에너지 및 친환경 기술 개발을 지원하고, 기존 화석연료 기반 시설을 청정에너지로 전환하는 지원책 마련하여, 2030년까지 미국의 온실가스 배출량을 2005년 대비 40% 줄이는 것을 목표로 하였다.[32,33]

IRA는 태양광, 풍력, 수소, 배터리, 전기차 등 에너지 인프라를 탈탄소화하고, 청정에너지 산업을 육성할 수 있도록 법적 기반의 역할을 한다. 재생에너지에 대한 보조금과 세액공제를 통하여, 새로운 인프라 건설과 기존 발전소를 업그레이드하는 자금을 지원한다. 전력망의 안정성을 높이고 재생에너지의 효율적 활용을 위한 배터리 및 에너지 저장 기술에 대한 투자와 청정수소 생산을 위한 인센티브가 포함되어 있다.

특히 소비자들이 새로운 전기차를 구매할 때 최대 7,500달러의 세액 공제, 중고 전기차 구매 시에도 최대 4,000달러까지 혜택을 주는 규정이 포함되어 있다.[34] 다만, 이 공제는 북미에서 제조된 배터리를 사용한 전기차에 한정되어 있다. 가정에서 사용하는 에너지를 절약하기 위해 난방, 냉방, 단열 등에서 효율성을 개선하는 장비 및 기술에 대한 세액 공제와 리베이트를 제공한다. IRA는 탄소 포집 및 제거 기술 CCUS개발을 지원하는 중요한 인센티브를 포함하고 있다. IRA는 기후위기로 인해 소외된 지역사회를 지원하는 조치도 포함하고 있다. 저소득층 및 기후변화의 피해를 보는 지역사회에 청정에너지 접근성을 높이고, 이러한 지역의 기후 복원력을 강화하기 위한 자금을 지원한다. 에너지 전환 과정에서 과거에 화석 연료 산업에 의존하던 지역사회가 경제적 피해를 받지 않도록, 청정에너지 일자리를 창출하고 새로운 경제 기회를 제공하는 프로그램이 포함되어 있다.

IRA는 긍정적인 효과를 창출한다지만, 몇 가지 문제점들이 여전히 남아 있다. 재생에너지와 전기차 보급을 촉진하고 있지만, 실제로 이 법안을 효과적으로 시행하는 데 여러가지 행정적, 실행적 문제가 발생하고 있다. 인프라 확충, 규제 승인 과정, 현장 설치 등이 지연되고 있는 경우가 많다. 유럽에서도 이와 유사한 갈등 사례를 볼 수 있는데, 대규모 태양광, 풍력 발전소와 같은 프로젝트는 환경 평가와 지방 정부의 승인을 받아야 하는데, 복잡한 규제 절차로 인해 프로젝트가 지체되는 경우가 적지 않다. 재생에너지가 빠르게 확산되면서 이를 효율적으로 관리할 수 있는 전력망의 통합 및 개선이 필수적이나 미국의 전력망은 현재 재생에너지 수용 능력이 부족하여, 이를 개선하는 데 상당한 시간이 소요되고 있다[35].

IRA는 미국 내 청정에너지 기술의 제조를 장려하지만, 공급망 부족과 생산 능력 한계가 문제로 대두되고 있다. 전기차 배터리와 태양광 패널, 풍력 터빈 제조에 필요한 희토류 및 기타 필수 원자재의 공급망이 제한적이다. 특히, 미국은 이러한 원자재의 상당 부분을 중국에 의존하고 있어 공급망 불안정이 우려된다. 전기차 보급 속도에 비해 미국 내 배터리 제조 능력 및 공급망이 아직 충분히 갖춰지지 않았으며, 관련 제조 시설의 구축에 시간이 필요하다. 또 하나의 쟁점은 정치 분야이다. IRA는 민주당 주도로 통과된 법안으로, 정치적 양극화와 관련된 문제를 안고 있다. 특히 공화당이 지배적인 주에서는 IRA의 기후변화 대응 조치나 재정 지원 프로그램에 대해 반발이 이어지고 있다. 일부 주에서는 여전히 화석연료 산업이 중요한 경제적 역할을 하고 있기 때문에, IRA로 인해 이 지역 경제가 타격을 받을 수 있다는 우려가 있다.

IRA는 청정에너지 프로젝트와 인프라 투자에 대해 강력한 인센티브를 제공하고 있지만, 그 혜택이 지역 간 불균형하게 분포되고 있다는 비판도 있다. IRA의 일부 조항은 국제무역 갈등을 촉발할 가능성이 있다. 특히 EU와 한국, 일본 등 주요 무역 파트너들은 IRA의 전기차 구매 인센티브가 보호무역주의 성격을 띤다고 비판하고 있다. 북미에서 제조된 배터리와 부품을 사용하는 전기차에만 세액공제를 제공하는 규정이 무역 갈등을 일으키고 있다. 이로 인해 유럽과 아시아의 전기차 및 배터리 제조업체들이 미국 시장에서 불리한 위치에 놓였다.[36]

미국은 2021년 바이든 행정부가 주도하여 파리협정에 따른 국가온실가스감축목표 NDC로 2030년까지 2005년 대비 50~52% 감축을 국제사회에 선언했다. IRA의 40% 감축 목표는 미국의 NDC 목표를 달성하기 위한 중요한 기초이지만, IRA만으로는 NDC 목표에 도달할 수 없다. 미국 정부는 IRA와 함께 다른 연방 정책, 규제, 주정부와 민간 부문의 노력, 기술 혁신 등 추가적인 기후 정책들을 통해 NDC 목표를 달성하고, 국제사회에서 기후위기 대응을 위한 리더십을 유지하는 데 주력할 필요가 있다.

2025년 1월 트럼프 정부가 출범함에 따라 IRA 추진의 큰 변화가 예상된다. 공화당은 그동안 IRA를 비효율적이고 과도한 지출을 유발하는 법안으로 간주하며, 특히 기후변화 관련 조항과 대기업 대상 세금 인상을 강하게 비판해 왔다. 트럼프 정부는 전통적으로 화석 연료(석탄, 석유, 천연가스) 산업을 지원하는 정책을 추구했으며, 청정 에너지 전환보다는 에너지 자립과 경제 성장을 우선시하는 경향이 있다. 공화당이 대통령직과 함께 상원과 하원을 모두 장악할 경우, IRA의 주요 조항을 폐지하거나 수정할 가능성이 높아질 것이다. 하지만 IRA의 많은 조항(청정 에너지 인센티브 등)은 이미 실행 중이며, 이를 되돌리기 위해서는 새로운 입법 과정이 필요하며 이는 시간과 정치적 자원이 많이 소요될 수 있다. 많은 청정 에너지 프로젝트는 주 정부와의 협력을 통해 진행되고 있으며, 공화당 정부가 이를 일괄적으로 중단하기는 어려울 수 있다.

트럼프 정부의 출범으로 공화당은 IRA를 부분적으로 폐지하거나 수정하려 할 가능성이 높지만, 정치적 역학, 여론, 그리고 이미 진행된 프로젝트의 영향력을 고려할 때 완전한 폐지는 어려울 수 있다.

Part 3: 기후적응사회로 가는 길

■ 기후변화 적응을 위한 방식

기후위기 적응이란 기후위기에 대한 취약성을 줄이고 기후위기로 인한 건강피해와 자연재해에 대한 적응역량과 회복력을 높이는 등 현재 나타나고 있거나 미래에 나타날 것으로 예상되는 기후위기의 파급효과와 영향을 최소화하거나 유익한 기회로 촉진하는 모든 활동을 말한다.[31)]

파리협정 제7조는 기후변화 적응의 방향, 당사국의 역할, 적응 절차 등을 명시하고 있으며, 기후변화로 인해 전 지구적으로 발생하고 있는 폭염, 가뭄, 폭우, 홍수, 한파, 해수면 상승, 생물다양성 손실, 식량 위기, 취약계층 보호 등의 영향을 분석하여 피해를 최소화하는 것을 목표로 한다. 지구온난화의 주범인 온실가스 배출을 줄이는 '감축'만큼이나, 이미 배출된 온실가스로 인해 급변하는 기후에 대비해 '적응'하는 것도 중요하며, 이는 생존의 문제와 직결된 과제라 할 수 있다. 그러나 기후위기 대응에서 '적응'은 '감축'만큼 주목받지 못하고 상대적으로 덜 인지되고 있는 것이 현실이다. 국제사회는 여전히 '감축'을 중심으로 논의를 전개하는 경향이 있으며, '적응'에 대한 관심과 지원은 상대적으로 부족한 상황이다. 이는 특히 기후변화에 가장 취약한 개도국과 소규모 섬 국가들에게 더 큰 부담으로 작용하고 있다.

---

31) 「기후위기 대응을 위한 탄소중립·녹색성장 기본법」 제2조의 11, IPCC 6차 보고서에서는 '기후변화로 인한 영향을 고려하여, 인간 및 자연시스템이 현재 또는 예상되는 위험을 완화하거나 기회에 대응하기 위해 변화하는 과정'으로 설명한다.

최근 들어 기후변화의 영향이 더욱 가속화되면서 '적응'의 중요성이 점차 부각되고는 있으나, 여전히 재정 지원, 기술 이전, 역량 강화 등의 측면에서 국제적 협력이 미흡한 실정이다. 파리협정의 목표를 달성하기 위해서는 '감축'과 '적응'을 동등하게 중요시하며, 두 가지 전략을 통합적으로 추진하는 것이 필수적이다. 특히, 취약계층 보호와 생태계 복원, 지속 가능한 농업 및 물 관리 등 구체적인 적응 정책의 실행이 시급한 과제로 대두되고 있다.

기후위기 대응을 위해서는 '감축'과 '적응'을 균형 있게 다루는 국제사회의 노력이 필요하며, 이를 위해 선진국과 개도국 간의 협력과 지원 체계를 더욱 강화해야 할 것이다.

■ 기후적응이 덜 주목받는 이유?

국제사회는 기후위기 대응의 초점을 주로 온실가스 감축에 두고 있는데, 이는 기후변화의 근본 원인인 인위적 온실가스 배출을 직접적으로 억제함으로써 장기적인 안정화를 달성하는 것이 더 효과적이라는 과학적·정책적 인식에 기반한다. IPCC의 제6차 평가보고서(AR6) 등 주요 국제문헌에서도 강조되듯, 감축은 전 지구적 온실가스 농도 안정화와 지구 평균 기온 상승 제한(예: 1.5℃ 목표)을 위한 핵심 전략으로 자리매김해 왔다. 이에 따라 지금까지의 당사국총회와 협약 논의는 온실가스 감축 목표 설정, 이행 메커니즘, 그리고 NDC의 강화에 중점을 두어 왔으며, 이는 전지구적 협력과 정책적 추진력을 요구하는 특성을 반영한다. 반면, 적응adaptation은 기후변화의 불가피한 영향을 최소화하기 위한 지역·국가 차원의 대응으로 간주되는 경향이 강해, 국제적 논의에서 상대적으로 후순위화되는 요인으로 작용한다. 이러한 불균형은 적응의 시급성을 국제 현안의 우선순위에서 후퇴시키며, 특히 개발도상국과 취약 지역의 기후 불평등을 심화시킬 위험이 있다.

온실가스 감축 목표는 명확한 수치화가 가능하며, 배출 인벤토리와 탄소예산 carbon budget을 통해 성과를 객관적으로 측정하고 검증할 수 있는 반면, 적응은 기후변화로 인한 부정적 영향(기후재난, 극단기상, 해수면 상승, 생태계 교란)을 최소화하는 다차원적 과정으로, 그 효과가 장기적·누적적으로 나타나는 경우가 많아 평가가 복잡하다. 또한 적응은 물 관리, 감뭄, 폭염, 농업 생산성, 해안지역 보호, 도시 인프라 등 다양한 부문에 걸쳐 통합적 접근을 요구하므로, 감축에 비해 실행 난이도가 높고 자원 투입의 불확실성이 크다.[42, 43] 파리협정 제4조에 따라 감축은 각국이 NDC를 의무적으로 제출하고, 5년 주기로 갱신·평가하는 구조적 구속력을 가지며, 이는 당사국들에게 구체적인 책임과 진전 원칙 progression을 부여한다. 반대로, 적응은 국가적응계획 NAPs을 제출할 수 있지만, 이는 법적 의무가 아닌 자발적 선택 사항으로, 국가의 재량과 역량에 따라 좌우되는 특징을 보인다.[32)] 이러한 구조적 차이는 적응이 감축에 비해 상대적으로 덜 강조되는 주요 원인으로, IPCC AR6의 적응 부문 보고서에서 지적하듯, 적응 재정의 부족과 기술 이전의 미비가 이를 더욱 악화시킨다. 결국, 감축과 적응의 균형적 추진을 위한 국제적 재정 지원 확대(녹색기후기금(GCF) 활용 등)

32) COP-29('24.11) 결과, 2025년까지 모든 국가가 국가적응전략 NAP을 수립해야 한다는 목표가 있지만, 현재 진행 속도로는 어려움이 예상되며, 추가적인 국제 협력이 필요할 것으로 보인다.

와 NAPs의 의무화 논의가 시급한 과제로 부상하고 있다.

감축 프로젝트는 재생에너지 확대, 탄소포집·저장 CCS 기술 개발 등 대규모 자본 투입이 이루어지며, 녹색기후기금 GCF 등 국제기구의 지원이 활발하다. 반면, 적응 프로젝트는 기후변화의 장기적 피해를 완화하는 특성상 단기 성과 측정이 어렵고, 재정 및 기술 지원이 상대적으로 미흡한 실정이다. 적응은 특히 개발도상국에서 생존적 필수 과제이지만, 선진국에서는 상대적으로 후순위화되는 경향이 강하며, 이는 미디어와 정책 담론에서 적응 의제가 덜 부각되는 주요 요인으로 작용한다.[42] 또한 적응 의제는 파리협정 제8조의 '손실과 피해 loss and damage'와 긴밀히 연계되어, 기후취약 국가 및 계층에게 더 직접적인 불평등 문제를 제기한다.

기후변화가 이미 불가피하게 진행 중이라는 IPCC AR6의 전제 하에, 적응은 감축에 비해 부차적인 문제로 여겨질 수 있다. 그러나 기후 영향의 가속화로 적응의 중요성이 부상하고 있으며, 특히 취약계층 보호, 생태계 복원, 기후탄력적 농업 및 수자원 관리 등 통합적 적응 전략의 실행이 긴급하다. 기후위기 대응을 위해 감축과 적응의 균형적 접근이 필수적이며, 이를 위해 국제사회는 적응 인식 제고와 함께 재정 확대, 기술 이전, 역량 강화 등을 통해 개발도상국 및 취약 지역을 체계적으로 지원해야 한다.

■ COP-29와 국가적응계획 National Adaptation Plans, NAPs

제29차 유엔기후변화협약 당사국총회에서는 국가적응계획 NAPs의 수립과 이행이 주요 의제로 다루어졌다. NAPs는 각국이 기후변화로 인한 영향을 최소화하고 적응 역량을 강화하기 위해 수립하는 전략적 계획으로, 특히 기후 취약국가인 개발도상국에서의 중요성이 부각되었다.

2018년 이후 개발도상국을 중심으로 NAPs 수립이 일정 부분 진전되었으나, 여전히 재정적·기술적 한계로 인해 많은 국가가 어려움을 겪고 있다는 점이 지적되었다. 이에 따라 COP-29에서는 2025년까지 모든 국가가 NAPs를 수립하고, 2030년까지 이행을 가속화한다는 목표를 재확인하였다. 특히, 2023년 1월부터 2024년 11월까지 아르헨티나, 방글라데시, 모로코, 파키스탄, 태국 등 19개국이 신규 NAPs를 제출하였으며, 개발도상국의 총 NAPs 제출 건수는 60개국에 달했다. 선진국 중에서는 캐나다와 뉴질랜드가 국가 적응 전략을 제출하며 적응 계획 수립에 동참하였다.

기후 적응을 위한 재정 격차 Adaptation Finance Gap는 여전히 상당한 수준이며, 2024년 11월 기준, 지구환경기금 GEF은 최빈개발국 LDCs 9개국의 NAP 수립을 지원하기 위한 자금을 승인하였다. 녹색기후기금 GCF은 100개국에 대한 적응계획 지원을 승인하였다. GCF의 구체적인 지원 금액은 공개되지 않았지만, COP-29에서는 NAPs의 실질적 이행을 위해 지역 맞춤형 기후정보 제공, 데이터 접근성 향상, 여성 및 토착민 공동체의 참여 확대, 전통적·지역적 적응 방안의 반영 등이 필수적임을 강조하였다. 또한, 2028년에는 NAPs의 진행 상황에 대한 종합 평가가 예정되어 있으며, 2026년 COP-31에서 구체적인 평가 방법론을 논의할 계획이다.

민간 부문과의 협력을 통해 적응 재정을 확대하는 방안도 논의되었다. 민간 투자 유치 및 공공-민간 파트너십 PPP을 통한 재원 마련이 NAPs 이행을 가속화할 수 있는 주요 전략으로 부각되었다. 결론적으로, COP-29는 NAPs의 수립 및 이행을 위한 국제적 협력의 중요성을 재확인한 자리였으며, 특히 개발도상국의 적응 역량 강화를 위한 재정 및 기술 지원 확대가 핵심 의제로 자리 잡았다. 향후 NAPs의 실질적 이행을 위해서는 선진국과 개발도상국 간의 협력뿐만 아니라 민간 부문의 적극적인 참여가 필수적일 것으로 보인다.

■ 기후적응 방향과 쟁점

지난 2023년에 발표된 IPCC 제6차 종합보고서는 5가지 배출 시나리오 중 어떤 시나리오를 적용하더라도 2040년까지 모두 1.5℃를 초과하며, 그 중에서 가장 유리한 시나리오 SSP1-1.9를 적용하고, 탄소를 아주 잘 줄이면 2080년 이후에서야 감소한다는 암울한 결과를 제시한 바 있다. 특히, 제2실무그룹의 기후변화 영향, 적응 및 취약성 보고서에서 많은 지역에서 물부족, 식량난, 건강악화, 도시, 주거지, 인프라 등에 부정적 영향이 높은 것으로 관측, 전망하였고, 기후위기를 악화시키지 않고 경제를 발전하려는 목표는 당장 온실가스를 급격하게 줄이고 생물다양성과 생태계를 보전하며 1.5℃ 아래로 제한하지 못한다면 불가능하다고 밝혔다. 이 보고서대로라면 이 목표는 이미 불가능한 상태인 것이다.

국제사회가 설정한 탄소중립 실현을 위한 2가지의 명료한 과제는 약속한 기간 내에 약속한 만큼의 온실가스를 감축 Mitigation할 것과 그 과정 속에서 겪게 될 부정적 영향을 최소화시키고 가장 유용하게 적응 Adaptation할 수 있는 방안을 찾는 것이다.

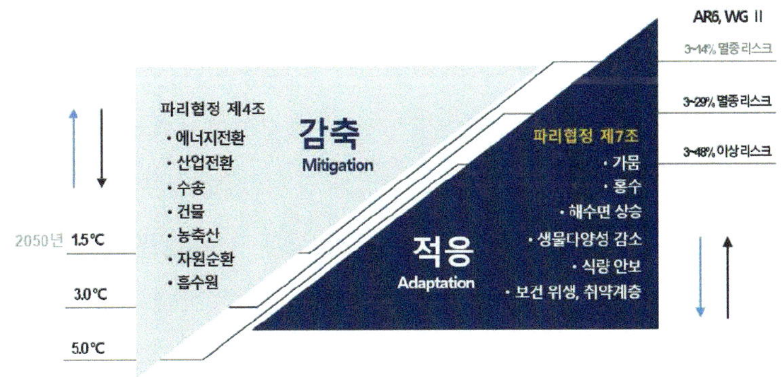

우리가 줄이지 못한 온실가스 감축량 만큼, 폭염, 가뭄, 산불, 홍수, 해수면 상승, 생물다양성, 식량안보, 보건위생, 취약계층에서의 피해 증가로 나타난다.[52]

감축과 적응은 기후위기 대응을 위한 절대적 도구이며, 상호 불가분의 관계에 있다. 감축의 수단인 에너지전환, 산업전환, 건물, 수송, 농축산, 자원순환, 흡수원 분야에서 약속한 온실가스 감축량 이행에 차질이 발생할 경우, 적응의 대상인 폭염, 가뭄, 산불, 홍수, 식량, 보건위생, 취약계층의 피해 증가로 나타나는 관계이다. 문제는 피해 증가의 정도를 가름할 수 없다는 점이며, 이때 지불해야 할 사회적, 경제적 비용은 당초 감축에서 필요로 했었던 비용의 몇 배가 될지 산정하기 어려울 정도로 심각해질 수 있다는 것이다.[53]

여기서는 기후위기 적응과 관련된 생물다양성과 생태계 건강성을 중심으로 국제사회의 협약과 제도에 대해 살펴보고 '적응'에 대한 독립된 법제를 가지고 있는 독일과 일본의 사례에 대한 정보를 공유하고 취지와 의미 그리고 몇가지 쟁점에 대해 알아본다.

■ '생물다양성'을 바라보는 견해

생물다양성 biodiversity의 사전적 의미는 "지구상의 모든 생명체와 그들이 만들어내는 생태계의 다양성"을 뜻한다. 생물다양성은 종, 유전자, 생태계의 다양성을 의미한다. 종이 다양하게 존재할수록 생태계는 외부 충격에 더 잘 적응할 수 있기 때문에, 생물다양성은 기후위기 대응에서 핵심 역할을 한다. 생물다양성은 특정 지역의 생물들이 얼마나 다양한지를 나타내는 양적 개념이기도 하다.

그런데 좀 더 명쾌하고 의미 전달력이 좋은 용어가 없을까? 다소 전문적이고 추상적일 수 있으며 대중과의 소통에서 한번에 이해하기 어렵다는 지적이 있기도 하다. '생물다양성'이라는 용어를 대체할 수 있는 가장 유사한 용어를 찾아서 그 중요성이나 기후 환경의 시급성을 알리는 역할을 했으면 하는 단순한 바램이 있다.

생태계 내의 다양한 생물종과 그 상호작용을 강조하며, 생물다양성과 유사한 개념을 나타내는 "생태계 건강성 ecosystem health"이라는 용어는 어떤가? 생태계의 기능적 무결성과 회복력을 의미하는 개념이며 생태계가 제공하는 서비스의 질을 포함한다. 균형 잡힌 생태계의 지표라는 점을 부각하는 이미지가 있다. 생태계의 전체적 상태, 즉 그 생태계가 얼마나 안정적이고, 인간이나 다른 생물에게 얼마나 유익한 기능을 제공하는지를 평가하는 개념이 포함된다. 훼손되거나 손실될 시 그 부정적인 영향을 '건강'이라는 단어를 통해 짐작할 수 있다. 대중적이고 쉽게 직관적으로 이해할 수 있는 용어일 수 있으며, 인간 건강과의 유사성 덕분에 좀 더 명확한 이미지를 가질 수 있다. 건강한 생태계는 우리가 건강한 신체를 유지하는 것처럼 관리되어야 한다는 메시지를 전달할 수 있다.

생물다양성이라는 용어는 생태계 내 종의 다양성을 강조하는데 매우 중요한 용어이다. 기후위기 적응 전략에서 핵심적인 역할을 하기 때문에, 생태계 건강성이라는 용어로 대체하는 것은 정보 전달에 있어 제한적일 수 있다. 그러나 '생태계 건강성'이라는 용어는 기후위기 적응의 맥락에서 대중에게 더 명확하고 직관적인 이해를 도울 수 있으며, 생태계의 질적 상태와 기후 적응력을 강조하는 데 더 가까이 갈 수 있다고 본다. 기후적응 전략에서 생물다양성과 생태계 건강성이라는 용어를 상황에 맞게 병행하여 사용하는 것이 효과적일 수 있지 않을까? 하는 생각이다.

■ 기후적응과 생물다양성 협약 Convention on Biological Diversity, CBD

생물다양성 협약 CBD은 생물다양성의 보전, 생물 자원의 지속 가능한 이용, 그리고 유전자원 이용으로부터 발생하는 이익을 공정하고 공평하게 나누기 위해 1992년에 제정된 국제 협약이다[33]. 이 협약은 지구상의 생물다양성 감소 문제를 해결하기 위한 국제적인 법적 틀을 제공하며, 이를 통해 인류와 자연 사이의 지속 가능한 관계를 구축하는 것을 목표로 한다. 각국은 생물다양성을 보호하기 위해 자연 서식지의 보전, 멸종 위기 종 보호 등 다양한 전략을 개발하고 실행할 의무가 있다. 생물 자원을 무분별하게 사용하는 것을 방지하고, 경제 및 사회 발전을 위해 자연자원을 지속가

33) CBD는 1992년 브라질 리우데자네이루에서 열린 유엔 환경개발회의 UNCED에서 채택, 1993년에 발효되었으며 196개국이 협약에 참여하고 있다.

능하게 사용하는 방법을 도입해야 하며, 유전자 자원의 이용으로부터 발생하는 혜택을 자원을 제공한 국가나 공동체와 공정하게 나누기 위한 메커니즘을 마련해야 한다.

기후변화 적응과 생물다양성 협약은 상호 밀접한 관계를 가지며, 기후변화로 인해 생물다양성이 감소하는 동시에 건강한 생태계는 기후변화 적응을 위한 필수적인 역할을 수행한다. 생물다양성은 건강한 생태계를 유지하는 데 핵심적인 역할을 하며, 다양한 생물 종은 생태계 서비스 예) 물 정화, 토양 유지, 기후 조절를 제공함으로써 기후변화에 대한 자연적 적응 능력을 강화한다. 기후 적응 정책에서 생물다양성을 고려해야 하는 이유는 생태계를 활용한 기후위기 대응이 비용 효율적이며, 생물다양성 감소는 기후변화에 대한 복원력을 저하시킬 뿐만 아니라 토착민과 지역사회의 생계를 위협할 수 있기 때문이다. 다양한 생물종이 존재하는 생태계는 기후변화에 대한 회복력을 높이고 자연기반해법 Nature-based Solutions, NbS을 통해 홍수, 해수면 상승, 폭염과 같은 기후위험을 완화할 수 있다. 반면, 극단적 기후 현상의 기후변화는 생물다양성에 심각한 위협을 가하며, 생물 종의 서식지를 파괴하고 생태계의 균형을 무너뜨린다. 이로 인해 생물다양성이 감소하면 생태계의 회복력과 적응 능력도 약화된다.

생물다양성 협약은 생물다양성 보전, 지속 가능한 이용, 유전자원의 공정한 이익 공유를 목표로 하며, 이는 기후변화 적응을 위한 생태계 기반 접근법 Ecosystem-based Adaptation, EbA을 강화하는 데 기여한다. EbA는 생태계의 자연적 기능을 활용하여 기후변화의 영향을 완화하고 적응 능력을 강화하는 전략이다. 기후변화와 생물다양성 손실은 지구적 차원의 상호 연관된 위기로, 기후변화는 생물다양성을 감소시키고, 생물다양성 감소는 기후변화 적응 능력을 약화시킨다. 따라서 CBD와 UNFCCC는 협력을 통해 통합적인 접근 방식을 모색해야 한다. 각각 생물다양성 보전과 기후변화 대응을 위한 국제적 협약으로, 상호 보완적인 정책을 추진하고 있으며, CBD의 "2020년 이후 생물다양성 프레임워크"는 기후변화 적응과 완화를 주요 목표 중 하나로 포함하고 있다.

특히 국가적응계획 NAPs과 국가생물다양성전략 및 실행계획 NBSAPs은 기후변화 적응과 생물다양성 보전을 통합적으로 고려해야 하며, 이를 통해 지역 생태계의 회복력과 인간 사회의 적응 능력을 동시에 강화할 수 있다. 기후변화 적응과 생물다양성 보전은 지속 가능한 발전 목표 SDGs 달성을 위해 필수적이며, 특히 SDG 13(기후행동)과 SDG 15(육상 생태계 보호)는 상호 연관되어 있다. 기후변화와 생물다양성 손실을 동시에 해결하기 위해서는 정책, 재정, 기술, 지역 사회의 참여를 통한 통합적 접근이 필요하며, 이를 통해 생태계의 건강을 유지하고 인간의 안녕을 보장할 수 있다.

2015년 파리협정과 2022년 쿤밍-몬트리올 글로벌 생물다양성 프레임워크 GBF는 2030년까지 전 세계 육지와 해양의 30%를 보호하는 30×30 목표를 설정하는 등 기후변화 대응과 생물다양성 보존을 동시에 고려하는 노력을 지속하고 있다. 궁극적으로 기후변화 적응과 생물다양성 보호는 단순한 환경보호 차원을 넘어 지속가능한 발전과 사회경제적 안정성을 확보하기 위한 필수 요소이다. 장기적인 기후 복원력과 생태계 회복력을 위해 기후 정책 NAPs과 생물다양성 보전 정책 CBD을 통합적으로 추진하는 것이 중요하다. 생물다양성 보전은 기후변화 적응을 위한 자연적 해결책을 제공하며, 기후변화 대응은 생물다양성 보전을 위한 필수 조건이다. 따라서 이 두 가지를 통합적으로 고려한 정책과 실행이 필요하며, 국제사회의 협력과 지역 사회의 참여가 이를 실현하는 데 핵심적이다.

■ 쿤밍-몬트리올 협약 생물다양성과 기후 적응을 잇는 글로벌 전환점

KM-GBF Kunming-Montreal Agreement & Global Biodiversity Framework

2022년 제15차 생물다양성협약 당사국총회 COP-15에서 채택된 쿤밍-몬트리올 협약 KM-GBF은 생물다양성 보전과 기후변화 대응을 통합한 합의이다[34).

이 협약은 2011년부터 2020년까지 시행된 아이치 생물다양성 목표를 대체하며, 2030년까지 생물다양성 손실을 막고 생태계를 회복하기 위한 23개의 구체적 목표를 제시했다.[54] 특히 기후변화 적응을 생물다양성 전략의 핵심 축으로 삼아 자연기반 해결책 NbS의 역할을 강조한 점이 돋보인다.

KM-GBF의 핵심인 글로벌 생물다양성 프레임워크 GBF는 생물다양성 보전이 기후변화 완화와 적응에 필수적임을 명시한다[35)]. 2030년까지 육지와 해양의 30%를 보호구역으로 지정하는 '30x30 목표'는 생물다양성 보전과

34) 2021년 중국 쿤밍에서, 2022년 캐나다 몬트리올에서 나누어 열렸다. 원래 쿤밍에서 전면 개최될 예정이었으나, 코로나19 팬데믹으로 인해 연기되면서 나뉘게 되었다.

35) 목표 8은 모든 국가가 기후변화 대응 계획에 생물다양성을 통합하고, NbS를 국가결정기여 NDC에 반영할 것을 요구하며, 목표 11은 홍수·가뭄·해수면 상승 등 기후재해에 대한 사회적 회복력 강화를 위해 습지·맹그로브·산림 등 생태계 복원을 촉진한다.

기후 적응을 연계한 주요 전략이다. 보호구역 내 생태계는 기후변화로 인한 서식지 단편화를 방지하고, 유전자 다양성을 유지함으로써 종의 적응 능력을 높인다. 또한 KM-GBF는 생물다양성 보전을 위해 매년 2,000억 달러 이상의 재원을 투입할 것을 목표로 한다. 이 중 상당액은 개도국의 NbS 프로젝트 지원에 사용될 예정이며, 녹색기후기금 GCF과 지구환경기금 GEF을 통해 연간 300억 달러 이상을 기후 적응 사업에 배분할 계획이다.

기후적응 측면에서 GBF는 토착민 및 지역 공동체의 역할과 권리를 존중하며, 이들이 생물다양성 보전에 중요한 기여를 할 수 있다는 점을 강조하고 있다. 또한, 생물다양성 혜택이 모든 사람들에게 공평하게 돌아가도록 하는 것을 목표로 한다.[37, 38] 특히 생물자원의 공평한 분배를 보장하며, 생물자원을 제공하는 국가와 공동체가 그 혜택을 받을 수 있도록 공정한 이익 공유 메커니즘이 강조되었다. KM-GBF는 생물다양성 보전이 취약계층의 기후위험 감소로 이어져야 함을 강조하고 있지만 국가별 이행 수준 격차를 해소하기 위해 법적 구속력 있는 이행 계획 마련이 시급한 과제로 남아 있다. 생물다양성 복원을 통해 기후재해에 대응하고, 지역사회의 경제적 안정성을 확보하는 이 프레임워크는 인류와 지구 생태계의 공존을 위한 전환점이 될 것으로 기대된다.

■ 30 by 30 KM-GBF와 그린딜 지구수호 30%의 의미와 한계점

쿤밍-몬트리올 협약과 EU 그린딜은 모두 환경보호와 지속가능한 발전을 목표로 하는 글로벌 및 지역 차원의 중요한 정책 프레임워크이다. KM-

GBF는 생물다양성 보전을 핵심으로 하며, 2030년까지 지구 육지와 해양의 30%를 보호구역으로 지정하는 것을 주요 목표로 한다. EU 그린딜은 유럽연합 내에서 2050년까지 탄소 중립을 달성하는 것을 목표로 하며, 이를 위한 핵심전략 중 하나로 생물다양성 전략을 포함하고 있다. 그리고 2030년까지 전체 토지와 해양의 최소 30%를 보호하는 것을 목표로 하고 있으며, 이는 KM-GBF와 동일한 "30×30" 목표이다. 현재 지구 육지의 약 17%, 해양의 10%만이 보호되고 있는 점을 고려할 때, 이 목표는 서식지 파괴와 남획·밀렵 등을 효과적으로 통제할 수 있는 틀을 제공한다. KM-GBF는 생태계 복호와 복원이 기후 탄력성을 높이고, 탄소흡수원 역할을 한다는 점에서 협약은 기후위기 대응의 일부로 생물다양성 문제를 주요하게 다룬다. EU 그린딜 역시 생물다양성의 보전을 통합적으로 다루고, 자연기반해법 Nature-based Solutions을 통해 기후위기에 대응하고 있다. 기후위기와 생물다양성 위기를 동시에 해결하려는 접근법이다.

KM-GBF와 그린딜은 생물다양성 보호와 기후위기 대응을 목표로 하지만, 시간적으로 차이가 있다. KM-GBF가 그린딜의 영향을 받았을 가능성은 있다. 특히, 그린딜은 생물다양성 보호와 기후위기 대응을 통합적으로 접근하는 정책이었으며, 유럽연합은 글로벌 환경보호 및 생물다양성 관련 협상에서 적극적인 역할을 해왔다. EU 그린딜이 2019년에 먼저 발표됨으로써, 생물다양성 보호의 중요성을 강조하고, 생태계 복원, 자연기반해법 등 여러 분야에서 강력한 정책을 제시했다. 그린딜은 유럽 내에서의 정책이지만, 글로벌 기후협정과 생물다양성 협약에서 더 큰 목표를 지향해왔다. 국제적인 합의를 도출하는 과정에서, 기후변화 및 생물다양성 보호를 추진해온 그린딜의 전략과 경험은 긍정적인 역할을 하였을 것이다.[39]

하지만 이 정책은 면적 확보에 집중하다 보니 보호구역의 효과성이 간과될 위험이 있다. 생태학적 가치가 낮은 지역을 보호구역으로 지정해 목표 수치만 채우는 '그린워싱' Greenwashing의 우려가 있다. 또한 개도국은 보호구역 설립·관리를 위한 재원과 기술이 부족하다. 30×30 목표 달성을 위해선 매년 1400억 달러 이상이 필요하나, 현재 글로벌 생물다양성 기금은 이의 10%도 확보하지 못했다. 특히 해양 보호구역 감시 시스템 구축에는 첨단 기술이 필수적이나, 소도서국 등은 해당 인프라를 확보하기 어렵다. 보호구역이 기후 재해에 취약한 지역에 집중되지 않을 경우, 적응 효과가 제한적일 수 있다. 30%라는 수치는 육지와 해양에 동일하게 적용되지만, 해양 생태계 보전은 육상보다 훨씬 복잡하다. 공해公海 보호구역 지정은 국가 간 이해관계 충돌로 지연되고 있으며, 어업 규제 역시 현실적 어려움이 크다.

30×30은 생물다양성과 기후위기 대응을 위한 필수 과제이지만, 면적 확보 이상의 전략이 필요하다. 과학기반 보호구역 선정, 개도국 지원 강화가 동반되어야 하며, 보호구역을 생태적 회복력과 사회적 형평성을 결합한 플랫폼으로 발전시켜야 한다.

■ 자연공존지역 Other Effective area-based Conservation Measures, OECM[36)]

건강한 생태계는 기후를 조절하고 자연재해로부터 인간을 보호하며 필

---

36) OECM 용어는 2010년 일본 나고야에서 열린 제10차 CBD 당사국총회에서 채택된 '아이치 생물다양성 목표'의 11에서 처음으로 공식적인 국제 문서에 등장했다.

수적인 자원을 제공하지만, 이러한 생태계의 파괴는 기후변화의 영향을 증폭시키고 인류의 생존 기반을 위협한다.[54] 이러한 위기에 대응하기 위해 국제사회는 전통적으로 보호지역 Protected Area, PA 설정을 핵심 전략으로 삼아왔다. 그러나 보호지역은 주로 정부 주도로 지정되어 관리의 경직성이 높고, 전체 지구 면적에서 차지하는 비중이 제한적이어서 광범위한 생태계와 생물다양성 손실을 막기에는 역부족이라는 한계가 있다. 따라서 보호지역이라는 틀을 넘어, 보다 포괄적이고 통합적인 보전 접근법의 필요성이 절실하게 대두되었다. 이러한 배경 속에서 '기타 효과적인 지역기반 보전수단' OECM이 보호지역 중심의 보전 패러다임을 보완하고 확장하는 대안으로 부상했다.[55] OECM은 보전의 주체, 대상, 방식을 다변화함으로써 보전의 외연을 획기적으로 넓히는 중요한 개념적 전환을 의미한다. 그 중요성은 2022년 채택된 쿤밍-몬트리올 글로벌 생물다양성 프레임워크 KM-GBF에서 더욱 명확해졌다. KM- GBF의 핵심 목표인 '30x30 목표' 달성을 위한 핵심 이행 수단으로 보호지역과 함께 OECM이 명시적으로 포함되었기 때문이다.[56] GBF의 목표 3, 즉 '30x30 목표'는 "2030년까지 전 세계 육상, 내수면, 연안 및 해양 지역의 최소 30%를, 특히 생물다양성과 생태계 기능 및 서비스에 중요한 지역을, 생태적으로 대표적이고 잘 연결되었으며 공평하게 관리되는 보호지역 및 기타 효과적인 지역기반 보전수단 시스템을 통해 효과적으로 보전하고 관리"할 것을 요구한다.[56] 이로써 OECM은 전 지구적 생물다양성 목표 달성을 위한 보호지역의 동등한 파트너로서 그 역할과 책임이 공식화되었다.[57]

■ 자연기반해법 Nature-Based Solutions, NbS

2008년에 세계은행 World Bank과 국제자연보전연맹 IUCN에 의해 처음 사용되었으며, 기후위기에 대응하고 생물다양성을 보호하기 위한 방법으로 자연을 활용하는 방안을 설명하기 위해 만들어졌다. 특히, 자연기반해법은 기후 변화, 재난 위험, 식량 및 물 안보 등 다양한 사회적 문제를 해결하기 위해 자연 생태계를 보호하고 복원하는 데 중점을 둔다. IUCN은 2016년에 이 개념을 공식화하고, 자연기반해법의 정의와 기준을 제시하였고, 국제기구도 이 개념을 적극적으로 수용하여 EU 그린딜, KM-GBF의 중요한 부분으로 포함시키면서, 생태계와 경제성장 사이의 균형을 유지하려는 노력에 적용하고 있다.

NbS는 자연의 생태계를 활용해 사회적 문제를 해결하려는 접근 방식이다. 기후변화, 재난위험 감소, 식량과 물 안보, 건강, 그리고 생물다양성 손실 등 다양한 문제를 해결하는 데, 자연을 단순한 자원으로만 보지 않고, 자연이 제공하는 생태계 서비스와 그 혜택을 적극 활용하여 인간과 환경 모두에게 이익이 되는 방식[40]으로 설계된 도구이다.

■ 생태계 기반 적응 Ecosystem-Based Adaptaion, EbA[37)]

생태계 기반 적응(EbA)은 기후변화의 부정적인 영향에 대응하기 위해 자연의 힘을 활용하는 인간 중심의 전략적 접근법이다. 생물다양성협

37) EbA 용어는 2008년에 처음 공식적으로 사용되었다. 구체적으로, 국제자연보전연맹(IUCN)과 그 회원 기관들이 2008년 유엔 기후 변화 협약(UNFCCC) 제14차 당사국 총회(COP 14)에서 EbA를 제안하며 도입하였다.

약 CBD은 EbA를 "기후변화의 부정적인 영향에 사람들이 적응하도록 돕기 위한 전반적인 적응 전략의 일부로서 생물다양성과 생태계 서비스를 활용하는 것"으로 정의한다.[58] 이를 '생태계를 이용하여 기후변화에 따른 영향을 줄이고, 지역사회의 사회적·경제적 지속가능성과 지속가능한 생태계를 위하여 상호 보완적인 관계를 맺으며, 이를 보호 및 관리하는 것'으로 구체화하기도 한다.[59]

중요한 점은 EbA의 궁극적인 목표가 인간 공동체의 취약성을 줄이고 기후변화에 대한 회복탄력성을 구축하는 데 있다는 점이다.[60] 이를 위해 숲과 습지와 같은 건강한 생태계를 보전, 복원 및 지속가능하게 관리함으로써, 이들이 제공하는 다양한 혜택, 즉 생태계 서비스(깨끗한 물 공급, 재해 방지, 식량 제공 등)를 적극적으로 활용한다.

NbS는 기후변화, 식량 및 물 안보, 재난 위험 감소 등 광범위한 사회 문제를 해결하기 위해 자연을 활용하는 모든 접근법을 아우르는 '우산 개념' umbrella concept이다.[61] 이 포괄적인 틀 안에서 EbA는 여러 자연 기반 접근법 중 하나로, 특히 '기후변화 적응'이라는 특정 사회적 과제에 초점을 맞춘 구체적인 실행 전략이라고 할 수 있다. 따라서 모든 EbA 활동은 NbS에 포함되지만, 모든 NbS가 EbA에 해당하는 것은 아니다. 예를 들어, 탄소 흡수를 주목적으로 하는 대규모 조림 사업은 기후변화 '감축'에 초점을 둔 NbS이지만, 직접적인 '적응' 혜택이 명확하지 않다면 EbA로 분류되지 않을 수 있다. EbA는 기후변화 적응 전략의 핵심적인 부분으로 자리매김하고 있다.[62] 전통적인 제방 건설이나 댐 증설과 같은 공학적 기반의 '회색 인프라'와 달리, EbA는 자연 생태계 자체를 '녹색 인프라'로 활용하여 기후 위험을 완충한다.

■ EU 자연복원법 Nature Restoration Law

EU 경제와 환경의 지속가능성 로드맵인 그린 딜의 핵심 법안이다. 2030년 온실가스 배출량을 1990년 대비 55% 줄이도록 한 유럽 기후법을 비롯해 그린딜 정책 패키지 속에 포함된 대부분의 법들은 입법화됐지만, 자연복원법은 마지막까지 최종 관문인 이사회를 넘지 못하고 있다가 우여곡절 끝에 2024년 6월 17일 통과되었다.

유럽연합은 기후변화와 생물다양성 손실로 인해 습지, 산림, 해양 생태계를 포함한 많은 생태계가 훼손되고 있으며, 이를 복원하지 않으면 기후중립을 달성하고 미래 세대를 위한 지속 가능한 환경을 보장하는 데 어려움이 있을 것이라는 인식 하에 EU 그린딜에서 약속된 2050 탄소중립 달성과 2030년까지 생물다양성 손실을 중단하는 목표를 달성하기 위한 강력한 법적 장치로 도입되었다. 2030년까지 EU 내 모든 자연 서식지의 20% 이상을 복원하고, 2050년까지 모든 손상된 생태계를 복원하여 탄소중립에 기여하고, 도시지역의 녹지공간 확대, 습지와 산림 복원, 해양 생태계 회복, 수질개선 등 다양한 생태계 복원을 포함한다. 복원은 탄소중립 목표달성과 생물다양성 보호에 직접적으로 기여해야 한다. 회원국들은 복원 진행 상황을 주기적으로 보고해야 하며, 이를 통해 투명성을 확보하고 이행 과정을 관리한다.[43]

현재 81%의 서식지가 열악한 상태에 있고, 자연복원에 1유로를 투자하면 4유로에서 38유로의 혜택이 발생하며, 세 마리 중 한 마리의 꿀벌과 나비 종이 감소하고 있다는 메시지이다.

81%
of habitats are in poor status

Every 1 euro
invested into nature restoration adds €4 to €38 in benefits

One in three
bee and butterfly species are in decline

EU 자연복원법 목표의 이해를 돕기 위한 유럽연합 집행위원회의 3가지 메시지[61]

EU 자연복원법은 유럽 그린딜과 2030년 생물다양성 전략의 주요 기둥 중 하나로, 생태계 복원을 통해 기후 변화와 생물다양성 손실 문제를 해결하려는 유럽연합의 중요한 법적 이정표이다. 그러나 찬반이 팽팽했었던 EU 이사회에서 반대표를 행사한 국가들의 사유를 되새길 필요가 있다. 자연복원법이 새로운 환경 규제가 될 것을 우려한 농민들의 반대 시위 확산이 이사회에 반대 입장을 굽히지 않은 국가들의 입장이었다.

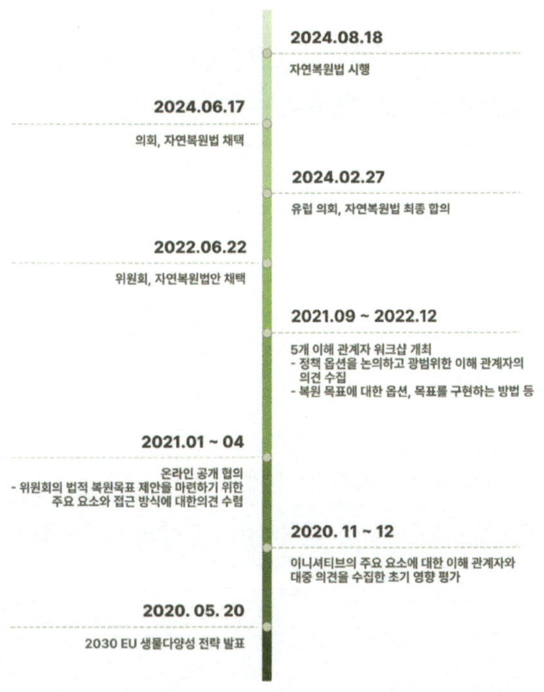

기후 적응의 문제와 관련지어 들여다볼 때 손상된 생태계를 복원하여 건강성을 향상시키고 생물다양성을 높이기 위한 해법들이 식량위기의 문제에 어떠한 영향을 미칠까? 서로 상충되지는 않을까? 하는 우려가 존재한다[38]. 특히 농업용 토지에 대한 제한과 그로 인해 발생할 수 있는 생산성 저하를 우려했다. 이들 단체는 자연복원법이 시행되면 농업과 식량 생산이 위축될 수 있다는 점을 강조했으며, 농업 분야에서의 경쟁력 저하를 우려했다. 농부와 목축업자들도 해당 법안이 토지사용 제한을 초래하고, 그들이 사용하는 농지의 일부가 복원 프로젝트로 전환될 가능성에 대해 반대 입장을 보였다. 이들은 생태계 복원이 필수적이라는 점을 인정했지만, 법안이 농업 활동을 크게 제한할 수 있다고 비판했다.[44]

주요 쟁점은 경제적 비용과 토지 사용권이었다. 일부 회원국과 단체들은 자연복원법의 이행 비용이 너무 높으며, 특히 복원 목표가 농업 및 산업 활농에 부정적인 영향을 미칠 것이라고 주장했다. 결국 법안이 승인되기 위해 여러 타협이 이루어졌으며, 각 회원국의 상황에 맞게 유연한 복원 계획을 수립할 수 있는 여지를 두는 방향으로 조정되었다. 그러나 이러한 조정에도 불구하고 일부 국가와 단체들은 여전히 반대 입장을 유지했다.

이러한 반대에도 불구하고, EU 자연복원법은 이사회의 최종 승인을 거쳐 2024년 8월 18일 발효되었으며 EU의 기후변화 및 생물다양성 손실에 대응하기 위한 도전적인 법적 조치로 평가받고 있다.

---

38) 오스트리아 또한 자연복원법에 대해 우려를 표명했으며, 산림 복원과 같은 부분에서 농업 및 개발에 부정적인 영향을 줄 수 있다는 이유로 비판했다.

■ 기후변화 적응법

기후위기에 대응하고 탄소중립을 실천하기 위해서는 법적인 기반이 반드시 필요하다. 기획, 예산, 이행방안 등 해당 법률의 유무에 따라 목표달성의 여부가 결정된다고 해도 과언이 아니다. 대한민국도 2050 탄소중립 실천을 위해 세계에서 14번째로 법 제화하였으며 그 일부에 기후변화 적응의 항목을 포함하고 있다[39].

앞서 설명한 바와 같이 기후변화로 인한 피해의 문제는 국제사회에서 온실가스 감축에 비해 비중있게 쟁점화하지 않는 경향이 있다. 전문가들은 기후 적응이 충분히 주류화되지 못하며, 홍수가 발생하기 쉬운 지역에 주택을 짓는 것과 같이 지구 온난화의 잠재적 영향을 고려하지 않은 채 계획 결정이 계속 내려지고 있다고 경고한다.[48] 여기에서는 '기후적응'을 실천하기 위한 법적기반의 접근 방법과 독립된 법안인 '기후변화 적응법'에 대해 살펴보고자 한다. 지금까지 지구촌에서 기후 적응법을 법제화한 국가는 일본과 독일, 두 국가가 유일하다.

일본은 2018년, 지구촌에서 가장 먼저 '기후변화 적응법'을 제정하였다. 일본은 지리적으로 태풍, 홍수, 해일 등 기후변화로 인한 자연 재해에 매우 취약한 국가이다. 특히 2010년대에 접어들면서 기록적인 폭우와 태풍, 폭염이 반복적으로 발생하면서 기후변화의 위협이 더욱 현실화되었다. 2018년 7월 서일본을 강타한 폭우는 220명 이상의 사망자를 발생시켰

39) 2021년 9월 24일 「기후위기 대응을 위한 탄소중립·녹색성장 기본법」이 제정되었으며 2022일 3월 25일 시행되었다. 이 중 기후 적응에 대한 내용은 제37조~43조까지이다.

고, 강수 패턴의 변화가 더 이상 무시할 수 없는 수준에 이르렀음을 보여주었다. 또한 같은 해 7월 한 달 동안 무려 71,266명이 폭염으로 인한 건강 문제로 병원에 실려 갔으며, 같은 기간 동안 최소 80명 이상이 사망한 것으로 보고되었다. 사망자는 대부분 노약자였으며, 특히 에어컨이 없는 실내에서 폭염을 피하지 못한 사람들이 주된 피해자였다.[45] 폭염 지수가 '위험 수준'에 도달해 폭염 경고가 연이어 발령되었으며 도쿄와 교토와 같은 대도시에서도 연일 35℃ 이상의 기온이 지속되었고 일부에서는 40℃ 이상을 기록하면서 일본 역사상 최악의 폭염 중 하나로 기록되었다.[46]

폭우와 폭염의 빈도와 강도가 증가할 것이라는 예측이 나오면서, 건강 문제와 관련된 적응 대책 마련의 필요성을 인식시키는 계기가 되었다. 이는 단기적으로는 자연 재해로 나타나지만, 장기적으로는 경제 전반에 걸친 부담으로 작용하게 된다. 일본의 농업, 어업, 관광업 등 주요 산업은 기후변화로 인해 생산성 감소와 함께 다양한 경제적 영향을 받았다. 특히 농업 부문에서는 비정상적인 기후 패턴으로 인해 작물 수확량이 줄어드는 사례가 증가하며, 해양 온도 상승으로 인해 어업의 영향 또한 갈수록 심각해진다.[47] 과학적 연구와 데이터 축적의 고도화로 인해, 기후변화가 일본에 미치는 영향에 대한 예측이 보다 명확해졌다. 일본 기상청과 다양한 연구기관들은 기후 모델링을 통해 미래 기후 시나리오와 그에 따른 재해 및 경제적 피해를 예측해왔다. 이는 기후변화 위험성을 보다 명확하게 보여주었으며 구체적인 적응대책을 요구하게 되는 근거가 되었다. 적응 준비에 소홀히 할 경우 미래에 더 큰 경제적, 사회적 비용이 발생할 것이라는 인식이 강화되었다.

이에 따라 일본은 국가, 지방자치단체, 민간 기업, 시민이 협력하여 기후변화의 부정적 영향을 최소화하기 위한 '기후변화 적응법'을 제정하였다. 기후변화로 인한 생산성 감소에 대응하고, 새로운 작물을 도입하고, 폭염 등으로 인한 건강 위험 관리와 새로운 질병 확산을 방지해야 한다. 훼손된 생태계를 복원하고 기후변화로 인한 피해를 최소화할 수 있는 사회적 인프라를 개선한다.[47]

기후변화 적응법은 시민들에게 기후변화에 대한 정보를 제공하고, 교육을 통해 기후적응의 중요성을 알리는 역할도 강조하고 있다. 정부와 지방자치단체는 관련 정보를 웹사이트를 통해 제공하며, 시민들이 적절하게 대응할 수 있도록 다양한 교육 프로그램을 운영하고 있다. 또한 이 법의 핵심 요소 중 하나는 기후변화 '적응정보센터'의 설립이다. 이 센터를 통해 기후변화로 인한 위험을 평가하고, 관련 정보를 수집하고 분석하는 역할을 수행한다. 또한 지방정부와 기업에 기후 적응을 위한 데이터를 제공하고 기술을 지원한다. 기후변화에 대한 과학적 연구를 통해 정책 수립의 기초를 마련하는 것을 중요하게 다루고 있다. 이를 위해 적응정보센터를 중심으로 연구기관들이 협력하여 기후 모델을 개발하고, 기후 변화에 따른 리스크 평가와 대응책을 마련하는 데 필요한 데이터를 수집하고 분석한다.

독일은 2024년, 지구촌에서 두 번째로 '기후변화 적응법'을 제정하였다. 독일은 이미 재생에너지법 EEG와 부활절 패키지 Easter Package를 포함한 다양한 기후위기 대응 및 탄소중립 정책을 시행하고 있음에도 불구하고 기후적응법을 별도로 제정했다. 기후변화로 인한 물리적·경제적 피해가 점차 가시화되고, 기존의 감축 중심의 정책만으로는 충분히 대응할 수 없다는 인식이 확산되었기 때문이다. 독일은 최근 몇 년 동안 기후위기의 직접적인 영향을 심각하게 겪었다. 2021년의 라인란트-팔츠 지역의 홍수는 기후변화로 인한 극단적인 날씨의 빈도와 강도가 증가하고 있음을 보여주었다. 지역경제에 막대한 피해를 초래했으며, 더 이상 기후변화에 대한 단순한 온실가스 감축만으로는 대응이 불가능하다는 인식을 확산시켰다.[48,49]

2008년부터 적응 전략을 시행해 왔지만, 마을과 도시들은 더 빈번하고 더 심한 홍수, 고온기, 가뭄 및 물 부족에 대처할 준비가 불충분하며, 지금까지 대부분의 조치는 자발적으로 유지되었고, 재정 및 인적 자원의 부족으로 인해 기후변화의 영향에 대비한 준비의 실행이 늦어졌고, 단편화된 접근 방식도 주요 장애물로 간주된다.[48]

독일 정부가 의뢰한 2023년 보고서[40)]에 따르면 무더운 기간이 길어지고 가뭄과 심한 홍수와 같은 극단적인 기상 현상이 더 빈번하게 발생하면, 기후변화의 심각성에 따라 국가에서 약 2,800억 유로에서 9,000억 유로(한화 약 1,354조원) 사이의 누적 경제적 피해가 발생할 수 있다고 한다.[50] 독일은 기후변화의 영향을 완화하는 것뿐만 아니라, 이미 일어나고 있는 기후위기에 적응해야 할 필요성을 인식하게 되었다. 점점 더 빈번해지는 폭염, 홍수, 가뭄, 심각한 물 부족과 같은 기후변화의 영향을 받고 있다. 이에 따라 에너지 전환을 넘어, 인프라 개선, 도시 냉각 전략, 홍수 예방 대책 등 구

---

40) 독일 정부의 의뢰로 생태경제연구소 IÖW, 경제구조연구소 GWS 및 컨설팅 회사인 프로그노스 Prognos AG가 작성한 보고서이다. 환경부 차관 크리스티안 롤레더는 "기후 적응 기금이 엄청나게 필요하다"고 보고서를 발표했다. "이 수치는 또한 효과적인 기후 적응 없이는 비용이 훨씬 더 많이 들 것임을 보여준다"고 덧붙였다.[50]

체적인 적응 대책을 마련해야 한다는 요구가 커졌다.[51] 이러한 배경에서 정부는 기후적응을 강제하고 모든 행정 단위에서 체계적으로 이행하도록 하는 법적 의무화의 필요성을 느끼게 되었고, 그 결과가 2024년 기후적응법의 제정으로 이어졌다.

독일의 기후적응법은 모든 부처의 의견을 수렴하여 작성되었으며 인간의 건강, 도시개발, 토지이용, 시민보호, 인프라, 물관리 및 경제 분야의 기후적응을 위한 34개의 중요한 목표를 가지고 있다. 이들 목표는 더 작은 목표로 세분화되며, 개별 지표와 취해야 할 조치가 포함된다. 대부분의 목표는 2030년까지 달성될 예정이지만 일부는 2050년까지 연장된다.

예를 들어, 지방 당국은 홍수로부터 보호하기 위해 인프라를 개선하고 폭염기간 그늘과 시원함을 제공하기 위해 녹지 공간을 조성해야 한다. 병원 및 요양원과 같은 시설에 냉난방의 계획이 있는지 확인한다. 폭우나 가뭄기간 동안 물을 더 잘 관리할 수 있도록 인프라를 조정하도록 요구한다. 그리고 주정부가 악천후 경보에 대한 더 나은 경보 시스템을 개발하도록 보장한다. 또한 농업 목표 중 하나인 농산물 공급의 안정성이 기후변화로 인한 감소를 겪지 않도록 한다. 스테피 렘케 Steffi Lemke 환경부 장관은 진전을 측정하는 것이 쉽지 않을 것이며, 온실가스 감축 노력은 이산화탄소 감소를 통해 측정할 수 있지만 기후 적응을 위한 단일 지표는 없다고 말한다.[48] 기후적응의 쟁점을 단적으로 표현한 것이다. 각 개별 영역에 맞는 지표 설정과 모니터링 시스템은 중요하며 이를 통해 목표의 달성 여부를 측정할 수 있다.

독일의 기후적응법에서 강조하는 것 중 하나는 지역 차원의 더 강력한 기후적응 대책이다. 국가가 자체적인 기후 적응 전략을 제시하고, 지방자치단체 및 지구의 지역을 참조하여 위험 분석을 기반으로 지역 기후적응 개념이 작성되도록 한다는 것이다.

또한 측정 가능한 목표와 함께 예방적 기후적응 전략을 제시해야 하는 법적 의무를 지게 되고 이 전략은 정기적인 업데이트와 지속적 시행을 목표로 한다. 미래에는 구체적이고 측정 가능한 목표를 통해 기후적응 정책을 보다 효과적으로 수행할 수 있다.

제2부

전환사회의 시작, 마을공동체로부터

3장 | 전환사회의 실천과 도구

기후위기는 우리가 예상했던 것보다 훨씬 빠르게 다가오고 있다. 이제는 하루도 빠짐없이 기후변화 관련 뉴스를 접하며 일상을 보낸다. 폭염, 가뭄, 홍수 같은 기상이변은 더 이상 이례적인 현상이 아니다. 정치, 경제, 산업, 에너지, 환경, 농업 등 사회 전 분야에서 기후위기의 영향이 깊숙이 자리 잡았으며, 심지어 군사 분쟁까지도 기후변화와 연관되어 있다는 분석이 나오고 있다.

놀랍게도, 기후변화에 대한 논의가 시작된 지도 반세기가 넘었다. 1970년대부터 과학자들은 지구온난화의 위험성을 경고했고, 국제사회는 대응 방안을 모색해왔다. 그러나 그동안의 논의와 협약에도 불구하고 기후위기의 속도는 가속화되고 있다. 더 이상 '미래의 문제'가 아니라 '지금, 여기'에서 벌어지는 현실이 된 것이다. 이제 우리는 과연 이 위기에 제대로 대응하고 있는가? 기후위기의 심각성을 인식하는 것만으로는 충분하지 않다. 이제는 보다 과감한 정책과 실천이 필요하다. 기후위기의 불안정성을 극복하고, 훼손된 환경을 복원하며, 생태계의 건강성을 높이기 위해서는 기존의 사회적·경제적·환경적 시스템이 시대적 요구에 맞춰 새롭게 진화해 가는 과정과 속성을 이해해야 한다.

'전환사회' Transition Society는 이러한 시대적 흐름 속에서 요구되어지는 공동체 삶의 방향이다. 지속가능한 미래를 위해서는 기후위기에 대응하는 사회적 전환이 필요하며, 이는 단순한 변화가 아닌 근본적인 구조적 전환을 의미한다. 우리가 할 수 있는 일은 단 하나, 가능한 한 빨리 행동하는 것이다.

■ 전환사회, 기후위기의 대안이 될 수 있을까?

기후위기는 단순한 환경 문제가 아니다. 그것은 사회와 경제 전반에 걸친 구조적 변화를 요구하며, 우리의 삶과 산업 전반에 근본적인 전환을 촉구하고 있다. 훼손된 환경을 복원하고 생태계의 건강성을 회복하기 위해서는 기존 시스템을 유지하는 방식이 아니라, 지속가능한 사회로의 전환이 필요하다. 바로 '전환사회 Transition Society'로의 이동이다.

우리는 이미 수차례 사회적 전환을 경험해왔다. 농경사회에서 산업사회로, 다시 디지털 사회로의 변화는 기술 발전에 따라 진행되었으며, 생산성과 경제 성장을 극대화하는 방향으로 이루어졌다. 그러나 이러한 전환은 지속적인 자원 소비와 환경 파괴를 초래했고, 결국 기후위기라는 거대한 위기를 불러왔다. 산업화와 도시화가 가져온 탄소배출과 생태계 훼손은 더 이상 미룰 수 없는 문제가 되었다.

과거의 전환이 산업화와 기술 발전에 의해 주도되었다면, 이제는 지속가능성을 중심으로 한 패러다임 전환이 요구된다. 더 이상 생산과 소비의 확장만을 목표로 할 수 없으며, 인간과 자연이 공존하는 방향으로 나아가야 한다. 20세기 산업화는 인류를 풍요롭게 만들었지만, 그 대가는 치명적이었다. 화석연료 기반의 생산 시스템은 대기 중 이산화탄소 농도를 420ppm까지 끌어올렸고, 1970년 이후 야생동물 개체수는 69% 감소했다. 디지털 혁명조차 환경에 부담을 주고 있다. 데이터센터의 전력 소모량이 전 세계 전력 소비의 3%를 차지하며, 디지털 경제의 생태적 영향을 가시화하고 있다. 전환사회는 이러한 '이중의 덫' Double Bind을 해체하는 논리다. 2020년 코로나19 사태는 기존 시스템의 취약성을 드러냈으며, 78%의 글로벌 기업이 "ESG 환경·사회·지배구조 경영 없이는 생존이 어렵다"는 현실을 깨닫게 했다. 이제 폭염, 산불, 집중호우는 더 이상 예외적인 사건이 아니라 우리의 일상이 되어가고 있다. 정치, 경제, 에너지, 농업은 물론 군사적 갈등까지 기후변화와 맞물려 있으며, 지구 온도 1.5℃ 상승의 임계점이 눈앞에 닥쳐 있다.

우리는 이제 생산과 소비의 패턴을 근본적으로 재고해야 한다. 화석연료에 의존하는 기존의 경제 모델은 한계를 드러냈고, 재생에너지로의 전환은 선택이 아니라 필수적인 과제가 되었다. 지속가능한 경제 구조로 변화하지 않으면 생존조차 위태로울 수밖에 없는 시대가 도래했다. 기후위기는 단순한 환경 문제가 아니라, 새로운 경제 패러다임을 형성할 모멘텀으로 작용하고 있다. 지금 필요한 것은 과거와 같은 소극적 대응이 아니라, 근본적인 시스템 전환을 위한 과감한 행동이다. 지속가능한 미래를 위한 전환사회로의 이동, 그것은 더 이상 미룰 수 없는 우리의 과제다.

■ 전환사회의 방향

기후위기의 경고는 더 이상 막연한 우려가 아니다. 2023년 발표된 「글로벌 탄소예산」에 따르면, 지구가 1.5℃ 상승을 피할 수 있는 탄소예산은 약 3,800억 톤(66% 확률 기준)에 불과하며, 현재의 배출 속도로는 10년도 채 남지 않았다. 기후위기는 단순한 환경 문제가 아니라, 사회와 경제 전반에 걸쳐 근본적인 변화를 요구하는 거대한 도전이다. 지금까지의 성장 모델과 경제 시스템은 한계를 드러냈으며, 이제는 지속가능한 발전과 생태적 균형을 추구하는 '전환사회'로의 변화가 불가피하다.

전환사회란 단순한 기술 혁신을 넘어, 사회적 가치와 경제 구조까지 재설계하는 과정이다. 기후위기가 심화될수록, '생태적 책임'과 '공동체 중심의 사고방식'이 확산되고 있다. 환경을 고려한 소비 패턴이 자리 잡고, 기후 회복력 있는 발전 경로에 대한 논의가 사회 전반으로 확대되고 있으며, 특히, 경제구조의 재편이 불가피한 상황에서 기후변화는 사회 전환의 핵심 동력이 되고 있다.[01]

기후위기 대응을 위한 논의는 기술적 해결을 넘어, 사회 구조와 가치관의 변화를 요구하고 있다. 기존의 화석연료 중심 경제에서 벗어나, 재생에너지 중심의 경제 모델로의 전환은 이미 진행 중이며, 녹색 전환 Green Transition이 사회적 모델로 주목받는 것도 이러한 흐름과 맞닿아 있다. 기후위기 대응 과정에서 나타나는 경제의 재구조화, 뉴노멀 일상, 자연 생태계의 복원 등 지구 공동체의 지속가능성을 위해 전환사회의 구성원들이 순차적으로 해결해야 하는 구체적인 미션은 무엇일까? 우리가 바라보는 전환사회란 어떤 모습일까?

'사회혁신'을 지향하는 전환사회는 지속가능성 이행, 다층적 접근 MLP, multi level perspective을 통해 사회변화를 주도하며 사회 다방면의 혁신적 변화를 추구한다.[02] 인구감소·기후위기·생태위기 등 다차원적 위기에 대응하는 다양한 실험들이 연결된 전환사회 생태계 구축을 위해서는 무엇보다 공통의 인식기반이 마련되어야 하며, 이러한 전환사회는 필시 문명의 생태화를 통한 생태적 전환을 전제한다.[72] 전환사회로의 방향은 회복력 있는 지속가능한 사회를 지향하고, 지구의 생태적 용량 초과에 따른 기후위기에 대응하여 지금까지의 방식에서 벗어나, 새로운 생활의 시스템을 적용할 기회을 가진 사회라고 할 수 있다. 코로나19는 전 인류에게 새로운 사회구조를 시험할 기회를 던져주었으며, 이를 계기로 인류사회는 회복력 있는 지속가능한 사회를 지향해야 함을 체험한 바 있다. 지구촌 생태적 용량 초과에 따른 기후위기에 대응할 수 있는 해법 마련을 위한 시도들은 지금까지의 방식과는 다른 생활의 시스템과 접할 기회 속에 있다. 여기서의 전환사회는 환경적 지속가능성에 중점을 두고, 장기적인 생태계의 건강과 인류의 복지를 고려하며, 재생에너지, 자원의 효율적 사용, 생태계 보호, 사회적 포용력을 통해 이루어진다. 기존의 화석연료 기반 경제에서 벗어나, 지속가능한 경제 모델로의 전환을 추구하며, 친환경 기술, 순환경제, 지속가능한 농업 및 산업 방식 등을 대상으로 한다.

기후위기는 사회적 불평등과도 밀접하게 연결되어 있으며, 경제적·사회적 약자에게 더 큰 타격을 주고 있다는 점에서 '환경정의' Environmental Justice의 문제가 대두되고 있다. 전환사회로 가는 과정에서 모든 사회 구성원이 혜택을 받을 수 있도록 하는 '포용적 전환' Inclusive Transition[41)]의 중요성도 강조되고 있다. 기후 대응 과정에서 경제적 변화가 가져올 불확실성과 잠재적인 사회적 불안을 완화하기 위해, 국제노동기구 ILO는 '정의로운 전환' Just Transition[42] 원칙을 제시하고 있다. 유엔기후변화협약과 파리협정 역시 이러한 원칙을 반영하며, 기후위기 대응이 사회적 형평성을 고려해야 한다는 점을 명확히 하고 있다. 하지만 국제적인 틀을 마련하는 것만으로는 충분하지 않다. 보다 실질적인 실행 계획이 마련되지 않는다면, 전환사회로의 이동은 공허한 구호에 그칠 위험이 크다.

지금의 기후위기는 지구 환경의 문제를 넘어, 새로운 경제 패러다임으로 작용하고 있으며 탈석탄과 재생에너지로의 전환은 선택이 아닌 필수 과제가 되었다. 지속가능한 경제 모델로 전환하지 않는다면, 우리 사회는 심각한 생존 위기에 직면하게 될 것이다. 과거와 같은 소극적 대응으로는 기후위기의 속도를 따라잡을 수 없다. 보다 과감한 정책과 실천이 요구되는 시점이다.

앞서 살펴본 바와 같이 전환사회는 바라보는 관점과 우선시 여기는 지향점에 따라 미묘한 차이가 있다. 그럼에도 불구하고 공통되고 시급한 과제는 화석연료의 사용으로 인한 기후환경 악화, 즉 온실가스 배출 문제 해결이 우선시 된다고 할 수 있다. 다시 말해 탈석탄을 위한 재생에너지로의 전환은 필요조건이 된다. 약속한 시간 내에 해결해야 할 공통의 미션이기도 하다.

---

41) 지속가능한 사회로의 전환 과정에서 모든 사회 구성원이 공정하게 참여하고, 혜택을 공유하며, 누구도 소외되지 않도록 하는 것을 목표로 하는 개념이다.

42) 2015년 파리협정을 거치면서 기후변화에 대한 즉각적인 대응과 노동자들의 사회안전망을 강화하고 좋은 녹색일자리를 만들기에 대한 의제가 대두되었고, COP-26에서 EU, 캐나다, 프랑스, 독일 등은 정의로운 전환을 선언하였다.

전환사회는 현재와 미래 세대 모두에게 지속가능한 환경, 건강한 경제, 그리고 공정한 사회를 제공하기 위한 방향을 제시한다. 기후위기에 대응하는 것은 단순한 생존의 문제가 아니라, 우리가 어떤 미래를 꿈꾸고, 어떤 가치를 지향할 것인가에 대한 질문이기도 하다. 이미 기후변화는 우리의 삶과 경제 전반에 거대한 영향을 미치고 있으며, 앞으로의 변화는 더욱 가속화될 것이다. 우리는 이제 과거의 방식에서 벗어나, 전환사회의 비전을 실현할 구체적인 행동을 시작해야 한다. 기후위기는 이미 우리 앞에 도착했으며, 시간이 얼마 남지 않았다. 지속가능한 미래를 위해 우리는 전환사회를 향해 나아가야 한다.

■ 과학적 정책이 결합된 전환사회

기후위기 시대의 전환사회는 단순한 이상이 아니라 실질적인 실행 체계를 요구한다. 이를 위해 에너지 전환, 순환경제, 사회적 형평성이 긴밀히 연결된 변화가 필요하다. 에너지 체제의 재편은 기술, 정책, 금융의 조화를 기반으로 한다. 2023년 국제재생에너지기구 IRENA는 태양광과 풍력이 2050년까지 전 세계 전력 생산의 70%를 담당할 수 있음을 밝혔다. 이는 단순한 기술 발전이 아니라 시스템 혁신의 결과다. EU의 탄소국경조정제도 CBAM가 2026년 본격 시행되며 글로벌 공급망의 탈탄소화 압력도 커지고 있다. 금융 부문에서는 2023년 그린본드 발행 규모가 6,000억 달러를 돌파하며 녹색 투자의 성장 가능성을 입증했다.

순환경제는 물질 흐름을 근본적으로 재설계하는 혁신이다. EU는 2023년 '제품 디지털 여권' Digital Product Passport제도를 도입해 스마트폰 등의 원자재 출처부터 재활용 가능성까지 추적하는 체계를 마련했다. 철강산업에서도 스웨덴 SSAB의 하이브리트 프로젝트가 수소환원제철 기술을 활용해 2030년까지 탄소배출을 90% 감축할 계획이며, 이는 글로벌 철강산업의 탄소배출을 7%가량 줄이는 효과를 낼 것으로 기대된다. 이러한 패러다임 변화는 네덜란드가 실험 중인 '도넛 경제' Doughnut Economics[43] 모델과도 맞닿아 있다. 경제적 성장과 사회적 복지를 동시에 고려하는 이 모델은 인간이 생태적 한계를 넘지 않으면서도 기본적인 삶의 질을 보장받도록 하는 지속가능한 경제체계를 지향한다. 암스테르담시는 이를 도시정책에 적용하며 순환경제와 탄소중립을 동시에 추구하고 있다.

그러나 기술과 경제적 변화만으로는 충분하지 않다. 사회적 형평성도 중요한 요소다. 2023년 옥스팜 보고서에 따르면, 전 세계 상위 1% 인구의 탄소배출량이 하위 66%의 총량을 초과한다. 이 격차를 줄이기 위해 방글라데시는 '기후변화 트러스트 펀드'를 운영하며, 홍수에 취약한 2,500개 지역사회에 재난 대비 인프라를 지원하고 있다. 이 모든 변화는 독립적으로 이루어지는 것이 아니라 상호작용하며 진화한다. EU의 CBAM이 아프리카 신재생에너지 프로젝트에 그린본드 자금을 투입하는 과정에서 사회적 형평성 논의와 연결되는 것이 대표적 사례다. 전환사회는 복잡계 Complex System처럼 유기적으로 작동하며, 지속가능한 미래로 나아가기 위해서는 통합적 시각과 실천이 필수적이다.

---

43) 네덜란드의 '도넛 경제 모델'은 사회적 기반(내부 원)과 생태적 한계(외부 원) 사이의 균형을 제시하며, 2023년 기준 전 세계 45개 도시에서 적용 중이다.

2024년 세계경제포럼은 '네이처 포지티브' Nature Positive 경제로의 전환을 강조하며, 생태계 복원을 성장 동력으로 삼는 개념을 주창했다. 세계은행의 추산에 따르면, 이러한 전환은 2030년까지 10조 달러 규모의 신시장을 창출할 전망이다. 같은 해 발표된 UN 지속가능발전목표 보고서는 2030년까지의 기간을 '전환 가속화 구간'으로 규정한다. 2030년까지 재생에너지 3배 확대 COP28 합의, 메탄 배출 30% 감축 글로벌 메탄 서약, 생물다양성 재정 300억 달러 조성 쿤밍-몬트리올 협약 등 국제사회의 구체적인 로드맵이 가동되고 있다. 그러나 과학계는 현재 진행 속도로는 1.5℃ 목표 달성률이 14%에 불과하다고 경고하고 있다.

"전환사회는 완성된 청사진이 아니라 진화하는 프로토콜이다.
매일의 데이터가 새로운 알고리듬을 만들고,
각국의 실험이 글로벌 솔루션으로 융합될 때 비로소
지속가능성 코드가 컴파일된다."

지수시스템 과학자 요하네스 록스트롬[44]

우리에게 필요한 것은 기술적 해법을 넘어 '생태적 지능' Ecological Intelligence 이다. 2025년 넷제로 정상회의는 전환사회의 중간점검 무대가 될 것이다.

44) Johan Rockström은 스웨덴의 환경학자로, 지속가능한 발전 분야의 권위자이며, 지구 위험 한계선(planetary boundaries, 2009) 개념을 처음으로 제시하였다. 현재 독일 포츠담 기후영향연구소 공동소장이다.

■ 전환의 과정을 알리는 메시지들

기후위기에 대응하는 과정에서 기존 사회구조가 직면할 위험성을 직관적으로 인식시키는 몇 가지 상징적 용어들이 있다. 이 용어들은 단순한 개념이 아니라, 전환의 필요성과 시급성을 강조하는 메시지 역할을 한다. 특히, 화석연료 자산에 내재된 재정적 위험을 경고하는 용어들은 시장의 불확실성을 드러내고, 지속가능한 경제로의 전환이 불가피함을 강조한다. 기후위기가 단순한 환경 문제가 아니라 경제적 리스크와 맞닿아 있다는 사실을 알리는 것이다.

이러한 메시지들은 정성적인 수준에서 경각심을 불러일으킬 뿐만 아니라, 계량화된 방식으로 전환의 시급성을 구체적으로 제시한다. 단순한 경고를 넘어, 우리가 어떤 방향으로 나아가야 하는지를 명확하게 보여준다. 기후위기가 지속될수록 이러한 메시지들은 더욱 중요해지고 있으며, 사회가 보다 신속하고 과감한 변화를 수용해야 한다는 점을 강조하는 역할을 하고 있다.

우리는 이 메시지들이 던지는 의미를 깊이 이해하고, 실질적인 전환을 위한 행동을 고민해야 한다. 전환의 과정은 선택이 아니라 필연이며, 이를 받아들이고 실천하는 것이 기후위기 시대를 살아가는 우리 모두의 과제이기 때문이다.

» 기후경제의 경고신호: '좌초자산과 탄소거품'

Stranded Asset & Carbon bubbble

기후위기가 심화됨에 따라, 기존 경제 시스템에서 안정적이라 여겨졌던 자산들이 새로운 위험에 직면하고 있다. 그중 대표적인 개념이 바로 좌초자산 Stranded Assets과 탄소거품 Carbon Bubble이다. 이들은 기후변화 대응 정책과 기술 혁신이 기존 산업에 미치는 영향을 상징적으로 보여주는 개념이며, 경제와 금융시장에도 강력한 경고 메시지를 던지고 있다.

좌초자산이란 원래 예상된 수명보다 조기에 가치가 급락하는 자산을 의미한다. 특히, 기후위기 시대에는 화석연료 인프라가 좌초자산으로 전환될 가능성이 크다. 경제학자 벤 칼데콧 Ben Caldecott은 환경 규제, 기술 발전, 시장 변화 등의 요인으로 인해 화석연료 자산이 예상보다 일찍 경제적 가치를 잃을 수 있다고 지적했다[45]. 국제사회의 합의와 각국의 규제 강화, 재생에너지 기술 발전이 빠르게 진행되면서, 화석연료 중심의 산업이 흔들리고 있는 것이다.

특히 국제사회의 합의와 국가별 규제 강화로 인해 화석연료 자산의 경제적 가치가 감소할 수 있으며, 재생에너지 기술의 발전과 보급이 확대되면서 전통적인 화석연료의 수요가 감소할 수 있다.[73] 좌초자산으로 분류된 자산의 가치가 하락하면 기업의 재무 상태에도 심각한 영향을 미칠 수 있으며, 특히 화석연료 자산이 기후정책 변화로 인해 가치가 급락할 위험

---

45) 옥스퍼드 대학교의 환경 경제학자 벤 칼데콧 Ben Caldecott은 "좌초자산" 개념을 주창한 전문가 중 하나이다.

성을 강조한다.[03] 좌초자산 문제는 2015년 파리협정에서 100조 달러의 화석연료 좌초자산이 발생할 것이라는 시티그룹의 예측에서 처음 제기되었다[46)]. 처음에는 기후위기에 대처하는 국제적인 협약 목표가 좌초자산을 낳을 것이라는 우려에서 시작되었지만, 몇 년만에 태양광 및 풍력 발전 비용과 전력 저장 비용의 하락이 화석연료 인프라를 좌초자산으로 만들 것이라는 전망으로 넘어 왔다. 혁신적인 기술과 인프라 플랫폼이 '창조적 파괴'를 유발하면 자산 전체가 예기치 않게 갑자기 좌초될 수도 있다.[04]

탄소거품도 마찬가지다. 탄소거품이란 화석연료 기반 경제가 실제보다 과대평가되어 있다는 개념으로, 기후정책과 기술 발전이 이를 급속도로 붕괴시킬 수 있음을 의미한다.[05] 많은 에너지 기업들은 아직 개발되지 않은 화석연료 매장량을 자산 가치 평가의 기준으로 삼는다. 그러나 강력한 기후정책이 시행되면, 이 매장량의 상당 부분이 개발되지 못할 가능성이 높다. 다시 말해, 자산으로 평가된 석유·가스·석탄 매장량이 실질적으로 무용지물이 될 수도 있다는 것이다.

기후정책의 변화로 인해 화석연료에 대한 투자가 갑자기 가치를 잃게 되면, 이는 금융시장에 큰 충격을 줄 수 있는, 즉 '탄소 거품이 터지는 것'으로 비유될 수 있으며, 금융 위기를 초래할 수도 있다.[77] 탄소거품의 개념은 투자자들과 정책 입안자들에게 장기적인 투자 결정에 있어서 환경적 지속가능성을 고려할 것을 경고하는 메시지로 사용되기도 한다. 실제로

46) 화석연료와 버려지는 송유관, 해양 플랫폼, 에너지 생산설비, 석유화학 공정시설, 그리고 화석연료 문화와 밀접하게 결합된 모든 산업 등이 일거에 좌초되어 "약 100조 달러에 달하는 자산이 좌초될 수 있다"는 경고가 나온 바 있다.[05]

많은 투자자들은 이런 위험을 인식하고 있으며, ESG 환경·사회·지배구조 투자 기준을 고려한 포트폴리오 변경을 서두르고 있다.

탄소거품과 좌초자산의 위험을 줄이기 위해서는 보다 투명한 정보 공개와 강력한 규제 강화가 필요하다. 탄소 가격제 Carbon Pricing와 같은 정책을 통해 화석연료 사용을 줄이고, 재생에너지로의 전환을 더욱 가속화해야 한다. 기업과 투자자들 역시 장기적인 경제적 안정성을 고려해 지속가능한 자산에 대한 투자로 방향을 전환할 필요가 있다.

» 기후 타임라인, 우리의 선택이 미래를 결정한다

'탄소시계, 탄소예산, 탄소발자국'

Carbon Clock, Carbon budget & Carbon Footprint

기후위기가 점점 더 가시적인 현실이 되면서, 온실가스 배출량을 추적하고 줄이기 위한 다양한 개념들이 등장하고 있다. 그중에서도 탄소시계, 탄소예산, 탄소발자국은 기후위기의 시급성을 강조하는 핵심적인 개념들이다.

지구 평균기온 상승을 1.5도 이내로 제한하는 국제사회의 약속 달성을 위해 특정한 '탄소예산'을 설정하고, 남은 예산이 빠르게 소진되고 있음을 '탄소시계'가 보여주며, 각 주체가 줄여야 하는 배출량을 '탄소발자국'로 명확히 할 수 있다. 세 개념은 모두 온실가스 배출을 줄이기 위한 적극적인 행동이 필요하다는 메시지를 전달한다.

탄소시계는 지구 온난화와 관련된 시각적인 도구로, 지구의 평균 기온이 산업화 이전 수준보다 특정 기준(보통 1.5℃) 이상 상승하는 시점까지 남은 시간을 시계 형태로 나타내는 용어이다. 쉐넬 후버 교수는 인간 활동이 지구 시스템의 안정성을 위협하는 경계를 정의하고, 인간 활동이 임계점을 넘어설 경우 지구의 안정성과 지속가능성이 위협받을 수 있음을 경고한다. 또한 탄소시계는 온실가스 배출에 대한 '탄소예산' 개념을 기반으로 한다. 탄소예산은 지구 온도상승을 특정한 한계 이내로 유지하기 위해 배출할 수 있는 온실가스의 총량을 의미한다.[07] 탄소시계는 남은 탄소예산을 소진할 때까지 남은 시간을 실시간으로 계산하여 보여준다.

탄소예산은 지구의 평균 온도를 1.5℃ 상승시킬 이산화탄소량에서 우리가 배출한 탄소량을 빼고 남은 '총 허용 이산화탄소량', '한계배출 허용량'을 뜻하며 '잔여 탄소배출총량'이라고도 한다. IPCC에서 도입하였으며, 스웨덴의 환경운동가 그레타 툰베리가 2019년 프랑스 하원과 유엔 연설에서 인용하면서 널리 알려졌다.[79] 마이클 라우버 박사[47)]는 기후변화 대응 목표설정, 기후 모델링과 시나리오 분석을 위해 탄소예산 개념을 적용하고 과학적 근거를 마련하는데 중요한 기여를 할 수 있다고 말한다.[09]

탄소예산은 누적 배출량과 온도 상승 사이의 거의 선형 관계를 기반으로 한다. 그럼에도 불구하고, 이것은 지구가 1.5℃ 임계값 이하로 유지하기 위한 나머지 탄소예산이 소진된 바로 그 시점에 반드시 1.5℃ 더 따뜻해질 것이라는 것을 의미하지는 않는다. 이는 무엇보다도 대기 중 배출 농도와

---

47) 마이클 라우버 Malte Meinshausen교수는 독일 포츠담 기후영향연구소를 거쳐 멜버른대학교와 오스테레일리아 기후연구소에서 탄소예산 개념을 정립하였고, 기후변화 과학에서 중요한 몇 가지 핵심 개념을 주장하고 발전시켜온 것으로 평가받는다.

온도에 미치는 영향 사이에 시간 지연이 있다는 사실 때문이다.[10]

탄소예산의 측정은 기후과학, 대기화학, 지구 시스템 모델링 등 여러 분야의 전문지식을 필요로 하며 측정하기 전에, 지구의 평균 온도 상승을 제한하고자 하는 목표를 설정해야 한다. 산업화 이전 수준 대비 1.5℃ 또는 2℃로 설정되며, 지구 시스템 모델을 사용하여 다양한 배출 시나리오와 이에 따른 기후변화 영향을 시뮬레이션 한다[48]. 기후 과학자들은 온실가스, 특히 이산화탄소의 누적 배출량과 지구 온도상승 사이의 관계를 분석하며, 기후 민감도라는 개념을 통해 특정 양의 온실가스 배출이 평균 온도를 얼마나 상승시키는지를 나타내게 된다. 탄소예산의 측정은 지속적으로 발전하고 있는 분야이며, 새로운 과학적 발견과 데이터, 기술의 진보에 따라 조정될 수 있다.

또한 탄소예산은 분배에 있어서 공평성 문제를 갖고 있다. 선진국들이 역사적으로 더 많은 온실가스를 배출했기 때문에, 개발도상국과 덜 발전된 국가들은 발전을 위한 공정한 배출 권리를 주장할 수 있다. 탄소예산은 기후정책과 전략 수립, 특히 재생에너지, 에너지 효율성, 탄소포집 및 저장 기술의 개발과 적용 등에 대한 결정을 내리는 데 중요한 역할을 한다.

탄소발자국은 개인, 조직, 제품, 또는 국가 등이 직간접적으로 배출하는 온실가스 총량을 이산화탄소 환산 톤으로 나타낸 지표이다. 기후변화

48) 온실가스 농도 시나리오를 나타내는 대표 농도 경로(RCPs) 즉, RCP 2.6, 4.5, 6.0, 8.5의 시나리오로 2100년까지 예상되는 온실가스 농도에 따라 지구 평균 기온상승을 예측하며, 정책 결정자들은 기후변화 대응 전략을 평가하고 선택할 수 있다.

의 주요 원인인 온실가스 배출을 측정[49]하고, 이를 줄이기 위한 전략 수립과 온실가스 감축을 위한 교육, 학습의 도구 역할에 기여한다. 2000년대 초반, 환경발자국 개념에서 출발하였으며, 주로 인간의 자원 소비와 생태계에 미치는 영향을 측정하는 데 사용되었다가 기후변화와 관련된 온실가스 배출을 강조하는 도구로 사용하게 되었다[50].

탄소발자국은 직접 배출 예: 자동차 연소에서 발생하는 CO_2 과 간접 배출 예: 제품이나 서비스를 제공하기 위해 필요한 에너지의 생산에서 발생하는 CO_2 모두를 고려한다. 탄소발자국은 기후변화 대응의 핵심지표로, 개인, 기업, 정부가 자신의 온실가스 배출을 평가하고 줄이기 위한 중요한 도구이다. 정확한 측정과 평가를 통해 효과적인 감축 전략을 수립할 수 있으며 탄소발자국을 줄이는 것은 환경보호 뿐만 아니라 기후경제의 효율성을 가름할 수 있는 척도가 될 수 있다.

기업은 탄소발자국을 줄인 제품이나 서비스를 제공함으로써 환경에 대한 책임을 보여주고, 소비자들 사이에서 차별화된 가치를 공유할 수 있다. 여러 나라들이 탄소발자국 개념을 국가 정책에 통합하여, 온실가스 배출을 줄이기 위한 다양한 전략과 규제를 시행하고 있다.

---

49) CO_2 환산 톤(CO2e)은 이산화탄소뿐만 아니라 메탄(CH_4), 아산화질소(N_2O) 등 다양한 온실가스의 온난화 잠재력(GWP)을 고려하여 산출된다.

50) 마티스 웨커네이겔 Mathis Wackernagel과 윌리엄 리스 William Rees는 공동 저서인 "Our Ecological Footprint: Reducing Human Impact on the Earth"에서 환경발자국의 일환으로 탄소발자국을 다루고 있다.

이러한 개념들이 우리에게 던지는 메시지는 분명하다. 지구 온도 상승을 억제하기 위한 남은 시간은 빠르게 줄어들고 있으며, 우리가 사용할 수 있는 탄소예산은 한정적이다. 탄소발자국을 줄이는 것은 단순한 선택이 아니라 생존을 위한 필수적인 조치가 되었다. 세계 각국은 이 개념들을 기후·경제의 정책으로 활용한다. 탄소세 도입, 배출권 거래제 운영, 재생에너지 확대, 지속가능한 산업전환 등의 전략이 이에 해당한다. 기업들은 친환경 경영으로 전환하고 있으며, 투자자들은 ESG 기준을 고려해 지속가능한 기업을 선별하고 있다.

하지만 여전히 변화의 속도는 충분하지 않다. 기후 타임라인은 점점 가속화되고 있으며, 탄소시계는 경고음을 울리고 있다. 지금 우리가 어떤 선택을 하느냐에 따라, 미래의 모습은 달라질 것이다. 이제 기후위기를 단순한 과학적 통계로 바라볼 것이 아니라, 우리의 행동이 만들어가는 현실로 인식해야 할 때다.

» 오픈액세스 경제: '한계비용 제로와 공유경제'

Zero Marginal Cost Society & Sharing Economy

기존의 소비중심 경제를 넘어선 '협력적이고 포용적인 경제 모델'을 설명하며, 전환사회로 가는 길을 구체적으로 알려주는 경제 개념이라고 할 수 있다. 자원을 효율적으로 사용하고, 소유 대신 사용을 중시하는 새로운 소비 패턴을 형성하여 자원 낭비를 줄인다. 이는 전환사회가 목표로 하는 지속가능한 자원 활용과 동일한 방향이며, 에너지와 자원의 효율성을 높이는 데 중요한 역할을 한다. 특히 사회 내 자원 접근성을 확대하고 경제적 불평등을 완화하는, 전환사회가 지향하는 사회적 포용성과 유사한 개념이라고 할 수 있다. 사회적 연대와 협력을 기반으로, 기존의 개인주의적 소비 패턴에서 벗어나 공동체적 접근을 강조하며, 자원의 지속가능성을 높이고, 환경을 보호하는 사회 경제구조로의 전환을 목표로 하는 개념이기도 하다.

'한계비용'이란 고정비용이 흡수된 후 재화나 용역을 한 단위 더 생산하는 데 들어가는 추가 비용을 말한다.[04] 고정비용을 제외하고 총비용 증가분을 생산량 증가분으로 나눠 산출하며, 현대 경제에서 기술의 급속한 발전이 한계비용을 극적으로 낮출 수 있다는 사고에 기반한다. 투자비용이 회수된 후부터 마진 만큼의 이윤을 얻게 되는데 이를 한계이윤이라고 한다면 한계비용을 낮추고 판매가격을 높게 할수록 한계이윤은 커지게 된다.

제레미 리프킨 Jeremy Rifkin은 인터넷 기술과 재생에너지의 발전이 한계비용을 제로 또는 거의 제로에 가깝게 만들 수 있다고 주장한다. 인터넷과 디지털 기술의 발전으로 정보, 음악, 영상, 소프트웨어 등의 디지털 상품은 복제 비용이 거의 없거나 제로에 가까워졌다. 이는 디지털 경제에서 상품과 서비스의 한계비용을 크게 줄이는 요인이 되었다. 리프킨은 태양광, 풍력 등 재생에너지의 비용이 급격히 감소하고 있으며, 이로 인해 에너지 생산의 한계비용도 점점 줄어들어 장기적으로 거의 무료에 가까운 에너지를 제공할 수 있게 된다고 한다. 한계비용의 감소는 물리적 상품과 서비스에도 영향을 미친다. 예를 들어, 카쉐어링 서비스는 자동차 소유의 필요성을 줄이고, 소비자들이 더 효율적으로 자원을 공유하도록 유도한다. 한계비용의 제로화가 전통적인 시장기반 경제를 변화시키고, 더 협력적이고 지속가능한 경제 및 사회구조로의 전환을 촉진할 것이라고 전망한다. 이러한 개념은 디지털 기술과 재생에너지가 경제 및 사회구조의 전환에 직접적인 영향을 미치며, 이를 통한 건강한 사회로의 전환을 의미한다. 전통적인 시장경제의 한계를 넘어서, 더 공유되고, 협력적이며, 지속가능한 사회로의 전환을 디자인하는 기초가 된다.

'공유경제'는 소유가 아닌 공유와 접근성을 기반으로 하는 경제 모델이다. 개인이나 기업이 소유한 자원(예: 물건, 공간, 서비스)을 다른 사람들과 공유하여 사용하는 경제 모델을 의미한다. 자원의 효율적인 사용을 촉진하고, 환경적, 경제적, 사회적 이점을 나눌 수 있다. 이 모델에서는 개인이나 기업이 자원을 공유하거나 임대하여 이를 필요로 하는 사람들과 공유하며, 디지털 플랫폼과 기술의 발전으로 더욱 활성화될 수 있으며, 다양한 형태로 나타나고 있다.[51)]

유휴 자원을 최대한 활용하여 경제적 가치를 높일 수 있으며, 자원 낭비를 줄이고, 재사용과 재활용을 촉진하여 환경에 긍정적인 영향을 가져올 수 있다. 사용자들은 자원을 소유하지 않고도 필요한 서비스를 이용할 수 있어 비용을 절감할 수 있다. 자원을 공유함으로써 사람들 간의 사회적 연결이 강화되고, 신뢰 기반의 커뮤니티가 형성되며, 협력과 상호 의존이 증대되어 사회적 자본이 향상될 수 있다. 또한 디지털 기술의 발전과 재생에너지의 확산이 상품과 서비스의 한계비용을 줄여줄 수 있으며, 공유경제 모델의 확산을 더욱 촉진시킬 수 있다. 인터넷과 모바일 기술의 발전

---

51) 숙박 공유, 차량 공유, 물품 대여의 공유, 공간의 공유, 지식 및 기술 공유 등 여러 가지 유형으로 진화되고 있다. 에버비엔비, 우버, 리프트와 같은 플랫폼은 숙박, 교통 등의 서비스를 소유가 아닌 공유를 통해 제공되는 상품이다.

은 사람들이 서비스와 자원을 공유하고 접근하는 방식의 혁신을 가져올 수 있다.

물리적 상품의 소비를 감소시키고, 재사용과 재활용을 촉진하여 환경보호에 기여한다. 이는 더 적은 자원을 사용하여 더 많은 사람들에게 서비스를 제공하는 지속가능한 소비모델을 의미한다. 공유경제는 사람들 사이의 상호작용과 협력을 촉진하며, 공동체 내에서 자원과 서비스를 공유함으로써 사회적 유대를 강화하고, 서로의 필요와 능력에 기반한 경제 활동을 장려하게 된다.

한계비용의 감소와 공유경제의 확산은 전통적인 비즈니스 모델을 변화시키고 있다. 기업들은 소유 기반에서 서비스 및 접근 기반의 모델로 전환하고 있으며, 이는 새로운 시장 기회를 창출하고 있다. 태양광과 풍력은 분산형 에너지 시스템의 구축을 가능하게 한다. 개인이나 커뮤니티가 자체적으로 에너지를 생산하고, 이를 공유하거나 네트워크에 공급할 수 있게 함으로써, 전통적인 중앙집중식 에너지 시스템과는 다른 패러다임을 제시할 수 있다.

공유경제 모델을 에너지 분야에 적용함으로써, 에너지 공유 플랫폼이 확장하고 있다. 예를 들어, 일부 지역에서는 소규모 태양광 발전소의 전력을 이웃과 공유하거나, 지역 커뮤니티가 공동으로 풍력 터빈을 설치하고 그 이익을 공유하는 모델은 이제 더욱 새로운 진화를 모색하고 있다. 에너지 사용의 효율성을 증대시킬 수 있는 스마트 그리드 기술을 통해 에너지 소비와 생산을 최적화하고, 에너지 소비를 줄이는 동시에 재생에너지의 효율을 보다 더 극대화시킬 단계에 진입하고 있다.

재생에너지의 확산과 공유경제 모델의 적용은 환경적 지속가능성을 개선하고, 온실가스 배출을 감소시키며, 에너지 안보 강화를 위해 상호 작용한다. 또한 에너지 접근성을 높이고 에너지 빈곤을 해소하는 데 기여하며, 지역 커뮤니티 차원에서 공유함으로써, 에너지 접근성이 낮은 계층의 주민들에게 혜택이 갈 수 있도록 한다. 특히, 공유경제 모델이 마을 공동체의 바이오가스 생산 및 에너지 이용에 미치는 영향은 매우 긍정적이다. 마을 공동체 내에서 유기 폐기물, 가축 분뇨, 농업 잔재 등의 바이오가스 원료를 공유함으로써 효율적인 자원 활용을 촉진할 수 있다. 마을 공동체 구성원들이 바이오가스 생산 설비를 공동으로 구매, 설치 및 운영함으로써 초기 투자 비용과 유지 관리 비용을 분담할 수 있다. 이는 작은 규모의 공동체에서도 지속 가능한 에너지 솔루션을 구현할 수 있는 기회를 제공한다.

공동체 차원에서의 바이오가스 생산은 에너지 자립을 촉진하고, 에너지 공급의 안정성을 강화한다. 바이오가스 생산은 유기 폐기물의 재활용을 촉진하고, 메탄 등 온실가스 배출량을 줄일 수 있다. 공동체 내에서 에너지 생산과 공유에 참여함으로써 주민들 사이의 연대감과 공동체 의식을 강화할 수 있으며, 커뮤니티의 연결성과 협력을 증진시킬 수 있다. 이러한 방식으로, 공유경제 모델은 마을 공동체 내에서 바이오가스 생산과 에너지 이용을 촉진하며, 지속 가능한 발전, 환경 보호, 사회적 연대감 증진에 중요한 역할을 할 수 있다. 하지만 현재의 규제 체계와 법적 구조가 공유경제 기반의 재생 에너지 모델을 충분히 지원하지 못하는 경우가 많으며, 새로운 비즈니스 모델의 확산을 제한할 수 있다.

공유경제가 재생에너지 시장에서 너무 빠르게 성장할 경우, 기존 에너지 시장에 부정적인 영향을 미칠 수 있으며, 이는 전체 에너지 시스템의 안정성에 영향을 줄 수 있다. 재생에너지 기술과 공유경제 모델을 효율적으로 통합하기 위한 충분한 기술적 지원과 인프라가 부족할 수 있다. 이는 에너지 저장, 전송 및 관리 기술에 대한 추가적인 투자와 혁신을 필요로 한다. 분산형 에너지 시스템은 중앙집중식 시스템과 달리 다양한 에너지 출처에 의존한다. 이는 일부 경우에 신뢰성과 에너지 안보에 대한 우려를 야기할 수 있다.

또한 공유경제 모델이 특정 지역이나 사회경제적 계층에 집중될 경우, 불평등을 심화시킬 수 있다. 특히, 기술적, 재정적 자원에 접근하기 어려운 공동체는 소외될 위험이 있다. 모든 사용자가 공유경제 모델에 적극적으로 참여하거나 그 혜택을 누리는 것은 아니다. 이는 특히 기술에 익숙하지 않거나, 재생에너지에 대한 인식이 부족한 경우에 문제가 될 수 있다. 공유경제 기반의 재생 가능 에너지 모델은 지속 가능한 미래를 향한 중요한 발걸음이지만, 이러한 모델이 널리 채택되고 성공적으로 작동하기 위해서는 이러한 문제점들을 해결하고, 다양한 이해관계자들의 협력과 지원이 필요하다.

한계비용 제로와 공유경제의 확산은 전통적인 경제 구조를 변화시키는 동시에 새로운 도전 과제를 제시하며 전환사회로 가는 과정에서 필연적인 흐름이 될 것이다. 자원의 낭비를 줄이고, 사회적 포용성을 확대하며, 지속가능한 소비와 생산을 가능하게 하는 경제 패러다임으로 자리 잡을 것이다. 기존의 소유 중심 경제에서 벗어나 협력과 접근성을 강조하는 새로운 경제 모델이 확대될수록, 우리 사회는 보다 지속가능한 방향으로 나아갈 수 있다. 중요한 것은 이 변화를 어떻게 효율적으로 수용하고, 보다 공정하고 균형 잡힌 경제 모델로 발전시켜 나갈 것인가이다. 한계비용 제로와 공유경제는 단순한 경제적 혁신을 넘어, 지속가능한 사회를 위한 새로운 길을 제시하고 있다.

» 그린스완의 의미 Green Swan

최근 몇 년간 전 세계는 기후변화, 환경파괴, 사회적 불평등 등 복합적인 위기에 직면해 있다. 이러한 위기는 단순히 환경적 문제를 넘어 경제, 사회, 정치 전반에 걸친 근본적인 변화를 요구하고 있다. 이와 같은 맥락에서 '그린스완' Green Swan이라는 개념이 주목받고 있다.

그린스완은 '블랙스완' Black Swan에서 파생된 개념이다. 블랙스완은 예측하기 어렵고 극단적인 영향을 미치는 사건을 의미한다. 반면, 그린스완은 예측 가능한 위기, 즉 기후변화와 같은 명확한 위협에 대응해 지속 가능한 미래를 창출하는 과정을 뜻한다. 국제결제은행 BIS은 그린스완을 "기후변화와 관련된 위험을 관리하고 지속 가능한 경제로의 전환을 촉진하는 정책 및 금융적 접근"으로 정의했다.[52)]

기후변화와 관련된 금융위기의 가능성을 경고하는 개념으로, 극단적이고 예측 불가능한 환경적 충격이 경제와 금융 시스템에 치명적인 영향을

---

52) 국제결제은행 BIS와 프랑스 중앙은행이 2020년 발표한 보고서에서 공식적으로 제시되었다. 프랑스 중앙은행의 수석 경제학자 브누아 쾨레와 전 BIS 수석 경제학자인우고 베르너는 기후위기로 인해 발생할 금융 리스크를 분석하며 '그린스완'을 언급했다.

미칠 수 있음을 의미하며, 지속가능한 전환을 통해 예상치 못한 긍정적 변화를 이끌어낼 수 있다는 가능성을 시사한다. 그린스완은 특히 화석연료 기반의 자산 가치 급락, 생태계 손실로 인한 공급망 불안정, 금융 불안정성을 포함한 리스크를 내포하고 있으며, 중앙은행과 금융당국은 그린스완 리스크를 완화하기 위해 전통적인 금융정책을 넘어 새로운 정책 도구를 모색해야 할 필요가 있다. 특히 기후 리스크를 금융 시스템의 중심적인 고려 사항으로 삼아야 하며, 기후 스트레스 테스트, 녹색금융 정책 등으로 그린스완 가능성을 줄이려는 노력이 필요하다.[82] 그린스완은 기후위기와 관련된 경제적 불확실성과 복잡한 리스크를 관리하고 준비해야 하는 필요성을 일깨우며, 전환을 준비하는 사회는 이러한 불확실성에 대비해 사회적, 경제적 시스템을 보다 유연하고 지속 가능하게 변화시키는 것을 목표로 한다.

그린스완은 기존의 경제·사회 시스템을 지속 가능한 방향으로 전환하는 과정을 상징하며, 우리가 마주한 위기를 기회로 바꿀 수 있는 새로운 패러다임을 제시한다. 그린스완은 경제 시스템의 근본적인 변화를 요구한다. 기존의 성장 중심의 경제 모델은 자원 고갈과 환경 파괴를 초래했다. 그린스완은 이를 극복하기 위해 녹색 기술, 재생 가능 에너지, 순환 경제 등 새로운 경제 모델을 제시하며, 사회적·환경적 가치를 동시에 추구한다. 또한 기후 대응을 위한 혁신적 정책과 기술 발전이 기존 사회경제적 구조를 뒤흔들면서도 지속가능한 미래로 나아가는 촉진제 역할을 한다. 재생에너지 산업의 급속한 발전, 탄소중립도시 설계, 순환경제 모델 확산과 같은 변화는 초기에는 도전과 불확실성을 동반하지만, 장기적으로는 기후위기 해결과 경제적 번영을 동시에 달성하는 길을 열어줄 수 있다.

특히 전환사회로 가는 과정에서 '그린스완'이 중요한 이유는, 이러한 변화가 기술 혁신에 그치지 않고, 정책·경제·사회문화 전반의 패러다임을 바꾸는 데 기여할 수 있기 때문이다. 그러나 에너지 전환을 촉진하는 금융 규제, 기후 정의를 반영한 공공정책, 탄소 중립적 산업 모델 도입과 같은 구체적 실천이 동반될 때, 그린스완은 현실이 될 수 있다. 그린스완은 이러한 변화를 촉진하는 하나의 상징이자 방향성으로 작용할 것이며, 기후위기라는 도전을 기회로 전환하는 결정적 전환점이 될 수 있다.

■ 전환사회와 녹색전환 Green Transition
지속가능한 미래를 향한 길

21세기는 인류에게 전례 없는 도전을 안겨주었다. 기후변화, 환경파괴, 자원 고갈, 사회적 불평등 등 복합적인 위기는 더 이상 개별적인 문제로 치부할 수 없게 되었다. 단순히 문제를 해결하는 것을 넘어, 근본적으로 사회 시스템을 재구성해야 하는 '전환사회'를 준비해야 한다. 이 과정에서 '녹색전환' Green Transition은 전환사회의 핵심 축으로 자리 잡고 있다. 일반적으로 에너지 생산, 산업공정, 교통 시스템, 농업, 자원의 효율적 사용 등 광범위한 분야에 걸쳐 환경친화적인 방식으로 전환하는 것을 포괄하며, '전환사회'를 수식하는 용어 중 가까이 근접하는 개념이라 할 수 있다. 녹색전환은 단순히 환경보호를 넘어, 경제적·사회적 변화를 동시에 추구하며, 지속 가능한 미래를 위한 구체적인 실천 방안을 제시한다.

전환사회의 목표는 '지속가능성' Sustainability이다. 환경적 지속 가능성은 물론, 경제적·사회적 지속가능성을 동시에 추구한다. 여기서 말하는 전환은 기후위기를 완화하고 지구환경을 보전하는 것이며, 이를 위해 정부와 기업, 그리고 개인이 온실가스 배출을 줄이고, 지속가능한 소비 패턴을 장려하며, 자연과 조화를 이루는 삶을 추구하는 것이다. 하지만 지구환경을 위해 온실가스 배출을 획기적으로 줄이는 것은 소비와 생산 패턴을 근본적으로 변화시키는 과정인 녹색전환 없이는 불가능할 수 있다.[83] 녹색전환은 전환사회로 가는 구체적인 실천 방안이다. 녹색전환은 화석 연료 중심의 에너지 시스템을 재생에너지로 전환하고, 자원 낭비적인 생산·소비 패턴을 순환경제로 바꾸며, 환경파괴를 최소화하는 기술과 정책을 도입하는 것을 의미한다. 녹색전환은 단순히 환경보호를 넘어, 경제적·사회적 변화를 동시에 추구한다.

녹색전환은 인간이 자연과 함께 공존하기 위해 산업 중심의 사회 경제 체제의 틀을 근본적으로 바꿔가는 장기 과정이라 할 수 있다. 기후위기가 인류와 지구의 지속가능성을 위협하는 상황에서 체계의 수정이나 보완이 아니라 근본적인 변형을 통해 대안을 만들어가는 것이다.[11] 이는 경제와 사회의 활동이 환경에 미치는 영향을 최소화하면서 지속가능성을 높이기 위한 방향으로의 변화를 의미한다. 또한 녹색전환은 기존의 체제를 장기적이고 근본적으로 변형 또는 변혁 transformation하면서 정의롭고 지속가능한 사회로 나아가는, 즉 옮겨가는 transition과정이라 할 수 있다[53)].

재생에너지, 전기차, 그린 빌딩, 스마트 농업, 스마트 물관리 등 녹색

53) 기계문명, 산업자본주의, 인간 중심의 지배적인 사회 패러다임을 비판하고 성찰하며 생태적 한계 안에서 지역의 살림살이를 살리는 대안 체제를 만드는 장기적이고 근본적인 과정이다.[11]

산업은 미래 경제의 핵심이 될 것이며 이는 단순히 환경 문제를 해결하는 것을 넘어, 일자리 창출과 경제 활성화를 동시에 이루는 '더블 다운'Double Dividend 효과를 가져올 것이다. 모든 개발과 정책 결정에서 장기적인 환경적 지속가능성을 고려해야 하며, 자원의 효율적 사용과 재생에너지 소스의 활용을 포함해야 한다. 탄소배출을 최소화하고, 불가피한 배출은 탄소 포집 및 저장, 식물 흡수원으로 상쇄하여 탄소발자국을 줄여야 한다.

모든 사회 계층간 불이익이 없어야 하며, 환경적 부담이 특정 집단에 불공평하게 떠넘겨지지 않도록 해야 하며 녹색기술과 산업의 발전을 촉진하고, 녹색 일자리 창출을 위한 사회구성원들의 협업 체제를 만들어야 한다. 자원의 재사용과 재활용을 촉진하고, 폐기물을 최소화하는 순환경제 모델을 지향해야 한다. 녹색전환 과정에서 모든 사회 계층이 참여하고 혜택을 받을 수 있도록 하는 사회적 포용성과 공정성을 강화하며, 취약계층에 대한 지원과 함께 지역사회 협업 시스템의 구축이 중요하다. 이는 교육과 정보의 접근성 향상을 통해 가까이 갈 수 있다.

녹색전환 주장자들은 단기적인 비용이 발생할 수 있으나, 장기적으로는 환경보전, 에너지 혁신, 새로운 일자리 창출 등을 통해 다양한 이익을 가져올 것이라 주장한다. 전환을 바라보는 관점은 다양하고, 광범위한 스펙트럼을 고려할 때 기후환경과 미래 경제성장에 대한 견해를 설득력 있게 정리하기란 쉽지 않다. 다만 이러한 전환은 국제적인 협력과 지속가능성을 위한 글로벌 노력의 일환 속에 위치하며, 전환의 보편적 관심은 환경적 지속가능성, 경제적 성장 및 사회적 포용성의 조화를 중심으로 한다는 점이다.

≫ 녹색전환의 핵심 가치는?

우선 기후위기에 대응하기 위해 경제와 사회 전반에서 지속가능하고 친환경적인 방식으로 변화하는 과정을 거치면서, 재생에너지, 지속가능한 교통 및 건축, 자원의 순환구조, 친환경 녹색기술과 같은 산업분야에서 경제적 기회를 창출할 수 있다. 이는 장기적인 녹색경제와 일자리 창출을 촉진하며, 변화된 삶에 동력을 부여하는 것이다.

두 번째는 인류의 안녕과 인류의 존재 조건인 지구의 생태환경을 보전하고 지속가능성을 중시하며, 이를 통해 기후위기에 대응하고 변화에 적응할 수 있다는 점이다.[11] 깨끗한 물과 대기의 질 향상, 동식물의 서식환경 보전, 생물다양성 향상, 비인간 생명의 안녕 등을 통해 인류사회의 건강한 삶을 도와주고 지탱시켜 줄 수 있다. 이를 위해서는 구성원들의 인식과 태도의 변화가 전제되어야 한다. 교육과 대중 캠페인을 통해 환경보전과 지속가능한 삶의 방식에 대한 인식을 제고하고, 이를 실천으로 옮길 수 있는 방법을 공유해야 한다. 이러한 가치들은 녹색전환을 통해 달성하고자 하는 궁극적인 목표들을 반영하며, 이는 개인, 지역사회, 국가 그리고 전 세계 차원에서 중요하다. 지속가능한 미래를 위해 가치들을 적극적으로 추진하고 실천하는 것이 필수적이다.

이러한 전환사회로 가는 길에 동반해야 할 중요한 하나는 바로 정의로운 전환이다. 경제 및 산업의 변화가 환경과 사회에 미치는 영향을 고려하여, 특히 취약한 노동자와 공동체가 그 변화에서 소외되지 않도록 하는 과정을 의미한다. 이 개념은 기후위기 대응과 녹색전환의 사회적 영향을 고려하는데 중점을 두고 있다.

로빈슨 교수[54)]는 정의로운 전환을 기후 전략에 포함시킴으로써 '유휴 자산'뿐만 아니라 '유휴 노동자' 및 '유휴 지역사회' 문제를 해결할 수 있으며, 제로탄소 경제로의 전환을 가속화하고, 더 효율적이고 효과적이며 지속가능한 글로벌 금융 시스템의 발전을 지원하는 데 중요한 부분이 될 것이라고 한다.[14] 고탄소 경제에서 제로 탄소경제로의 전환과 기후변화의 물리적 영향에 대응할 수 있는 회복력 있는 경제로의 전환은 성장, 고용 및 투자에 광범위한 영향을 미칠 것이며, 거시적으로는 이득이 비용을 훨씬 초과할 것이다. 그리고 주요 부문, 지역 및 국가에 중요한 전환적 함의가 있다는 것과 전환이 환경적으로 효과적이고 경제적으로 효율적일 뿐만 아니라 사회적으로 포용적이어야 한다는 것을 강조한다.[14]

정의로운 전환은 경제와 산업의 변화가 사회적으로 공정하게 이루어지도록 보장하는 과정이다. 이는 전환 과정에서 발생할 수 있는 부정적인 사회적, 경제적 영향을 최소화하고, 모든 계층이 변화의 혜택을 공유할 수 있도록 한다. 기존 산업으로부터 지속 가능한 산업으로의 이동 과정에서 근로자, 지역사회, 취약 계층의 권익을 보호하고, 고용의 기회와 조건을 개선하는 것에 초점을 맞춘다. 녹색전환과 정의로운 전환은 상호 보완적이다. 녹색전환은 환경적 지속가능성을 추구하며, 정의로운 전환은 이 과정에서 사회적 공정성을 확보하는 것을 목표로 한다. 즉, 녹색전환을 추진하는 과정에서 정의로운 전환의 원칙을 적용함으로써, 환경적, 사회적, 경제적으로 지속가능한 방식으로 건강한 전환사회를 만들 수 있다.

54) 런던 경제대학교(LSE)의 교수로, 지속 가능한 금융에 관한 연구와 더불어 정의로운 전환의 필요성, 투자자 역할 등의 정책 연구를 이끌고 있다.

전환사회와 녹색전환은 서로 상호보완적이다. 전환사회는 녹색전환을 통해 구체적인 실천 방안을 마련하고, 녹색전환은 전환사회의 비전을 실현하는 도구가 된다. 전환사회가 추구하는 지속가능성은 녹색전환을 통해 에너지, 산업, 교통, 농업 등 다양한 분야에서 실현된다. 동시에, 녹색전환이 추구하는 경제적·사회적 변화는 전환사회의 비전을 뒷받침한다. 또한, 전환사회와 녹색전환은 모두 '시스템적 사고' Systems Thinking를 요구한다. 이는 단순히 개별적인 문제를 해결하는 것을 넘어, 사회·경제·환경 시스템 전체를 고려하는 접근 방식이다. 탄소 배출을 줄이기 위해 전기차를 보급하는 것은 중요하지만, 이와 함께 재생 가능 에너지로의 전환, 대중교통 시스템 개선, 도시 계획 재설계 등이 동시에 이루어져야 한다.

녹색전환은 쉽지 않은 과정이다. 기존의 시스템을 바꾸는 데는 막대한 비용과 시간이 소요되며, 이해관계자 간의 갈등도 존재한다. 특히, 화석연료 산업에 의존하는 국가와 지역은 경제적 충격을 우려해 녹색전환에 소극적일 수 있다. 그러나 이러한 도전은 동시에 기회로 다가온다. 녹색전환은 새로운 산업과 일자리를 창출하며, 지속 가능한 성장 모델을 제시한다. 또한, 환경 보호와 사회적 공정성을 동시에 추구함으로써 더 나은 삶의 질을 보장할 수 있다. 전환사회로 가기 위한 녹색전환은 지속가능한 미래를 위한 필수적인 과정이다. 지구 환경보전과 더불어 경제적·사회적 변화를 동시에 추구하며, 더 나은 삶의 질을 보장하는 새로운 패러다임을 제시한다. 정부, 기업, 공동체 모두의 참여와 협력이 필수적이다. 전환사회로의 길은 녹색전환을 통해 열리며, 이는 우리와 미래 세대를 위한 희망의 메시지다. 지금이 바로 행동할 때이다.

■ 전환을 위한 실천도구 1

에너지 전환의 해법

지구환경을 지키고 건강한 삶을 지향하는 녹색전환의 가치를 실현하기 위한 핵심 도구 중 하나는 기존의 에너지 생산 방식에서 벗어날 수 있는 시스템을 구축하는 것이다. 화석연료와 원자력에 의존하는 지속 불가능한 방법에서 재생에너지를 활용한 지속 가능한 방법으로의 전환, 즉 '에너지 전환'은 기후위기 대응과 지속 가능한 미래를 위한 필수적인 과정이다.[15]

에너지 전환은 단순히 에너지원을 바꾸는 것을 넘어, 에너지의 생산, 전달, 소비에 이르는 시스템 전반을 기후위기 대응과 환경성, 안전성, 에너지 안보, 지속가능성을 추구하도록 전환하는 것을 의미한다. 국내에서는 이를 법으로 명시하고 있다.[55] 이는 화석연료와 원자력에 의존하는 기존 시스템에서 재생에너지로의 전환을 통해 지속가능한 에너지 체계를 구축하는 것을 목표로 한다.

국제사회가 약속한 탄소중립 달성을 위한 가장 효율적인 수단은 바로 '에너지 분야의 전환'[56]이다. 기후위기의 주요 원인으로 지목되어 왔던 석유, 석탄 그리고 가스, 즉 화석연료에 기반한 에너지 사용 방식에서 온실가스를 배출하지 않는 방식으로의 전환을 강하게 요구받아 왔다. 독일의 기후에너지 정책 싱크탱크인 아고라 에네르기벤데 연구소 Agora Energiewende는 에너지 공급 변화의 필요성을 다음 4가지 요인으로 설명한다.

---

55) 기후위기 대응을 위한 탄소중립·녹색성장 기본법 제2조의 10

56) 에너지 전환의 현대적 개념은 독일 외코연구소 Öko-Institut에서 발간된 '에네르기벤데-석유와 우라늄 없는 성장과 번영'이라는 책에서 처음으로 등장하였다.

• **위험 예방**

: 1986년 체르노빌과 2011년 후쿠시마 원전사고로 나타났듯 원자력의 위험을 안전하게 다루기 곤란하다. 또한 원자력발전소에서 발생하는 고준위방사성 폐기물은 수십억 년간 방사선이 남아 있어 안전하게 관리할 방법이 아직 없다.

• **기후 보호**

: 화석연료의 사용은 기후 변화를 일으키는 온실가스를 배출한다.

• **자원 희소성**

: 석탄, 석유, 가스는 유한하며, 화석연료에 기반한 에너지의 경제성은 점점 더 떨어질 것이다.

• **국가 경제**

: 수입에 의존하던 기존 에너지원(특히 석유, 가스, 우라늄, 석탄)과 달리, 재생에너지는 현지에서 생산되므로 부가가치를 높이고 수입의존도를 낮춘다.[16]

에너지 전환의 대상은 세 분야이며 전기, 열, 수송 에너지이다. 일반적으로 전기에너지 부문이 크게 강조되어 '발전 방식의 재생에너지 전환'이 상징처럼 여겨져 왔다. 하지만 세 분야는 상호 연결되어 있으며, 에너지 전환의 구체적인 형태는 여러 분야를 아우르는 모습으로 나타난다.[16] 에너지 생산방식을 전환하려는 목적, 구체적인 이유를 3가지로 요약해 볼 수 있다. 우선 현대인들의 편리한 생활양식을 포기하지 않으면서도 환경과 자원을 비가역적으로 소진시키지 않을 수 있는 방법, 즉 에너지 공급의 친환경적 지속가능성을 들 수 있다.

두 번째는 '에너지 분배정의'라고 할 수 있는 사회 윤리적 문제이다. 화석연료는 지구상의 특정지역에서만 생산되며, 비용을 지불해야 하는 재화로서 모든 국가에 평등하게 분배되는 것은 불가능하다. 유한 에너지의 특성상 총량이 한정된 재화로서 미래와 현재의 세대가 동일한 수준의 자원을 공유하는 것 역시 불가능하다.[16] 국가간, 세대간, 지역간 에너지 분배가 불공정해지는 것이며 인류사회의 분쟁과 갈등의 원인이 되기도 한다.

세 번째는 기후위기 대응을 위한 에너지 전환이다. 탄소중립사회를 실현하기 위한 과정에서 이 부분이 매우 중요하며, 기후위기를 극복하기 위한 전환의 목적 중 가장 집중해서 다뤄져야 할 분야이다. 탄소배출량과 평균기온 사이에 인과관계가 있다는 사실은 지금까지 국제사회의 연구결과를 통해 입증되었다. 따라서 기후변화의 폭을 줄이고 위기를 극복하려면 온실가스 배출량을 일정 수준 이내로 제한해야만 하며, 이를 효율적으로 실천하기 위해서는 지속가능한 에너지 전환이 반드시 필요한 것이다.

자연으로부터 에너지를 구한 인류 역사를 살펴보면, 고대 이집트, 그리스, 로마에서는 태양광을 이용해 건물을 따뜻하게 유지하거나, 바람의 힘을 이용한 초기 형태의 풍차를 곡물 가공하는데 사용하였으며, 수천 년 전에도 수차를 이용하여 곡물을 빻거나 물을 퍼 올렸다. 중세 유럽에서도 풍차는 일상에서 다양한 용도로 사용되어 왔다. 18세기 산업혁명 시기에 수차가 공장과 제분소의 동력원으로 널리 사용되면서 물을 이용한 에너지가 크게 발전했으며, 1839년 프랑스의 과학자 에드먼드 베크렐이 광전 효과를 발견하면서 태양광 발전의 가능성이 열렸었다. 19세기 말, 최초의 수력 발전소가 미국 위스콘신 주의 폭포에서 건설되었다. 20세기에는 1920년대 덴마크에서 상업용 풍력 터빈이 설치되기 시작했으며, 1954년 벨 연구소에서 실리콘 태양 전지가 개발되었다. 그리고 1970년대 오일 쇼크 이후 에너지 안보와 환경 문제에 대한 관심이 높아지면서 화석연료를 대체할 에너지의 중요성이 크게 부각되었다. 1970년대 후반부터 태양광 패널의 상업적 생산이 본격화되었으며, 1980년대부터 덴마크, 미국 등에서 대규모 풍력 발전 단지가 조성되기 시작했다.

21세기에는 태양광과 풍력 기술의 발전으로 설치 비용이 줄어들면서, 재생에너지의 경제적 경쟁력이 높아졌으며, 여러 국가에서 재생에너지 보급을 촉진하기 위해 보조금, 세금 혜택, 의무 구매 제도 등의 정책적 지원이 뒤따랐다. 특히 2015년 파리협정은 많은 국가가 재생에너지 목표를 설정하고 이를 달성하기 위해 노력하는 계기가 되었다. 기존의 자원 중심 경제 모델의 한계 속에 석탄, 석유 등 화석 연료에 의존하는 산업화된 사회는 탄소 배출을 줄여야 하는 압력에 직면하게 되었으며, 재생에너지로의 전환이 불가피해졌다. 이러한 전환은 에너지 자립, 지속가능한 경제구조의 변화로 이어질 수밖에 없고, 재생에너지는 에너지 전환의 핵심 요소로서, 기후위기 대응과 탄소중립 실현에 강력한 수단으로 인정받고 있다.

지구촌 환경문제 이상으로 에너지 전환의 필요성을 인식시킨 계기가 바로 국가 간의 분쟁이다. 2014년 시작되어 2022년 전면전으로 확전된 러시아와 우크라이나 전쟁은 에너지 안보에 대한 의식을 크게 고조시켰다. 석유, 석탄, 천연가스를 대체할 수 있는 에너지 자원의 중요성은 갈수록 높아져 갔으며, 외부로부터의 자극에 영향을 받지 않으면서 에너지 자립을 이루려는 목표의식은 최고조에 달했다. 동서양을 막론하고 인류사회 발전의 핵심 동력이었던 화석연료는 이제 일대 전환기에 놓이게 되었다.

재생이 가능한 자원, 즉 햇빛, 바람, 물, 땅을 이용한 에너지, 식물체를 이용한 에너지 등 자연이 주는 혜택의 범주가 꽤 넓다[57]. 세계 각국은 주어진 자국의 환경 여건에 따라 강점을 최대한 활용할 수 있는 재생에너지 생산에 집중하고 있다. 기후위기 대응과 자국의 에너지 안보를 위한 재생에너지 전쟁이 시작된 듯 하다. 전체 에너지에서 차지하는 비중의 증가 속도 또한 빠르게 상승 중이다. 재생에너지와 관련된 시스템은 다양한 기술을 포함하고 있으며 기술적 진화 또한 빠른 속도로 우상향 중에 있다. 일부 기술은 이미 성숙 상태에 이르러 경제적으로 충분히 경쟁적이다.

재생에너지로의 전환은 이미 도입기를 지나 성장기를 거치는 중이다. 최근 덴마크, 스웨덴, 캐나다, 독일, 스페인, 영국, 중국 등 각 국가별 재생에너지 전력생산 점유율을 보면 이런 흐름을 이해할 수 있다. 2024년을 기준으로 덴마크, 스웨덴, 캐나다의 재생에너지 생산 비율은 65%가 훌쩍 넘으며, 독일과 스페인은 50%대 이상, 영국도 전체 전력의 46%를 재생에너지로 충당하고 있다.

2023~2024년 중국은 재생에너지 분야에서 가장 큰 성장을 기록했으며, 2028년까지 전 세계 신규 재생에너지 용량의 약 60% 이상을 차지할 것으로 예상된다. 국제에너지기구 IEA는 중국의 역할이 2030년까지의 글로벌 재생에너지 목표 달성에 결정적이라고 강조하며, 중국이 이 기간 동안 전 세계적으로 필요한 신규 재생에너지 용량의 절반 이상을 설치할 것으로 전망하고 있다. 이는 중국이 재생에너지 확대를 통해 글로벌 기후 목

57) 재생에너지는 태양광, 풍력, 수력, 지열, 바이오매스 등 자연에서 지속적으로 얻을 수 있는 전통적인 에너지원을 뜻하며, 신재생에너지는 재생에너지에 더하여 연료전지, 해양 에너지, 폐기물 에너지, 바이오 연료 등 새로운 기술과 방식으로 개발된 에너지를 포함한다.

표 달성에 핵심적인 역할을 할 것임을 시사한다. 또한 태양광과 육상풍력 발전은 미국, 유럽 연합, 인도, 브라질에서 지난 5년 동안의 배치량과 비교하여 2028년까지 두 배 이상 증가될 것이라고 한다.[17]

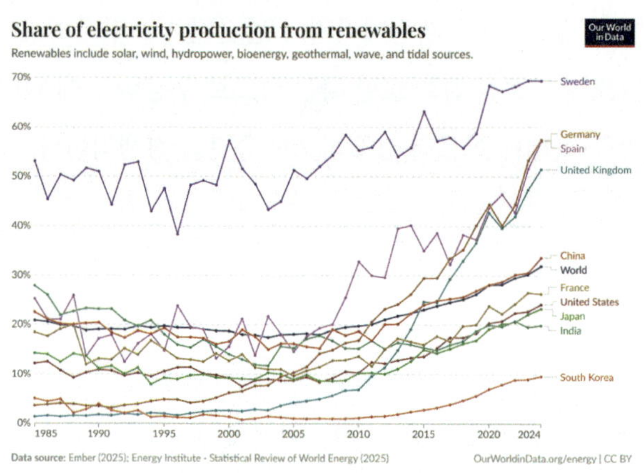

주요 국가별 재생에너지의 전력생산 점유율

IEA에 따르면, 2023년에 설치된 전 세계 재생에너지 발전 용량은 전년 대비 107GW 늘어난 440GW 이상으로 추산되며,[18] 2024년 재생에너지 전망 보고서에 따르면, 2024년에 전 세계적으로 신규 설치된 재생에너지 발전 용량은 약 670GW로 예상된다. 이는 전년 대비 110GW 증가한 수치이다. 2025년에는 재생에너지 발전 용량이 더욱 확대되어, 전 세계 전력 공급에서 재생에너지가 차지하는 비중이 2023년 30%에서 2025년 35%로 증가할 것으로 전망된다.[19] 전문가들은 2025년에 재생에너지 발전량이 석탄 화력 발전량을 초과할 것으로 전망한다.

화석에너지에서 재생에너지로 전환한다면, 얼마만큼의 온실가스를 줄일 수 있을까? 계량화된 감축량 데이터를 제시하기 위해서는 해당 지역의 기후 환경적 조건, 재생에너지 생산 장치의 효율, 계측기간 등을 고려해야 한다. 특정 활동이나 에너지 생산으로 인해 감축되는 온실가스의 양을 추정하는 온실가스 등가 계산에 의한[58] 평균적인 조건 하에서 1메가와트의 전력을 생산할 때 감축할 수 있는 온실가스의 양의 개략 추정치를 보면,

- 태양광 1MWh 생산시: 약 0.7~1.0톤 감축 가능
- 풍력 1MWh 생산시: 약 0.6~1.0톤 감축 가능
- 바이오가스 1MWh 생산시: 약 0.7~2.5톤 감축 가능

바이오가스 발전의 경우, 온실가스 감축 효과는 바이오가스의 원료, 생산 과정, 그리고 이를 활용하는 발전 기술에 따라 달라진다. 바이오가스는 유기물 분해를 통해 생산되며, 이 과정에서 발생하는 메탄 CH_4은 이산화탄소 CO_2보다 온실가스 효과가 훨씬 강력하다. 그러나 바이오가스를 에너지로 전환함으로써 이 메탄의 방출을 방지할 수 있다. 그리고 바이오매스의 유형과 처리 과정에 따라 달라질 수 있으며 지역적인 조건, 기술의 효율성, 그리고 기타 환경적 요인들에 의해 변동될 수 있다.

재생에너지의 적극적인 개발과 활용은 환경보전과 지속가능한 발전의 중요한 요소이다. 탄소 배출을 줄이고 화석연료에 대한 의존도를 낮추면서도 안정적인 전력 공급을 확보할 수 있는 재생 에너지의 활용은 우리의 에너지 체계를 보다 지속가능한 방향으로 이끌어갈 수 있다.

---

58) 미국 환경보호청 EPA의 온실가스 등가계산

■ 국가 전력망과 분산에너지

전환을 잇는 에코파워 인프라

국제에너지기구의 2024년 재생에너지 전망보고서에서, 전 세계 재생에너지 발전 용량은 약 4,250GW이며, 2030년까지 약 10,000GW로 증가할 것으로 밝혔다. 이는 현재의 약 2.35배에 해당하지만, 2022년 12월 두바이에서 개최된 COP-28 총회에서 합의된 2030년까지 재생에너지 용량을 3배로 확대하자는 목표에는 미치지 못하는 수준이다.[19] 따라서, 이러한 목표를 달성하기 위해서는 각국 정부의 추가적인 노력이 필요하다.

재생에너지의 잠재력을 극대화하기 위해서는 에너지원의 교체만으로는 불충분하다. 국가 전력망의 혁신과 분산에너지 시스템의 도입이 필수적이며, 이는 에너지 안보를 강화하고 지속 가능한 미래를 위한 핵심 인프라로서 자리매김하고 있다.[20] 특히, 전환사회로 나아가기 위해서는 마을공동체의 역할이 중요하다. 지역 주민들이 주체가 되어 에너지 생산과 소비에 참여하는 마을공동체는 분산에너지 시스템의 실질적인 실행 주체로서 지속 가능한 사회로의 전환을 이끌어가는 데 핵심적인 역할을 한다.

전력 그리드는 전기를 생산, 전송, 배분하는 시스템으로, 현대 사회의 경제적·사회적 활동을 지탱하는 핵심 인프라다. 그러나 기존의 전력 그리드는 중앙집중형 화석연료 발전에 최적화되어 있어 재생에너지의 확대에 한계가 있다. 재생에너지는 날씨와 계절에 따라 변동성이 크기 때문에, 이를 효과적으로 관리하기 위해서는 전력 그리드의 혁신이 필요하다. 재생에너지원인 태양광과 풍력은 간헐성을 띠기 때문에, 이를 안정적으로 전력 그리드에 통합하기 위해서는 스마트 그리드 Smart Grid기술이 필수적이다. 스마트 그리드는 실시간 데이터를 활용해 전력 수급을 균형 있게 조절하며, 에너지 저장 시스템 ESS과 연계해 변동성을 관리한다. 또한, 중앙집중형 전력시스템은 자연재해나 테러 등에 취약하다. 분산형 전력 그리드는 지역별로 에너지를 생산하고 공급함으로써 에너지 안보를 강화할 수 있으며, 스마트 그리드는 전력 손실을 최소화하고, 수요자와 공급자 간의 실시간 소통을 통해 차원이 다른 에너지 효율성을 가질 수 있다.

분산에너지는 중앙집중형 전력 시스템에서 벗어나, 지역별로 소규모 재생에너지 설비를 설치하고 에너지를 생산·소비하는 시스템이다. 이는 전력 그리드의 혁신과 함께 지속가능한 에너지 시스템의 핵심요소로 자리 잡고 있다. 분산에너지는 지역별로 태양광, 풍력, 바이오매스 등을 활용해 에너지를 생산함으로써 에너지 자립도를 높인다. 특히, 에너지 빈곤 문제를 해결하고, 지역의 경제 활성화에도 기여한다. 또한, 분산에너지는 재생에너지원을 기반으로 하기 때문에 탄소 배출을 최소화한다. 이는 국가적 차원의 탄소중립 목표 달성에 기여한다. 분산에너지 시스템은 자연재해나 정전 시에도 독립적으로 전력을 공급할 수 있어, 재난 대비 능력을 강화한다.

전환사회로 나아가기 위해서는 마을공동체의 역할이 매우 중요하다. 마을공동체는 지역주민들이 주체가 되어 에너지 생산과 소비에 참여하는 모델로, 분산에너지 시스템의 실질적인 실행 주체로서 지속 가능한 사회로의 전환을 이끌어가는 데 핵심적인 역할을 한다. 마을공동체는 지역별로 태양광 패널, 소형 풍력발전기, 바이오가스 설비 등을 설치해 에너지를 자체적으로 생산하고, 이를 공동체 내에서 소비하거나 판매함으로써 에너지 자립을 실현한다. 이는 단순히 에너지 생산을 넘어, 지역주민들의 참여와 협력을 통해 사회적 자본을 강화하고, 지역경제를 활성화하는 효과를 가져온다.

독일의 '에너지협동조합'은 마을공동체가 주체가 되어 재생에너지 프로젝트를 운영하며, 지역 주민들이 직접 에너지 생산과 소비에 참여함으로써 지속 가능한 에너지 시스템을 구축하고 있다. 유럽은 전력 그리드 혁신과 분산에너지 확대에서 세계를 주도한다. 독일의 스마트 그리드는 실시간 데이터를 활용해 재생에너지의 변동성을 관리하며, 지역별 분산에너지 프로젝트를 활성화하고 있다. 덴마크는 풍력 발전에 주력하며, 전력 수출을 통해 에너지 자립을 실현하고 있다. 중국은 세계 최대의 재생에너지 투자국으로, 태양광과 풍력 발전에서 급속한 성장을 이루고 있다. 중국은 스마트 그리드 기술을 도입해 재생에너지의 안정적인 공급을 가능하게 했으며, 대규모 분산에너지 프로젝트를 통해 지역별 에너지 자립을 추진하고 있다. 특히, 중국의 '전력 인터넷' 개념은 전력 그리드와 정보통신기술 ICT을 융합해 에너지 효율성을 높이고 있다.

세계 8위의 전력소비국인 우리나라는 전기를 생산하는 곳과 소비하는 곳이 다른 편이다. 재생에너지 전환과 전력 그리드 혁신을 위해 노력하고 있지만, 아직 갈 길이 멀다. 서울은 전력 자급률이 9%에 그치는 데 비해 충남은 215%로 지역 간 수급 불균형이 심하다. 또한 주민수용성과 보상비용 부담의 문제가 만만치 않다. 이에 따라 전기를 생산한 지역에서 직접 소비하는 구조의 필요성에 의해 분산에너지 활성화법이 시행되었다.[59] 기존

59) 법률 제19437호인 분산에너지 활성화 특별법은 2023. 6. 13 제정되어, 2024. 6. 14 시행된다.

중앙집중형 시스템에서 발생하는 한계를 극복하고, 수요지 인근에서 전력을 생산해 소비할 수 있는 분산에너지 시스템으로 전환하기 위한 제도적 기반이 마련되었다.[21] 분산에너지 특화지역이 지정되면 특화지역 내에서는 분산에너지 사업자가 전기사용자에게 직접 전기를 공급할 수 있게 되고 분산에너지 특화지역 내 전기 사용자는 전기공급자 선택권을 가지게 된다. 분산형 전원을 통한 직접 전력거래로 수요지 중심의 전력공급 활성화가 예상되고, 이에 따라 송배전망 사용의 효율성까지 높일 수 있다는 측면에서 전력거래 구조의 개선을 기대할 수 있다.[21] 재생에너지 비중이 10% 내외로, 유럽과 중국에 비해 낮은 수준이지만 스마트 그리드 기술 도입과 분산에너지 시스템 확대를 위해 정책적 지원을 강화하고 있다. 하지만 화석연료 의존도가 여전히 높고, 전력 시장의 규제와 이해관계자 간의 갈등이 과제로 남아 있다.

IEA는 청정전력망 투자 인센티브가 추가되지 않으면, 에너지 전환에 큰 걸림돌이 될 수 있다고 경고한다. 국가 전력망과 분산에너지는 지속 가능한 미래를 위한 핵심 인프라다. 재생에너지의 잠재력을 극대화하기 위해서는 전력 그리드의 혁신과 분산에너지 시스템의 도입이 필수적이다. EU, 미국, 중국을 중심으로 재생에너지 설비용량 확대에서 더 나아가 스마트 전력망, 디지털화, 섹터커플링 등 재생에너지 기반 전력시스템 구축으로 확장되고 있다.[18]

정책적 지원과 기술 혁신을 통해 재생에너지 전환을 가속화해야 한다. 마을 단위의 공동체에서 에너지를 생산하고 소비하는 구조는 전형적인 분산에너지 체제를 실천하는 것이다. 마을공동체의 활성화는 전환사회 실현에 중요한 역할을 할 것이다. 전력 그리드의 혁신과 분산에너지 확대, 그리고 마을공동체의 활성화를 통해 지속 가능한 미래를 열어가야 할 때이다. 지역 주민들이 주체가 되어 에너지 생산과 소비에 참여하는 마을공동체 모델은 분산에너지 시스템의 실질적인 실행 주체로서 지속 가능한 사회로의 전환을 이끌어가는 데 핵심적인 역할을 할 것이다.

■ 전환을 위한 실천도구 2

기후 적응: 전환사회를 위한 필수 과제

전환사회를 만들기 위한 또 하나의 실천도구는 지구의 생태환경을 보전하고 지속가능성을 중시하며, 이를 통해 기후위기에 대응하고 변화에 적응할 수 있는 사회를 만드는 것이다. 시간이 지날수록 이 과제에 대한 비중이 커지고 무거워진다. 지금 이 순간에도 전 세계는 기후위기로 인한 재난과 변화에 직면해 있다. 2025년 1월 세계기상기구는 지구 평균 기온 상승이 1.5도의 경계를 넘어설 가능성이 높아진다고 하였으며, 같은 시기에 발생한 미국 LA의 초대형 산불은 계속된 가뭄과 강풍, 물 부족에서 비롯된 기후 재난이다. 적응은 온실가스 감축과 함께 기후위기에 대응하기 위한 양대 축으로써, 인류 생존을 위해 미래 세대가 아닌 현세대에서 해법을 제시해야 하는 중대한 의무이다.

초기 기후변화 적응 논의는 주로 개발도상국을 중심으로 진행되었다.[60)]

60) 국제사회에서 기후변화로 인한 영향과 적응에 대한 논의는 2001년 발간된 IPCC 제3차 보고서 이후 본격 시작되었다.

그러나 기후변화의 영향은 이제 선진국을 포함한 전 지구적 문제로 확대되었다.[22] 국제사회가 약속한 탄소중립의 목표연도인 2050년이 되면 지구 환경은 어느 정도 탄력성을 가질까? 전 세계가 합의하여 지금 당장 온실가스 배출을 중지한다 하더라도 이미 대기 중에 배출된 온실가스로 인해 기후변화는 상당 기간 지속될 전망이다.[61)] IPCC 6차 보고서에 따르면, 가장 적극적인 시나리오를 적용하더라도 2080년까지는 기후변화의 영향을 완전히 통제하기 어렵다. 따라서 온실가스 감축과 더불어 기후변화 적응은 필수적이며, 적응의 시기를 놓치면 인류가 감당해야 할 피해 규모는 더욱 커질 것이다.[03]

과학기술은 기후예보 시스템을 진화시키고 있지만, 이는 단지 위기 상황을 미리 알려줄 뿐이다. 본질적인 대응은 또 다른 차원의 문제다. 지속가능한 대안을 미리 준비하지 않으면, 기후재난의 위험에 노출될 수밖에 없다. 기록적인 폭염, 가뭄, 폭우, 홍수, 한파 등 언론 매체를 통해 거의 매일같이 쏟아지는 기후위기의 심각성은 적응의 필요성과 당위성을 인식시키기에 차고 넘친다.

이러한 기후위기 상황에 대처하고 적응하기 위해서는 온실가스 감축의 노력과 더불어 위기 상황에 맞는 사회 시스템을 재설계해야 한다. 회복 탄

---

61) 2024. 5월, 영국 가디언에서 기후 전문가 380명 대상으로 2100년까지 지구온도를 조사했는데 그 중 80%가 2.5도 이상, 42%가 3도 이상 상승할 것이며, 금세기내 가뭄,폭염,산불,홍수,폭풍,기근 분쟁 등 사회혼란이 예상된다는 결과를 발표했다.
2024. 7월, 국종성 서울대 교수와 김건일 연구팀의 탄소중립 후에도 엘니뇨 현상이 강화되고 극한 엘니뇨의 발생 빈도가 증가할 것이라는 예측 결과 발표[05] 등 탄소중립 이후의 기후위기 지속에 대한 전문가의 견해가 많다.

력성 있는 지속가능한 사회구조를 만들고, 생태적 용량을 고려한 시스템을 재정비해서 급변하는 기후 상황에 대비해야만 한다. 지금까지의 방식에서 벗어나 새로운 구조로 재편될 전환사회의 시스템은 기후위기의 적응 관점에서 볼 때, 보다 적극적이며 효율적인 구조가 될 수 있다.

기후위기에 대응하기 위해 사회 전반의 지속가능성과 친환경적인 방식으로 변화하는 과정을 거치면서, 재생에너지, 순환경제, 공유경제, 친환경 녹색기술과 같은 경제적 기회를 살릴 수 있는 사회로의 전환, 또한 맑은 물과 공기, 서식환경 보전, 생태계 건강성, 비인간 생명의 안녕 등을 통해 인류사회의 건강한 일상을 지탱시켜 줄 수 있는 사회로의 전환이 '적응'의 관점에서 더욱 중요해졌다.

기후변화의 적응을 준비해가는 사회는 기후변화로 인해 야기되는 가뭄, 폭염, 홍수, 폭우, 한파, 해수면 상승, 생물다양성 손실, 식량위기의 구체적인 사회적 문제에 대해 대처할 수 있는 사회를 말한다. 기후위기로 인한 부정적 영향을 최소화할 수 있는 사회, 소위 '기후적응사회'인 것이다. 적응의 종료 시점은 매우 불확실하며, 이에 대한 논의는 무의미할 가능성이 높다. 기후적응사회는 일시적 방편의 기후재난 탈피가 아니라 녹색전환을 기반으로 한 뉴노멀의 삶으로 재설계되어야 할 것이다. 그 지향점으로 '기후적응'의 미션을 수행해 갈 수 있는 공동체를 만드는 것, 마을단위의 공동체에서 지속가능한 적응 실천의 데이터를 하나씩 쌓아갈 수 있는 시스템을 만드는 것이다.

기후적응사회에서 또 하나의 중요한 의제는 사회적 포용력, 취약계층에 대한 접근법이다. 파리협정에서도 이러한 취약계층에 대한 국제사회의 역할에 대해 언급한 바 있다[62]. 앞서 전환의 설명에서 모든 사회 구성원이 고른 혜택을 받고 참여할 수 있어야 하며 포용적 전환을 전제로 이루어져야 한다고 했다. 특히 기후위기 적응에서 사회적 형평성을 고려해야 하며, 위험성에 더 가까이 노출되어 있는 취약계층을 보호해야 한다. 공공의 가치, 돌봄의 가치를 중요시하는 문화가 확산되면서, 구성원들의 행동이 점점 더 환경적, 사회적 책임을 중심으로 재편될 수 있다.

기후적응사회는 기후위기에 취약한 계층을 위한 특별한 지원 시스템을 고려하고 저소득층을 위한 에너지 지원, 주거환경 개선 프로그램을 시행하며, 기후재난의 취약성이 높은 지역을 대상으로 대응 프로그램을 마련한다. 지역 공동체에 기후 적응형 인프라, 즉 홍수예방 시설, 물 공급, 폭염 방지, 생태복원 사업 등을 우선 적용할 수 있도록 한다. 기후위기로 인한 건강 문제를 예방하고 관리하기 위해 취약계층을 대상으로 한 의료 서비스와 헬스 프로그램을 마련하고 지역 공동체 내에서 기후위기 상호지원 네트워크를 구축하여 공동으로 대응할 수 있도록 한다.

기후적응사회는 탄소중립사회와 밀접하게 연관되어 있다. "화석연료에 대한 의존도를 낮추거나 없애고 기후위기 적응 및 정의로운 전환을 위한 재정·기술·제도 등의 기반을 구축함으로써 탄소중립을 원활히 달성하고 그 과정에서 발생하는 피해와 부작용을 예방 및 최소화할 수 있도록 하

62) 파리협정 제7조 5항, 적응의 주체를 국가로 제시하고 투명하고, 참여주의적이며, 소외되기 쉬운 취약계층을 포함하는 포괄적인 접근법을 취해야 한다고 명시한다.

는 사회[63]"를 말한다. 이는 온실가스 감축과 기후위기 적응을 동시에 구현하는 사회를 말하며, 앞서 말한 기후적응사회의 해석과 거의 맞닿아 있는 개념이라고 할 수 있다. 다만 공동체의 명칭에 온실가스의 순배출량 제로의 목표가 드러나는 탄소중립이라는 용어를 붙임으로써 추구하고자 하는 목적성을 분명하게 보여 주는 특징이 있다.

국제사회는 그동안 에너지의 최소화, 환경보전, 생물다양성의 향상 등 건전한 환경을 만들기 위해 목소리를 높여 왔다. 지구 환경을 지키기 위한 과정 속에 공동체적 삶 속에서 이를 실현하기 위한 다양한 시도가 있었다. 이상적인 공동체의 모습을 구상하고, 스케치하며 실험해왔다. 그동안 지구환경의 건강성과 자연과의 공존을 위해 추구해왔던 공동체의 유형들을 살펴볼 필요가 있다.

기후적응사회의 중요한 실천 단위는 마을 공동체이다. 기후위기에 대응하기 위해서는 개별 국가나 도시 차원의 정책뿐만 아니라, 지역 기반의 공동체 차원에서 구체적인 적응 전략이 필요하다. 기후변화에 취약한 지역일수록 공동체 내 협력과 자원을 활용한 적응 방안이 필수적이다. 마을 공동체는 지역 맞춤형 기후적응 전략을 수립하고, 지역 내 자연 생태계를 활용한 재해 예방 및 완화 방안을 마련하는 데 중요한 역할을 한다.

공동체 단위에서 기후변화에 강한 농업 방식 도입, 재생에너지 활용 확대, 생태 복원 프로젝트 추진 등을 실현할 수 있다. 또한, 공동체 중심의 기

63) 기후위기 대응을 위한 탄소중립·녹색성장 기본법 제2조의 4

후교육과 참여 프로그램을 통해 주민들의 인식을 높이고 행동 변화를 유도할 수 있다. 기후적응사회에서 마을 공동체의 역할은 단순한 환경 보호 차원을 넘어, 지역사회 회복력 증진과 지속가능한 생활 방식을 정착시키는 데 있다.

온실가스 감축과 더불어 기후적응 사회를 구축하는 것은 현세대의 중대한 의무이다. 세계기상기구의 발표에서도 밝혔듯이, 기온 상승 1.5도의 경계선이 무너지는 상황에서 기후적응의 중요성을 간과해서는 안 된다. 이를 위해 사회 시스템을 재설계하고, 취약계층을 보호하며, 탄소중립사회와의 연동을 통해 지속가능한 미래를 만들어가야 한다. 기후적응사회는 단순히 재난을 피하는 것이 아니라, 녹색전환을 기반으로 한 새로운 삶의 방식을 설계하는 것이다. 이는 우리 모두가 함께 고민하고 실천해야 할 과제이다.

4장 | 마을공동체의 전환과 성장

앞서 살펴본 기후위기에 대응하는 '전환사회'는 기존의 산업적, 사회적 구조에서 벗어나 지속가능한 에너지 생산 방식과 생태적 건강성을 중시하는 사회를 지향한다. 이는 단순한 에너지 전환을 넘어, 환경을 고려한 지속가능한 경제 및 공동체의 재구성을 포함하는 포괄적인 개념이다.

전환사회가 갖는 몇 가지 중요한 속성에 대해 다시 한번 되짚어보면, 우선 화석연료 의존으로부터 탈피하여 태양광, 풍력, 바이오, 지열 등 재생에너지를 중심으로 한 에너지 자립과 분산형 시스템을 갖추며, 각 지역의 에너지 수급의 안정성과 지속가능성을 동시에 갖출 수 있는 사회이다. 일회성 소비와 폐기물 발생을 최소화하는 순환경제 모델이 중심이 되며, 자원을 효율적으로 사용하고 공유하며 가능한 한 모든 제품과 자원을 재활용, 재사용하는 체계를 갖추며, 이를 통해 '제로 웨이스트'와 같은 개념이 일상화된 사회이다. 그리고 지속가능한 농업, 친환경 건축, 자연기반 해법을 채택하여 생태적 건강성을 중심으로 한 공동체적 협력과 참여를 우선시하는 사회이다.

전환 과정에서 발생할 수 있는 불평등을 최소화하고, 사회적 안전망을 강화하는 것도 중요한 과제이다. 이러한 속성들은 기존의 산업화 사회를 재편하고, 기후위기에 적응력 있고 회복력 있는 사회를 형성하기 위한 필수 조건이다. 과연 이러한 사회시스템을 갖출 수 있을까?

이 장에서는 지금까지 논의되었던 전환사회의 구현 방안을 마을공동체의 지속가능성과 친환경성에서 찾아보고 채워야 할 쟁점에 대한 정보를 공유하고자 한다. 사실 이러한 사회의 규모에 대해서는 언급하지 않았고, 다만 속성과 이미지에 대한 개념적 설명으로 전환사회의 희망을 다루었다. 이미 언급했듯이, 기후변화는 단순히 기술적 대응책만으로는 해결될 수 없다는 것을 보여주며 사회구조와 삶의 방식, 가치관의 변화도 요구하고 있다. 많은 사람들이 건강한 생활 방식을 선호하고, 자연환경의 생태적 가치와 공동체의 중요성에 대한 인식이 높아져 가고 있다. 생태마을이나 에너지 자립마을 같은 형태가 하나의 사회적 모델로 주목받는 것도 이러한 흐름과 맞물려 있다.

또한 사회적 불평등과도 밀접하게 관련되어 있다. 이러한 마을 공동체들은 자체적인 재생에너지 생산을 통해 외부 에너지 의존도를 줄이고, 산업화 이전의 자급자족 생활방식을 현대 기술과 결합하여 지속가능한 삶을 실현한다. 기후위기 속에서 자연을 기반으로 해법을 모색하고 하나씩 데이터를 축적해가며 전환사회의 모델을 진화시켜 간다.

마을공동체를 중심으로 한 기후위기 대응의 대전제는 온실가스 감축과 탄소중립에 대한 기여이며, 이를 현실화시킬 수 있는 기본적인 장치는 에너지 전환이다. 또한, 탄소중립을 실현하는 과정에서 발생할 수 있는 부정적 영향을 예방하고 최소화하는 기후적응의 실천이 필수적이다. 이는 앞서 말한 전환사회의 개념과 일치하며 동질성에 거의 맞닿아 있다고 할 수 있다. 그동안 공동체적 삶 속에서 이러한 이념을 구현하기 위한 다양한 시도가 있었다. 지구환경의 건강성과 자연과의 공존을 위해 이상적인 공동체의 모습을 구상하고, 스케치하며 실험해 왔다. 특히 기후위기를 대응하기 위해 마을 공동체에 적용가능한 모델들의 핵심 가치와 주요 콘텐츠들에 대한 해석이 필요하다.

전환사회를 지향하는 마을공동체는 지속가능한 삶의 방식을 실험하고 구현하는 장이다. 각 지역의 특성에 맞는 생태마을, 저탄소 마을, 에너지 자립마을, 탄소중립마을 모델을 개발하고 적용해야 하며, 마을 단위에서 기후적응 실천 데이터를 축적해 전환사회의 모델로 확장해야 한다. 또한, 전 세계의 마을공동체가 경험과 지식을 공유하며, 기후위기 대응을 위한 글로벌 네트워크를 구축하는 것도 중요하다. 지역 공동체를 기반으로 한 체계적이고 장기적인 전략이 되어야 하며 마을 단위의 실천을 확산하기 위한 정책적 지원과 제도적 기반이 마련되어야 한다. 재생에너지, 순환경제, 생태적 건강성, 사회적 포용력을 기반으로 한 마을공동체의 성공은 전환사회의 가능성을 보여주는 중요한 지표가 될 것이다.

■ 생태마을 Eco-village

21세기의 문명은 산업화와 근대화 이후의 인간중심적 세계관에서 벗어나 생태적 가치에 무게 중심을 둔 공동체적 세계관으로의 변화를 요구한다. 이는 환경문제 뿐만 아니라 기계문명의 도시화에 의한 삶의 본질에 대한 비판적 성찰과 더불어 인간과 자연의 상생과 공존이라는 가치를 지향한다. 생태적 세계관은 생태계 위기에 대한 소극적인 반응이 아니라, 자연과의 공존을 통해 삶의 질을 향상시키려는 적극적인 의지의 반영이다. 그 밑바탕에는 모든 생명에 대한 존중을 통해 대립과 갈등 대신 화해와 화합을 이끌어내려는 생명사상이 깔려 있다.[01]

이러한 배경에서 생태마을 Eco-village은 지속가능한 생활 방식과 공동체적 가치를 실현하는 중요한 모델로 자리 잡고 있다. 생태마을의 개념은 1960~70년대 환경운동과 반문화 운동의 영향 속에서 처음 등장했다. 당시 산업화와 도시화가 가속화되며 생태계 파괴와 자원 낭비가 심화되자, 지속가능한 생활 방식에 대한 필요성이 대두되었다. 1991년 로버트 길먼은 'The Eco-Village Challenge'라는 글에서 생태마을을 "인간 활동이 지속가능한 방식으로 이루어지는 소규모 지역사회"로 정의하며, 이 개념은 1990년대 초반부터 본격적으로 논의되기 시작했다. 이후 세계 생태마을 네트워크가 lobal Ecovillage Network, GEN 설립되면서 생태마을 운동은 전 세계로 확산되었다. 초기 생태공동체 운동[64)]은 근대화와 산업화에 대한 대항으로 시작되었지만, 점차 환경친화적이고 쾌적한 정주공간 조성, 자연환

64) 소규모 산발적으로 진행되었던 생태공동체 운동은 1990년대 후반 세계생태공동체네트워크(Global Eco-village Network, GEN: 지속가능한 인간정주지 공급, 생태마을에 대하여 폭 넓은 정보제공을 위해 1996년 설립) 설립후, 점차 활기를 띠게 되었음.[02]

경과 조화를 이룬 지역개발에 대한 관심으로 확장되며 제도화되고 있다. 생태마을은 자연생태계를 보전하고 복원함과 동시에 지속가능하게 이용하는 생활 및 생산양식을 가진 마을로, 마을 경관이 자연경관과 조화를 이루고 환경친화적인 삶의 양식을 지속적으로 이어갈 수 있는 역량을 지닌 마을이다.[02]

생태마을의 기본원칙은 '지속가능성'이다. 환경적, 경제적, 사회적 지속가능성으로 구분될 수 있으며, 환경-사회, 사회-경제, 경제-환경간 지속가능성을 동시에 고려한 생태적 부양능력 Ecological Viability, 살만한 정주환경 Livable Built Environment, 사회적 형평성 Socially Equitable을 추구한다는 의미이기도 하다.[03]

생태마을의 지속가능성에 대해 5가지 관점에서 경험과 방법론을 공유할 수 있으며 이를 통해 공동체의 추구하고자 하는 가치를 인식할 수 있다.[04]

- **세계관**
  : 생태마을들은 다양한 문화, 영성, 세계관을 가지고 성장하면서도 몇 가지 공통된 가치관을 추구한다. 생명을 존중하고, 배타적이지 않고 함께하며, 다양성을 포용하고 배려하며 상호작용에 열려 있는 것 등이다.
- **생태관**
  : 생태마을은 환경 훼손이 적으면서도 수준 높은 삶의 방식이 가능하다는 것을 보여준다. 마을 내에서 에너지 자급, 물, 식량, 건축 자재, 자원재이용 등 건강한 지역순환 시스템을 갖출 수 있다.
- **사회관**
  : 생태마을 지속가능성의 중요지점 중 하나는 함께 살아가는 기술을 함께 만들어 가는 것이다. 구성원들의 의사소통, 갈등조정, 참여적 의사 결정 구조, 구

성원 개개인에 대한 관심과 배려, 치유 등의 경험을 통해 공동체 의식을 진화시켜 갈 수 있다.

- **경제관**

: 대부분 지역 상품을 소비하고 생산하고 거래하면서 공동체 또는 지역 내에서 생태마을 경제를 위한 모델을 구축하고 있다.

- **참여의식**

: 마을주민 스스로 주인 의식을 갖는 참여적 과정에서 차별성이 있다. 생태마을은 외부의 개발자나 건축업자가 만드는 것이 아니라 마을구성원들의 참여에 의해 만들어진다[03].

생태마을은 이론적 개념이 아닌 실제 생활 속에서 전환사회의 목표를 실험하며 그 가능성을 검증하는 중요한 역할을 한다. 생태마을을 이루는 구성요소들에 대한 견해들을 종합하면 자연환경, 물리적 환경, 생활 및 생산양식, 주민역량 순으로 요약할 수 있다.

건전한 수환경과 녹지를 보전하고, 동식물 서식지를 유지시키고 생물다양성을 보전할 수 있는 '자연환경'을 갖는 마을이며, 인간 척도의 적정밀도의 정주규모와 저밀도 개발, 환경용량을 고려한 토지이용의 '물리적 환경'을 갖는 마을이다. 또한 에너지 절약과 자원순환형 '생활 및 생산양식'으로 생태계에 오염부하를 최소화할 수 있는 마을이며 마지막 구성요소인 주민역량은 주민합의 및 교육 등의 공식, 비공식 시스템이 갖춰진 환경보전 역량을 의미한다. 생태마을은 이러한 요소들을 통해 지속가능한 사회를 실현하고, 전환사회의 모델로서 그 가능성을 입증해 나가고 있다.

■ 유기농 생태마을

생태마을의 개념에 특별히 친환경 농법을 결합하여, 단순히 지속 가능한 생활을 목표로 하는 것을 넘어 유기농 농업을 통해 지역의 식량 자립과 건강한 식생활을 추구하며, 토양과 생태계를 보호하고 화학 비료나 살충제를 사용하지 않는 '유기농 생태마을'이 있다. 마을공동체 구성원들이 필요로 하는 농산물을 유기농으로 재배하고 외부 식량 공급에 대한 의존도를 줄이고, 건강하고 안전한 식량 공급의 자급자족을 목표로 한다.

유기농 생태마을은 토양의 비옥도를 높이고 주변 생태계를 보호하며, 이를 통해 생물 다양성을 유지하고, 지역 생태계와 조화를 이루는 방식으로 농업을 운영한다. 마을의 방문자들에게 유기농업과 지속가능한 생활 방식에 대한 교육을 제공한다.

국내에서의 유기농 생태마을은 친환경농업을 실천하고 지역 특색을 살린 생태환경 보전을 통해 일정 규모 이상의 친환경농산물 인증을 받은 곳이다. 전라남도에서 2009년부터 전국 최초로 유기농업 마을 성공 모델을 육성하고자 유기농 생태마을을 지정해 2022년 말 기준 총 45개소를 지정·관리 중에 있다.[05]

유기농 생태마을은 적정 규모의 조건을 갖추어야 인증받을 수 있으며 이에 따른 정부의 지원이 따른다[65]. 지금까지의 유기농 생태마을에 대한

---

65) 벼 농가의 경우 10호 이상 농가가 참여하는 친환경농업 실천 마을 중 친환경인증 면적 10ha 이상, 유기농 인증면적이 친환경농산물 인증면적의 30% 이상 차지해야 한다.

평가는 긍정적이다. 유기농 생태마을은 안전한 농산물을 생산하는 공간을 넘어 농업·농촌의 가치를 확대하고 도·농 공동체를 실천하는 농촌 모델로 성장할 가능성이 높다는 평가를 받는다. 농업환경의 보전 가치가 높고 친환경농업을 적극적으로 실천하는 마을로 진화할 가능성이 있다는 것이다.

전라남도에서 유기농 생태마을 지정 현황을 분석한 결과, 2023년말 기준, 전체 경지면적 3,520ha 중 1,954ha가 친환경 인증을 받은 것으로 전년보다 21% 증가하였으며, 친환경 인증면적(1954ha) 중 유기농 인증 면적은 82%, 친환경인증 농가(1251호) 중 유기농 인증농가는 76.5%로, 무농약에서 유기농 중심으로 전환추세이고, 두부·녹차 등 체험관광이 소득 증가에 보탬이 되고 있으며, 체험 프로그램 활성화의 잠재성이 높은 것으로 나타났다.[06]

■ 생태마을과 전환사회

전환사회는 생태마을의 이념을 포함하여 보다 광범위하게 기후변화와 에너지 전환, 사회적 자립과 같은 지속 가능성의 과제를 포괄하며 2000년대 이후에 구체화되었다. 특히 기후위기에 대한 대응과 저탄소 경제로의 전환이 절실해지면서 주목받았으며, 영국의 전환 네트워크 운동이 촉발한 전환 운동 Transition Movement에서 비롯되었다[66]. 생태마을은 전환사회보다 먼저 시작된 개념으로, 이후 전환사회가 생태마을의 지역 자립과 환경

66) 주로 로브 홉킨스 Rob Hopkins의 활동을 중심으로 2006년 영국 토트네스에서 시작되어, 화석연료 의존도를 줄이고 지역사회 차원에서 지속가능성을 높이는 방안에 중점을 두었다.

적 지속가능성 등의 요소를 포괄하면서 더 큰 사회적 전환을 목표로 발전하게 되었다고 볼 수 있다.

생태마을에 재생에너지를 도입한 것은 2000년대 이후부터 본격화 되었다. 초기 생태마을들은 주로 환경 친화적인 생활 방식과 자립형 농업에 중점을 두었고, 에너지 효율적인 주택 설계, 자원순환 및 재활용을 통해 지속가능성을 추구했다고 볼 수 있다. 유기농업을 도입하여 토양과 생태계를 보호하며, 화학 비료와 농약을 사용하지 않고, 재배된 식품을 소비함으로써, 온실가스 배출을 줄이고 환경에 긍정적인 영향을 미쳤다. 외부 자원에 의존하지 않고 자체적으로 식량, 에너지, 기타 자원을 조달할 수 있는 자립형 구조를 가지고 있다. 이 구조는 기후위기로 인해 발생할 수 있는 자원 부족 상황에서도 안정성을 유지할 수 있도록 도와준다. 또한, 공동체 구성원들이 서로 협력하고 연대하여 기후위기의 충격을 함께 견디며 극복할 수 있는 회복력을 높인다.

기후변화 문제가 본격적으로 주목받기 시작한 이후 저탄소 생활을 위한 재생에너지 도입 필요성을 강하게 인식하게 되었으며 태양광, 풍력, 바이오매스 등을 적극 도입하기 시작했다. 생태마을 또한 자립을 목표로 하는 공동체이므로, 외부 에너지 의존도를 줄이고, 지역 내에서 필요한 에너지를 생산하는 것이 장기적 목표였다. 재생에너지의 도입은 자립 목표와 일치하여 마을의 경제적 안정성과 환경적 지속가능성을 강화하는 데 크게 기여하였다.

생태마을은 기후변화에 따른 환경적, 경제적 변화에 유연하게 대응할 수 있는 구조를 갖추고 있어, 기후위기의 충격을 줄이는 데 기여한다. 기후 이상 현상이나 자원 부족 상황에서도 생태마을은 탄력적으로 운영되며, 재생에너지와 지역 자립을 통해 위기 상황에 적응할 수 있다. 생태마을은 기후위기 시대에 탄소배출을 줄이고, 지속가능한 삶의 모델을 제시할 수 있는 중요한 공동체 모델로 평가받고 있다.

■ 에너지 자립마을 Energy Self-Sufficient Village[67]

마을공동체 내에서 필요한 에너지를 자체적으로 생산하고 소비하여 외부에 의존하지 않는 것을 목표로 하는 마을이다. 에너지 자립마을의 개념은 1970년대부터 시작된 에너지 자립적 생활 방식에 대한 관심에서 비롯되었다고 하지만 본격적인 에너지 자립마을은 오일쇼크와 에너지 가격의 급등과 '90년대 후반에서 2000년대 초의 기후변화에 대한 인식 그리고 재생에너지 기술이 발전하면서 시작되었다.

대내외적으로 석유, 석탄 등 화석연료에 대한 에너지 가격의 변동성이 커지면서, 지역사회가 안정적이고 지속가능한 에너지원에 의존해야 한다는 인식이 확산되었다. 외부 에너지 공급에 의존하지 않고, 지역에서 직접 에너지를 생산함으로써 에너지 안보를 강화하고 가격 변동의 부정적 영향을 덜 받는 마을공동체를 희망하게 되었다. 유럽 사회를 중심으로, 에너지 생산을 통해 발생하는 수익을 지역사회로 재투자하고, 지역 내 일자리를

67) 영어식 표현은 "Energy Self-Sufficient Village"를 주로 사용하며, 일부 "Zero-Energy Village", "Energy- Independent Village"등을 혼용한다. 특히 영국은 'Transition Towns'을 주로 사용하며, 독일에서는 Energieautarker ortsteil (에너지 자립 지구)로 표기된다.

창출할 수 있는 에너지 자립형 마을공동체가 구체화 되기 시작했다. 이는 전력, 난방, 냉방, 조명 등 생활에 필요한 에너지를 외부로부터 공급받지 않고 태양광, 풍력, 바이오매스, 지열, 수력으로부터 얻을 수 있는 공동체이며, 마을 내에서 자체적으로 생산하고 소비할 수 있는 구조를 의미한다.

중앙집중식 에너지 공급 구조에서 벗어나 분산형 에너지 시스템으로 전환해야 한다고 주장한 독일의 헤르만 셰어 Hermann Scheer는 지역사회가 자체적으로 에너지를 생산하고 소비할 수 있는 '에너지 자립마을'의 중요성을 강조했는데, 에너지 전환이 단순히 기술적 문제가 아니라 경제적, 정치적, 사회적 변화를 포함하는 전체적 전환이어야 한다는 것이다[68]. 단순히 에너지를 생산하는 것뿐만 아니라, 소비 측면에서도 에너지 효율을 높이기 위한 다양한 기술과 설비가 적용되며, 단열재가 강화된 건물, 에너지 효율이 높은 가전제품, 스마트 그리드 시스템 등을 통해 에너지 수요를 최소화할 수 있다.

에너지 자립마을의 차별성은 기후위기 대응을 위한 온실가스 감축과 탄소중립을 실현하는데 가장 직접적인 기여를 할 수 있는 공동체라는 것이다. 또한 마을 구성원들이 에너지 생산 및 소비 과정에 적극적으로 참여하여, 그 중요성 인식과 함께 자립마을의 지속가능성을 유지시킬 수 있는 시스템을 갖추고 있다. 태양광, 풍력, 바이오매스 등 재생에너지 기술이 진화하면서, 소규모 지역에서도 자립적으로 에너지를 생산할 수 있는 여

68) 헤르만 셰어의 자서전 "에너지 자립: 우리 모두가 할 수 있는 혁명" (Energy Autonomy: The Economic, Social and Technological Case for Renewable Energy)에서 재생 가능 에너지의 분산화와 에너지 자립을 강조한다.

건이 충분하게 되었고 이러한 기술 발전으로 인해 초기 투자비용이 점차 낮아지고 효율성이 향상되면서, 에너지 자립이 확산되고 있는 추세이다. 이제는 지속가능한 공동체를 지향하는 사람들에게 에너지 자립이라는 기본적인 모델의 확산이 가능하다. 이러한 에너지 자립마을의 목표는 생태마을이나 전환사회 운동과도 맞물려 기후위기 대응과 지역사회의 자립을 통해 사회적 변화를 이끌어 갈 것이다.

서울특별시에서 서울형 그린뉴딜 사업의 하나로 추진 중에 있다[69]. 2012년부터 시작된 이 사업은 서울 전역의 곳곳으로 확대되어, 10여 년 동안 약 250개소 이상의 에너지 자립마을을 조성했다. 가정의 형광등을 LED로 교체, 베란다에 미니 태양광 설치, 친환경 전기·수소차 교체, 에너지 사랑방 홍보관운영, 스마트계량기 AMI설치, 옥상 쿨루프 설치, 에너지 슈퍼마켓 운영, 에너지 탐방길을 통한 마을관광 활성화, 주민협력 기반조성 등 에너지 절약 및 효율화를 계획하고 실천으로 옮기는 운동에 공동체의 구성원들이 직접 참여한다.

- **온실가스 감축**
  : 주택단열 개선, 전기차 충전기 설치, 쓰레기 줄이기, 신재생에너지 설치, 도심녹지 조성
- **교육 및 캠페인**
  : 기후변화 대응 및 탄소중립 교육, 불끄기·미세먼지 저감 행사, 에코마일리지 가입, 우수 에너지자립마을 견학

69) 3인 이상 주민모임, 또는 단체가 생활공간이 같은 세대를 모집한 후 참여할 수 있다. 선정된 각 마을이 사업제안서 작성, 마을비전 설정 등을 할 수 있도록 환경 분야 전문가, 에너지자립마을 출신 컨설턴트가 참여하는 컨설팅을 지원한다.[07]

• **수시방문 컨설팅**

: 전문 컨설턴트를 육성해 마을별 사업제안서 작성, 비전 설정, 사업추진 방향 설정, 성과관리 등을 컨설팅한다.

• **마을활동가 역량강화 교육**

: 기후변화·에너지 교육, 탄소중립(온실가스 감축) 교육을 실시하고 마을 리더 양성교육 및 마을대상 실무교육 프로그램을 운영한다.[08]

무엇보다 중요한 것은 주민 참여의 지속성이다. 초기의 높은 흥미와 관심에 비해 시간이 지나면서 참여가 위축될 우려가 늘 상존한다. 자발적 참여를 유지하는 것이 중요한데, 지속적인 동기 부여와 관리가 쉽지 않다. 해당 기관에서 자립마을에 대한 지원금을 제공하지만, 예산 규모가 제한적이어서 충분한 재정 지원을 받지 못하는 경우가 많다. 장기적인 성과와 가치 확산을 위해서는 안정적이고 충분한 재정적 지원이 중요하다. 재생에너지 설비와 관련하여 기존 건축물의 구조가 태양광 패널을 설치하기에 부적합할 수 있다. 특히, 건물의 지붕 강도나 경사도, 옥상 공간의 활용도, 상업지역, 문화재 보호구역 등에서의 주변 경관이나 주민 생활에 미치는 영향 등의 쟁점이 발생할 수 있다.

그리고 에너지 자립마을의 성과는 장기적으로 나타나는 경우가 많아, 단기적인 성과 평가가 난이할 수 있다. 또한, 에너지 절감이나 온실가스 감축의 효과를 정확히 측정하고 주민들에게 성과를 피드백하는 시스템이 부족한 경우, 주민 참여의 동기부여가 떨어질 수 있다. 이러한 쟁점들을 해결하기 위해서는 주민 중심의 관리 체계와 기술 및 재정 지원 확대, 법적·행정적 규제 완화, 체계적인 성과 측정 시스템 구축 등이 필요하다. 에너지 자립마을은 기후위기에 맞서 가장 앞줄에서 적극적으로 행동하는 마을공동체이며, 앞으로도 재생에너지의 기술 발전과 더불어 유의미한 진화를 거듭할 것이다.

■ 저탄소 녹색마을 Low-Carbon Green Village

1990년대 말에서 2000년대 초의 오일 쇼크와 에너지 가격 급등에 의해 자립적이고 안정적인 에너지 시스템의 필요성이 크게 부각되었다. 산업화, 도시화로 인한 온실가스 배출 증가가 극단적 기후현상의 주요 원인으로 분석되면서 저탄소 생활 방식과 재생에너지 도입에 대한 필요성 인식은 환경과 에너지 문제를 공동체 단위에서 해결하고자 하는 그룹들을 일깨우게 하였다. 또한 1992년 리우 환경회의, 1997년 교토의정서, 그리고 2015년 파리협정 등 국제 협약을 통해 온실가스 감축 목표와 기후변화 대응이 국가적, 지역적 차원에서 구체화되었고, 이러한 협약에 기반한 정책적 지원이 지역 단위의 마을공동체를 대상으로 적용해 볼 수 있는 동력이 되었다. 특히 EU를 중심으로 재정적, 기술적 지원을 통해 마을공동체 단위의 모델을 설계하게 되었으며 이러한 맥락에서 저탄소 녹색마을은 기후위기에 대응하고, 에너지 자립과 지역사회의 지속가능성을 동시에 추구하는 대안적 공동체 모델로 자리잡게 되었다. 저탄소 녹색마을의 등장 배경은 에너지 자립마을과 거의 유사하다고 볼 수 있다. 저탄소 녹색마을은 온실가스 배출을 최소화하고, 재생에너지를 적극 활용하여 환경에 미치는 영향을 줄이며, 동시에 지역사회의 자립과 지속가능성을 추구하는 마을공동체이다. 지역 자원을 활용하여 자급자족을 목표로 하며, 환경보존과 경제적 지속가능성을 동시에 추구한다.

저탄소 녹색마을과 에너지 자립마을은 지속가능성을 목표로 하지만, 그 목표의 초점과 접근 방식에는 미묘한 차이가 있다. 우선 저탄소 녹색마을은 탄소배출을 줄이고 재생에너지를 사용하며, 효율화 외에도 물, 식량, 자원 절약을 통해 전반적인 환경영향을 줄이고, 저탄소 생활방식을 실천하는 데 중점을 둔다. 에너지 자립마을은 외부 에너지에 대한 의존도를 없애고, 마을 자체적으로 에너지를 자급자족하는 것이 최우선의 가치이다. 탄소 저감도 중요하지만, 우선순위는 에너지의 자급자족하여 에너지 독립성을 확보하는 것이다. 저탄소 녹색마을은 에너지를 100% 자급하지 않더라도, 탄소 배출량을 최소화하기 위해 노력하는 반면 에너지 자립마을은 마을이 필요한 전력, 난방 등 모든 에너지를 자급하는 데 초점을 맞춘다. 저탄소 녹색마을의 방향성은 에너지뿐만 아니라 생활 전반에서 저탄소 활동을 실천하며, 특히 물 관리, 유기농업, 쓰레기 줄이기, 자원 재활용, 지역 내 식량자급 등의 실천을 통해 탄소발자국을 줄이는데 중점을 둔다.

국내에서의 저탄소 녹색마을은 2009년 '저탄소 녹색성장' 정책 기조에 따라 마을단위의 녹색성장을 개념화한 정책 프로그램이다[70]. 또한 녹색마을은 마을 단위의 공간에서 주민들이 녹색생활을 자발적으로 실천하여 저탄소 녹색성장을 유도하는 기초생활권 중심의 마을이다. 이는 정부가 주도하는 폐자원 및 바이오매스를 활용한 에너지자립 강화형 '저탄소 녹색마을'사업 뿐만 아니라 지역주민 스스로 참여하는 민간주도의 녹색마을

70) '저탄소'란 화석연료 의존도를 낮추고 청정에너지 사용 및 보급 확대, 녹색기술 연구개발, 탄소흡수원 확충 등으로 온실가스를 줄이는 것이며(녹색성장기본법 제2조, '21. 9월 폐지), '녹색성장'이란 에너지와 자원을 절약, 효율적 사용으로 기후변화와 환경훼손을 줄이고 청정에너지, 녹색기술 연구개발을 통하여 새로운 일자리 창출 등 경제와 환경이 조화를 이루는 성장을 말한다 (탄조중립기본법 제2조의 14).

또는 녹색 커뮤니티를 모두 포함하는 친환경 마을공동체 개념이다.[09] 저탄소 녹색마을의 지향점은 4가지로 축약될 수 있으며, 기후위기 대응의 방향성을 함축한다고 볼 수 있다.

- 지속가능한 농어촌 마을을 목표로 친환경 에너지 생산과 더불어 녹색생활 실천을 위한 터전을 조성한다.
- 주민들의 적극적인 참여를 바탕으로 불필요한 에너지 소비량은 줄이고, 지역 내에서 직접 에너지를 생산한다.[10]
- 화석연료 대체 효과가 크고 온실가스 감축이행이 가능하며, 일자리 창출이 가능한 폐자원 및 바이오매스를 최대한 활용하여 국가 신·재생에너지 보급률을 상승시킨다[71)].
- 마을 단위의 소규모 지역에 적용함으로써 지역 단위의 분산형 에너지 공급 시스템을 구축하는 것을 목적으로 한다.

또한 기존의 농어촌 마을 활성화 사업, 마을살리기 운동 등과 차별성을 가진다. 정부 주도이지만 주민이 중심이어야 하는 대표적 분산 시스템을 지향하였으며, 마을 유형을 도시형, 농촌형, 도농복합형, 산촌형 등으로 구분하여 유형별로 환경부, 행안부, 농식품부, 지경부 등 각 부처가 담당하여 주관하도록 하였다.[10] 저탄소 녹색마을 사업은 '지역공동체 형성을 통한 삶의 질 향상'이라는 면에서 기존 마을사업과 공통점을 가졌으며, '에너지 자립'과 '저탄소'를 통해 마을을 녹색화'한다는 차별성을 강조하였다.[10]

---

71) 2011년 당시, 전국에 600개의 저탄소 녹색마을을 조성하여 2013년까지 신재생에너지 보급률 11%, 2020년까지 마을의 에너지 자립도를 40~50%까지 상승하는 것이 목표였다.

소규모 농어촌 마을을 대상으로 에너지 자립도를 향상시키기 위해 2011년 시범마을로 시작되었던 저탄소 녹색마을 사업[72]을 지금 시점에서 되돌아볼 때, 당초 기대와는 달리 만족할만한 성과를 가져다주지 못했다는 한계점을 평가하는 전문가들의 견해에 귀 기울일 필요가 있다. 지속가능한 마을공동체를 만들기 위한 비전과 목표는 14년이 지난 지금도 충분히 유의미하며, 특히 기후위기 시대를 대비할 수 있는 미래지향적 미션들이 대거 포함되어 있기 때문이다.

전문가들은 지역의 다양성과 마을 내 잠재 에너지원을 제대로 파악하지 못했고, 공동체 구성원들의 참여와 에너지 자립에 대한 인식 부족 특히 축분 활용에 대한 혐오 등, 과도한 자부담 등을 실패의 원인으로 말한다. 에너지 자립을 바탕에 둔 전환마을의 본질적인 한계는 정부의 에너지 정책의 방향성과 기술적인 문제에 있다고 할 수 있다. 국내 에너지 정책은 대규모 중앙집중식 구조에 초점을 맞추고 있으며, 이러한 방식은 지역 중심의 분산형, 친환경 에너지 시스템과의 연계에서 한계점을 보인다. 또한 정부 주도로 시설과 인프라에 중점을 두는 하드웨어적인 접근을 우선시했으며, 공동체 구성원들의 참여, 교육, 커뮤니티 구축과 같은 소프트웨어적인 요소는 상대적으로 미약했다. 이는 지역민들의 주도적인 참여 속에 지속가능성을 구축하는 데 있어 중요한 부분이다.

하지만 저탄소 녹색마을의 지향점은 여전히 유효하며 앞으로 더 진화

72) 환경부가 2009년 7월 발표한 '폐자원 및 바이오매스 에너지 대책'의 하나로 농림수산식품부·환경부·행정안전부·산림청 4개 부처가 공동으로 추진한 사업이었다.

되고 발전되어져야 할 것이다. 기후위기에 대응하고 전환시대의 가치를 충분히 수용할 수 있는 탄력적이고 생태적인 마을공동체의 모습으로 디자인되어야 할 것이다.

■ 탄소중립마을 Carbon Neutral Community
가장 적극적인 전환마을 모델

기후위기 시대에 전환사회의 가치를 실현할 수 있는 가장 이상적인 마을공동체는 어떤 형태일까? 이 질문은 환경 문제를 넘어, 인류의 지속가능한 미래를 설계하는 핵심 화두로, IPCC의 제6차 평가보고서(AR6)에서 강조하듯 생태·사회·경제적 지속성을 통합한 접근을 요구한다. 우리는 생태마을, 저탄소 녹색마을, 에너지 자립마을 등 다양한 공동체 유형을 통해 전환사회 실현의 노력과 실험을 탐구해 왔다.

각 공동체는 시대가 요구하는 가치를 담아내고, 개발로 인해 야기된 환경 문제를 해결하기 위해 고유의 방식으로 노력해왔다. 화석에너지에서 벗어나기 위한 다양한 시도가 지속되었고, 자연 생태계의 원리에 기반한 해법을 통해 환경적, 사회적 문제를 해결하려는 움직임은 여전히 진행 중이다.

지속가능한 사회를 위한 최적의 마을공동체를 모색하기 위해서는 기후위기 대응을 위한 구조적·운영적 시스템을 심층적으로 검토해야 한다. 목표지향적이면서도 실천 가능한 마을공동체의 희망을 논의하는 과정에서, 우리는 탄소중립마을이라는 개념에 주목하게 된다. 탄소중립마을은 탄소

배출을 줄이는 것뿐만 아니라, 에너지의 자체 생산, 순환경제, 생태적 건강성, 사회적 포용력을 아우르는 종합적인 전환사회의 모델을 제시한다. 이는 기후위기에 대응하는 동시에 지속 가능한 삶의 방식을 실현하는 공동체의 이상적인 형태를 추구하는 것이다.

탄소중립마을은 화석연료 의존에서 벗어나 재생에너지를 중심으로 한 에너지 자립을 실현하고, 자원순환과 제로 웨이스트 문화를 통해 지속가능한 경제 시스템을 구축한다. 또한, 생태적 건강성을 중시하며, 사회적 포용력을 강화해 모든 구성원이 고른 혜택을 누릴 수 있는 공동체를 지향한다. 이러한 마을공동체는 환경 문제를 해결하는 데 그치지 않고, 기후위기에 적응력 있고 회복력 있는 사회를 만드는 데 기여한다. 탄소중립마을은 전환사회의 가치를 실현하는 가장 이상적인 모델로서, 우리가 나아가야 할 미래를 설계하는 데 중요한 지침이 될 것이다.

하지만 탄소중립마을은 생태마을, 에너지 자립마을, 저탄소 녹색마을과는 달리 아직 정부 정책으로 실험되거나 구체화되지 않은 개념이다. '탄소중립'과 '마을'이라는 두 개념의 합성어로 이루어진 이 명칭은 공간적인 측면에서 기존의 탄소중립도시와 대비되는 마을공동체를 대상으로 한다. 정부 차원의 장기적인 플랜 속에서 에너지와 산업 전환을 통해 기후위기를 해결하려는 접근이 우선시될 수 있지만, 이러한 거시적 전략과 병행해 생활 속 마을공동체를 통한 탄소중립 실천은 전환사회를 이루는 중요한 운동으로 자리 잡을 수 있다. '탄소중립마을'은 일상 속에서 자연생태계의 원리에 순응하고, 그로부터 얻어지는 친환경 에너지를 활용해 탄소중립을 실천하는 마을을 지향한다.[12] 탄소중립마을은 전환사회의 가치를 마을 단위에서 실현하며, 기후위기에 대응하는 동시에 지역 공동체의 생태적, 사회적 건강성을 강화하는 실험적인 공간으로 자리매김할 잠재력을 가지고 있다.

재생에너지를 중심으로 마을구성 요소들의 탈탄소화를 융합적으로 적용하는 가장 적극적인 방식의 친환경 마을이라 할 수 있다. 일차적으로 마을 내 온실가스 배출량이 흡수량과 같거나 적으며, 순 배출량이 제로 이하가 될 수 있는 환경을 목표로 한다.[13] 그러나 단순히 배출량을 줄이는 것에 그치지 않는다. 탄소중립마을은 기후변화에 적응할 수 있는 구조를 갖추고 있으며, 기후위기로 인한 부정적 영향을 최소화하기 위한 다양한 전략을 실천하는 도전적인 전환마을이다.

탄소중립마을은 에너지 전환 측면에서는 기존의 '에너지 자립마을'과 유사하며 자연생태에 순응하고자 하는 가치 지향적 측면에서는 생태마을, 저탄소 녹색마을과 중복되는 면이 많다. 생태마을, 저탄소 녹색마을 등 전환의 가치를 지향해 온 기존의 마을과의 차별성은 기후위기의 대응방식에서 온실가스 감축과 적응의 실천을 주제로 한 마을이라는 점이다. 탄소중립마을은 지속가능한 전환사회의 기반이 되는 공동체로, 재생에너지와 자원순환을 중심으로 운영된다. 마을에서 필요한 전기와 열에너지는 태양, 바람, 물, 그리고 동·식물 등의 자연자원에서 얻으며, 마을 내 건축과 인프라는 탈탄소화된 물리적 구조로 설계된다. 이 과정에서 에너지 효율성을 극대화하고, 환경 부담을 최소화하기 위한 기술과 설비가 적용된다.

탄소중립마을이 추구하는 지속가능성은 에너지 전환에만 머물지 않는다. 기후위기의 다양한 위협에 대비하기 위해 가뭄과 홍수를 관리할 수 있는 수자원 시스템을 구축하고, 생물다양성을 보전하기 위한 생태계 보호 활동을 전개한다. 또한, 친환경 농업 방식을 도입하여 자원순환을 활성화하고, 식량안보를 강화하는 한편, 사회적 약자를 보호하는 지원 체계를 마련한다.[16]

온실가스 감축을 위한 현실적인 대안은 무엇일까? 지금까지의 연구와 논의를 종합해볼 때, 탄소중립 Net Zero외에는 뚜렷한 해법이 보이지 않는다. 전 세계 기후 전문가들은 2050년까지 넷제로를 달성하지 못할 경우, 지구는 돌이킬 수 없는 기후 재앙을 맞이할 것이라고 경고한다. 이는 단순한 예측이 아니라, 과학적 근거에 기반한 시나리오다. 이러한 위기 속에서 탄소중립마을 모델이 새로운 사회적 패러다임으로 자리 잡기를 희망한다. 탄소중립마을은 에너지 자립, 자원 순환, 생태적 생활 방식이 유기적으로 결합된 공간으로, 온실가스 배출을 최소화하면서 지역 공동체의 지속가능성을 극대화하는 시스템이다.[14]

그렇다면 탄소중립마을을 구성하기 위해서는 어떤 요소들이 필요할까? 핵심적인 온실가스 감축 방안을 다음과 같이 정리할 수 있다.

- **전기 에너지**
  : 태양광, 풍력, 바이오 가스, 소수력 등을 활용, 마을 주택, 공공 건물, 농업 시설에 태양광 패널 설치, 지형, 기후여건에 맞게 소규모 풍력 터빈이나 수력 발전 도입, 배터리 저장 시스템을 통해 재생에너지로 생산한 전력을 저장, 불필요한 전력 사용 줄이기 등
- **열 에너지**
  : 지열 히트펌프, 태양열 집열기와 목재 펠릿, 농업 폐기물, 음식물 쓰레기 등

바이오매스 활용한 열에너지 생산, 재생 에너지원을 활용한 지역난방 네트워크 등

- **농축산 분야**

  : 저탄소 자원순환의 친환경 영농방식 적용, 가뭄 저항성 작물 도입, 다양한 작물을 혼합 재배, 스마트 농업 기술 도입, 유기질 비료와 천연 살충제 사용, 축산분뇨 포함한 농업 폐기물의 재사용 등

- **건축물 분야**

  : 페시브하우스, 지붕 및 베란다 태양광, 히터펌프, 건물에 고성능 단열재 사용, 이중 또는 삼중 유리창 사용, 자연 채광과 환기 극대화, 스마트 온도 조절기 등

- **수송, 농기계**

  : 마을 카쉐어 도입, 전기·수소 차량, 전기 트랙터 및 전기 농기계 등 무탄소 농기계 도입, 전기충전기 도입, 도로와 주차장에 투수성 포장재 사용 등

- **흡수원 분야**

  : 기존 마을 녹지 보전과 탄소저감 마을 숲 조성, 훼손된 산림복원, 토양에 유기물 추가해 탄소를 저장하는 재생 농업기법 도입, 마을내 습지 및 초지 보전, 연안 습지보전 및 복원 등

기후위기 대응을 위한 탄소중립의 실천에 있어서 에너지 분야는 가장 높은 기여도를 가진다. 전기와 열에너지는 인간 삶을 영위하기 위한 핵심 도구이며 이들의 생산방식의 선택에서 탄소중립의 가능 여부가 판가름난다고 해도 과언이 아니다. 햇빛과 바람 그리고 바이오매스 등 마을에서 구현할 수 있는 친환경적 에너지 생산의 안정성은 최근 몇 년 동안의 가파른 기술 발전에 의해 높아지고 있다. 또한 시행착오의 단계별 과정 속에 조금씩 앞으로 나아가고 있는 분산 에너지 방식은 실행으로 옮겨질 수 있게 되었으며, 최소 생활권 내에서의 적용이 기대된다. 탄소중립을 위한 목표량 설정 정도와 마을의 환경적 여건에 따라, 배출량과 흡수량의 균형을 초월

해서 흡수량이 더 많은 네거티브(배출량<흡수량) 시나리오도 가능하다는 연구결과가 나온 바 있다.[14, 17]

그러나 탄소중립만으로 기후위기를 완전히 해결할 수 있을까? 날로 심각해지는 폭염과 가뭄, 폭우와 홍수 등의 기후재난을 고려할 때, 우리는 이제 기후 적응을 함께 고민해야 하는 시점에 와 있다. 탄소중립마을에서 가장 중요한 것은 급변하는 기후환경에 적응할 수 있는 공동체 시스템이다. 지속가능한 공동체를 위해서는 그린인프라를 구축하고, 생물다양성과 식량안보를 고려한 설계가 필수적이다. 지역 차원에서 탄소중립을 실현하면서도, 동시에 기후변화에 강한 사회적·물리적 구조를 마련해야 한다.

이를 위해 정부 차원에서는 기온상승에 따른 분야별 시나리오 설계와 예측한 시간보다 더 빨리 도달할 수 있는 위기에 대한 순응적 설계와 모니터링 시스템을 갖추어야 한다. 기후위기의 가장 앞줄에 노출돼 있는 취약계층을 위한 구체적인 적응 설계가 필요하며, 법 제도적 시스템을 통해 언제 닥칠지 모르는 기후재난으로부터 보호받을 수 있는 안전한 사회, 즉 '기후적응사회'를 준비해야 한다. 기후적응은 감축에 대한 노력 이상으로 함께 고민하고 풀어가야 할 당면 과제인 것이다.[18] 탄소중립마을에서 요구되어지는 마을구성을 위한 계획요소 중 기후 적응요소들의 축약된 설명은 아래와 같다.

- **폭염와 가뭄**

  : 마을 내 도시림과 녹지 확장을 통해 미기후 조절 및 열섬효과 완화, 폭염 대응 차양 구조물과 쿨링 시스템 도입, 빗물 집수와 투수성 포장으로 물순환 시스템 활용, 생태연못과 마을 수로 활용, 도로·건축물에 고반사율(albedo) 재

료 적용으로 태양복사 흡수 최소화. 건물 옥상 녹화, 스마트 관개 시스템 등 취약계층(노인, 어린이, 저소득층)을 위한 공공 쉼터, 폭염 경보 시스템과 응급 의료 네트워크 구축, 저비용 에너지 효율 가정 개조 프로그램 도입 등으로 기후 불평등 완화 등

- **폭우와 홍수**
  : 마을 내 저류습지 조성으로 우수 유출 및 홍수 피크 흐름 완화, 빗물 저류조 활용으로 과잉 수량 저장·방류, 스마트 배수 시스템으로 실시간 모니터링·제어, 전통 물길 복원으로 자연 배수 경로 강화, 취약계층을 위한 홍수 조기 경보와 대피 쉼터 등
- **생물 다양성**
  : 마을 내 습지 보전과 하천 복원으로 생태계 연결성 강화, 마을숲 보전과 다층 식생으로 서식지 다양성 증진 및 생물종 이동 지원, 침입종 관리와 고유종 보호 프로그램 활용 등 기후 적응력 제고. 마을 내 생태 교육 프로그램 시행 등
- **식량안전**
  : 마을 내 농경지 보전과 토지 전용 방지로 지속 가능한 토지 이용 확보, 로컬푸드 시스템 도입으로 생산 식품 우선 소비와 공급망 단축 향상, 생태농업으로 토양 건강 유지와 생물다양성 보호, 마을주민의 커뮤니티 팜 조성, 스마트 관개기술 도입, 가뭄 저항성 품종과 작물 다양화로 생산 안정화 등
- **마을 공동체**
  : 탄소중립마을 활성화 캠페인 강화, 일회용품 근절 운동 등 자원순환경제 실천, 소식지 나눔, 커뮤니티 가든 조성, 주민 기후위기 대응 아카데미, 마을 공동체 차원에서 자율적 실천의 거버넌스 모델 구축 및 포용적 참여 프로그램 도입 등

기후위기 대응 전략에서 국가 차원의 재생에너지 시스템 구축은 필수적이다. 그러나 그 이전 단계에서 소규모 마을 단위의 탄소중립 실천은 지속가능한 에너지 전환을 위한 선결 과제다. 탄소중립마을은 단순한 친환경 주거지를 넘어, 재생에너지 기반 에너지 믹스, 저탄소 농업, 탄소흡수

생태공간 및 에너지 고효율 건축물을 통합하는 거버넌스 기반 지속가능 공동체로 정의된다.

이를 실현하기 위해서는 태양광, 풍력, 바이오에너지를 활용한 분산형 재생에너지 시스템 구축이 필수적이다. 더불어 저탄소 영농기법 도입, 마을 숲과 생태습지 조성을 통한 탄소흡수 능력 강화, 패시브 하우스와 같은 에너지 절약형 건축물이 요구된다. 이러한 요소들은 지역 기반의 탈 탄소화를 실현하는 중요한 기반을 제공한다. 그러나 탄소중립마을의 확산은 에너지 자립도, 경제적 지속가능성, 기술적 역량 부족과 같은 구조적 한계에 직면해 있다. 에너지 생산방식의 분산성은 초기 투자비용과 유지보수 비용의 증가를 초래하며, 스마트 그리드 및 에너지 저장 시스템 등의 첨단 인프라 부재는 에너지 공급의 안정성을 저해한다. 또한, 재정적 지원과 법적 제도적 기반의 미비는 프로젝트의 장기적 지속가능성을 위협하는 요인으로 작용한다.

이러한 한계는 탄소중립 마을공동체 네트워크 구축의 필요성을 강조한다. 마을 간 에너지 공유와 스마트 플랫폼을 통한 실시간 에너지 데이터 통합 관리는 에너지 자원의 공간적 불균형 문제를 해결할 수 있다. 또한, 마이크로그리드와 같은 분산형 에너지 인프라를 활용하여 지역 간 상호 보완적 에너지 순환 시스템을 구축할 수 있다. 뿐만 아니라, 에너지 민주주의와 참여형 거버넌스를 기반으로 한 네트워크화 전략은 주민들의 사회적 수용성을 높이고 탄소중립 실현을 위한 집단적 역량을 강화한다. 공공-민간 파트너십 모델과 녹색금융은 재정적 지속가능성을 높이는 동시에 국제적 기술 교류와 글로벌 기후 기금 참여를 통해 국제적 경쟁력을 확보할 수 있다. 체계적인 네트워크화 전략과 다층적 협력을 통해 마을공동체 간 상생적 에너지 전환 모델을 구축해야 한다. 이는 지역균형발전과 지속가능한 탄소중립 사회로의 전환을 촉진하는 솔루션이 될 것이다.

■ 탄소중립마을 공유 네트워크 구축

Carbon-neutral Community Networks

'탄소중립마을 공유 네트워크' 구축은 탈 탄소화와 지속가능한 지역사회 구축를 위한 전략적이고 통합적인 접근법이다. 이는 기존의 생태마을 및 에너지 자립마을 개념을 확장하여, 탄소중립과 사회적 경제 모델을 결합한 진화된 지역발전 모델이다. 특히, 분산에너지 활성화 특별법과의 연계를 통해 지역 내 재생에너지 생산 및 분배의 활성화를 촉진하고, 에너지 커뮤니티를 조성한다. 에너지 민주주의와 참여 기반 거버넌스를 실현하여 지역주민들이 에너지 생산 및 소비 과정에서 주도적인 역할을 수행할 수 있도록 한다.

궁극적으로 시군 단위의 탄소중립 마을공동체 네트워크를 구축하여 마을 간 협력적 에너지 순환 시스템을 형성하고 이를 통해 지역 간 에너지 불균형 해소, 에너지 보안 강화, 그리고 지속가능한 지역경제를 촉진한다. 나아가, 이러한 네트워크는 분산형 에너지 전환을 통해 지방 소멸 위기 대응과 국가균형발전이라는 과제 해결에 기여할 것이다.

» 효율적인 생산구조

탄소중립마을에서 재생에너지의 효율적인 생산구조 구축은 탄소중립 실현의 핵심 동력이다. 이를 위해 지역 맞춤형 에너지 믹스와 분산형 발전 설비의 구축이 필요하다. 지리적 특성과 환경적 조건을 고려하여 태양광, 풍력, 바이오에너지 등의 다양한 재생에너지원을 최적화하는 전략이 요구된다. 이러한 탈중앙화된 에너지 생산 구조는 각 마을이 에너지 자급률을 높이는 기반이 된다.

또한, 잉여 전력은 에너지 저장 시스템 ESS을 통해 저장되어 피크 시 에너지 공급 문제를 해결하고, 에너지 공급의 신뢰성을 강화한다. ESS의 효율적인 운영은 부하 관리 load management와 에너지 수요반응 Demand Response, DR 전략과 연계되어 에너지 시스템의 탄력성을 높이는 역할을 한다. 에너지 관리의 효율성을 제고하기 위해 스마트 그리드 기반의 통합 에너지 관리 시스템 도입은 필수적이다. 스마트 그리드는 실시간 에너지 모니터링과 자동화된 수급 조정 기능을 통해 에너지 낭비를 최소화하고, 마이크로그리드와의 연계를 통해 독립적 에너지 운영체계를 구축한다. 이를 통해 각 마을의 에너지 프로슈머 Prosumer역할을 촉진하고, 분산형 에너지 네트워크의 확장을 가능하게 한다.

이러한 효율적인 생산구조는 '분산에너지 활성화 특별법'의 법적 지원에 의해 실현될 수 있다. 분산에너지 특별법은 에너지 공급의 안정성을 보장하고, 첨단 ICT 기술을 활용한 분산형 에너지 활성화를 촉진하는 것을 목표로 한다. 분산에너지 특화지역으로 지정된 마을공동체는 재생에너지 생산, 저장 및 소비를 통합 관리할 수 있는 권한과 재정적 지원을 제공받는다. 이를 통해 지역 내 에너지 전환 에코시스템이 형성된다. 마지막으로, 에너지 커뮤니티 조성은 지역 주민의 적극적 참여와 에너지 민주주의 실현을 촉진한다. 주민들은 공동 태양광 프로젝트, 소규모 풍력 발전소 운영, 에너지 절약 프로그램 등 다양한 활동을 통해 에너지 생산 및 소비 과정의 주도적 참여자로 자리매김할 수 있다. 이러한 참여형 모델은 지역 경제 활성화와 지속 가능한 에너지 생태계 구축에 기여하며, 탄소중립 마을공동체 네트워크의 장기적 지속 가능성을 확보하는 핵심 전략이 될 것이다.

» 체계적 네트워크화

탄소중립 마을공동체 네트워크화 전략은 단일 마을 차원을 넘어 시군 단위의 협력 구조를 형성하여 광역적이고 지속가능한 탄소중립 모델을 실현하는 것을 목표로 한다. 이를 위해 다층적 거버넌스, 스마트 에너지 네트워크, 그리고 에너지 플로우 최적화와 같은 전략적 접근이 필요하다. 효율적인 에너지 및 자원의 분배와 순환 시스템 구축은 체계적 네트워크화의 핵심이다. 분산형 에너지 시스템을 기반으로 마이크로그리드와 에너지 저장 시스템을 연계함으로써 에너지 공급의 안정성을 확보할 수 있다. 각 마을에서 생산한 잉여 전력 surplus power은 스마트 그리드를 통해 실시간으로 공유되어 국가 전력망의 부담을 줄이고, 에너지 불균형 문제를 완화한다. 이러한 분산형 에너지 체계는 에너지 믹스 최적화와 에너지 보안을 동시에 달성할 수 있는 기반을 제공한다.

스마트 플랫폼의 도입은 정보 공유와 협력 강화를 위한 핵심 도구이다. 마을 간 탄소중립 실천 사례와 베스트 프랙티스를 실시간으로 공유할 수 있는 디지털 에너지 허브를 통해 에너지 생산, 소비, 저장을 최적화한다. 빅데이터 분석과 인공지능 기반 수요 예측 기능이 포함된 이러한 플랫폼은 에너지 교류의 효율성을 극대화하고, 혁신적인 해결책을 도출하는 데 기여한다. 이는 탄소중립 목표 달성을 위한 협력적 접근을 실현하는 핵심 역할을 한다.

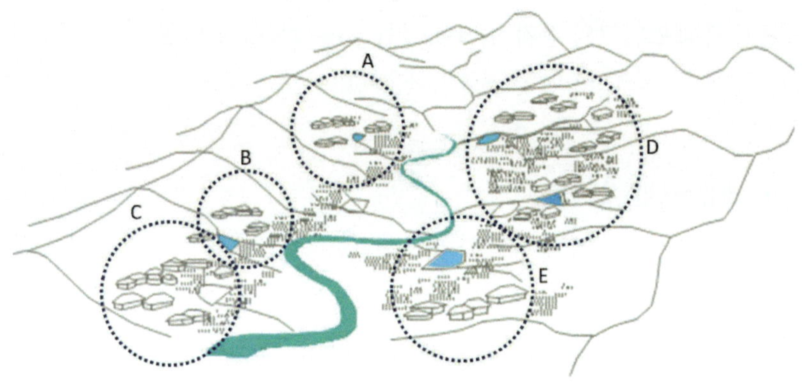

탄소중립 마을공동체 네트워크 구조

에너지 민주주의 실현과 공동체 기반 재생에너지 프로젝트 추진은 지역경제 활성화와 주민 참여 확대를 동시에 촉진한다. 지역 주민들이 에너지 프로슈머로서 에너지 생산과 소비 과정에 주도적으로 참여하도록 지원하는 것은 필수적이다. 또한, 친환경 기술 개발과 탄소중립 관련 전문 인력 양성은 지속 가능한 지역 경제 생태계를 구축하는 핵심 전략이다. 이는 지역 내 일자리 창출과 경제적 자립성을 강화하여 탄소중립 사회로의 전환 과정에서 지역의 경쟁력을 높인다. 정책적·재정적 지원체계 강화는 네트워크화의 지속 가능성을 확보하는 필수 요소이다. 분산에너지 활성화 특별법과 연계된 국가 차원의 재정 지원 프로그램은 지역별 특화 전략을 효과적으로 추진할 수 있는 기반을 제공한다. 여기에 탄소배출권 거래 시스템과 같은 시장 기반 접근법을 활용하면 재정적 지속 가능성도 함께 보장된다. 중앙정부와 지방자치단체는 정책적 인센티브와 규제 완화를 통해 마을공동체의 탄소중립 목표 달성을 체계적으로 지원해야 한다.

결론적으로, 체계적 네트워크화 전략은 지역 간 상생적 연대를 기반으로 전국적 탄소중립 목표와 지역균형발전을 동시에 실현하는 혁신적 지역발전 모델을 제공한다. 마을 간 유기적 협력을 통해 지속가능한 에너지 생태계를 조성하고, 탄소중립 사회로의 전환을 위한 거버넌스 체계를 마련할 수 있다. 이러한 전략은 기후위기 대응과 지역경제 활성화를 동시에 실현하는 미래 지향적 핵심 솔루션이 될 것이다.

» 실행 가능한 방안

탄소중립 마을공동체 네트워크 구축 프로젝트의 성공적인 실현을 위해서는 구체적이고 실행 가능한 전략이 필수적이다. 이를 위해 정책적 일관성, 재정적 지속가능성, 기술 혁신, 그리고 다층적 거버넌스가 통합된 접근이 필요하다.

첫 번째로, '탄소중립 마을공동체'의 단계적 확산 전략이 요구된다. 지리적 특성, 에너지 자립 역량, 사회적 수용성을 기준으로 시범 마을을 선정하고, 태양광, 풍력, 바이오에너지 등의 재생에너지원을 활용한 에너지 믹스 최적화 모델을 구현한다. 초기 단계에서 성과를 도출한 마을공동체는 인근 지역으로 확산되며, 최종적으로는 광역적 탄소중립 네트워크로 확대된다. 이러한 과정은 에너지 분산화와 에너지 전환 전략을 통합하여 탄소배출 저감을 극대화한다.

두 번째는, 재정적 지속 가능성 확보를 위한 혁신적 금융 전략이다. 녹색 금융과 지속능한 투자는 탄소중립 마을공동체의 장기적 발전을 위해 필수적이다. 탄소중립 교부세와 지방균형발전기금을 통해 공공재원을 확보하고, 민간 부문에서는 ESG(환경·사회·지배구조) 투자와 사회적 투자 펀드를 통해 민간 자본의 참여를 유도한다. 또한, 공공-민간 파트너십(PPP) 모델을 활용하여 재생에너지 인프라를 구축하고, 수익 공유 모델을 적용하여 프로젝트의 경제적 타당성을 강화한다.

세 번째, 중앙정부와 지방정부 간의 명확한 역할 분담이 필요하다. 중앙정부는 탄소중립 기본계획을 수립하고, 첨단기술 연구소 설립 및 초기 인프라 구축에 대한 국비 지원을 책임진다. 반면, 지방정부는 지역 맞춤형 에너지 전략을 수립하고 주민 주도형 에너지 커뮤니티를 활성화한다. 이를 통해 에너지 민주주의를 실현하고 정책적 일관성과 실행력을 확보할 수 있다.

그리고 통합 모니터링 및 글로벌 협력 시스템 구축이 필요하다. 탄소배출 감축량, 에너지 자립도, 지역 내 일자리 창출 등 정량적 성과 지표를 기반으로 한 통합 성과 관리 시스템을 도입한다. 실시간 데이터 모니터링과 블록체인 기반 투명성 확보를 통해 프로젝트의 투명성과 지속 가능성을 높인다. 또한, 글로벌 재생에너지 네트워크 및 국제 기후 기금과의 전략적 파트너십을 통해 국제적 기술 교류와 자금 지원을 촉진한다.

'탄소중립 마을공동체 네트워크' 구축은 기후위기 대응, 지역균형발전, 그리고 사회적 지속 가능성을 통합하는 포괄적 거버넌스 모델이다. 이는 단순한 에너지 자립을 넘어, 탈탄소화, 분산형 에너지 시스템, 지역 주도적 전환을 통해 탄소중립 사회로의 패러다임 전환을 촉진하는 데 목적이 있다. 무엇보다 프로젝트의 핵심 전략은 지역주도형 접근 방식에 있다. 에너지 민주주의 관점에서 지역 주민들이 재생에너지 생산, 소비, 분배 과정에 적극적으로 참여함으로써 사회적 수용성과 에너지 정의를 실현할 수 있다. 이는 단순한 에너지 공급자를 넘어 에너지 프로슈머로서 주민들의 역량을 강화하고, 지속가능한 에너지 생태계 조성을 위한 탄탄한 기반을 마련한다.

더 나아가, 마을 간 네트워크화는 공간적 네트워크와 기능적 연계를 통해 시스템적 복원력을 구축하는 전략적 도구이다. 다양한 지역의 자원과 역량을 공유하고, 상호 보완적 관계를 형성함으로써, 탄소중립 사회를 위한 다층적 협력 시스템을 마련한다. 이는 에너지 안보와 지역균형발전을 동시에 달성할 수 있는 지속가능한 솔루션을 제공한다. 중앙정부와 지방정부 간의 다중거버넌스 체계를 기반으로 한 정책적 유연성과 재정적 지속 가능성도 필수적이다. 이를 통해 분산형 에너지 자립도를 높이고, 마이크로 그리드와 같은 과학기술을 활용하여 스마트 에너지 인프라를 구축한다. 마지막으로, 탄소중립 마을공동체 네트워크는 중장기적 가치 기반을 지향한다. 국제적 협력과 기술 혁신, 정책적 지원을 통해 지속가능한 운영체계를 확립하고, 글로벌 탄소중립 거버넌스의 표준 모델로 자리매김할 것이다. 탄소중립 마을공동체 네트워크는 미래 세대를 위한 지속가능한 가치 창출의 상징적 모델로 자리 잡으며, 전환사회의 실현을 위한 모범적인 경로를 제시할 것이다.

다음 장에서는 지금까지 논의된 전환사회의 개념과 가장 근접한 사례를 유럽 사회의 마을공동체를 통해, 공유할 수 있는 점에 대해 살펴보고자 한다.

5장 | 전환사회를 이끄는 마을공동체

생태마을, 에너지 자립마을, 저탄소 녹색마을 등의 개념은 화석연료 중심의 에너지 체계에서 벗어나 지속가능한 대안을 모색하는 움직임에서 비롯되었다. 이러한 움직임은 석탄과 석유에 대한 의존성에 대한 비판적 인식과, 태양광, 풍력, 식물, 농작물, 가축 등 자연 자원을 활용해 에너지를 생산하고 이를 자연으로 순환시키는 원리를 기반으로 한다. 인류의 생존과 지속가능한 미래를 보장하기 위한 본질적인 사회적·기술적 전환의 일환이다. 지역사회 기반 지속가능성 이니셔티브는 저탄소 사회로의 전환을 위한 체계적이고 전략적인 역할을 수행하고 있다.[93]

유럽 사회가 재생에너지 중심의 에너지 전환을 우선순위로 삼는 이유는 다층적이다. 첫째, 파리협정과 같은 국제적 약속에 따른 온실가스 감축 목표가 주요 동력으로 작용한다. 둘째, 재생에너지로의 전환은 경제적 경쟁력 확보와 에너지 안보 강화를 가능하게 한다. 셋째, 환경 의식이 높은 시민들의 요구와 국제적 리더십 유지가 복합적으로 작용하여, 환경 보호

와 경제적 이익이 공존하는 새로운 패러다임을 형성하고 있다.[94]

그렇다면, 전환에 성공한 유럽의 마을과 소도시들은 어떤 공통점을 가지고 있을까? 그들의 '전환 동기'를 살펴보면 두 가지 주요한 계기가 눈에 띈다. 그들의 '전환 동기'를 살펴보면 두 가지 주요한 계기가 눈에 띈다. 첫 번째는 1970년대 오일쇼크는 에너지 가격의 급등과 경제적·사회적 불안정을 초래하며 화석연료 의존도를 줄이려는 강력한 계기를 제공했다는 점이다.[95] 특히, 최근 우크라이나-러시아 분쟁은 에너지 자립의 시급성을 더욱 부각시켰다. 두 번째는 둘째는 체르노빌과 후쿠시마 원자력 발전소 사고의 충격이다. 방사능 오염으로 인한 삶의 파괴 가능성은 사람들로 하여금 지속가능한 에너지원을 찾게 하는 결정적 계기가 되었다. 이에 따라, 해당 지역들은 햇빛, 바람, 바이오매스 등 자연에서 얻은 에너지로 독자적인 에너지 공급 체계를 구축하기 시작했다. 일반적인 대안적 주거 모델이 아니라, 현대 사회의 에너지 및 환경 문제에 대한 실질적이고 실험적인 해결책을 제시하는 공간으로 기능하고 있다.[96]

지구온난화를 막고 탄소중립을 이루기 위해서는 마을과 소도시 단위의 실천이 필수적이다. 중앙집중식 시스템보다는 지역 분산형 구조가 소규모 실천에 유리하며, 탄력성과 지속가능성을 동시에 확보할 수 있다. 에너지, 수송, 건축, 농축산, 자원순환 등 주요 부문에서 온실가스 배출을 최소화하고 흡수원을 확대하기 위한 체계적인 노력이 요구된다. 또한, 자연생태계의 건강성을 유지해 생물다양성을 보전하고, 기후위기에 적응할 수 있는 마을생태계를 만드는 것은 미래지향적인 공동체의 핵심 원리다. 전환에 성공한 마을들의 또 다른 공통점은 마을공동체 구성원들의 적극적인 참여다. 협동조합 설립과 운영, 의사 결정, 교육과 학습 등 모든 과정에서 지역주민들이 주도적으로 참여하며 공동체를 지속해 나간다. 이는 에너지 전환을 넘어, 지역사회의 자율성과 역량 강화로 이어지는 중요한 요소이다.

유럽은 이러한 전환사회의 모범을 보여주고 있다. 특히 독일, 영국, 오스트리아, 덴마크 등의 선구적인 마을공동체는 이미 필요한 에너지의 100% 이상을 재생에너지로 공급하고 있으며, 기후환경에 적응하는 건강한 전환사회를 만들어가고 있다. 이들의 경험과 가치는 전 세계가 눈여겨봐야 할 소중한 자산이다. 다양한 공동체 기반 지속가능성는 지역경제 활성화와 사회적 연대를 강화하는 요소로 작동하며, 지역사회가 기후위기 속에서 보다 회복력 있는 시스템을 구축하도록 돕는다.[97] 이 장에서는 독일을 비롯한 유럽 마을공동체의 전환방식과 국내에서 이러한 가치를 실현하고자 하는 마을 사례들의 정보를 공유하고자 한다.

보봉 Vauban

'프라이부르크의 자존심, 지속가능한 공동체의 선구자'

보봉[73)]은 독일 남서부의 프라이부르크 Freiburg시에 위치한 지속가능한 생태 주거지로, 전 세계적으로 환경도시의 상징으로 알려진 곳이다. 약 41헥타르의 면적에 2,591세대, 약 5,600명의 주민이 거주하며, 평균 연령이 36.6세로 젊은 인구구조를 보인다[74)]. 이곳은 프라이부르크의 도시 구역 중에서도 높은 인구 밀도를 가지며, 도시적 편리함과 친환경적 삶의 조화를 이루고 있다[02].

보봉은 친환경적 생활방식과 공동체 중심의 도시 설계를 성공적으로 실현한 모범적 모델로 자리 잡았다. 특히, 재생에너지 활용과 에너지 자립 시스템 측면에서 독일 내에서도 선도적인 사례로 꼽히며, 전 세계 도시 개발 및 지속 가능한 주거 환경 구축을 위한 벤치마킹 대상으로 널리 인식되고 있다.

---

73) 프랑스의 저명한 요새 건축가인 세바스티앙 르 프레스트르 드 보방 Sébastien Le Prestre de Vauban의 이름을 따서 명명되었다. 1992년 독일 통일과 투 플러스 포 조약의 조항에 따라 프랑스 군대가 철수한 후, '보봉'이라는 이름은 새로운 주거 지역에 그대로 유지되었다고 한다.

74) 2023년 기준, 10년 전인 2013년의 2,336세대, 5,300명에 비해 주거인구가 늘어나는 추세이며, 2030년까지 6,000~7,000세대로 예상하고 있다[01].

| 보봉의 발자취 |

1990년대 생태주거단지 계획수립 때부터 참여한 Jorg Lange 박사는 주민으로서, 보봉의 홍보대사 역할을 하고 있다 ('23. 8).

보봉은 과거 2차 세계대전 당시 프랑스군의 주둔지로 사용되었으며, 1992년 프랑스군이 철수한 후 프라이부르크시가 독일 연방정부로부터 해당 토지를 매입하였다. 이후 1995년, 시 당국은 지역 주민과 전문가들로 구성된 시민 자치 모임인 '포럼 보봉 Forum Vauban' 협동조합과 함께 친환경 생태 마을 조성을 본격적으로 시작하였다.

보봉의 현재 모습은 지역민들이 자발적으로 참여한 포럼 보봉에서 비롯되었다고 할 수 있다. 지역민들은 포럼을 결성하고 지구계획에 적극 참여하였으며, 그들이 제시한 생태 주거단지 제안을 정부가 받아들이면서 보봉 마을이 탄생된 것이다.

'Haus 037'은 주민센터, 동아리, 세미나실, 카페 등 마을 커뮤니티 역할을 한다 ('23. 8).

특히, 독일 최초로 도입된 장기 임대 모델은 주택의 소유와 판매 대신 임대 방식으로 운영되었으며, 2059년 이후 소유권 및 판매 여부를 결정하는 혁신적인 프로젝트로 자리 잡았다. SUSI Initiative라는 이름으로 알려진 이 프로젝트에는 학생, 프리랜서, 환경운동가, 예술가 등 다양한 계층이 참여하였으며, 이는 보봉의 사회적 융합과 포용성을 강화하는 견인차 역할을 하였다.

포럼 보봉은 마을의 비전을 널리 알리기 위해 저널 발행, 서신 발송 등 다양한 홍보 활동을 전개하였다. 다양한 계층과 동호인들, 집을 싸게 구입하려는 예술가, 지식인 등이 주택조합을 만들어서 참여했으며 주민들의 적극적인 참여가 뒤따랐다. 특히, 프라이부르크 대학생들이 조합을 만들어 참여했다. 이들은 시 당국과 협의 끝에 막사 4동을 사들였고 4년간의 리모델링을 거쳐 저소득층 260여 명이 생활할 수 있는 주거 공간으로 재탄생시켰다. 보봉의 발전 과정에서 특히 주목할 만한 건물은 'Haus 037'이다. 이 건물은 주민센터, 동호회 사무실, 세미나실, 스튜디오, 카페 등 다목적 커뮤니티 공간으로 활용되고 있으며, 보봉 마을의 공동체 중심적 특성을 상징적으로 보여주고 있다. 해당 프로젝트는 지자체와의 15년간의 긴 협상 끝에 완성되었으며, 그 자체로 협력적 거버넌스의 모범 사례로 평가받고 있다.

현재 보봉 마을 주민 절반 이상이 20~30대이며. 65세 이상 노년층은 2.5%에 불과하다. 유례없는 젊은 마을이다. 주민들은 도시, 건축 전문가들과 협력하여 계획 단계부터 독특하고 혁신적인 아이디어를 제안하며, 보봉을 지속가능한 생태 주거지의 모델로 발전시키는 데 중요한 역할을 하였다.

| 공동체의 공간 디자인 |

보봉은 지속 가능한 커뮤니티 공간 설계의 혁신적인 사례로, 하나의 블록형 커뮤니티 공간을 중심으로 U자형 디자인을 구현하였다. 이 공간은 아이들을 위한 안전한 놀이 공간, 차량없는 보행 중심의 구역, 주민들이 공유하는 정원과 녹지를 통합적으로 배치하여 하나의 블록에 담았다. 계획된 단지임에도 불구하고, 보봉은 자연생태의 보존과 녹색 인프라의 보완을 통해 생태적 건강성을 유지하며, 현대적 주거지와 자연환경이 조화를 이루는 이상적인 모델을 제시하였다.

보봉의 녹지공간은 개발 초기 단계에서부터 자연생태를 최대한 보전하고자 했던 주민들의 노력에 기반하고 있다. 일상에서 함께하는 녹지공간은 개발과정에서 보전되어온 수목들과 가로수길 Vaubanallee을 따라 새롭게 식재된 수목들에 의해 더욱 두텁게 되었다. 단지를 만들 때부터 기존의 수목들을 꾸준히 가꾸고, 마을을 조성하면서 자연의 피해를 최소화하려고 했던 주민의 의지로 짙고 건강한 녹음을 얻을 수 있었던 것이다. 이러한 설계는 주민들이 일상에서 자연과 지속적으로 교감할 수 있도록 돕고 있으며, 자연 생태계의 연속성을 유지하는 데 기여하였다.

특히, 보봉의 녹지 설계에서 가장 주목할 만한 점은 U자형 블록과 블록 사이에 배치된 개방형 공공 공간 Open Space이다. 이 공간은 설계 과정에서 주민들이 적극적으로 참여한 워크숍과 협의를 통해 다양한 요구와 아이디어가 반영되었다. 그 결과, 흥미로운 어린이 놀이터, 작은 야생동물 서식 공간, 마을 정원, 조각 정원, 커뮤니티 공간 등 다양한 기능을 가진 녹색의 장소성이 만들어졌다. 이러한 녹지 공간은 단순히 환경적 가치를 넘어 주민들의 삶의 질을 높이고, 커뮤니티를 더욱 활발히 연결하는 매개체로 작용하였다.

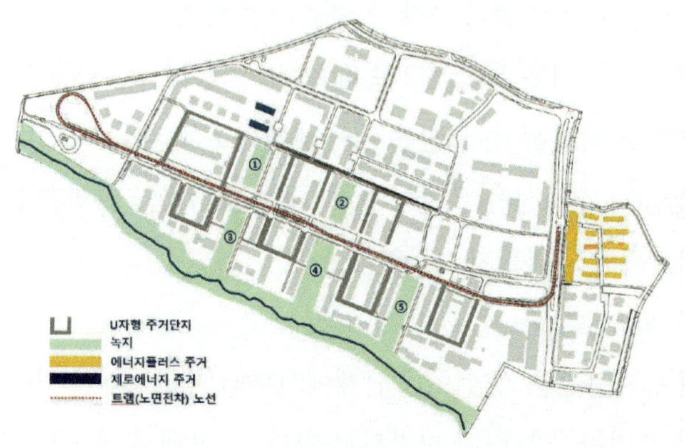

보봉 주거단지 평면도, U형 블록의 주거공간 주거공간 사이에는 5개의 오픈스페이스(녹지)가 조성되어 있다.

보봉 주거단지 단면도, 트램(노면전차) 노선을 중심으로 페시브하우스 주거와 녹지, 자전거 도로가 위치한다.

보봉의 커뮤니티 공간 설계에서 또 다른 핵심 요소는 자원순환과 재활용이다. 철저한 분리수거와 음식물 쓰레기의 퇴비화는 생태적 마을 디자인의 기초가 되었으며, 주민들은 이를 적극 실천하였다. 재활용 가게는 지역민들이 필요로 하는 물품을 손쉽게 구할 수 있는 공간으로 자리 잡았고[03], U자형 블록 내 어린이 놀이터도 철저히 검증된 재활용품을 활용하여 안전성과 생태적 의미를 모두 충족하였다.

U형 주거공간 사이의 오픈스페이스는 정원, 놀이터, 휴식, 조각공원 등 다양한 커뮤니티 공간이다.

기존 수목은 최대한 보존하였으며, 트램 측면으로 수로를 두어 물순환 구조가 되도록 하였다.

보봉에서 시작된 1990년대의 생태 주거단지 실험은 2017년 '연방의회의 기후보호 Federal Parliamentary Climate Protection'라는 단체의 설립과 함께 독일 전역으로 확대되었다. 이는 보봉의 성공이 단순히 지역적 실험에 그치지 않고, 재생에너지 전환과 지속 가능성의 촉매제로 기능했음을 보여준다. 19개의 중장기 정책이 마련되며, 보봉은 현대 사회의 에너지 전환을 위한 모범 사례로 자리매김하였다. 이러한 시대정신 속에서 보봉은 단순한 주거단지를 넘어, 기후위기 시대에 요구되는 지속가능한 커뮤니티 디자인의 모델로 평가받고 있다.

| 최초의 다세대 패시브하우스 |

보봉은 독일에서 최초로 다세대 패시브하우스를 건설한 마을이다. 보봉 마을은 에너지 저감형 건축물 설계를 의무화하고 있으며 태양광, 태양열 재생에너지와 저탄소에너지 난방시스템을 통해 전환을 이루어왔다. 보봉 마을의 에너지 기준을 독일의 일반 가정 에너지 소비기준의 1/3 수준인 m^2당 65kWh 이하로 설정했다. 공공건물은 물론 학교와 유치원 등에도 예외 없이 적용되었다.

보봉 마을에는 50여 동의 플러스 에너지하우스가 있으며, 사용하고 남는 전기를 팔아 가구당 연평균 4,000유로(약 570만원)의 소득을 올린다 ('23. 8).

계절적인 온도 변화와 낮과 밤의 온도 차를 최소화하며, 주택의 내부 온도를 일정하게 유지하는 데 필요한 에너지의 양을 최소화하는 보봉의 건물들은 외부 환경의 온도 변화에도 내부의 온도가 크게 변하지 않도록 설계되어, 난방이나 냉방에 필요한 에너지를 크게 줄일 수 있는 구조를 갖추도록 하였다.

에너지 효율이 높은 페시브하우스와 전력량의 100%를 재생에너지로 사용하는 제로에너지 하우스, 그리고 사용량보다 생산량이 더 많아 잉여 전력을 팔 수 있는 플러스 에너지하우스로 구분할 수 있다. 현재 플러스 에너지하우스는 60여 동이 있으며, 공동주택 한 동에 보통 5가구가 살며 전력을 공동 생산하고 있다[04]. 사용하고 남는 전기를 팔아 가구당 연평균 4,000유로(약 570만원)의 소득을 올린다.

| 제로에너지 주택 Kleehäuser |

보봉의 제로에너지 주택은 지속가능한 주거환경과 에너지 효율성을 극대화한 모델로, 두 개의 건물에 총 25세대(10개 임대 주택과 15개 소유 주택)가 거주하고 있다. 이 주택 단지는 공동체 기반의 저렴한 주택 건설 방식을 채택하여, 비용 효율성과 친환경성을 동시에 실현하였다. 제로에너지 주택은 패시브 하우스 기준과 제로하우스 zeroHAUS 표준을 적용하여 설계되었으며, 이를 통해 1인당 1차 에너지 요구량을 500W 이하로 유지하고, 재생에너지 비율을 100% 이상 달성하였다. 이러한 설계는 에너지 자급자족을 목표로 한 혁신적인 접근 방식으로, 재생에너지의 전력 및 열 공급을 통해 환경에 미치는 영향을 최소화하였다.

주택 단지의 에너지는 주로 태양광 발전, 풍력 발전, 태양열 온수 시스템, 그리고 지역난방을 통해 공급된다. 23kW 용량의 태양광 발전소가 주요 전력원을 제공하며, 상트페트 St.Peter 풍력 발전소에서 추가 전력을 공급받는다. 난방과 온수는 태양열 온수 시스템과 지역난방 네트워크를 통해 효율적으로 관리되며, 에너지 시스템 전반에서 높은 자급률을 유지하고 있다.

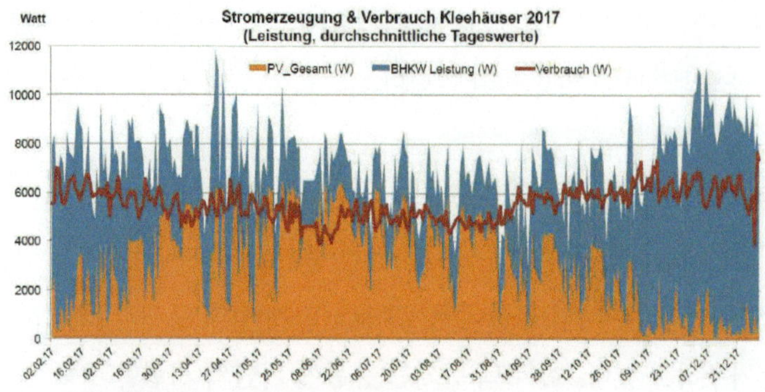

제로에너지 Kleehäuser 주택의 전력생산과 소비량(2017)[2]:
주황색은 태양광 발전, 파란색은 열병합발전소의 전력 생산량을 나타내며, 빨간색 선은 소비량을 나타낸다.

위 그래프는 2017년 제로에너지 주택의 태양광 발전(PV), 열병합발전소(BHKW)의 전력 생산량과 소비량을 일일 평균값으로 비교한 데이터를 보여준다. 그래프에서 확인할 수 있듯이, 태양광 발전은 계절적 변동이 뚜렷하다. 여름철에는 태양광 발전량이 전력 소비량을 초과하며 잉여 전력을 생산하지만, 겨울철에는 태양광 발전량이 급감하여 전력 수요를 충족하지 못한다. 이러한 변동에도 불구하고, 열병합발전소의 꾸준한 전력 생산은 소비량의 균형을 일정하게 유지한다. 이는 태양광 발전의 간헐성을 열병합발전으로 보완한 하이브리드 에너지 시스템의 안정성을 보여준다.

제로에너지 주택의 에너지 효율성 및 자급자족 시스템에 대해 설명하고 있으며, 향후 수소 저장 기술과 배터리 에너지 저장 시스템을 도입할 가능성을 암시하고 있다. 이러한 기술은 태양과 바람 같은 재생에너지 자원이 부족한 시기에 에너지 공급의 안정성을 보장하고, 에너지 균형을 맞추는 데 중요한 역할을 할 것으로 보인다.

| 보봉의 태양에너지 |

보봉의 에너지 자립 실현에서 태양광 발전은 핵심 요소 중 하나이다. 태양광 시스템을 도입하는 데 더 많은 건축 비용이 소요되지만, 높은 에너지 효율성과 환경적 가치는 주민들에게 큰 만족감을 주고 있다.

베란다 측면을 이용하여 수직형으로 설치한 모습이다.

마을 전역의 가정과 상업시설에는 태양광 패널이 설치되어 있으며, 주거 단지에는 약 200여 개의 태양광 패널이 가동 중이다. 이와 함께 공공주차장은 태양광 발전소의 역할을 하여 공공 에너지 수요를 충족시키고 있다. 상업건물 중에서도 특히 주목받는 시설은 '태양의 배'라고 불리는 '솔라쉽 Solar Ship'으로, 이 건물은 에너지 자립을 상징하는 패시브하우스로 설계되었다. 솔라쉽은 유기농 상점과 재생에너지에만 투자하는 친환경 기업들이 입주한 공간으로, 지속 가능한 경제 활동의 중심지 역할을 하고 있다.

최근에는 각 주거 단지마다 베란다형 태양광 패널이 새롭게 설치되고 있다. 이 패널은 수직형, 경사형 등 베란다 형태와 햇빛의 각도를 고려하여 설치되며, 효율을 극대화하기 위해 조정 가능하다. 이러한 설비는 개별 가구가 자체적으로 에너지를 생산할 수 있도록 지원하며, 주민들

베란다의 정면을 이용하여 햇빛의 각도에 맞게 조절한 모습이다.

의 참여를 더욱 활성화하고 있다.

보봉의 태양광 관련 명소 중 하나는 '헬리오트롭' Heliotrope으로, 프라이부르크 출신의 건축가 롤프 디쉬 Rolf Disch가 설계한 원통형 태양광 주택이다. 이 건물은 햇빛을 따라 회전하는 독특한 구조를 가지고 있으며, 1994년 완공 이후 전 세계적으로 주목받고 있다. 헬리오트롭은 자체 에너지 수요의 5배에 달하는 전력을 생산하여 잉여 전력을 판매하고 있다. 주택 꼭대기에 설치된 태양광 설비는 태양 궤도를 따라 움직이는 모듈형 구조로, 기존 고정형 태양광 설비보다 15~20% 높은 발전효율을 보인다[03].

건축가 롤프 디쉬가 개인주택으로 지은 '헬리오트롭'. 햇빛을 따라 회전하는 태양광 주택이다.

또한, 건물을 둘러싸고 있는 투명 유리관은 태양열 집열기 역할을 한다. 태양광 패널이 전력을 생산한다면, 태양열 집열기는 태양열을 활용하여 온수를 데우는 장치이다. 이 시스템은 에너지 효율을 더욱 높이며, 보봉이 추구하는 친환경 에너지 모델의 정수를 보여준다.

| 보봉의 친환경 열 공급 |

보봉 마을은 지역난방 시스템을 도입하여 효율적이고 친환경적인 열 에너지 공급을 실현하고 있다. 마을 내 북쪽 중심부에 위치한 열병합발전소는 지역난방의 에너지원으로 주로 우드 펠릿을 사용한다. 이 발전소는

2002년부터 본격적으로 열을 공급하기 시작했으며, 초기에는 우드칩 연소보일러를 활용하여 고압 증기를 생성하고 이를 증기 엔진으로 전환해 전기를 생산하였다. 이후, 더 나은 효율성을 위해 굴뚝 시스템을 개선하고, 100m³ 용량의 버퍼 탱크와 140kWh 출력의 히트 펌프를 추가 설치하였다. 하지만 최근 펠릿 가격의 급등으로 인해, 현재는 우드칩과 천연가스를 병행하여 난방 에너지를 생산하고 있다.

열병합발전소 에너지원으로 우드칩과 펠릿을 사용한다. 2002년부터 난방에너지를 공급하고 있다.

이를 보완하기 위해 시는 2030년까지 재생에너지 기반 전기로 수소 열병합을 추진하여 전기와 난방 에너지를 통합적으로 생산하는 시스템을 구축할 계획이다. 이 투자 비용은 약 10년 이내에 회수 가능할 것으로 기대되며, 보봉의 에너지 자립 모델을 더욱 강화할 전망이다.

| 보봉의 친환경 이동수단 |

보봉이라는 차별화된 마을의 중심에는 교통이 큰 역할을 하고 있다. 혁신적인 접근 방식을 통해 친환경적이고 지속 가능한 시스템을 구축하였다. 마을 전체는 자동차 통행 제한 지역으로 설계되었으며, 자동차 소유 비율은 독일 평균인 1,000명당 600대에 비해 1/3 수준에 불과하다. 마을 외곽에는 440대 규모의 자동화 주차장을 건설할 계획이 있었으나, 자동차 이용이 적어 현재 해당 부지는 녹지로 조성되었다.

마을 중심부에는 트램(노면전차)이 주요 교통수단으로 자리 잡고 있으며, 이는 마을의 중심축을 따라 연결되어 주민들의 이동을 돕는다. 트램이 다니지 않는 지역에서는 자전거와 도보가 주요 이동수단으로 활용된다. U자형 주거 단지 내에서는 차량 주차가 불가능하며, 주차장은 외곽에 별도로 지정되어 있다. 주민들은 필요할 때만 외곽 주차장에서 차량을 이용하거나, 카셰어링 프로그램에 참여하여 차량을 공유하는 방식을 선택하고 있다. 이러한 시스템은 개인 자동차 소유의 필요성을 줄이며, 자동차의 효율적인 사용을 도와주는 역할을 한다. 보봉의 도로 설계는 자전거와 보행자가 우선하도록 구성되었다. 넓은 보행로와 자전거 전용도로는 안전하고 쾌적한 이동 환경을 제공하며, 주민들의 삶의 질을 높이는 데 기여하고 있다. 이러한 교통 전략은 대기 오염 감소와 에너지 사용 최소화를 목표로 하며, 보봉의 성공 사례는 전 세계의 다른 도시들에게 지속 가능한 교통 계획의 모범 모델로 제시되고 있다.

보봉 마을 내 주된 교통수단은 트램(노면전차)과 자전거이며, 트램 정류장은 440m 간격으로 총 3곳이 있다.

카 세어링 프로그램은 자동차 소유비율을 낮춰 주며, 수송분야의 온실가스 감축에 기여한다 (2023. 8).

에너지 자립을 가능하게 만든 원동력에는 인간이 만들어온 과학기술과 진화의 과정이 포함되어 있다. 하지만 차 없는 마을에 대한 놀라움은 과학기술과 경제적 혜택의 문제가 아니라 불편함을 감수하고 환경도시를 만들고자 하는 공동체의 선택에 있었으며, 이것이 보봉의 진정한 매력이 아닐까 싶다.

보봉 마을은 자연에서 에너지를 얻고 차 없는 마을로 전환하면서 친환경 에너지 자립의 메카로 자리매김하여 왔다. 에너지 전환 뿐만 아니라 건강한 일상의 바탕이 되는 친환경 생태마을의 실천적 구조를 갖추고 있다. 이러한 점에서 보봉 마을은 많은 세계인들의 주목을 받고 있으며, 특히 친환경적인 마을을 계획하고 기후위기에 대응할 수 있는 전환마을을 추진했던 주체가 정부가 아닌 지역 주민이었다는 점에서 더욱 주목받고 있다.

| 보봉의 시사 |

보봉은 지역 주민이 내놓은 '생태도시'라는 비전을 정부가 받아들이면서 오늘날 많은 사람들이 부러워하는 '마을 브랜드'를 만드는 계기가 되었다. 보봉은 농촌이 아닌 전형적인 도시 속의 마을공동체이다. 친환경 도시의 메카인 프라이부르그를 더욱 푸르게 만든 마을이다. 재생에너지로의 전환뿐만 아니라 마을공동체의 일상을 위한 공간을 녹색으로 디자인하고 실천하면서, 마침내 군 주둔지였던 '공간'을 의미있는 '장소'로 바꾸는데 성공하였다.

더욱 중요한 점은 공동체의 일상적인 삶 속에서 만든 기후위기 대응과 적응의 방식들이 경제적으로도 이득이 된다는 것을 보여준다는 것이다.

기후 환경을 위해 돈을 쓰는 게 아니라 돈을 버는 일이 마을 내에서 일어난다는 것을 선명하게 보여준다. 이는 분명 미래지향적이며 지속가능성이 높다는 것을 시사한다.

보봉의 성공은 독일 에너지사업의 지형을 녹색에너지 쪽으로 전환시키는데 기여하였다. 캠페인 방식이 아니라 주민의 비전에 귀 기울였을 때, 그 비전은 미래를 더 풍요롭게 한다는 것을 보봉 마을이 보여주고 있다. 단순한 공동 주거를 넘어, 지속가능성과 친환경적 생활 방식을 구현한 상징적인 장소라는 것을 보여준다. 전 세계적으로 널리 연구되고 있으며, 기후위기 시대에 지속가능한 마을공동체를 설계하는 데 유의미한 자료를 제공한다.

보봉은 더 나은 방향으로 전환해 갈 것이며, 진화된 모델을 보여 줄 것이다. 해마다 많은 사람들이 이곳을 찾는다. 눈앞에 보이는 보봉을 카메라에 담고, 그 의미를 되새길 것이다.

반슈타트 Bahnstadt

'입주민 평균 30세 미만, 세계에서 가장 젊은 전환마을'

반슈타트는 하이델베르크 내 총 15개 지역구 중 하나이며 예전 화물 역이 있던 자리에 새롭게 개발된 지구이다. 반슈타트 친환경 주거단지 개발은 기존의 철도시설 및 기타 산업 시설이 위치한 지역을 2008년부터 주거지 및 상업 시설로 변화시키는 대규모 도시재생 프로젝트로서, 2027년까지 진행될 예정에 있다.

총 116ha 규모의 부지에서 6개의 프로젝트가 진행되고 있으며, 이 신도시 지역은 기존 관광지인 하이델베르크 구시가지보다 넓어 세계적으로 주목받는 새로운 주거 공간 조성에 큰 기여를 하고 있다. 반슈타트라는 명칭은 1997년에 폐쇄된 하이델베르그 화물 마샬링야드를 의미하는 용어이며, 지구 건설을 위한 네이밍 공모에서 선택되었다고 한다[75]. 이곳이 독특한 주거지로 알려지게 된 것은 기후위기에 대응하기 위해 지속가능한 설계 원칙을 적용하고, 전기와 열 공급을 재생에너지로 충당하는 에너지 전환에 성공한 독일의 대표적인 친환경 주거 단지로, 지속가능성과 에너지 효율의 모범 사례로 널리 인정받고 있기 때문이다.

---

75) 독일어로 "반, Bahn"은 철도선로, "슈타트, Stadt"는 도시를 뜻한다. 네이밍 공모에서 500개 이상의 제안이 접수되었고, 시의회는 "Bahnstadt"를 선정했다. 1997년에 폐쇄된 하이델베르그 화물 마샬링 야드를 의미하기 때문이라고 한다.

하이델베르그 시의 반슈타트 건설은 2008년에 시작되었다. 2027년에 완료될 예정되며, 독일에서 가장 큰 도시 재생 프로젝트 중 하나로 알려져 있다 ('23. 8).

반슈타트는 세계에서 가장 큰 패시브하우스 주거단지이며, 2,800여 개의 주거와 병원, 연구소 등이 위치한다. 유럽을 비롯한 캐나다, 중국 등 세계 각국에서 건축물 재생에너지 분야의 정보를 얻기 위해 이곳을 찾는다. 2012년 6월에 첫 거주자가 입주한 지 12년이 지난 지금 반슈타트에는 약 5,600명이 살고 있다. 목표연도인 2027년에는 6,800명이 거주할 예정이며, 최대 6,000명의 일자리와 약 3,700채의 아파트가 건설될 예정이다.

거주자 중 18세 미만의 청소년 및 아동의 비율이 20%이며 평균연령은 약 29세이다. 주민 10명 중 9명은 45세 미만이며 65세 이상은 3%에 불과할 정도로 젊은 마을이다. 마을 내 이미 8개의 탁아시설을 보유하고 있으며, 평균적으로 4일마다 한 명의 아이가 태어나는데 하이델베르크에서 가장 높은 출생률을 보이는 마을이다[1].

| 에너지 전환 - 친환경 건축물 |

반슈타트에서 에너지 전환의 시작은 페시브하우스에서 출발한다. 지속가능한 도시 개발의 선도적인 모델로 주거단지 전체가 엄격한 패시브하우스의 표준 기준에 따라 건설되어 에너지 비용을 대폭 줄이며 궁극적으로 온실가스 감축에 기여하게 된다. 우수한 단열성으로 열교환기를 통해 환기하는 동안 열을 거의 잃지 않는다. 이곳 건물의 에너지 요구량은 기존 주거용 건물보다 약 50~60% 낮다. 최소한의 에너지만 사용하면서도 최대한의 편안함을 제공할 수 있도록 설계된 이곳의 주거, 사무, 상점, 학교, 어린이집, 소방서 및 영화관에 이르기까지 모든 건물은 기후 친화적인 패시브 하우스로 건설되고 있다. 이런 방식으로, 반슈타트는 기후위기에 적응히고 탄소발자국을 줄이기 위한 중요한 단계를 밟고 있다.

패시브하우스는 일반적으로 외부 온도가 12°C 이하로 떨어질 때만 실내 난방이 시작되도록 하는 것이 특히 중요하다고 한다. 이곳 주택의 평균 난방 소비량은 약 15kWh/m²이며, 이는 독일의 기존 건물에 비해 80% 이상의 에너지 절감에 해당한다. 설문 조사에서 첫 입주자 그룹은 긍정적으로 표현했으며, 입주자 4명 중 3명은 패시브 하우스 생활에 만족하고 있다고 한다.[05]

반슈타트에서 유일하게 목조로 지어진 특이한 건물이 있다. 어린이들이 생활하는 유치원 건물이다. 재생 가능한 원료 목재는 견고한 건축보다 주택 건설에 훨씬 적은 에너지를 소비한다. 패시브 하우스 연구소에 따르면 독일 패시브 하우스의 50% 이상이 목조 건축을 사용하여 지어졌다고 한다. 또한 반슈타트가 매력적인 이유 중 하나는 공동 주거단지 내 주거형태의 다양성이다. 거주자의 생활 형태에 맞는 개별적인 생활 공간을 제공한다. 가족 또는 학생, 손자들과 가까이 살기를 원하는 어르신 등 요구되는 유형에 적합한 주택 솔루션이 있다. 특히 개별 주거공간의 안뜰은 특별한 장점을 제공한다. 이곳에는 이웃끼리 함께 지낼 수 있는 공간이 있고, 보호된 환경에서 재미와 게임을 즐길 수 있는 공간이 있다.[05]

주거단지 블록별로 공동체와 함께 하는 공유 정원은 커뮤니티의 역할을 한다.

| 놀라운 에너지 요구량 |

반슈타트 주거단지에는 대규모 태양광이나 풍력을 이용하는 재생에너지 시설이 없다. 공공건물 옥상을 활용한 태양광 시설이 전부이다. 그럼에도 불구하고 100% 재생에너지 전력수급이 가능한 것은 마을 내에서 패시브하우스와 지역난방의 선택으로 에너지 자체 수요를 낮추었고 효율을 높였기 때문이다. 그리고 반슈타트 주거단지의 가정

반슈타트 근처 슈타트베르케 열병합 발전소에서 부족분의 전기와 열에너지를 공급받는다.

개발이전의 철도시설 건물에 열병합발전소가 만들어 졌다.

에 설치된 '스마트 계량기'라고 하는 지능형 IT 장치를 통해 에너지 효율성을 높였기 때문이다. 에너지 소비 및 발생 비용에 대한 지속적인 정보를 매 15분마다 체크할 수 있는 장치이다. 전기 소비량을 정확하게 보여주는 약 3,000개의 계량기가 반슈타트에 설치되었으며, 독일에서 스마트 계량기가 전반적으로 사용되는 가장 큰 지역 중 하나가 되었다.[06]

난방 및 온수 준비에 필요한 에너지 사용량은 일반주택의 약 20%에 해당되며, 인근 지역인 파펜그룬트 Pfaffengrund에 있는 목재 연료 열병합 발전소의 남은 열과 전기를 사용한다. 파펜그룬드 지구에 있는 슈타트베르케 하이델베르크의 열병합 발전소는 목재 바이오 자원과 태양광을 에너지원으로 한다[76]. 사용되는 목재는 이 지역의 경관 보존을 통해 생산되는 목재를 사용한다. 반경 50km 내에서 배송되며 짧은 운송 경로는 기후 보호에 기여한다.

하이델베르크 시는 총 6개의 열병합발전소가 운영 중이며, 이 중 4개는 바이오 메탄으로, 2개는 천연가스를 사용한다. 시의 지역난방 비율은 50% 정도이나 반슈타트는 70%가 넘는다. 반슈타트에는 지역난방을 위한 약 6.1km의 파이프가 설치되어 있으며, 지역난방 네트워크를 통해 반슈타트를 100% 재생에너지 주거단지로 만든다. 패시브하우스의 난방 에너지 요구량이 낮기 때문에 주민들은 난방 비용을 절약할 수 있다. 경제적인 측면뿐만이 아니라, 기후 환경적인 측면에서 매우 유의미한 에너지 절약이라고 할 수 있다.

---

76) 슈타트베르케 하이델베르크의 열병합 발전소(CHP)는 2014년부터 운영되었다.

일반적으로 독일의 중부지역에서 주택의 에너지 요구량은 1m²당 약 100~150kWh 정도이다. 노후화된 건물의 경우에는 연간 난방 에너지 요구량이 200kWh/m² 이상일 수도 있다. 반슈타트 건물의 에너지 요구량은 모든 난방 분야(난방, 온수, 분배 및 저장 손실)에 대해 평균 54kWh/m²정도이며 이는 온실가스 감축에 크게 기여하는 수치라 할 수 있다.

| 친환경 교통-트램과 자전거 |

주거단지 내에서는 자전거와 보행자를 위한 인프라가 잘 갖추어져 있다. 트램(노면전차)과 버스가 마을 중심부를 지나가도록 하여 지역민들의 차량 사용 보다는 대중교통 접근이 편리하도록 하였으며, 자신의 이동수단을 선택하는 데 있어서 자동차에 의존하지 않도록 설계하였다.

또한 주거단지 내 주차 공간은 녹지와의 적절한 조화를 이루도록 하여 환경성을 높였으며, 곳곳에 전기차 충전장치를 설치해 불편함이 없도록 하였다. 이러한 시스템은 모두 온실가스 감축과 기후변화 적응을 위한 노력의 일환이며, 이러한 삶의 방식은 미래 지향적이며 친환경적인 공동체 사례로 세계인의 주목을 받고 있다.

공동체를 위한 주요 이동수단으로 트램(노면전차)을 선택하였으며 자전거, 보행자를 위한 그린인프라를 구축하였다.

| 기후 적응: 빗물 저장과 물순환 |

반슈타트에 들어서면 시원하게 눈에 띄는 시설이 있다. 마을공동체의 랜드마크라고 할 수 있는 '선형의 수로'이다. 주거단지 사이로 길게 뻗어 비스타 Vista경관을 이루는 이 물길은 반슈타트에서 기후위기의 적응을 위해 만든 빗물 저장고이자 물순환 시설이다.

언뜻 보기에는 도시에서 흔히 볼 수 있는 친수시설 정도로 여겨진다. 하지만 수로의 구조를 자세히 들여다보면 놀라움이 드러난다. 건물 옥상에서부터 도로변까지의 빗물이 모두 수로로 유입되도록 만들어졌으며, 스탠드형 계단 사이로 만들어진 우수 유입구는 잘 드러나지 않도록 설계되었다. 반대편 주거단지의 수변은 3~4가지의 정화식물 군락과 자갈 플랜트를 설치하여, 우선 이 곳으로 빗물을 차집하고, 한번 필터링한 후 수로로 유입되도록 하였다. 비점오염 저감 기능을 갖춘 환경적, 심미적, 생태적, 위락적 역할의 기후적응형 물길이다.

주거단지를 따라 길게 뻗은 물길은 기후적응을 위한 빗물저장고이며, 생태적, 심미적, 위락적 기능에 더하여 수질개선을 위한 필터시스템 구조가 매우 흥미롭다 ('24. 6).

흥미로운 것은 약 900m의 물길이 가다머플라츠 광장을 중심으로 좌, 우 두 구간이 서로 상반되는 방식으로 놓여져 있다. 그 중 소방서 방향으로 길게 뻗은 460m 구간은 정형적인 디자인의 인공 물길이며, 반대 방향의 물길은 아직 개발하지 않은 자연스러운 하천의 형상이다. 마을의 중심을 통과하는 수로의 기본적인 목적은 동일하지만, 그 기능과 방식에서는 차별성이 있는 듯 하다.

자갈 플랜트(역간접촉)에서 우선 차집한 후 빗물저장고로 내보낸다.

수변 식생대의 정화과정을 거친 후 빗물저장고로 유입되는 구조이다.

수로에는 어류와 흰뺨검둥오리, 청둥오리 등 야생동물이 서식하고 있다.

주거단지에 접한 호안과 상가 및 도로에 접한 호안의 구조가 다르다. 양쪽 모두 일정한 완충영역이 있지만 주거단지 방향의 호안에는 식물군락의 폭이 상대적으로 넓게 형성되어 있으며 수질을 정화시킬 수 있는 장치가 설치되어 있다. 자갈과 정화식물로 구성된 플랜트가 마치 케익 형상으로 일정한 간격을 유지하고 있다. 빗물에 의한 비점오염원과 주거단지에서의 유출수를 한 곳으로 모아 필터링 후 수로로 내보내는 친환경 정화 시스템이다. 상가 방면의 보행로에서는 식별하기 어려울 정도로 눈에 띄지 않게 설계되어 있다.

반슈타트 계획에 있어, 이 빗물 저장고는 마을 이미지에 긍정적 영향을 미치는 중요한 디자인 요소이다. 기후변화에 적응하고, 빗물을 활용한 친환경 시스템의 구조적 기능이 포함되어 있다. 수로는 지표수가 유입되기 전에 정화과정을 거치도록 하고, 하수 처리장의 부담을 덜어주는 비점오염원 저감장치 역할을 한다. 또한 미기후 조절, 열섬 완화와 야생동물의 서식처 역할을 하며 주변지역을 생태적으로 건강하게 만든다.

| 기후 적응: 옥상, 벽면 녹화 |

반슈타트 지구에서는 평평한 지붕의 3분의 2는 녹색으로 광범위하게 덮어야 한다는 법적 권상사항이 있다. 도시 내 생물다양성의 보전과 증진에 기여할 수 있는 장치이다. 또한 패시브하우스 외벽의 벽면은 여름에 햇빛을 차단해 실내 온도를 낮추고 겨울에는 열을 흡수할 수 있도록 식물로 녹화를 진행한다. 일종의 '천연 단열재'의 역할을 한다.

광범위한 옥상에 도입되는 식물은 건조에 잘 견딜 수 있는 종으로 구성되며, 옥상 녹화는 빗물의 최대 70%를 유지하여 반슈타트 지역의 생물 다양성 보전의 거점 역할을 한다. 반슈타트의 녹색 옥상은 태양광 시스템과 결합할 수 있는데, 2018년부터 건축규제에 태양광 의무 규제가 있지만 아직은 녹지공간과의 조율이 필요한 상태이다. 다만 시 소유의 건물, 어린이집 등 공공건물에는 반드시 지붕 태양광을 설치한다.

주거단지 벽면녹화는 계절별 단열재 역할을 통해 에너지 절감에 도움을 주며, 도시 경관의 질적 향상과 소생물 서식처 제공에도 기여할 수 있다.

옥상정원이 있으면 한여름에도 옥상 표면의 최대 온도가 32℃ 정도이다. 실내 온도를 20℃로 유지하려면 12℃의 온도 차만 줄이면 된다. 그만큼 전력 소비를 줄일 수 있다.[07]

| 기후 적응: 가다머플라츠 광장 |

가다머플라츠 광장은 반슈타트의 빗물저장고인 수로와 연계된 약 2,200m² 규모의 놀이터 겸 일광욕을 위한 공간으로 활용되는 녹지 광장이다. 물순환 방식을 적용하고 있어 빗물을 모으는 장치와 폭우시 일시 저류할 수 있는 구조를 갖추고 있다.

그로스코프씨가 기후적응 실천 방식에 대해 설명한다 ('24.6).

하이델베르크 시에서 근무하는 그로스코프 Wiebke Großkopf씨는 "기후변화에 대응하기 위해 반슈타트는 재생에너지 활용 이외에 새로운 접근을 시도하고 있다. 그것은 바로 기후적응을 위한 공간이며, 우리는 지속가능한 발전을 위해 노력하고 있다"고 하면서 이곳의 환경설계 방식에 대해 설명한다. 그리고 이곳은 한 번에 쏟아지는 많은 양의 우수를 저류할 수 있으며, 평상시 주변 식물들의 생육을 위해 재활용할 수 있는 물순환 구조로서, 기후적응형 그린인프라라는 것을 강조한다.[08]

광장의 중심부는 빗물을 담을 수 있는 녹지로 구성되어 있고 주변 식생관리를 위해 재활용할 수 있다.

자유롭게 활동할 수 있는 중앙 녹지의 높이는 주변의 광장과 산책로보다 약 30~50cm 정도 낮게 설계되어 있다.

| 지역사회 참여 |

반슈타트의 지속가능한 발전을 이끌어온 핵심 동력은 지역사회의 적극적인 참여라 할 수 있다. 독일 내 전환을 이룬 마을공동체의 통상적인 모습과 거의 유사하다. 하이델베르크 기후변화연구소 IFEU 전문가, 대학교수, 기업인, 대학생, 지역민 등 많은 맴버들이 참여했고 의견을 개진해왔다. 특히 문제점 제기와 이행 방안 제시를 위한 7개의 워킹그룹 활동은 반슈타트의 지속가능성을 위한 원동력이 되어 왔다.[09]

반슈타트 지구협의회는 2012년 7월 24일 민간 주도로 설립되었으며, 주민들의 이익과 좋은 이웃 협력을 위한 구심점 역할을 한다. 당국 및 정치

단체와 긴밀히 협력하고 지속가능한 네트워크를 구축하여 반슈타트의 이익을 대변하고 지역민의 복지 향상을 위한 대리인으로서 자리 잡았다.[10] 2018년 가다머플라츠의 B^3 교육, 돌봄, 보육 및 커뮤니티 센터의 운영을 맡았다. 그곳에서 회원들은 모든 세대를 위해 자체 조직된 이벤트와 활동에 지역민을 초대하고 정보를 공유하였다. 이 곳 가다머플라츠 중앙광장 주변으로 반슈타트의 젊은이와 노인들이 모이기 시작했고 활기를 띠기 시작했다. 학교와 스포츠 홀, 매점, 어린이집, 커뮤니티 센터를 결합한 B^3 건물 단지는 하이델베르그에 독특하고 획기적인 개념을 제공할 뿐만 아니라 지역 전체를 위한 쇼케이스 프로젝트이기도 하다. 새로운 커뮤니티 센터는 다양한 크기의 방을 제공하며 각 방에는 특수 장비도 갖춰져 있다. 객실 크기는 30~60m^2이며 스포츠 활동, 어린이 생일 파티, 회사 회의 등을 위한 넉넉한 공간을 제공한다. 간이 주방을 통해 소규모 케이터링도 가능하다.[10]

| 반슈타트 시사 |

하이델베르크의 재생에너지 비율은 37%인 반면, 반슈타트에는 100%의 재생에너지가 공급된다. 시에서는 세계에서 가장 큰 '패시브하우스'를 만들어가고 있는 반슈타트 마을을 모델로 앞세워 2050년까지 100% 에너지 전환을 이루겠다는 계획을 발표하였다. 반슈타트는 계획수립 단계에서부터 전체 건축물을 패시브하우스로 설계하였고, 가장 빠른 시간내 만들어졌다고 한다.

에너지 사용량을 기존의 10분의 1로 줄이는 과감한 도전이 오늘날 세계적인 주거단지로 만든 원동력이 된 것이다. 낮은 에너지 요구량으로 생활에 불편함이 없도록 단열재, 환기, IT 스마트계량기, 조명시설 등 에너지 시스템을 효율적으로 설계하고, 100% 재생에너지 실현이 가능하다는 것을 보여 주었다. 또한 일반 건축물과 비교할 때, 약 10~20% 정도의 추가 비용을 절감되는 난방 에너지 비용으로 수년 내에 상계가 가능하다는 것을 보여 주었다.[09]

특히 수질 정화를 포함한 LID 개념의 물순환 시스템을 적용한 빗물저장고, 옥상 및 벽면녹화, 물을 담을 수 있는 녹지 광장 등은 지속가능한 설계 원칙 속에 기후 적응의 개념을 실현시킨 옥외공간이라 할 수 있다. 주거단지와 대중교통인 트램을 연결시켰고 자전거 인프라를 충분히 구축하여 일상 속에서 온실가스 감축을 실천할 수 있도록 하였다.

지금까지 반슈타트는 기후위기 시대를 대비하는 매우 이상적인 주거단지의 모습을 보여 주었다. 그리고 프로젝트가 마무리되는 2027년에는 더욱 진화된 모습으로 인류사회에 기여할 것으로 기대된다.

다르데스하임 Dardesheim

독일 최고의 '바람의 도시'

독일 중부지역의 작센안할트 주에 위치한 다르데스하임은 약 1천여 명의 주민이 거주하는 소도시이다. 도시라기보다는 마을에 가까운 이곳은 사방이 넓게 트여 있는 한적한 농촌 지역으로, 주민 대다수가 농업과 소규모 상업에 의존하며 살아가던 전형적인 지방 소도시였다. 그러나 다르데스하임은 21세기에 들어서며 놀라운 변화를 이루었다. 과거 소규모 수공업과 농업 중심의 경제 구조에서 벗어나, 재생 가능 에너지를 기반으로 한 "에너지 전환"의 대표 마을로 변모한 것이다. 지난 2015년 5월에는 "재생에너지 지자체"라는 칭호를 받을 정도로 성공적인 전환 사례로 인정받았다. 이 마을은 에너지 자립률 100%를 넘어 지역 에너지 소비량의 40배를 생산하는 수준에 도달하여, 재생에너지 분야에서 세계적인 주목을 받는 성공 모델로 자리 잡았다.

마을 입구에는 '재생에너지의 도시'라고 씌여있다('23. 8).

다르데스하임의 성공 뒤에는 지역주민들의 적극적인 참여와 지방정부의 긴밀한 협력이 있었다. 특히 풍력발전 단지의 건설 과정에서 주민들은 초기단계부터 의사결정에 참여하며, 에너지 전환의 주체로 나섰다. 이러한 협력은 단순히 경제적 성과를 넘어, 주민들의 삶의 질 향상과 공동체 의식 강화로 이어졌다. 마을은 풍력 발전 외에도 태양광 패널과 바이오매스 발전소를 도입하여 다각화된 에너지 생산구조를 구축함으로써 기후 중립적이고 지속가능한 시스템을 완성했다.

현재 다르데스하임은 세계 여러나라에서 연구자와 정책 입안자들이 탐방하는 명소로 자리 잡았다. "바람의 도시"라는 별칭으로도 불리는 이곳은 풍력 에너지를 활용한 전환마을의 사례를 전 세계에 전파하고 있다. 작은 농촌마을에서 세계적인 재생에너지 마을로 변모한 다르데스하임의 이야기는, 에너지 전환이 지역사회와 환경에 미칠 긍정적인 영향을 잘 보여준다. 독일 내에서도 바람을 이용한 마을로 유명한 이곳은 어떻게 이러한 전환에 성공할 수 있었을까?

'생태적 경제기적' '생태주의자 예수'의 저자인 프란츠 알트(Franz Alt)는 이 마을의 풍력단지를 두고 "천국에서 준 선물"이라는 찬사를 아끼지 않았다고 한다.[11]

| 에너지 허브; 드루이베르크 풍력단지 Windpark Druiberg |

이 마을이 주목받는 이유는 풍력발전단지라는 최고의 자산이 지역 주민과 마을 공동체에 경제적, 사회적 활력을 불어넣으며 지속가능한 발전의 원동력이 되고 있기 때문이다. 최초로 풍력발전 단지가 만들어지기 시작한 때는 1993년의 일이었다. 주민들의 자발적인 참여를 기반으로 '에너콘 EnerCon'이라는 풍력에너지 회사가 설립되었고, 80kWh 용량의 풍력발전기가 처음으로 설치되었다[12]. 당시 독일에도 풍력발전기가 흔하지 않았던 시절이었다. 그 이후 90년대 후반까지 4대의 풍력발전기를 설치하였고 1MWh 발전용량의 풍력발전기를 통해 연간 1,000MWh의 발전량을 확보했다[16].

다르데스하임은 초기 투자비의 20%를 마을 주민과 지방정부가 각각 출자금과 지원금으로 부담하고, 나머지는 지역 금융권에서 담보대출을 통해 조달하여 재생에너지 프로젝트를 시작했다. 같은 해 작센주 최초로 재생에너지를 활용한 전기자동차 충전소를 설치함으로써, 다르데스하임은 독일 내 재생에너지의 성공적인 사례로 널리 알려지게 되었다. 또한, 윤데 마을을 포함한 여러 지역에서 확인할 수 있는 정부의 발전차액지원제도[77)]와 같은 재생에너지 지원정책은 효과적으로 작동하고 있으며 이러한 정책에 대한 신뢰는 마을공동체의 재생에너지 확산에 긍정적인 영향과 지속가능한 발전의 중요한 원동력이 될 수 있었다.

다르데스하임 마을 공동체에서 생산되는 발전용량은 총 82.6MWh이며, 2MWh급 36대와 6MWh급 1대가 생산한다. 다르데스하임에서 생산되는 전력량으로 인근 지역주민 8만여명의 수요량을 충당한다. 초과된 전기 생산량은 전력 공급망을 통해서 판매되기 때문에 판매액은 풍력발전 인

77) 발전차액지원제도 FIT: Feed-in Tariffs: 신·재생에너지원으로 생산한 전력에 대해 시장가격과의 차액을 지원해 경제성을 보장하기 위한 제도이다. 투자의 불확실성을 줄여 다수 민간주체의 사업 참여를 유도하기 위한 정책이다.

프라에 재투자되거나 지역공동체와 마을 주민들에게 수익으로 되돌아간다[12]. 마을 내 6MWh급 초대형 1대에서 생산되는 전력량 만으로도 1,000명의 마을 주민들이 사용하는 전력요구량의 몇 배를 충당하고도 남는다.

드루이베르크 풍력발전단지는 다르데스하임 마을 경계에 위치한 풍력발전단지이다. 총 44개의 풍력 터빈은 마을 소비량의 최대 40배에 달하는 전력을 생산한다. 2006년 당시 세계에서 가장 강력한 풍력 터빈인 에너콘 E-112를 설치하면서 전국적으로 알려졌다. 이 터빈은 이상적인 기상 조건에서 6MWh의 전력을 생산할 수 있다. 125m의 타워 높이와 114m의 날개 직경을 가지고 있다. 이 터빈은 발전단지 내에서 중요한 역할을 하며 현대 풍력 터빈의 고도의 기술과 효율성을 대표한다.

총 44기의 풍력발전 터빈이 에너지 파크의 수직경관을 형성하고 있다.

풍력 터빈이 있는 들판에는 바이오에너지를 위한 대규모 옥수수 경작이 병행된다('23. 9).

드루이베르크 풍력 발전단지는 주로 에너콘 E-66 풍력 터빈으로 구성되어 있다. 114m의 타워 높이, 70m의 로터 직경, 그리고 2MWh의 출력을 가지고 있다. E-66 터빈들과 독보적인 E-112 터빈의 조합으로 화석 연료에 대한 의존도 감소에 크게 기여하고 있다[13]. 다르데스하임은 재생에너지 전환의 선구적인 마을이다. 그 성공의 동력이 되었던 풍력발전기의 변천과 진화과정을 살펴보면, 풍력을 최대한 활용하고자 했었던 노력들을 엿볼 수 있다.

- **1993년** 80kWh 용량의 풍력발전기 처음으로 설치
- **1995~2014년**, 미콘 Micon M1500-600 타입의 터빈 3대 설치
  - 57미터 타워 높이, 43미터 로터 직경, 600kWh 출력
- **2006~2008년**, 에너콘 E-70 터빈 16대 추가 설치
- **2010년**, 에너콘 E-66 2대 터빈 추가로 설치
- **2013년**, 처음 설치된 라거웨이 Lagerwey 두 개의 블레이드를 가진 로터 타입 풍력 발전기들 철거 (1993년 최초로 설치된 터빈임)
  - 라거웨이 LW18/80 타입 1대 (타워높이 40m)
  - 라거웨이 LW30/250 타입 3대 (타워높이 39m)
- **2014년**, 버터베르크에 설치된 라거웨이 LW18/80 철거
- **2016년**, 리파워링의 일환으로 800kWh 용량의 에너콘 E-53과 3MWh 용량의 에너콘 E-115 설치
- **2016년** 말부터 600kWh 용량의 미콘 터빈과 5,600kWh 용량의 베스타스 터빈을 제외하고 모두 에너콘 터빈으로 구성
  - 에너콘 E101 2대, 에너콘 E-92 2대, 에너콘 E115 1대
  - 미콘 1대 터빈 철거 후 에너콘 E-53 추가
- **2022년**, 발전단지 확장, 베스타스 V150 엔벤투스 타입의 1대의 터빈 설치 (발전용량 6MWh급)

초기 풍력터빈들은 드루이베르크 풍력 발전단지의 발전을 위한 중요한 단계였으며, 지역 에너지 인프라에 재생 에너지원을 통합하는 데 기여했다.[13] 오래된 풍력발전기들을 과감하게 철거하고, 연속적인 업그레이드와 재투자에 도전하는 모습에서 이곳의 풍력발전단지가 지속적으로 현대화되고 더 좋은 방향으로 진화되고 있다는 것을 알 수 있다. 재생에너지를 최대한 활용하고자 하는 마을 공동체의 차별성 있는 노력이라는 것을 확인할 수 있다.

| 솔라 파워와 바이오 에너지 |

마을에서는 풍력뿐만 아니라, 연간 총 250MW의 전력량을 생산하는 9개의 태양광 공장이 들어서 있다. 그 중 5개는 개인소유이며, 4개는 마을 공동체의 소유이다. 다르데스하임 마을 집들의 빨간색 지붕은 푸른색으로 변화했다. 마을에 있는 가정용 전기의 3분의 1은 태양광 지붕에서 생산되고 있다.[14]

2005년부터 드루이베르크 풍력발전단지 유한회사 GmbH는 자회사인 노르트하르츠 솔라 유한합자회사 GmbH & Co.KG를 통해 다르데스하임에 있는 공공 및 사적 건물 옥상에 태양광 발전 시설을 운영하고 있다. 풍력 이외에도 건물 옥상 광전지 시스템 (지붕 태양광)을 활용하는 등 전기, 열, 바이오가스 등 마을 주민이 소비하는 양의 수십 배 이상을 생산해 자체에서 소비하고 남는 에너지는 인근 지역으로 판매해 수익을 올리는 구조를 만들어, 지역 사회에 활기를 넘치게 하고 있다.[11]

다르데스하임 상가 지붕태양광

공공건축물 지붕태양광

바이오 플랜트 지붕태양광

다르데스하임의 남쪽 방향으로 질리 Zilly 마을을 지나서 바이오에너지 생산설비가 있다. 마을 경계에서 약 4.5km 떨어진 곳이며, 주변은 바이오에너지 생산에 필요한 농작물을 재배할 수 있는 경작지로 펼쳐져 있다. 주로 유채를 생산하며 바이오가스 생산을 위해 공급된다. 노란색 꽃이 피는 유채꽃밭은 아름다운 경관을 연출하며 화석연료로 인한 부작용 대신 재생에너지가 주는 쾌적함과 안전함을 실감하게 한다.[14]

바이오에너지 생산을 위한 발효조와 축사가 마을에서 약 4.5km 떨어진 곳에 위치한다(마을 내 쾌적성을 고려하여 마을의 외곽 경계부에 위치하는 경우가 많음) ('23. 8).

| 지속가능한 마을 공동체 |

다르데스하임의 재생에너지 전환이 성공할 수 있었던 이유에 대해서 많은 전문가들은 '마을공동체'의 역할을 꼽는다. 지역주민 참여 모델은 독일 내에서 흔히 볼 수 있는 사례이며, 다르데스하임 마을이라고 크게 다르지 않다. 하지만 이 곳 마을 공동체의 형태와 운영 사례에는 흥미롭게 들여다 봐야 할 부분이다.

대부분의 운영 체계는 참여한 지분만큼 잉여 생산에 대한 수익을 분배받는 구조이다. 다르데스하임에서는 전기 잉여생산 지분과 풍력발전소의 지역사회 기부금(매년 수익의 1%) 외에 마을에 설립된 풍력터빈 생산회사인 에너콘으로부터 토지임대에 대한 임대료를 받는다. 보통 전체 수익금의 3~5%를 지불하고 있는데, 중요한 것은 풍력터빈이 설치된 토지의 소유자뿐만 아니라, 주변 땅의 소유자들 nearby landowners에게도 로얄티가 지불되는 방식이다[12]. 일정한 비율 만큼 마을 공동체와 토지 소유자, 주변 토지 소유자에게 지급되도록 하였다. 언제 어디서나 쉽게 볼 수 있는, 그 흔한 '바람'이 마을 주민들에게 돈을 가져다 주는 귀하고 소중한 바람이 되었다.

'바람의 마을'답게 마을 주민들은 풍력발전단지의 성공에 대한 자부심이 크다. 풍력발전단지에서 전기가 많이 생산될수록 자신에게 이익이 돌아오는 구조는 경제적 측면에서 당연히 반가우며, 이와 동시에 또 하나의 소중한 가치를 심어 주었다. 재생에너지 시설을 마을에 설치하면서 '마을 공동체'의 성장을 체험할 수 있는 소중한 기회를 가졌다는 점이다. 재생에너지 생산 참여로 인해 마을 공동체에 활력이 넘치고 다양한 공동체적 행사들이 탄력을 받았다. 다르데스하임의 주민들이 재생에너지 사업에 참여하는 첫 번째 방법은 마을의 소식을 공유하는 '다르데스하임 뉴스레터'를 발간하는 일로 시작된다. 한 달에 한 번 발간되는 뉴스레터는 1993년 처음 발간된 이래 한번도 단절된 적이 없는 중요한 마을의 사업이다. 주민들의 자발적 참여를 지속적으로 유지할 수 있도록 다양한 정보를 공유하고 알려주는 중요한 역할을 한다.

이 마을 소식지에는 독일 내 타 마을과 마찬가지로 마을에서 생산된 전력량, 에너지 판매 수익금, 분담금, 투자 회수금, 마을 행사 등이 자세하게 수록되어 있다. 또한 주민의 궁금증을 해소해주는 투명성을 포함하고 있다. 마을 주민들은 자신들이 매일 쓰는 전기가 어떻게 생산되어서 어떤 경로로 오는지, 또한 그렇게 생겨난 전기가 얼마나 소중한 가치가 있는지 충분히 체험하고 있다. 그렇기 때문에 마을 주민들이 재생에너지에 가지는 애정은 남다르다.

풍력발전단지 내 마을 명소가 된 에너지파크 Enegy Park에서 이뤄지는 마을 에너지 축제는 여러 국가들의 관심을 이끌고 있다. 매년 5~9월 둘째 주말마다 다르데스하임 주민과 관광객들을 위한 파티를 개최하는데 400여 명 이상의 사람들이 풍력단지 내에 텐트를 설치하고 뮤직 콘서트와 소세지, 맥주 파티를 즐긴다. 조용한 지방 소도시는 활기차고 생동감 넘치는 마을이 되었다. 2005년에는 '생태적 경제기적'과 '생태주의자 예수' 등의 책으로 국내에서도 소개된 바 있는 프란츠 알트 Franz Alt가 마을축제를 방문해서 축사를 하기도 했다.[12] 여기서 관광수입을 올리고, 에너지를 판매해 얻은 수익금의 일부를 투자해 오케스트라, 브라스밴드 등을 결성함으로써 에너지와 문화의 융합이 이뤄지면서 지역주민들 삶의 질이 높아지고 있다.

| 다르데스하임의 시사 |

선도적인 재생에너지 도입으로 인한 일자리 창출 효과도 따라왔다. 풍력발전단지를 운영하기 위한 근로자들은 대부분 지역 주민들로 채워졌고, 청년들이 마을을 떠나지 않게 하는 효과를 기대할 수 있었다. 다르데스하임은 처음엔 풍력으로 시작했지만, 태양광, 바이오가스 등에도 투자를 늘여 재생에너지 다양화를 꾀하며, 자연으로부터 '돈 버는 마을'이 되었다[11]. 이 과정에서 지역민의 일자리 창출은 자연스러운 현상으로 받아들여진다. 다르데스하임의 드루이베르크 재생에너지 정보센터에는 지역주민 75명이 마을 이야기를 설명하는 가이드로 종사한다. 풍력단지를 관리하는 에너콘은 동분야 기술자와 풍력발전기 부품을 운송하고 설치하는 인부 등을 필요로 한다. 다르데스하임 출신 기술자들 10여명이 늘 함께 한다.[14]

재생에너지로의 전환은 지역에서 기후환경의 순기능적 가치뿐만 아니라 녹색 고용의 부가가치로서도 역할을 할 수 있다는 것을 보여준다. 그리고 주민과 관광객이 어우러지는 마을 에너지 축제에서도 다양한 문화활동과 먹거리 제공을 위한 일자리가 요구되며 마을 내에서 충당되고 있다. 다르데스하임 마을은 모두가 주목하는 독일의 재생에너지 전환의 모범 사례가 되었다. 뿐만 아니라 지속가능한 마을 공동체의 상생 구조를 제시했다는 점에서 매우 유의미하다. 다르데스하임은 지역을 넘어 후이 Huy지방자치단체의 일부가 된 바더슬레벤 지역에까지 확장되었다. 이미 개발 중에 다르데스하임의 풍력발전단지는 전국적으로는 물론 국제적으로도 주목받는 선도적인 프로젝트로 진화했다.[13] 시대적 요구를 빠르게 이해할 수 있는 통찰력과 과감하고 명쾌한 판단력이 있었기에 가능한 일이었다. 또한 투명한 관리, 지방정부의 든든한 협업 체계가 지속가능한 발전을 할 수 있도록 이끌어주는 후원자 역할을 하였던 것이다.

다르데스하임은 앞으로도 재생에너지를 더욱 확대 재생산하는 게 목표다. 이를 위해 지속적으로 노후 풍력발전기의 교체 작업을 할 것이다. 평균적으로 풍력발전기의 수명은 약 20년인데, 이를 초과하면 독일의 재생에너지법 EEG 지원대상에서 제외되기 때문이기도 하다.[17] 또한 열 에너지 공급량 증진을 위해 태양광과 바이오 에너지의 확대를 위해 노력 중이다.

마우엔하임 Mauenheim

바덴-뷔르템베르크의 첫 번째 바이오에너지 마을

임멘딩겐시 마우엔하임 마을입구

마우엔하임은 바덴-뷔르템베르크주 투트링겐 군에 속하는 임멘딘겐 지방의 작은 마을이다[78]. 바덴-뷔르템베르크주는 독일 내에서 '바이오에너지 마을의 중심지'로 널리 알려져 있다. 2005년, 마우엔하임에서 최초의 바이오에너지 마을이 탄생하면서 이 지역은 에너지 자립과 지속지능성을 상징하는 모델로 자리 잡았다. 이후 바이오에너지 마을의 수는 급속히 증가하며, 바덴-뷔르템베르크주는 독일 전역에서 인증된 바이오에너지 마을 중 많은 비중을 차지하고 있다.

최근 들어, 태양열 에너지를 지역난방 네트워크에 통합하여 바이오에너지와 결합한 에너지 시스템을 구축함으로써 온실가스 감축 및 기후위기 대응의 지속가능한 에너지 전환의 본보기가 되고 있다. 특히, 2012년에 뷔싱엔 Büsingen에서 독일 최초의 태양에너지 마을이 조성된 이래 현재 독일에는 9개의 태양에너지 마을이 운영되고 있으며, 이 중 3개는 바덴-뷔르템베르크주에 위치하고 있다[1]. 나머지 마을들은 추가적인 계획 및 건설 단계

78) 임멘딘겐 Immendingen시에는 하틴겐 Hattingen, 힌츠쉰겐 Hintschingen, 이핀겐 Ippingen, 마우엔하임 Mauenheim 및 짐메른 Zimmern의 5개 지구가 있다.

에 있어 태양에너지와 지역난방 시스템 간의 통합이 지속적으로 확산되고 있다. 이와 같은 사례들은 바덴-뷔르템베르크주가 에너지 자립과 지속가능한 지역사회 구축에 있어 선구적인 모델을 제시하고 있음을 잘 보여준다. 마우엔하임은 약 100가구로 구성된 530여 명의 주민이 거주하는 작은 마을로, 자연환경과 조화를 이루며 독특한 지역적 특성을 보존하고 있다.

마우엔하임이 속한 시 관할 지역은 흑림 Schwarzwald, Black Forest과 같은 자연보호구역을 포함하고 있으며, 농업, 와인 양조, 그리고 숲과 산이 어우러진 아름다운 경관으로 잘 알려져 있다. 이 마을은 북부 헤가우 Hegau의 완만한 구릉지대에 위치하며, 보덴 호수와 알프스를 조망할 수 있는 뛰어난 자연적 입지를 자랑한다. 주변 지역에는 울창한 산림이 펼쳐져 있으며, 다양한 야생동물과 식물종의 서식지로 생태학적 가치가 높다. 더불어, 이 지역은 숲, 계곡, 강둑 등 여러 지형적 특성과 경관 보호구역으로 이루어져 있어 생태계 보전과 관리에 중요한 역할을 수행하고 있으며, 특히, 다뉴브강 지역은 다양한 식물과 동물의 서식지로서 생물다양성 보전과 관리에 중요한 거점 지역이기도 하다.

약 100가구, 530명이 거주하는 마우엔하임은 일찍이 바이오에너지 자립을 준비한 마을이다.
위 사진의 맨 왼쪽 마을 외각 지점에 녹색 지붕의 바이오에너지 시설이 보인다 ('23. 9).

| 지역기반 바이오 에너지 |

바덴 뷔르템베르크주는 독일에서 에너지 전환과 지속가능한 발전을 선도하는 대표적인 지역 중 하나로, 독일 16개 연방주 가운데 에너지자립 마을을 가장 먼저 시작한 주로 알려져 있다. 이 지역의 에너지 정책은 재생에너지 활용의 증대와 에너지 효율성 향상을 핵심 목표로 설정하고 있다.

마우엔하임은 바덴 뷔르템베르크주에서 최초로 조성된 바이오에너지 마을로, 독일 전체에서는 니더작센주의 윤데 Jühnde마을에 이어 두 번째이다. 그러나 마우엔하임의 시스템은 더욱 발전된 모델로 평가받고 있다.[18] 2006년 11월 12일부터 이 마을은 바이오매스를 활용한 전기 생산을 시작했으며, 우드칩과 태양열을 이용해 난방 에너지를 공급하기 시작했다. 약 500kW 용량의 바이오에너지 설비를 통해 연간 약 4,000MWh의 전력과 350만 kWh의 열을 생산하며, 이는 마을 자체 전력 수요의 10배를 초과한다. 주요 원료는 지역에서 발생하는 소똥과 잡초로, 이들 바이오매스를 활용해 마을 전력과 온수 100%를 자급자족할 수 있다.

주변의 울창한 숲을 배경으로 마을의 바이오매스 보관 창고와 바이오가스 발효조, 열병합발전시설 등이 공정 순으로 일렬로 배치되어 있다 ('23. 9).

주민들의 협력으로 구축된 이 시스템은 잉여 전력을 외부에 판매하여 연간 약 60만 유로의 수익을 창출하며, 이는 약 4,000명의 외부 주민들이 사용할 수 있는 전력량에 해당한다.[19] 바이오가스 설비는 마을 외곽 약 0.3km 거리에 위치하여 지역 주민들의 생활 환경에 미치는 영향을 최소화하면서도 에너지 자립의 중심 역할을 하고 있다. 이러한 마우엔하임의 모델은 재생에너지 기반 에너지 자립 시스템의 성공 사례로서, 지속가능한 에너지 전환과 지역사회의 경제적, 환경적 이익을 동시에 달성한 사례로 평가받는다.

좌: 마우엔하임의 열병합발전(CHP) 시설, 우: 자원순환과 바이오에너지 개념을 쉽게 설명하는 삽화(CHP 입구에 안내판 형태로 설치되어 있다)

바이오매스를 활용해 가스를 생산하는 바이오에너지 시스템은 연간 약 6,500톤의 농작물을 에너지원으로 사용한다. 이 농작물은 약 180ha의 경작지에서 생산된 옥수수, 곡물, 잡초 등으로 구성되며, 추가적으로 마을 내 소 250마리에서 나오는 축분이 혼합물로 사용된다. 발효조에서 요구되는 축분량은 하루 20~25톤에 달하며, 바이오매스와 축분은 거의 1:1의 비율로 혼합되어 발효 과정을 거친다. 이 과정에서 생성된 바이오가스는 저장 탱크에 보관된 뒤, 열병합발전시설을 통해 전기와 난방 온수로 변환된다.

바이오 에너지원인 축분을 공급하는 축사

바이오가스 생산 과정에서 발생하는 잔여물은 냄새 없는 액상 비료로 재활용되어, 마을 내 농가에 무상으로 배포된다. 이는 단순한 에너지 생산을 넘어 자원순환 모델을 실현하며, 기후위기 대응과 지속가능한 환경보전에 기여하는 가치를 보여준다. 이 곳의 바이오에너지 마을이 만들어지는 과정을 살펴보면, 한가지 특이한 점을 발견할 수 있다. 바이오에너지를 생산하는 다른 마을들과 마찬가지로 바이오매스를 이용한 전력생산과 지역난방을 위한 열에너지 설비의 구조는 유사하다. 하지만 흥미로운 점은 유기농 농민과 에너지 작물을 재배하던 농민의 주도로, 시민투자회사인 솔라 콤플렉스 Solar Complex[79]와의 공동 프로젝트로 시작하게 되었다는 점과 투자금 마련을 위해 주민 참여방안을 적극 고려하였고, 3개의 농가의 공동명의로 바이오에너지 설비를 운영하기 위한 유한회사를 설립하였다는 점이다. 3개 농가의 대표자들은 자신들 이름의 이니셜을 따서 KCH 바이오가스 유한회사라고 명명하였다. 전기를 생산하는 바이오에너지 설비를 순수한 개인이 설치하고 전기를 판매하는 것이다.[20]

마우엔하임의 바이오에너지 설비는 총 140만 유로의 초기 설비비가 투입되었으며, 독일 재생에너지법(EEG, 2000년 도입)의 혜택을 받아 운영되고 있다. 이 법은 재생에너지 고정가격 보장, 우선 전송, 피드인 타리프 feed-in tariffs보상과 같은 제도를 통해 재생에너지의 경제성을 높이고 에너지 전환을 촉진하는 역할을 한다. 이를 통해, 마우엔하임은 매년 약 60만 유로의 매출을 기록하며, 독일 내 재생에너지 성공 사례로 평가받

79) 재생에너지 공급을 목표로 2000년에 세워진 지역 시민기업이며, 풍력, 태양광, 바이오가스 등 지역에서 다양한 재생에너지원을 개발하고 발굴 및 공급한다.

고 있다.

설비 운영은 KCH 유한회사에서 전담하며, 농작물과 축분을 수거하고 투입하는 과정에서 최소한의 시간 투자로 높은 생산 효율성을 달성하고 있다. 하루 평균 3~4시간의 노동으로 하루 전력 생산량을 충당할 수 있으며, 생산된 전력은 마을 내 난방 파이프 네트워크를 통해 전력과 열을 동시에 공급한다. 이 시스템은 에너지 생산 과정에서의 정보 공유 플랫폼 역할도 하며, 지역 주민들에게 재생에너지의 중요성과 혜택을 지속적으로 전달한다.

마우엔하임의 바이오에너지 마을은 자원순환형 에너지 시스템을 통해 지역의 자급자족 에너지 모델을 구축하며, 기후위기 대응, 지속가능성, 주민 참여의 결합이라는 점에서 독일과 전 세계 재생에너지 정책의 모범 사례로 자리 잡고 있다.

| 다르데스하임의 지역난방 |

마우엔하임의 지역난방 사업은 주민들이 재생에너지 기반으로 난방 시스템을 전환하고자 하는 의견을 모으면서 시작되었다. 주민들은 기존 화석연료 기반 난방 방식과 유사한 편리함을 유지하면서도, 난방과 온수 비용을 기존의 약 50% 수준으로 절감할 수 있다는 점에서 사업 추진에 적극적으로 참여했다.[21]

이 프로젝트에는 총 300만 유로가 투자되었다. 세부적으로는 바이오매스 설비 구축에 약 140만 유로, 태양광 설비, 우드칩 보일러, 그리고 지역 난방 파이프망 설치에 약 160만 유로가 투입되었다. 시민 투자회사인 솔라 컴플렉스가 프로젝트 전반을 책임지며, 난방 파이프 설치 및 가구별 난방 계량기 설치를 했다. 이러한 투자와 시스템 구축의 결과, 마우엔하임의 바이오가스 발전과 우드칩 보일러에 의한 열난방 에너지 절감액은 그 이전과 비교했을 때 화석연료인 석유 30만리터 정도에 달하며, 연간 약 20만 유로(한화로 약 2억 8천만원)의 비용에 해당된다고 한다.

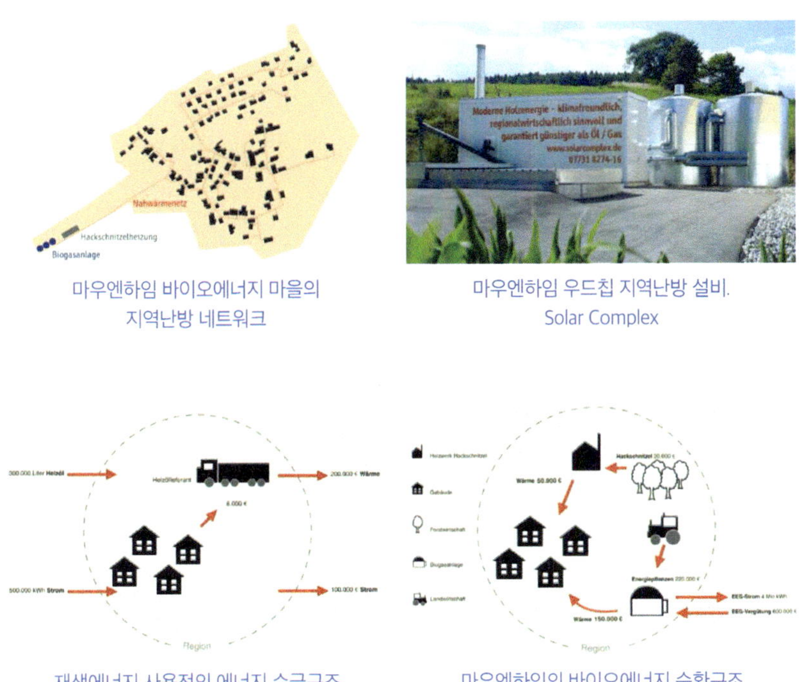

마우엔하임 바이오에너지 마을의 지역난방 네트워크

마우엔하임 우드칩 지역난방 설비. Solar Complex

재생에너지 사용전의 에너지 수급구조

마우엔하임의 바이오에너지 순환구조

우드칩 난방설비는 일년 중 난방에너지 요구량이 급증하는 겨울철의 부족분을 보충하기 위해 가동된다. 1MWh 정도의 설비로 바이오매스 에너지원 공급을 통해 필요한 전기와 열을 공급할 수 있다. 여기서 사용되는 우드칩은 거의 대부분 인근의 울창한 흑림지역에서 조달되며 잡목 또는 미이용 산림자원을 잘게 잘라서 에너지원으로 사용한다. 난방에너지 공급을 위해 가동되는 보일러의 폐열은 우드칩과 곡식 등의 건조에도 사용된다.

마우엔하임 마을의 난방 열배관의 길이는 총 8km이다. 지역난방을 신청한 가구는 이 배관망을 통해서 겨울철 난방과 온수를 제공받는다. 마을 주민들의 만장일치로 결정된 지역난방은 전체 가구의 3분의 2에 해당되는 가구에 난방과 따뜻한 온수를 제공하고 있다. 나머지 가구의 대부분은 난방 배관 설치 구조의 어려움이 있거나, 주변 산지의 소유자로서, 임목부산물을 쉽게 연료로 사용할 수 있는 경우이다.

마우엔하임의 지역난방 사업은 주민 참여를 통해 재생에너지로의 전환을 성공적으로 이뤄낸 사례로, 에너지 비용 절감뿐 아니라 화석연료 의존도를 줄이고 온실가스 배출 저감에도 기여하는 지속가능한 지역 에너지 모델로 평가받고 있다.

| 태양광 에너지 |

바덴-뷔르템베르크 주정부의 기후보호법은 태양광 설비 설치 의무를 포함하고 있다. 목표는 재생 에너지에서 더 많은 전력을 생산하고 가능한 한 현장에서 직접 사용하여 에너지 전환을 촉진하는 것이다. 이러한 친환경 에너지의 사용은 일반적으로 장기적인 비용 절감을 가져오기 때문에 주정부 차원에서도 지속적인 개정 작업을 통해 진화를 거듭하고 있다.

태양광 의무는 2022년 1월 1일부터 비주거용 신축 건물, 35개 이상의 주차공간이 있는 오픈 주차장, 2022년 5월 1일부터 주거용 신축 건물, 그리고 2023년 1월 1일부터 기존 건물의 근본적인 지붕 보수에 적용된다. 마우엔하임의 유기농 농부이자 KCH 바이오가스 유한회사 전무 이사는 2023년 2월 3일자 인터뷰에서, 이렇게 언급했다

"마우엔하임의 엘멘그룬트 농장은 오랫동안 재생에너지의 확장을 위해 노력해왔습니다. 우리는 바덴-뷔르템베르크의 첫번째 바이오에너지 마을이며, 우리의 운영 건물에 태양광 설비를 설치했습니다. 우리의 설비는 안정적으로 전기를 생산하며 기후 보호에 중요한 기여를 합니다. 농업 경영체에게는 특히, 자가 전력 사용이나 지붕 임대에 있어서 이러한 설비가 유리합니다."

마우엔하임은 주민들의 참여를 통해 66kW 용량의 태양광 발전 시스템을 도입하여 연간 6만kWh 이상의 전력을 생산하고 있다. 이 태양광 발전 시설은 이미 마을 전기 사용량의 25%를 충당하는 기존 260kW 용량의 발전 설비와 함께, 마을 전력 수요의 약 4배에 달하는 전력을 생산할 수 있는 에너지 자립 모델을 구현하고 있다.[23]

붉은색 지붕이 점점 푸른색으로 변해 가고 있다.

추가적으로, 바이오가스 시설과 지역 난방 시스템은 태양광 발전 시설과 상호 보완적으로 작동하여 재생에너지 공급의 안정성을 강화한다. 특히, 재

생에너지 믹스에서 바이오가스 설비의 주요 장점은 열병합발전 CHP을 통해 전기와 열을 동시에 생산할 수 있다는 점이며, 피크 부하를 효율적으로 조절하는 데 기여한다. 이와 같은 바이오가스 시스템은 바람과 태양에너지의 공급이 변동적일 때 이를 부분적으로 보완하는 역할을 수행하여, 지역 차원에서의 안정적이고 지속 가능한 에너지 시스템 구축에 중요한 기반을 제공하고 있다.

마을내 공공건물의 지붕 태양광

| 지속가능한 마을 공동체 |

마우엔하임의 바이오에너지 사업은 제1차 주민 설명회에서 40% 이상의 주민들이 찬성 의사를 표명하였으며, 최종적으로 만장일치로 동의가 이루어져 비교적 원활하게 진행되었다. 주민들은 이 사업이 제공하는 경제적 이점과 장기적 안정성을 주요 요인으로 꼽았다. 특히, 20년간 비용 인상 없이 전기와 온수를 안정적으로 사용할 수 있다는 점과 더불어, 마을에서 생산된 잉여 전력이 마을 수요의 10배 이상에 달해 이를 전력회사에 판매함으로써 매년 10% 이상의 수익률을 거둘 수 있다는 점에서 높은 만족도를 보였다.

마우엔하임의 주민 참여형 에너지 사업은 지역 차원의 에너지 전환을 선도하며, 지속가능한 재생에너지 활용과 탄소중립 실천에 기여하는 모범 사례로 평가받고 있다. 이와 같은 재생에너지 활용은 온실가스 배출 저감에 크게 기여하고 있다. 바이오가스 발전을 통해 연간 2,600톤의 CO_2

를 감축하며, 바이오가스 기반의 열난방 및 우드칩 보일러 사용으로 추가적으로 1,000톤의 CO_2를, 태양광 발전을 통해 120톤의 CO_2를 감축하고 있다.[20] 이러한 성과는 지역 주민들의 적극적인 참여와 지속 가능한 에너지 시스템 구축을 통해 이루어진 것으로, 마우엔하임은 기후위기 대응과 지역 에너지 자립의 성공적인 사례로 자리 잡고 있다.

| 마우엔하임의 시사 |

바덴-뷔르템베르크주의 작은 마을이지만, 바이오에너지와 태양광 에너지를 결합한 재생에너지 시스템을 통해 에너지 자립을 실현했으며, 주민들의 자발적 참여와 협력을 바탕으로 지속가능한 지역사회를 구현해왔다. 특히 바이오매스를 활용한 열병합발전 시스템은 마을 내에서 발생하는 축분, 잡초, 농작물 등 지역 자원을 활용해 전기와 열을 동시에 생산하며, 마을 전력 수요의 10배 이상을 초과 충당한다. 이 과정에서 생산된 잉여 전력은 외부에 판매되어 매년 약 60만 유로의 매출을 기록하며, 경제적 자립과 에너지 전환의 성공을 동시에 이루어냈다. 또한, 바이오가스 생산 과정에서 발생한 잔여물은 냄새 없는 액상 비료로 재활용되어 지역 농가에 무상 제공됨으로써 자원 순환 모델을 실현하고 있다.

태양광 에너지 또한 마우엔하임의 에너지 전환에 핵심적인 역할을 했다. 주민들의 협력으로 설치된 66kW 용량의 태양광 설비는 기존 260kW 설비와 결합되어 마을 전력 수요를 초과 생산하며, 지역 난방 네트워크에 통합되어 안정적이고 지속가능한 에너지 공급을 가능케 했다. 태양광과 바이오에너지는 서로의 변동성을 보완하며, 태양광은 낮 시간 동안의 전력을, 바이오가스는 야간 및 수요가 급증하는 시기에 전력을 공급함으로써 계절적, 기후적 요인에 구애받지 않는 복합 에너지 시스템을 완성했다. 이는 화석연료 의존도를 크게 줄이고, 온실가스 감축과 기후위기 대응에 실질적으로 기여하는 결과를 가져왔다.

그러나 마우엔하임의 진정한 성공은 기술적 성과에만 머무르지 않는다. 이 마을은 주민 참여를 중심으로 한 공동체 기반 모델을 통해 에너지 전환의 사회적 측면에서도 귀감이 되고 있다. 초기 단계에서부터 주민들은 재생에너지 사업에 적극 참여해 자금을 조달하고, 솔라 컴플렉스와 협력해 바이오가스 설비를 운영할 KCH 유한회사를 설립했다. 이러한 주민 주도형 접근 방식은 에너지 전환 과정에서의 투명성을 높이고, 주민들에게 경제적 안정과 에너지 독립의 혜택을 직접적으로 제공했다. 더불어, 주민들 간의 신뢰와 연대감을 강화하며 공동체가 기후위기 대응의 주체로 자리 잡을 수 있는 기반을 마련했다. 또한 약 8km의 난방 배관망을 구축해 대부분의 가구에 난방과 온수를 제공하며 기존 비용의 절반 수준으로 난방 에너지를 공급하고 있다. 겨울철 부족한 에너지는 인근 숲에서 조달한 우드칩과 폐열을 활용해 충당하며, 난방 비용 절감과 자원 활용도를 동시에 달성했다. 이러한 지역난방 모델은 주민들의 만장일치로 결정되었으며, 기후위기 대응을 위한 지역사회의 자율적이고 지속 가능한 노력의 성공적 사례로 자리 잡고 있다.

결국 마우엔하임은 기술적 혁신과 주민 협력의 결합을 통해 지역 자립형 에너지 모델을 완성하며, 기후위기 대응과 탄소중립 실현을 목표로 하는 모든 지역에 중요한 교훈을 제시한다. 이 사례를 통해 지역 자원을 활용한 에너지 전환, 주민 주도형 참여 모델, 그리고 공동체 연대가 결합된 접근 방식을 눈여겨 봐야 한다. 지역경제와 환경을 통합적으로 발전시키고, 지속가능한 미래를 구축하는 데 실질적이고 성공적인 길을 모색할 수 있을 것이다.

윤데 마을 Juhnde

독일의 첫 번째 바이오에너지 마을

괴팅겐시 윤데 마을 입구 ('23. 8)

이곳은 독일 중부지역 니더작센주 괴팅겐시에서 남서방향으로 약 15km 떨어진 곳에 위치한다. 배후도시인 괴팅겐시는 인구 12만명 규모의 소도시이나 800여년의 오랜 역사를 가지고 있는 유서깊은 곳이다. 이 작은 도시에는 1734년에 설립된 독일의 명문대학인 게팅겐대학교가 있다. 학생 수가 2만 5천명으로 도시에서 차지하는 비중이 크다.[24] 또한 현상학의 창시자인 후설이 1901년 교수로 오면서 향후 독일 철학의 중심지 가운데 하나가 되었으며, 교육·연구의 도시로서 자부심을 갖게 되었다고 한다.

윤데 마을은 괴팅겐시에서 승용차로 약 15분 정도 걸리는 도시 근교의 마을이며, 200여가구에 약 800명이 살고 있다. 특별할 것이 없는 평범한 농촌마을이다. 하지만 2006년, 윤데는 독일에서 최초로 에너지를 자급자족할 수 있는 마을이 되었다. 독일의 첫 번째 바이오에너지 마을로서, 세계의 주목을 끄는 핫 플레이스로 변모하게 되었다.

니더작센주 괴팅겐시에서 남서방향으로 약 15km 떨어진 곳에 위치하며, 200여 가구가 거주하는 평범한 농촌마을이다 ('23. 8).

독일 최초로 시행한 윤데의 친환경 에너지 전환마을 모델은 주변 지역은 물론, 유엔을 통해 많은 국가로 알려지게 되었다. 기후변화의 원인인 온실가스를 줄이고, 불안정한 화석연료 기반의 에너지 체계에서 벗어나 일상의 자연환경 속에서 지속가능한 전기와 열을 공급할 뿐만 아니라 마을 구성원들에게 일정한 수익을 가져다 준, 전환마을의 모델인 윤데의 짧은 흔적들을 살펴볼 필요가 있다.

| 전환마을의 발자취 |

이 마을이 전 세계적인 주목을 받게 된 계기는 화석연료로부터 탈피하여 자체 생산가능한 시스템을 선구적으로 만들었다는 점이다. 마을에서 공급이 가능한 바이오매스를 활용하여 열과 전기를 생산하고, 지속가능한 에너지의 공급 체계로 전환한 것 즉, 외부의 에너지 공급체계로부터 독립하겠다는 마을 공동의 가치를 실현한 점에서 전환마을의 초기 모델로 인정받고 많은 전문가들의 답사 대상지가 되어 왔다.

그 시작은 괴팅겐대학과의 인연이었다. 1998년 마을 인근의 괴팅엔대학 연구그룹으로부터 '바이오에너지 마을'이 아이디어 차원에서 발의되었고 바이오에너지 마을에 대한 개념이 정립된 것이 계기였다. 괴팅겐대학 '지속가능한 발전 연구센터 IZNE'는 1998년 바이오 에너지 마을 프로젝트를 추진키로 하고 40곳의 후보지를 대상으로 사업신청을 받았다. 윤데 마을도 이 프로젝트에 참가한 마을 중 한 곳이다. 괴팅겐시와 인접해 도농교류가 쉽고 충분한 양의 바이오매스를 확보할 수 있으며 주민들간 화합이 잘되는 점을 집중 부각시켜 프로젝트 대상지로 최종 선정되었다.[24]

처음 마을 이장에게 제안되었을 때는 거절되었으나, 주민회의를 소집해서 바이오에너지 마을의 가치를 논의하고, 주민투표결과 전체 가구의 60%가 찬성하면서 '에너지자립 마을로의 전환'이라는 새로운 가치 추구를 향한 첫걸음이 시작되었다.[26] 2000년 10월, 독일 정부는 바이오에너지 마을 프로젝트에 자금지원을 결정했으며, 이듬해 윤데 마을은 바이오에너지 마을 프로젝트 실행 마을로 공식 지정되었다. 윤데 마을 주민은 2002년 5월, 주민 47명이 참가해 협동조합을 설립하고, 난방열 공급계약 체결 준비 및 바이오가스설비에 필요한 바이오매스 원료 공급계약 등을 진행하였다. 이후 바이오가스 플랜트를 착공하고 지역난방망 설치공사를 시작하였다.[26] 2005년 9월에 난방열 공급이 시작되었고, 연말엔 전기를 판매하기 시작함으로써 바이오에너지 윤데 마을의 기본 골격이 완성되었다.

- 2000년 10월: 독일정부의 바이오에너지 마을 프로젝트에 자금지원 결정
- 2001년 4월: 윤데 마을 바이오에너지 마을 발기인 출범, '바이오에너지 마을추진위원회' 결성, 원탁회의를 통해 협동조합 방식으

로 사업추진을 결정

- 2001년 10월: 바이오에너지 마을 프로젝트 실행 마을로 공식 선정
- 2002년 5월: 윤데 마을 협동조합 설립, 총가구의 70%를 포함하는 추진 조직을 구축
- 2003년: 독일연방 식품농업 소비자 보호부의 재생가능자원청(FNR)의 승인을 받아 프로젝트 설계
- 2004년 11월: 바이오가스 플랜트 및 지역난망망 공사 착공
- 2005년 9월: 윤데 마을 지역난방열 공급 시작
- 2005년 12월: 윤데 마을 전기 판매 시작

| 바이오에너지 |

이 마을은 2004년부터 지역에서 흔히 볼 수 있는 농산물, 임산물 그리고 여기에서 파생되는 폐기물을 활용하는 방식으로 자체적인 에너지 생산을 시도하였다. 옥수수나 귀리와 같은 농산물과 가축의 분뇨를 혼합하여 메탄가스를 발생시키고 이를 연소시켜 전기를 생산하는 방식이었다.

마을 외곽에 위치한 열병합발전소(CHP)

농가에서 공급 가능한 바이오연료는 9개 농가에서 경작하는 옥수수, 귀리, 유채 등의 부산물과 이 중 6개 농가에서 사육하는 젖소 450여 마리와 돼지 약 1500마리에서 배출되는 축산 폐기물이다. 그리고 농지 1300ha와 마을 주변의 임야 800ha에서 미이용 바이오매스를 조달한다.

바이오에너지를 생산하는 설비는 대부분 4개의 그룹으로 구분된다. 윤데 마을에서도 마찬가지이다. 우선 옥수수, 밀, 귀리, 해바라기 등과 같은 농작물을 모아두는 사일로 Silo설비가 있다. 에너지원으로 사용할 작물은 사전에 마을 주민들과 협약에 의해 재배되며 수확물은 사일로에 저장된다. 윤데 마을은 초기의 사업비로 농작물, 즉 바이오 매스를 저장해둘 수 있는 사일로를 건설하였다. 두 번째는 농작물과 축산 폐기물인 축분을 혼합하여 발효시킬 수 있는 발효조 설비이다. 이 곳에서 바이오가스인 매탄이 만들어진다. 세 번째는 생산된 바이오가스를 연소시켜 전기와 열을 생산하는 열병합발전 시설이며, 마지막 설비는 발효조에서 방출되는 잔재물을 저장하는 탱크이다.

윤데 마을은 2005년에 발효조에서 메탄가스를 생산할 수 있는 대형 탱크와 가스를 연소시켜 전기를 일으키는 발전기 등을 차례로 설치하였다.[27] 가스생산을 위한 설비는 지상 5m, 지하 3m의 규모이며, 발효에 필요한 배합은 축분 30m^3/일와 옥수수 파쇄물 35m^3/일 정도이다. 하루 약 45회 가량 투입된다. 바이오가스 생산에 필요한 축분은 주로 450두의 소에게서 공급되며 파쇄된 옥수수와 함께 혐기적으로 관리된다. 다른 물질을 사용하지 않는 자연발효 방식이며, 부산물은 퇴비로 사용하고 완전 발효로 냄새가 거의 나지 않는다.

우드칩 등의 미이용 산림자원은 독일의 여러 마을과 마찬가지로 인근 숲에서 조달된다. 우드칩 보일러를 이용하는 바이오에너지 설비는 크게 3개의 그룹으로 구분된다. 우선 공급된 목재를 칩 형태로 파쇄하고 건조시킬 수 있는 창고가 필요하다. 약 15% 가량의 함수량으로 충분히 건조시켜야 열효율을 기대할 수 있다. 독일의 여러 마을과 마찬가지로 초창기에는 인근 마을의 목재 제재소로부터 조달하였으나, 지금은 대부분의 목재를 마을 주변의 숲에서 공급하고 있으며 수량도 조달 가능한 정도라고 한다. 그 다음은 전기와 열에너지를 생산하는 우드칩 보일러 설비이다. 바이오가스 열병합발전기의 에너지 공급이 불안정할 경우 보완용으로 가동된다(다른 마을에서는 우드칩을 주원료로 열병합발전기를 가동하기도 한다.) 마지막은 저장고에 보관된 우드칩을 보일러 연소장치로 이송시키는 설비이다.

| 윤데의 수익구조 |

이 마을은 연간 곡물부산물 1만2000t과 가축분뇨 1만t을 농가로부터 수거해 섞은 뒤 1만3000m³의 밀폐된 저장소에서 발효할 때 발생하는 메탄가스로 열병합발전소를 가동, 연간 6,500MWh의 전력을 생산한다. 이 중 32,000MWh는 마을에서 자체적으로 사용하고, 나머지 3,300MWh는 연방전력회사에 판매한다. 전력판매를 통해서 얻는 수입은 연간 100만유로, 약 13억원 정도이다.

마을 주변의 들판에서 쉽게 구할 수 있는 폐기물로부터 일상의 에너지를 얻는다. 농작물과 산림에서 발생하는 부산물과 가축의 분뇨를 수거해 바이오에너지를 생산하고 마을의 에너지 수요를 충당할 수 있는 시스템을 만들었다. 독일의 1호 바이오에너지 마을이며, 많은 사람들의 부러움을 사는 엘리트 마을로 변모한 것이다.

- **바이오 원료: 농작물 부산물과 가축분뇨**
  - 가축분뇨 연간 10,000톤
  - 밀, 옥수수, 귀리, 해바라기 등 바이오 작물 12,000톤
  - 바이오 원료 공급을 위하여 약 1300ha 농지와 임야 800ha 이용

- **바이오 에너지 생산 설비**
  - 716kW급 바이오가스 발전기
  - 550kW급 우드칩 발전기
  - 1600kW급 기름(바이오디젤 사용가능) 보일러(동절기 사용)
  - 온수탱크(열저장) 설비 50m³급 2기
  - 혐기소화조 3,000m³
  - 소화액저장조 5,200m³
  - 가축분뇨(30m³/일, 우분 90%+돈분 10%)
  - 에너지 작물(35m³/일)
  - 목재 우드칩

- **바이오에너지 공급**
  - 바이오가스 85%
  - 우드칩 13%
  - 예비 2% (바이오디젤 등)
  - 바이오설비 8,000시간 가동/연간
  - 6,500MWh/연간 전력생산
    (3,200MWh는 마을에서 사용, 3,300MWh은 연방 전력회사에 판매)

| 지역난방 |

이 마을의 열에너지 연간 소비량은 3,500MWh이며, 생산량은 5,500 MWh이다. 난방열을 공급받는 가구수는 총 144가구이며, 공급망의 총 길이는 약 5.5km이다. 바이오매스에 의한 전력 생산과정에서 발생하는 열과 온수는 배관망을 통해 각 가정과 목재 건조시설 등에 공급되어 난방 에너지 절감에 크게 기여한다.

마을 경계에서 약 150m의 거리를 두고 있는 열병합발전소(CHP), 사진의 우측에 바이오가스 플랜트와 목재칩 보일러 시설이 보인다 ('23. 8)

열병합발전소에서 전기를 생산할 때 발생하는 열을 이용하여 온수를 만들고 이를 각 가정에 배급하여 난방과 온수공급이 가능하도록 한다. 겨울철 성수기시 추가적으로 열 난방이 필요한 경우, 등유와 인근 숲에서 공급되는 임목 부산물을 이용한 우드칩 보일러를 가동한다. 지역난방망을 흐르는 온수는 각 가정을 경유하며 같은 온도의 난방열을 공급한다. 출발할 때의 초기온도는 80~85℃이고 돌아오는 온도는 약 45~50℃ 이다.

마을 주민들은 주택 난방과 생활에 필요한 온수를 연중 무상으로 공급받아 연평균 1,000유로 정도(약 130만원)를 절약하고 있다. 더구나 주민들의 힘으로 에너지 자립마을을 구현해 연간 이산화탄소 3300t을 줄이고 있다.[25]

| 지붕 태양광 |

윤데 마을의 주택에 설치된 태양광 에너지 시설은 독일의 마을에서 쉽게 볼 수 일반적인 태양광 에너지 생산시스템이다. 윤데 마을 커뮤니티 센터, 보육센터 및 어린이집 등 공공 건축물의 지붕 태양광 시설을 볼 수 있다.

윤데에서는 공공 건축물을 중심으로 개별 주택 지붕 태양광을 흔히 볼수 있다.

| 마을 공동체 - 협동조합 |

마을 구성원 대부분이 인근 도시로 출퇴근하는 직장인들이었으며 전업 농가는 9가구에 불과했다. 그러나 농가 중 규모가 큰 농가들이 바이오에너지 사업에 참여하기로 한 것이 계기가 되면서, 마을 교회, 청년회, 노인회 등과 같은 마을조직 대표들과 괴팅엔 대학의 지속가능한 발전 연구센터에서 지원을 약속함으로써 바이오에너지 프로젝트가 활성화될 수 있는 계기가 마련되었다.[27] 바이오에너지 체제는 대학의 지속가능한 발전 연구센터가 고안하였지만, 실제로 이를 진행하는 주체는 마을공동체 중심의 협동조합 Bioenergiedorf Jühnde eG이었다. 프로젝트 초기에 자금 총 530만 유로 중 정부 지원금을 제외한 380만 유로를 확보하기 위해 2001년 '바이오에너지 마을 추진위원회'를 결성하였다. 전체 가구의 70%인 142가구가 참여하여 50만 유로의 출자금이 확보되었고, 50만 유로의 소비자조합 투

자와 280만 유로의 은행 융자로 조달했다. 이런 과정을 거쳐 바이오에너지 마을 프로젝트는 2004년 본격 출발하게 되었다.[25] 조달된 자금은 열난방 배관공사에 약 35%, 바이오가스 생산 및 발전기 설비공사에 약 40%, 우드칩을 이용한 연소보일러 설비에 10%, 기타 사업비 등에 15%가 투입되었다.[27]

윤데 마을 협동조합은 초기 자본을 투자한 지 불과 1년 만에 약 142가구가 필요로 하는 난방용 열과 전기를 공급하고 경상운영비를 충당할 수 있게 되었다. 마을에서 생산된 재생에너지의 판매대금은 인건비와 운영비를 충당하며, 2007년부터는 수익금이 발생하여 조합원들에게 배당하고 있다. 수입의 75%는 전기를 판매한 대금이고, 그 나머지는 온수를 가정에 공급함으로써 발생하는 수익이다. 마을의 협동조합원들은 화석연료에 의존하던 개별 난방시스템을 사용하지 않고 협동조합에서 공급하는 지역난방 온수를 이용함으로써 난방 설치 및 유지비용을 대폭 줄일 수 있게 되었다. 윤데 마을은 역사가 있는 독일의 농촌과 마찬가지로 공동체 구성원 조직들이 활성화되어 있다. 200여 가구의 마을에 마을체육회, 부녀회, 교회, 청년회, 노인회, 의용소방대, 소년단, 축구클럽, 테니스클럽 등 약 15개의 동아리 단체가 있다. 한 사람이 여러 개의 동아리에 참여하는 경우도 있다.

마을 공동체에서 바이오에너지 마을을 완성함으로써 에너지 수익, 자원순환 등의 경제적 효과와 온실가스 배출감소, 일자리 창출 등 환경적, 사회적 효과를 통해 마을 공동체의 가치를 향상시키고 있다. 특히, 윤데가 국내외적으로 알려지면서 견학하고자 방문객들이 줄을 이었다. 바이오에너지를 생산하고 운영하기 시작한 첫해 약 7,000여명의 방문객이 마을을 찾았다. 그리고 그 이듬해 약 1만명이 방문했으며 그 이후 많은 방문객들이 윤데를 꾸준히 찾고 있다.

초기에는 사업 관계자와 자원봉사자들이 방문객들을 안내하였는데, 방문객들이 갈수록 늘어남에 따라 관광사업 시스템으로 보다 체계화 되고 수익형으로 전환되었다. 방문객 안내를 위해 관광 가이드를 확충하였고, 안내 방식도 단순 구두 설명에서 빔 프로젝트를 이용한 프리젠테이션으로 체계화되었으며, 1회당 안내에 대한 대가도 인상되었다. 이런 윤데 마을의 성과에 힘입어 독일에는 180개가 넘는 마을들이 윤데 마을의 가치를 따라 정부에서 인증하는 '바이오에너지 마을'로 등록되었고 약 3,800여개의 마을에서 바이오에너지를 사용하고 있다. 윤데 마을은 농산물을 활용한 바이오에너지 시스템을 구축한 이후부터 풍력, 태양광, 전기 자동차 충전 등의 재생에너지 영역을 넓혀 가고 있다.

| 윤데 2.0 프로젝트 |

윤데 마을이 바이오에너지 자립마을로 부상할 수 있었던 배경에는 독일 정부의 파격적인 지원도 한몫했다. 이 마을은 독일 재생에너지 지원법 EEG에 따라 1kWh당 17.5유로센트에 20년 동안 연방전력회사에 전기를 판매하는 혜택을 받았다. 이러한 조건은 2024년까지 지속된다. 문제는 앞으로 7년 후면 에너지 자립마을로서의 지위가 불안해질 수밖에 없다는 점이다. 더구나 최근 태양광·풍력발전소의 전기 생산단가가 크게 낮아지면서 바이오에너지는 자칫 경쟁력을 잃을 수도 있다. 이에 마을 주민들은 '윤데 2.0 프로젝트'를 직접 주도하고 있다.[26]

윤데 2.0 프로젝트는 2025년에 종료될 재생에너지법 EEG에 따른 전력 판매 보조금 혜택이 끝나는 시점을 대비하고, 마을의 지속가능한 에너지 자립을 더욱 강화하기 위해 기획된 후속 프로젝트이다. 기존 바이오에너지 기반의 자립 시스템을 유지하면서 새로운 기술을 도입하고, 에너지 효율성을 높이기 위한 전략을 포함한다. 2025년 이후 EEG의 고정된 전력 판매 가격 보장이 끝나게 되면, Jühnde는 전력을 자유 시장 가격에 맞춰 판매해야 한다. 기존 바이오에너지, 태양광, 풍력발전 이외에 추가적인 재생에너지원의 도입과 스마트 기술을 통해 에너지 수요를 효율적으로 관리하고, 마을 내 전력 흐름을 최적화하여 에너지 낭비를 줄이는 방안 등 에너지 생산원을 다변화하고, 바이오가스 의존도를 줄이면서도 안정적이고 효율적인 에너지 공급을 목표로 한다. 또한 마을 공동체에서 직접 운영하고 소유하는 에너지 협동조합 모델을 더욱 강화하여, 재생에너지 생산으로부터 얻는 경제적 혜택을 지역사회가 계속 누릴 수 있도록 할 것이다.

Jühnde 2.0 프로젝트는 독일의 에너지 전환 정책에 부합하는 동시에 윤데 마을이 앞으로도 재생에너지 자립의 선도적인 역할을 유지할 수 있도록 돕는 중요한 단계로 평가받고 있다.

| 윤데 마을 시사 |

윤데는 독일 최초의 바이오에너지 자립마을로, 기후위기 대응을 위해 에너지 전환과 주민 중심의 공동체 모델을 결합한 사례이며, 바이오에너지 활용, 태양광과 지역난방 시스템 통합, 그리고 주민 주도형 협동조합 모델을 구현했다. 윤데 마을은 농업 부산물과 축분을 활용해 바이오가스를 생산하고, 열병합발전을 통해 전력과 열을 동시에 공급한다. 연간 1만 톤의 축분과 1만 2천 톤의 농업 부산물을 이용해 6,500MWh의 전력을 생산하며, 절반은 마을 내에서 사용하고 나머지는 외부에 판매해 약 100만 유로의 수익을 창출한다. 이러한 자원 순환형 모델은 국내 농촌 지역에서도 충분히 적용 가능하며, 농업 부산물과 축산 폐기물을 활용해 에너지 자립과 화석연료 의존도 감소를 동시에 달성할 잠재력이 크다.

윤데는 바이오에너지와 태양광 에너지를 결합한 복합 에너지 시스템을 통해 재생에너지 활용을 극대화했다. 마을 공공건물과 가구 지붕에 설치된 태양광 설비는 전력을 생산하고, 바이오가스 열병합발전에서 발생하는 열은 지역 난방망을 통해 144가구에 난방과 온수를 제공한다. 이는 화석연료 난방을 대체하고, 에너지 비용 절감 및 온실가스 감축에 기여한다. 국내 농촌과 소규모 지역사회에서도 태양광과 지역난방을 결합한 시스템은 에너지 자립을 실현하는 데 중요한 역할을 할 것이다.

윤데의 성공은 주민들의 자발적 참여와 협동조합을 통한 협력에서 비롯되었다. 주민들은 프로젝트 자금을 마련하고 바이오가스 설비와 지역난방망을 구축했으며, 전력 판매와 온수 공급으로 얻은 수익을 조합원들에게 배당했다. 이러한 협동조합 모델은 주민들의 경제적 참여를 장려하고, 수익을 지역사회에 환원하여 지속 가능한 공동체를 강화하는 데 기여했다. 재생에너지법 EEG의 지원은 윤데 마을의 성공을 가능케 한 중요한 정책적 배경이다. 1kWh당 17.5유로센트의 고정 판매 가격은 주민들의 안정적 수익을 보장하며 프로젝트 참여를 촉진했다. 2025년 보조금 종료를 대비한 윤데 2.0 프로젝트는 바이오에너지 의존도를 줄이고, 스마트 기술과 다양한 재생에너지를 도입해 지속 가능성을 강화하려는 노력의 일환이다.

대한민국도 초기 비용 부담 완화와 장기적 안정성을 보장하는 정책적 지원을 통해 유사한 모델을 도입할 수 있다.

윤데의 사례는 에너지 전환과 지속가능한 지역사회를 구현하기 위해 주민 참여, 지역 자원의 활용, 정책적 지원을 결합한 통합적 접근을 모색해야 함을 명확히 보여준다. 지역 공동체가 탄소중립과 에너지 자립을 실현하며, 동시에 경제적·사회적 지속 가능성을 구축할 수 있을 것이다.

상트페터 Sankt Pater

'풍력, 태양광, 바이오, 소수력 4관왕 전환마을'

상트페터 마을 입구

북쪽으로는 헤센주, 동쪽으로는 바이에른주와 접하며 남쪽으로는 스위스 및 오스트리아, 서쪽으로는 프랑스와 국경을 접하는 상트페터는 남서부에 있는 바덴뷔르템베르크주에 속하며 해발고도 약 700~1,200m의 고산지대에 위치한다. 마을의 면적은 약 3,590ha이며 그 중 임야 면적은 약 1,720ha이다.[28] 마을 면적의 거의 절반에 가까울 정도로 산림마을이라고 할 수 있으며 마을에는 약 2,700여명이 거주하고 있다.

상트페터는 재생에너지의 통합적 활용을 통해 에너지 자립과 생태적 지속가능성을 실현한 선도적 전환마을로, 지역사회 기반의 기후대응 모델로서 국제적 주목을 받고 있다 ('23. 9).

| 바이오에너지 전환 |

기후위기에 대응하고 지구 환경을 보전하기 위해 선도적인 역할을 해온 독일은 탄소중립을 실천하는 다양한 유형의 마을 공동체를 발전시켜왔다. 그중에서도 바이오에너지 마을은 대표적인 전환마을로, 친환경 에너지 생산뿐만 아니라 자원 순환형 생활방식을 통해 기후위기에 적응할 수 있는 지속 가능한 삶의 방식을 보여준다.

바이오에너지는 식물, 동물, 미생물 등 생물체를 원료로 하여 연소나 발효 과정을 통해 전기와 열을 생산하는 재생에너지의 한 유형으로, 이러한 에너지는 마을 단위의 에너지 자립을 실현하는 주요 수단으로 활용되고 있다. 이들 전환마을의 배경을 살펴보면, 국제 오일쇼크와 에너지 가격 급등이 중요한 동기부여로 작용한 경우가 많았다. 각 마을이 직면한 상황은 다소 달랐지만, 에너지 비용 절감과 기후위기 대응이라는 공통된 목표를 실현하기 위한 노력은 일치했다. 이와 같은 전환마을들은 기술적 진보와 공동체의 협력을 통해 지속가능한 에너지 시스템을 구축함으로써, 기후위기에 적응하고 지역사회의 자립을 실현하는 사례로 평가받는다.

검은 숲의 상트페터는 독일 바덴-뷔르템베르크주의 16번째 바이오에너지 마을로, 지속가능성을 실현하는 데 있어 흑림의 오랜 전통과 밀접한 연관이 있다. 이 마을은 수세기 동안 소수력 발전을 통해 제분소와 제재소에 필요한 에너지를 충당해왔으며, 흑림에서 나온 목재를 이용한 스토브는 거의 모든 농가에서 일상적으로 사용되어왔다. 이러한 자원 활용의 전통은 상트페터의 재생에너지 개념 정립과 바이오에너지 전환에 중요한 토대를 마련했다.[28]

독일에서 '바이오에너지 마을'로 인증을 받기 위해서는 세 가지 주요 조건을 충족해야 한다. 첫째, 마을에서 사용하는 전력의 100%를 재생에너지로 충당해야 한다. 둘째, 난방 수요의 50% 이상을 재생에너지로 공급할 수 있어야 한다. 셋째, 에너지 전환을 위한 투자 지분의 50% 이상이 지역 주민들에 의해 소유되어야 한다. 상트페터는 이러한 기준을 충족하며, 지역 주민들의 적극적인 참여와 협력을 통해 지속가능한 에너지 시스템을 구축했다.

2018년 7월, 상트페터는 태양광과 태양열 집열기, 풍력 및 소수력 발전을 활용하는 한편, 지역난방 시스템을 구축하여 독일 정부로부터 공식적으로 바이오에너지 마을 인증을 받았다. 이 과정에서 마을 협동조합의 주도 아래, 재생에너지 활용을 극대화하고 지역사회가 주체가 되는 에너지 전환 모델을 성공적으로 구현했다. 재생에너지 전환과 지역 자원의 효과적 활용이 기후위기 대응과 마을공동체의 지속가능한 발전에 얼마나 중요한 역할을 할 수 있는지를 보여주는 사례로 평가받고 있다.

좌: 열병합발전소를 방문한 녹색전환 연구소팀('23. 9)

우: 지역난방 네트워크를 설명하는 마을 협동조합 로만 아펜젤러 대표

상트페터 마을은 재생에너지에 대한 분야별 이해와 체험을 제공하기에 최적의 환경을 갖춘 곳이다. 이 마을은 바이오에너지, 태양광, 풍력발전, 소수력 발전까지 다양한 재생에너지를 활용하여 에너지 자립과 지속가능성을 실현하고 있다. 이러한 전천후 에너지 시스템은 상트페터를 기후위기 대응과 에너지 전환의 대표적 모델로 자리매김하게 했으며, 많은 전문가들이 이곳을 방문하여 성공적인 전환마을의 사례를 배우고 연구하는 중심지로 자리 잡고 있다.

13년 전 마을의 모든 가정에서 석유 보일러로 난방을 했었는데, 9명의 지역주민들이 아이디어를 내 마을 전체에 하나의 난방시스템으로 전환하자고 합의했다. 이곳의 시민에너지 협동조합 대표인 로만 아펜젤러 Roman Appenzeller씨에 의하면, 지속가능한 방식을 찾되, 외부로부터 석유와 가스를 사오지 말자 등의 9가지 원칙을 정하고 실천으로 옮겼다고 한다. 지역주민들은 협동조합을 구성했고, 2010년에 열병합발전소를 가동하게 되었는데, 320명의 조합원들이 초기자본 마련하고 정부 및 은행의 저리 대출로 시작할 수 있었다고 전한다.

원칙 1. 기후 중립적이고 지속 가능한 에너지 관리
2. 에너지 공급의 재지역화
3. 에너지 수입 없음 = 석유 및 가스에 대한 자금 유출 없음
4. 에너지 가격 안정화
5. 지역가치 창출
6. 농촌 지역의 보전과 강화, 농업과 임업의 강화
7. 시민 참여 = 지역에서의 투자 = 지역에 남아있는 수익

8. 상트페테의 사회 및 문화 프로젝트에 대한 재정 지원
9. 모든 시민을 위한 모델

2024년 6월 기준, 상트페테의 에너지 생산량과 소비량을 비교해보면, 필요한 전력은 연간 700만 kWh인데 생산되는 전력은 2,100만 kWh에 달한다. 매년 1,400만 kWh의 잉여량이 발생한다. 태양광(PV)으로 118만kWh/a, 풍력으로 1,840만kWh/a을 생산하며, 열병합발전으로 150만 kWh/a, 수력으로 40만kWh/a을 생산한다. 또한 이 곳의 난방 수요량은 연간 1,200만kWh/a이며, 공급량은 1,010만kWh/a으로 약 84%를 자체적으로 공급할 수 있다. 2024년 기준, 마을에 있는 주택의 약 90%가 지역난방 네트워크에 연결되어 있다.[29]

| 태양에너지와 풍력 |

상트페테는 태양에너지, 풍력, 소수력 발전을 유기적으로 활용하여 재생에너지 생산의 효율성을 극대화한 마을이다. 이 마을에서는 태양에너지를 전기와 열로 구분해 활용한다. 농장과 대형 건물의 지붕에 설치된 태양광 패널은 발전시설의 핵심 역할을 하며, 총 1,200kWh의 설치 용량을 통해 연간 약 118만 kWh의 전기를 생산, 공공 전력망에 공급한다.

태양열 시스템은 물 가열과 공간 난방에 사용되며, 태양 복사 에너지를 태양열 집열기를 통해 포착한 뒤, 이를 저장 탱크로 전달해 열 교환기를 통해 물을 가열한다. 상트페테의 800m³ 규모 태양열 집열기는 연간 약 4만 kWh의 열 출력을 생성하며, 마을의 난방 에너지 수요를 충족시킨다.[30]

마을 뒷산에 13기의 풍력 발전기(1,840만kwh/a)가 운영되고 있으며, 마을에서는 보이지 않는다.

풍력 발전은 이 마을 재생에너지의 또 다른 주축이다. 흑림 서쪽 경사면의 고지대 능선에 위치한 풍력발전 단지는 13기의 발전기를 통해 연간 총 1,840만 kWh의 전력을 생산하며, 풍부한 바람 자원을 효과적으로 활용하고 있다.

또한, 상트페터는 소수력 발전을 통해 물의 위치 에너지를 회전 에너지로 변환해 전력을 생산한다. 터빈을 활용한 소수력 발전소 4기가 연간 약 4만 kWh의 전력을 생산하며,[30] 비록 생산량은 제한적이지만, 지역 내 재생에너지 다변화에 기여하고 있다.

소수력 발전시설, 목재공장 옆에 설치되어 이곳에 전기를 공급했었다고 한다 ('23. 9)

| 마을공동체와 협동조합 |

이 곳 주민들은 2009년 8월에 상트페터 에너지 협동조합을 설립하였다.[31] 지역난방 문제를 해결하기 위함이었다. 농촌의 바이오에너지 마을에서 중요한 것은 전기보다 열이며, 전기는 해결이 가능한데, 난방을 위한 석유와 석탄 등을 외부로부터 구입해야 하는 문제가 있었다. 전기는 풍력이나 태양광 발전시설을 설치해서 재생에너지로 생산할 수 있었지만, 난방은 어떻게 해결할 건지 고민이 많았다. 석유 보일러를 쓰는 것보다 경제적 이익이 크지 않지만 지역난방을 하게 되면 환경적인 피해를 덜 미칠 수 있고, 무엇보다 외부 에너지 가격 변동에 불안해하지 않아도 되기 때문에 협동조합을 통해 지역난방 시스템을 추진하게 되었다고 한다.[32]

상트페터 마을 입구에 있는 열병합발전소에는 목재 펠릿을 연료로 하는 가스피케이션 열병합발전기 한 대와 우드칩 보일러 두 대가 연중 가동되고 있다. 에너지 협동조합은 마을 들머리에 발전소 건물을 짓고 목재 펠릿을 연료로 하는 가스피케이션 열병합발전기 한 기와 1MW와 1.65MW 용량의 우드칩 보일러 두 대를 설치했다. 목재 펠릿 열병합 발전소는 2,100MWh의 열과 1,500MWh의 전기를 생산한다. 이를 위해 이 지역에서 생산된 약 950톤의 목재 펠릿이 소요된다. 우드칩 보일러의 연간 총 열출력은 약 8,000MWh이다.[33] 우드칩의 소요량 3분의 2는 상트페터 지역의 산림 잔류물에서, 나머지는 인근 시에 관리하는 숲에서 얻는다. 연소되고 남은 재는 컨베이어 장치를 통해 밀폐된 용기로 옮겨진다. 함량은 사용된 연료의 5% 미만이며 숲을 비옥하게 하기 위해 처리된다.

특히 지역난방은 온실 효과를 크게 줄이는 데 기여해 왔으며, 상트페터의 경우 연간 총 약 3,500톤의 이산화탄소 배출량이 감소되었다. 상트페터의 난방유 사용량은 연간 900,000리터 절감되며, 과거 화석연료에 의해 여과되지 않은 미세먼지를 방출하였던 약 270여개의 굴뚝 대신 거의 미세먼지가 발생하지 않는 공기를 배출하는 가장 현대적인 시스템'이라고 한다.[29]

열병합발전소에서 생산하는 난방열은 연간 10,100MW/a이며, 마을 전체 수요량 12,000MW/a의 84% 이상을 감당한다. 가정용 펠릿 보일러나 우드칩 보일러로 난방하는 경우를 합치면 전체 마을 난방 수요의 대부분을 바이오 에너지로 충당하는 것이다. 태양광, 태양열 집열기, 풍력 및 수력 발전의 사용 외에 지역난방을 공급하는 것은 바이오 에너지 마을의 기준을 충족하는 데 결정적이었다고 한다.

지역난방 네트워크 Sankt Pater
- 네트워크 길이: 14.25km
  - 간선/경로: 6,615m
  - 주택 연결: 7,645m
- 318개의 건물 난방열 공급

출처: Bürger Energie St. Peter eG

시민 협동조합이 지원하는 지역난방 프로젝트는 우드 칩의 형태로 생산되는 지역적으로 충분한 바이오매스 목재를 기반으로 한다. 바이오매스 목재의 생태학적 사용을 향한 또 다른 단계는 열과 전기 생산을 위한 열병합 발전소의 계획된 건설이었다. 지역난방을 위한 공급망의 길이는 약 14.25km이다. 이 중 6.615km는 주 노선이며 협동조합이 투자해 만들었다. 주 노선인 큰 길에서 집까지 연결한 것이 7.645km인데 이는 연결된 가구가 각자 직접 투자했다. 온수는 평균 90°C에서 공급되고 약 60°C로 떨어지면 중앙 난방 시스템으로 돌아오는 구조이다. 318개 건물에 난방열을 공급한다.[33] 14.25km 길이의 파이프 라인 네트워크를 통한 순환 중 열 손실은 약 13% 정도라고 한다.

중앙 난방 시스템과 소비자 사이의 난방 회로에는 계절과 사용 정도에 따라 75°C에서 100°C 사이의 온수가 장착되어 있다. 공동으로 운영되는 난방 시스템을 통해 시내 중심가의 대부분의 주택에는 온수가 공급되어 열교환기를 통해 소비자의 난방 및 서비스 수 처리를 대신한다.

| 상트페터 시사 |

상트페터의 다각적인 재생에너지 활용 방식은 기후위기 대응과 에너지 자립을 실현하는 모범적 사례로 평가받고 있으며, 지속가능한 에너지 전환의 중요성을 강조하는 전환마을 모델로 주목받고 있다.

13년 전에 처음 만들었을 당시 최적 기술이었던 발전소는 충분한 바이오 자원인 우드칩을 소각해 열 생산만 가능했었다. 그러나 열병합 발전이 가능해지면서 바이오가스를 사용하는 경우에는 전기와 열 뿐 아니라, 연소 후의 잔재물을 다시 식물과 토양을 위한 재료로 활용할 수 있다. 2010년 이전엔 연간 110만 리터의 난방연료가 필요했었는데, 바이오에너지로 거의 대부분 대체되었다. 전기는 팔아서 전력망으로 넘어가고, 열은 협동조합에서 1년에 한번 정산한 후 소비자에게 부과하고 12개월로 나눠서 비용을 지급 받는다. 사용되는 목재는 폐목재를 활용한다. 독일은 경제림 개념을 쓰고 있어 살아있는 나무를 벨 수는 없으며, 가지치기 및 병충해 수목을 활용하며 수량이 충분해서 목재 수급에는 별문제가 없다고 한다.

생산된 전기는 하이델베르크의 시민공장(시민회사)에 전량 판매하고 있다. 전력에서 60퍼센트가 재생에너지 그 중 40퍼센트는 시민 협동조합에서 생산한 전기이다. 하지만, 톤당 200유로에 거래되었던 펠릿 가격이 우크라이나 전쟁 이후 700유로까지 급등하면서 여름철에도 우드칩 보일러를 돌리고 있다. 우드칩은 자체 생산하지만, 팰릿은 인근 다른 지역으로부터 공급받기 때문이다. 원래 계획은 팰릿 보일러를 1년 내내 가동하여 30만 유로의 전기 수익을 내고, 우드칩은 난방이 더 많이 필요한 겨울철의 예비용이었다. 그러나 팰릿 가격이 올라 전기 수익은 포기하고 영농형 태양광 등의 대안을 생각하고 있다고 아펜젤러 협동조합 대표는 전한다.

또한 앞으로 전기로 난방을 해결할 수 있는 방안, 히트펌프 도입과 같은 시설의 연구가 필요하다고 한다. 이는 독일 정부의 기후대응 전략인 에너지의 '전기화'를 의미한다. 상트페터에서 축분을 활용한 바이오 가스를 생산하지 않는 이유는 마을의 소 두수가 줄어들고 있고, 곡물 생산보다는 에너지용 옥수수 생산을 위한 대단위 토지이용에 대한 비판의 목소리가 있기 때문이다. 이래저래 바이오에너지 효율에 대한 고민이 깊어지는 부분이 있다. 하지만 지금껏 그러했듯이 상트페터는 더 나은 전환을 위해 또 한 번의 야심찬 전략을 준비하는 듯 하다.

브라이트나우 Breitnau

블랙 포레스트의 전환 - 지속가능 마을의 상징

이곳은 바덴 뷔르템베르크의 브라이스가우-호흐슈바르츠발트 지구에 있는 지방자치 단체로, 프라이부르크 임 브라이스가우 시에서 약 30km 떨어져 있다. 슈바르츠발트, 즉 '흑림'으로 유명한 브라이트나우는 도시의 복잡한 환경에서 벗어나 고요함과 평화로움을 즐기고자 하는 이들에게 인기있는 휴양지로 여겨지는 곳이다. 흑림의 자연과 경관을 제공하며, 다양한 등산로와 자전거 길을 통해 접근할 수 있는 곳이다. 또한 브라이트나우는 독특한 목조 건축물과 농장들로 유명하다. 목가적인 풍경과 역사 문화를 체험할 수 있다. 높은 고도 때문에 여름에는 시원하고 겨울에는 제법 추운 편이며, 눈이 자주 내려 스키나 스노우보드 같은 겨울 레포츠에 적합한 기후을 갖고 있다.

브라이트나우는 블랙 포레스트의 자연을 기반으로 기후위기 대응 에너지 자립과 지속가능 지역사회 전환을 실천하는 마을공동체이다 ('23. 9).

목초지와 경작지가 한 눈에 들어오는 전형적인 농촌이자 산촌마을인 이곳에 약 750세대, 1,750여 명 주민이 거주하며, 주로 임업과 목축업에 종사한다.[34] 마을 전체면적은 약 44km^{2}이며, 완만한 구릉지에 넓게 펼쳐진 아름다운 마을 경관을 소유하고 있다.

목가적이고 전원적인 이 마을에서 스스로 에너지를 해결하고자 한 시민 프로젝트를 처음 논의했을 때는 지금으로부터 약 14년 전인 2010년의 일이었다. 2011년 3월 후쿠시마의 원전 참사가 동기가 되었던 독일의 에너지 전환이 시작되기도 전이었다. 2010년 4월, 브라이트나우 지방의회의 '바이오에너지 마을' 참여결정 이후, 이듬해 지역사회 협력을 통한 에너지 협동조합 BreitnauEnergie eG을 설립하였다.[35] 바이오에너지 마을의 충족 조건인 전체 공동체의 전력 생산이 수요의 100% 이상, 건물 난방에 필요한 열의 최소 50%가 재생에너지원에서 생성되는 조건이 가능하였기에 브라이트나우에서 시민 프로젝트로 에너지 전환을 시작했다.

연간 4,800MWh의 열과 3,200MWh의 전기를 자체 생산할 수 있는 시스템을 만들었으며 이는 마을 소비량의 230% 전력과 열 수요의 65%를 마을 내 자원을 통해 얻을 수 있는 구조였다. 그리고 2013년부터는 지역난방 네트워크를 구축하였다. 브라이트나우는 2019년 12월에 '미래 지방자치단체'로 지정되었으며, 이후 지속적인 투자와 관리를 통해 지금은 마을의 자체 소비량 기준으로 270%의 전력과 80%의 열에너지를 생산하는 시스템을 운영 중이다.[36]

| 바이오 에너지와 지역난방 |

브라이트나우 마을에는 주변 경관과 조화를 이루며 숲 속에 자리잡은 열병합발전소가 있다. 이 발전소는 2023년 여름 동안 리모델링을 통해 설비를 현대화하였다.

마치 자연의 숲 속에 있는 오두막 같은 브라이트나우 협동조합의 열병합발전소(CHP)

브라이트나우 열병합발전소는 열 출력 659kW/th, 전기 출력 527kW/el의 성능을 갖추고 있으며, 바이오가스를 주요 연료로 사용한다. 보조 연료로는 우드칩을 활용할 수 있도록 설계되어, 에너지 생산의 안정성과 지속 가능성을 동시에 고려하고 있다. 발전소는 브라이트 에너지 협동조합에서 운영하며, 지역 주민들이 주체적으로 참여하는 협동조합 모델을 통해 에너지 자립과 지역경제 활성화에 기여하고 있다.

열병합발전기(CHP)를 설명하는 토마스 이사
(용량 659kW/열, 527kW/전기, 무게 8톤, 크기 4.7m×1.8m×2.3m)

좌: 우드칩 보관창고에서 보일러로 이송하는 스크류 컨베이어 장치
우: 건물밖에서 발전소로 연결되는 바이오가스 연결 배관

좌: 우드칩보일러, 동절기열병합발전기 보조수단으로 사용
(용량 500kW/열)
우: 우드칩 연소 중인 모습

열병합발전소에 공급되는 바이오가스는 마을 내에 위치하는 시몬 바이오에너지 회사에서 생산된다. 이 회사는 축분, 옥수수대와 같은 농축산 폐기물 및 음식물 쓰레기 등을 원료로 바이오가스를 생산하며, 지역 자원을 활용한 에너지 생산의 중심적 역할을 한다. 그러나 바이오가스 수급이 시몬 바이오에너지 회사의 생산량에 따라 좌우되기 때문에, 발전소로의 공급이 불규칙적일 수 있다. 이러한 공급 불안을 보완하기 위해 우드칩이 보조 연료로 사용되고 있다.[37]

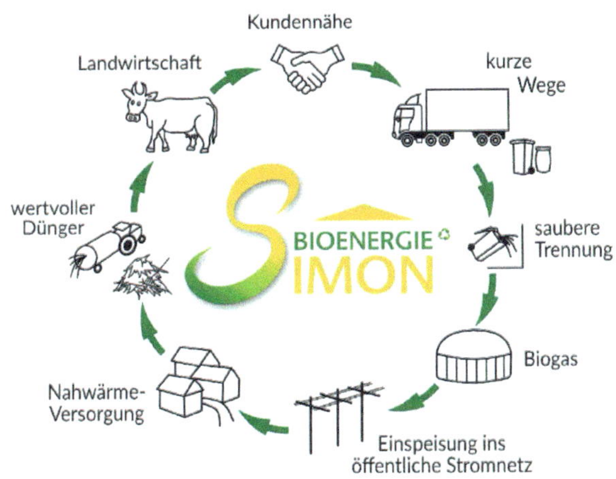

Simon사의 바이오에너지 생산과 순환 구조[5]

브라이트나우 바이오가스 설비

바이오가스 발효조

브라이트나우 에너지 협동조합의 토마스 이사는 최근 바이오가스 공급의 불안정성을 지적하며, 협동조합이 수급 문제로 어려움을 겪고 있다고 한다. 이는 바이오가스 회사에서 생산과 배분량을 독립적으로 결정하기 때문으로, 이에 따라 발전소의 우드칩 사용량이 점차 증가하고 있다고 덧붙였다.[37] 이 같은 상황은 재생에너지 시스템의 안정성을 유지하기 위한 지역사회의 협력과 추가적인 대책의 필요성을 보여준다.

| 지역난방 |

브라이트나우 마을의 전력과 열은 효율적으로 분배되며, 지역 에너지 자립을 실현하는 시스템으로 자리 잡고 있다. 전력은 공공 전력망에 공급되며, 열은 6.1km 길이의 지역난방 네트워크를 통해 마을 주택에 분배된다.

지역난방 시스템은 2012년 4월 협동조합 자체 난방센터와 일부 네트워크의 시운전을 시작으로, 2013년 4월부터 본격적으로 운영되고 있다. 브라이트나우는 44km^{2}의 넓은 면적에 산발적으로 분포된 토지 이용 패턴을 보이기 때문에 열 공급망의 확장이 어려움을 겪고 있다. 이에 따라 에너지 협동조합은 열 공급을 특정 범위 내의 인근 지역으로 제한하여 운영하고 있다. 지역난방 센터는 브라이트나우의 레오호프 Leohof에 위치하며, 이곳에서 각 주택으로 연결되는 난방 파이프라인은 본선과 지선으로 구성된다.

지역난방 현황을 네트워크 지도와 열공급 실시간 프로그램을 통해 확인할 수 있다 ('23. 9).

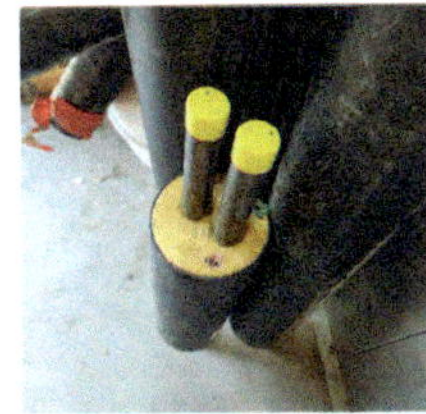

지역난방을 위한 배관에는 두 개의 내부 온수관을 감싸는 보온을 위한 피복장치가 되어 있다 ('23. 9).

레오호프에서 마을 중심도로까지 이어지는 본선은 총 4.59km이며, 마을 중심부에서 개별 주택으로 연결되는 지선은 총 2.01km 길이로 구성되어 있다. 파이프라인 네트워크는 3,000kW의 난방 용량과 연간 6만 kWh의 열 출력을 제공하도록 설계되었다. 열전도에 사용되는 온수는 특수 단열재로 보호된 두 개의 강관을 통해 순환하며, 이 단열재에는 이상 감지 시스템이 통합되어 있어 문제가 발생하면 즉각적인 점검과 수리가 가능하다.

현재 지역난방망 연결률은 약 84%에 달하며, 열병합발전소에서 생성된 전기 에너지는 브라이트나우 협동조합이 완전히 판매하거나, 재생에너지원법 EEG 2012에 따라 공공 전력망에 공급되어 추가적인 지원을 받고 있다. 이러한 통합 에너지 관리 시스템은 브라이트나우 마을이 지속가능한 에너지 자립과 효율성을 실현하는 데 기여한다.

| 마을공동체와 협동조합 BreitnauEnergie eG |

브라이트나우는 2010년 남부 검은 숲 바이오에너지 지역 실무그룹 Southern Black Forest Bioenergy Region Working Group Plus 이니셔티브의 제3차 포럼에 참여한 14개 자치단체 중 5개 우수 지역 중 하나로 선정되었다. 이 마을의 목표는 열 공급의 50%와 전력 공급의 100% 이상을 재생에너지로 충당하고, 시민 참여를 기반으로 한 바이오에너지 마을로 인정받는 것이었다. 당시 브라이트나우는 이미 마을 전력 소비량의 약 150%를 태양광, 수력, 풍력 등 재생 가능한 자원에서 생산하며 기준의 일부를 충족했지만, 열에너지 부문은 수요량의 50% 미만의 생산으로 바이오 에너지 마을의 기준에 모자랐다.

2010년 4월부터 7월까지 약 130명의 열 소비자를 대상으로 한 초기 데이터 수집과 요구 사항 평가가 진행되었으며, 이를 바탕으로 "지역 열 공급" 프로젝트가 구체화되었다. 실무그룹은 지역 열 공급의 실현 가능성을 높이기 위해 추가적인 데이터와 분석을 수행했다. 이후 2011년 4월 14일, 시민들에게 실무 그룹의 작업 현황을 알리고 협동조합 모델을 소개하는 정보 행사가 열렸다. 이 과정에서 후쿠시마 원전 사고와 독일의 에너지 전환 정책은 프로젝트에 강력한 추진력을 제공했다.

지역난방 실현을 위한 협력모델은 시민들의 참여 의지에 따라 성공 여부가 결정되는 것인 만큼 긴 준비 기간 속에 집중적인 노력을 통해, 바덴뷔르템부르크 협동조합 협회의 승인을 거쳐 2011년 10월 18일에 브라이트나우 에너지 협동조합 BreitnauEnergie eG이라는 이름으로 협동조합이 설립되었다. 창립총회에서 79명의 시민이 협동조합 주식을 청약하며 지역 에너지 자립의 기반을 마련했다. 이후 협동조합은 지역난방 네트워크와 난방 센터 건설을 중심으로 지역 에너지 공급 체계를 획기적으로 변화시켰다.

현재 브라이트나우 에너지 협동조합은 141명의 회원으로 구성되어 있으며, 6.77km의 지역난방 네트워크를 통해 220가구와 25개의 공공 난방 시설에 열을 공급하고 있다. 이 시스템은 주택, 호텔, 상업 시설 등 다양한 건물에서 연간 약 3,000톤의 이산화탄소 배출을 방지하는 효과를 거두고 있다.[35, 38] 협동조합의 순투자액은 약 350만 유로에 이르며, 이를 통해 지역 에너지 공급과 시민 참여를 한층 강화했다.

지붕 태양광은 독일 내 다른 바이오에너지 커뮤니티와 마찬가지로, 개별 에너지 생산을 통해 통합된 자립 에너지 체계의 핵심 요소로 기능한다 ('23. 9).

2020년, 바덴-뷔르템베르크 기후 보호 및 에너지 기관의 분석에 따르면, 브라이트나우는 교통을 포함한 모든 에너지원을 고려했을 때 82~84%의 에너지 자급률을 달성한 것으로 평가되었다. 이는 지역 사회와 협동조합의 지속적인 노력의 성과로, 브라이트나우는 이미 독일의 에너지 자립 마을의 바람직한 사례로 자리매김했다. 브라이트나우 에너지 협동조합은 향후 지역난방 네트워크와 재생에너지 시스템을 확장하여 에너지 자급률을 더욱 높이는 것을 목표로 하고 있다. 지속 가능한 에너지 전환의 성공

스토리를 기반으로, 브라이트나우는 지역 경제 활성화와 환경 보전에 기여하며 기후위기 대응의 선도적인 역할을 수행하고 있다.

| 브라이트나우의 시사 |

브라이트나우는 독일의 전형적인 농촌마을에서 바이오에너지를 중심으로 에너지 자립과 탄소중립을 실현한 전환마을이다. 이 마을은 지역 자원을 활용한 에너지 시스템 구축과 지역주민들의 적극적인 참여가 어떻게 기후위기 시대에 실질적인 변화를 이끌어낼 수 있는지를 암시하고 있다. 바이오에너지 활용, 지역난방 시스템, 협동조합 운영, 그리고 정책적 지원이 결합될 때 기후위기 시대에 효과적인 지역 에너지 모델을 실현할 수 있음을 보여준다.

먼저, 브라이트나우는 농축산 폐기물을 활용하여 바이오가스를 생산하고 이를 열병합발전소의 주요 연료로 사용한다. 지역 자원을 활용하여 연간 전력 소비량의 270%, 열 수요의 80%를 충당하며, 화석연료 의존도를 줄이는 동시에 지역 자원의 효율적인 순환을 가능하게 했다. 또한, 바이오가스 공급의 불규칙성을 보완하기 위해 우드칩을 보조 연료로 사용하는 방식은 에너지 시스템의 안정성과 지속가능성을 보완하는 방식으로 적용된다.

지역난방 시스템은 약 6.77km에 달하는 파이프라인을 통해 220가구와 공공 시설에 열을 공급하며, 연간 약 3,000톤의 이산화탄소 배출을 저감하고 있다. 브라이트나우의 성공은 무엇보다도 주민들의 적극적인 참여와 협력에서 비롯되었다. 주민들이 설립한 브라이트나우 에너지 협동조합은 지역 에너지 전환의 주체로서 열병합발전소와 지역난방 네트워크의 구축과 운영을 주도했다.

결론적으로, 브라이트나우 마을은 바이오에너지를 중심으로 한 지역 에너지 전환이 어떻게 기후위기 대응과 지속 가능한 발전의 실질적 성과를 낼 수 있는 방안을 알려 주고 있다.

라우센베르크 Rauschenberg

기후자치단체 동맹 참여한 최초의 바이오 에너지 도시

라우센베르크 마을입구

독일 헤센주의 북부, 마르부르크-비덴코프 지역에 자리한 작은 마을 라우센베르크, 이곳은 단순한 전원 도시가 아니다. 유럽의 많은 마을들이 지속가능성을 외치며 변화의 길을 모색하고 있을 때, 기후 자치단체동맹 Climate Alliance of Municipalities에 참여한 최초의 바이오에너지 도시로서 독보적인 길을 개척했다.

라우센베르크는 코어시티 Core City를 중심으로, 알브스하우젠, 브라흐트, 에른스트하우젠, 요스바흐, 슈바벤도르프, 볼프스카우트 등 6개의 작은 마을과 함께 하나의 공동체를 형성하고 있다. 이곳은 단순히 행정적 경계를 넘어, 자연과 공존하는 지속가능한 마을 공동체로 발전해왔다. 마을의 중심부는 우라탈 Wohratal과 키르히하인 Kirchhain사이의 구릉지대에 자리잡고 있다. 끝없이 이어지는 초원과 들판, 울창한 숲이 그림처럼 펼쳐지며, 언덕 위에는 13세기 초의 성터와 중세 성벽이 그 자취를 남기고 있다. 또, 1520년대에 세워진 고풍스러운 마을 교회와 반목조주택은 독일 전통 마을의 정취를 고스란히 간직하고 있다.

현재 약 4,600명의 주민이 거주하며, 이 중 1,800여 명이 코어시티에 살고 있다. 라우센베르크는 지속가능한 미래를 위해 '지역 중심의 에너지 전환'을 가장 먼저 실천한 바이오에너지 선구 마을이라는 점에서 의미가 있으며, 이 마을이 어떻게 기후 자치단체 동맹에 참여했으며, 바이오에너지 도시로 전환할 수 있었는지를 살펴보면, 탄소중립과 지속가능한 미래를 향한 유럽 마을 공동체의 진화된 모델을 확인할 수 있다.

라우센베르크는 독일 내 기후자치단체 동맹에 참여한 최초의 바이오에너지 마을로, 에너지 자립과 전환사회로의 방향성을 제시하고 있다.('23. 8)

| 기후보호와 적응을 위한 동맹 |

라우센베르크는 기후변화 대응과 에너지 전환의 최전선에 선 마을이다. 2022년 4월, 라우센베르크는 아모네부르크, 키르히하인, 노이슈타트, 볼라탈과 함께 기후보호를 위한 지방자치단체 간 협력 계약을 체결했다.[39] 이는 단순한 협력 선언이 아니라, 에너지 전환과 탄소중립을 위한 공동 행동 전략을 구축하는 중요한 이정표였다.

이 협정의 핵심은 기후보호 활동의 통합과 에너지 전환의 체계적 추진이다. 이를 위해 지방자치단체 간 기후보호 관리기구가 키르히하인 시에 설치되었으며, 5개 자치단체는 기후 적응과 온실가스 감축 목표를 보다 체계적으로 실행할 수 있는 기반을 마련했다. 라우센베르크는 헤센주 기후 자치단체동맹의 일원으로 합류했으며, 이는 기후변화 대응을 위한 적극적인 실천을 의미한다.

바이오에너지 도시로서 이미 지속가능한 에너지 모델을 구축해온 라우센베르크가 기후 자치단체 연합에 가입한 것은 필연적인 선택이었다. 이를 통해 다른 기후 선도 마을들과의 네트워크를 형성하고, 전문가 및 교육 프로그램에 참여하며, 정책 자문 및 기술 지원을 받을 수 있는 기회를 얻게 되었다. 특히, 헤센 주정부 환경부의 기후촉진 프로그램을 통한 자금 지원은 기후 정책을 실현하는 데 있어 추진 동력이 되고 있다.

이 기후동맹에 가입하기 위해서는 명확한 기후 전략이 필요했다. 카셀Kassel의 기후 및 에너지 효율 기관이 작성한 '도시 기후보호 개념' Climate Protection Concept을 제출하여, 기후 정책의 기반을 체계적으로 정리했다. 계획 수립의 수준을 넘어, 라우센베르크는 기후변화 적응과 탄소중립을 달성하기 위한 실행 단계에 돌입했다. 지역 전문가 및 포럼과 협력하며 2040년까지 기후 중립을 실현하기 위한 추가 조치를 설계하였으며, 기후보호 관리기금을 활용해 아모네부르크, 키르히하인, 노이슈타트, 볼라탈과 공동으로 예산을 조달하는 기후보호 관리자 2명을 배치할 계획이다.[39]

기후위기에 대한 대응은 단순한 기술적 해결이 아니다. 라우센베르크는 지역 단위에서 실질적인 기후 정책을 실행하는 모델을 구축하고 있으며, 단독이 아닌 '협력'이라는 방식으로 지속가능한 미래를 설계하고 있다. 이는 기후중립을 향한 독일 지역사회들의 '연대 기반 에너지전환 모델'의 사례로 주목받을 잠재성이 있다.

| 바람 에너지 |

라우센베르크는 재생에너지법 EEG의 지원 아래, 에너지 자립을 실현한 마을이며, 이곳에서 재생에너지로 생산된 총 전력량은 연간 약 3,600만 kWh에 이르며, 이는 마을 전체 소비량의 330%를 초과하는 발전율을 기록한 수치다. 결과적으로, 라우센베르크는 독일의 2030년까지 80% 및 2035년 100% 국가 재생에너지 목표를 이미 여러 차례 초과 달성한 지역이 되었다.

라우센베르크 풍력발전기 전력량은 터빈 10대에서 2,100만kWh가 생산되며, 마을 뒤편 숲 언덕에 위치한다 ('23. 8).

특히, 이곳에서 생산되는 재생에너지 중 큰 비중을 차지하는 것은 풍력발전이다. 현재 운영되는 10기의 풍력 터빈이 연간 약 2,100만 kWh의 전력을 생산하며, 이는 전체 발전량의 절반 이상을 차지한다. 풍력에 이어

1,200만 kWh의 발전량을 기록하는 바이오매스 발전, 그리고 290만 kWh를 공급하는 태양광 발전 시스템이 뒤를 따른다.

무엇보다도 주목할 점은, 라우센베르크가 지역 내 전력 수요를 초과 생산하며, 이를 외부에 공급할 수 있는 구조를 갖추었다는 것이다. 더욱이, 이러한 탄소중립형 발전 시스템은 연간 약 13,445톤의 CO_2 배출을 감소시키는 효과를 거두었으며, 이는 기존 화석연료 기반의 전력 생산 방식과 비교했을 때 상당한 온실가스 감축 성과를 보여준다.

| 바이오 에너지 |

라우센베르크의 바이오에너지 시스템은 바이오가스와 우드칩 기반의 열병합 발전으로 구성된다. 두 개의 독립적인 생산 설비가 마을 내 서로 다른 장소에서 운영되며, 생산된 전기는 국가 전력망 Grid에 공급되고, 여기에서 발생하는 폐열은 마을 난방 시스템을 가동하는 에너지원으로 활용된다.

피데뮐레 바이오가스 플랜트

특히, 바이오가스 플랜트와 우드칩 가열 플랜트가 조화를 이루며, 전력과 열에너지를 동시에 생산하는 고효율 시스템을 구축하고 있다. 라우센베르크의 바이오가스 에너지는 코어시티에서 동북쪽으로 2.2km 떨어진 피데뮐레 Fiddemuhle 바이오가스 플랜트에서 생산된다. 이곳에서는 사일리지 옥수수, 가축 분뇨, 우드칩 등을 활용해 2,000kWel의 전력 와 2,200kWth의 열에너지를 생산한다.[40] 바이오가스 플랜트에서 발생하는 폐열은 지역난방 네트워크를 통해 마을 곳곳에 공급되며, 이를 통해 난방에 필요한 화석연료 소비를 대폭 줄였다.

라우센베르크 지역난방 협동조합의 우드칩 플랜트, 추가 재생 열원으로 최신 바이오매스 기술을 적용하여 지속가능 에너지 공급을 강화한 설비가 구축되었다.

2019년, 라우센베르크 코어시티 내에 새로운 우드칩 기반 난방 설비가 가동되기 시작했다. 이 설비는 연간 1,600kWh의 열에너지를 생산하며, 바이오가스 플랜트에서 생산된 열과 함께 지역 난방 네트워크를 통해 주택과 공공건물에 공급된다. 이러한 협력적 난방 네트워크는 개별 건물 난방보다 에너지 효율이 높으며, 탄소 배출을 줄이면서도 안정적인 난방 공급이 가능하다는 장점이 있다.

라우센베르크는 열병합 발전소를 통해 마을 내 연간 전력 수요의 106%를 자체 공급하며, 열 수요의 45%를 바이오에너지로 충당하고 있다. 나머지 열에너지는 지역 내 다른 재생에너지 설비(태양열, 지열 등)와 연계하여 추가적으로 보완된다. 이와 동시에, 풍력 및 태양광 발전소가 함께 운영되며, 단일 에너지원에 의존하지 않는 종합적인 재생에너지 시스템을 구축하고 있다.

라우센베르크 우드칩 바이오에너지 생산 내부 설비 ('23. 8)

친환경 비료로 활용되는 바이오에너지 생산 잔재물 ('23. 8)

라우센베르크는 2040년까지 열과 전기 공급의 100%를 재생에너지로 충당한다는 목표를 세웠다. 이 목표의 핵심은 지역적으로 지속가능한 바이오매스를 활용한 바이오에너지이며, 이는 마을의 기후중립 전략에서 중요한 역할을 차지하고 있다.

2020년 기준, 라우센베르크는 지역난방 네트워크를 통해 500만 kWh의 열에너지를 공급했으며, 이는 약 65만 리터의 난방유 소비를 대체하는 효과를 거두었다. 2019년 한 해 동안 라우센베르크의 지역난방 시스템은 약 50만 유로(한화 약 7억 2천만원 상당) 이상의 매출을 올렸으며, 더욱 주목할 점은 열에너지 가격이 5년 연속 안정세를 유지했다는 사실이다. 화석연료 시장의 가격 변동성이 커지는 가운데, 지역 기반의 재생에너지가 얼마나 안정적이고 경제적인 에너지원이 될 수 있는지를 보여주는 중요한 사례다. 라우센베르크 지역난방 협동조합의 창립자 중 한 명인 위르겐 댐 Jurgen Damm은 이 프로젝트를 "독특한 성공 사례"라고 평가한다. 그는 협

동조합의 창립 배경에 대해 이렇게 설명한다.[39]

"우리는 피데뷜레 바이오가스 플랜트와 지역의 우드칩으로 운영되는 난방 플랜트의 열이 라우센베르크 주거용 건물, 도시 자산 및 상업용 부동산에 사용될 수 있는지 확인하고 싶었고 이러한 목표는 완전히 달성되었습니다."

에너지의 생산과 소비가 지역 내부에서 순환하며, 주민들이 직접 에너지를 생산하고 이용하는 구조는 중앙 집중식 에너지 시스템이 가진 한계를 극복하는 중요한 대안으로 작용하고 있다. 라우센베르크의 사례는 재생에너지 전환이 경제적으로도 지속 가능할 수 있으며, 안정적인 에너지 공급을 통해 지역 공동체의 회복력 resilience을 높일 수 있음을 보여준다. 2040년까지 100% 재생에너지를 달성하려는 이 마을의 도전은 기후위기 시대, 지역 단위에서 실질적인 에너지 전환의 실현을 잘 보여주는 모델이라 할 수 있다.

| 지역난방과 협동조합 |

바이오에너지 도시인 라우센베르크의 재생에너지 전력생산과 더불어 중요한 목표는 재생 가능한 원료로 지역난방을 연결하는 것이었다. 여기서 중요한 점은 지역난방 협동조합 시민들의 자발적인 참여와 이니셔티브였다. 코어시티의 지역난방 협동조합은 주민들에 의해 2014년 7월에 설립되었다. 당초 협동조합의 목표는 라우센베르크 시에서 가능한 한 포괄적인 지역난방 네트워크를 구축하여 앞으로 수십 년 동안 저렴하고 환경 친화적인 지역난방을 제공하는 것이었다.

라우센베르크 코어시티에는 약 540개의 주거용 건물이 있다. 2020년 초까지 170개의 주거용 건물에 지역난방이 공급되었는데 라우센베르크 시청의 건물이 200번째로 지역난방에 연결되었다. 현재 주거용 건물의 30% 이상이 전력망으로부터 열을 공급받고 있다.[39] 2019년에는 13개 상업용 부동산과 17개 기관이 지역난방의 열을 공급받았는데 여기에는 초등학교, 체육관 등 구 소유시설과 건물 마당을 포함한 모든 공공건물이 포함되었다.

지역난방 협동조합의 2층은 최근 개설된 지역센터 시설이 있다 ('23. 8).

2023년 현재, 220개 이상의 개별 가구와 공공기관, 상점, 기업 등이 지역난방 네트워크에 연결되어 있다. 라우센베르크 코어시티 가구의 32%가 지역난방 네트워크에 연결되어 있다. 코어시티에서 지역난방 협동조합은 15km의 배관 라인으로 지역난방 네트워크를 운영한다. 주택 소유자들에게 있어서, 화석연료에서 지역난방으로 전환하는 것은 매우 유의미한 가치를 가져다 준다. 에너지 절약 조례에 따라 30년 이상된 석유 및 가스 난방 시스템을 교체해야 할 의무가 있기 때문이다. 그리고 지역난방 네트워크에 연결된 경우 에너지 효율적인 개선에 대한 보조금을 받을 수 있다.

라우센베르크 지역난방 협동조합 ('23. 8)

라우센베르크의 구시가지와 슈바벤도르프 방향의 도시 경계까지 배관라인 공급망이 확장됨에 따라 더 많은 가구와 주택 소유자가 지역난방의 혜택을 받을 수 있는 기회를 갖게 되었다. 지역난방 네트워크, 우드칩 난방 설비 및 풍력터빈은 지역주민이 공동 소유하고 있다. 지역공동체에서 바이오에너지 및 기타 재생에너지의 생산자 및 사용자 역할을 한다. 광범위한 시민 참여와 함께 재생에너지의 생성 및 사용에 있어 높은 실적을 보유한 라우센베르크는 독일에서 제1의 바이오 에너지 도시로서의 입지를 매우 강조한다.[41]

라우센베르크가 지역난방 및 바이오에너지 분야의 선구자 중 하나라는 사실은 지방자치단체 내에서 네트워크를 운영하고 회원들에게 1년 365일 안정적으로 열을 공급하는 3개의 지역난방 협동조합에 기인한다.

[라우센베르크 에너지 협동조합에서 조합원들에게 알리는 글]

우리는 앞으로 수년 동안 저렴한 난방을 제공할 수 있는 지역 난방 네트워크를 라우센베르크에 구축하고 있습니다. 이를 통해 우리는 끊임없이 증가하는 석유 비용의 소용돌이에서 독립할 수 있습니다. 난방 비용은 더욱 투명해지고 미래 비용 예측은 훨씬 더 신뢰할 수 있게 됩니다. 우리의 난방비에 대해서는 누구도 결정하지 않을 것이며 우리 동지들도 결정할 것입니다. 그러나 오늘 우리는 이로부터 혜택을 받을 뿐만 아니라, 우리의 자녀와 손주들도 오늘 용기 있게 행동하고 선견지명을 갖고 행동한 것에 대해 감사할 것입니다.

이 협동조합은 2014년 7월 23일 라우센베르크에서 설립되었으며 라우센베르크의 깨끗하고 환경 친화적인 에너지 생산에 대한 광범위한 시민 참여를 위한 법적 틀을 형성합니다.

시민 협동조합으로 조직되어, 구성원들의 성공적이고 자발적인 노력이 모든 곳에서 큰 인기를 얻고 있다. 도시 중심부에 위치한 지역난방 라우센베르크 지역난방 협동조합은 창립 10주년을 앞두고 있다. 15km가 넘는 지역난방 배관, 우드칩 난방 시설 및 피크 부하 보일러를 갖춘 라우센베르크의 지역난방은 라우센베르크에서 가장 큰 지역난방 협동조합이다. 220개 이상의 주택 열난방 네트워크를 연결하였으며 209명의 회원을 보유하고 있다. 국영개발 은행 KfW[80]과 연방 경제수출통제청 Bafa[81]의 보조금은 특히 오래된 난방유 및 가스 시스템을 지역난방으로 전환하는 데 큰 도움이 되었다. 매년 지역난방에 관심이 있는 사람들이 늘어나고 있으며, 비싸고 비경제적인 난방 시스템을 없애고 지속 가능한 지역난방으로 전환할 요구가 증가되고 있다.

| 지역난방의 선도마을, 요스바흐 Josbach |

요스바흐는 라우센베르크 행정구역 내에서 가장 오래된 지역난방 시스템을 운영하는 마을이다. 요스바흐와 슈바벤도르프 지역의 바이오가스 플랜트에서 생산된 열은 협력적인 지역난방 네트워크를 통해 가정으로 직접 공급되며, 약 40개 주택이 이 시스템을 통해 안정적으로 열 에너지를 공

요스바흐 마을입구

80) KfW(Kreditanstalt für Wiederaufbau)는 독일의 국영개발 은행으로, 환경 보호, 에너지 효율 향상, 지속 가능한 경제 개발 및 국제 개발 협력을 위한 프로젝트와 프로그램을 지원한다.

81) BAFA (Bundesamt für Wirtschaft und Ausfuhrkontrolle)는 독일의 "연방 경제 및 수출 통제청"으로, 에너지 시장의 개방, 에너지 통계, 에너지 효율 및 재생에너지 프로그램과 같은 이슈를 포함한 업무를 담당한다.

급받고 있다.[42] 규모로 보면 라우센베르크의 세 개 난방 네트워크 중 가장 작은 단위이지만, 이곳에서 구축된 시스템과 시행착오의 경험은 이후 설립된 다른 협동조합에 실질적인 도움을 제공했다.

2010년에 설립된 요스바흐 지역난방 협동조합은 라우센베르크 내에서 가장 오래된 조직이자, 바이오에너지 기반 지역난방 시스템 구축의 선구적인 모델로 평가받고 있다. 이곳의 지역난방 시스템이 주는 가장 큰 변화는 주민들의 생활방식 자체가 변했다는 점이다. 과거에는 개별 가정이 보일러와 탱크를 통해 화석연료를 직접 저장하고 연소하여 열을 생산해야 했다. 하지만 이제는 네트워크를 통해 깨끗하고 안정적인 열을 공급받을 수 있게 되면서, 보일러 유지보수의 부담이 사라지고, 기름 탱크가 차지하던 공간도 여유롭게 활용할 수 있게 되었다.

요스바흐 마을에는 약 370명의 주민이 거주하고 있으며, B3 도로에 접해 있다.

주목할 점은, 지난 몇 년 동안 요스바흐의 지역난방 시스템이 단 한 번도 공급 중단을 경험하지 않았다는 사실이다. 이는 지역난방 네트워크가 에너지 안정성을 강화하는 실질적인 대안이 될 수 있음을 보여준다. 기름

보일러를 사용할 때보다 난방 효율성이 높고, 장기적으로 유지보수 비용이 절감되는 효과도 확인되었다.

요스바흐의 사례는 소규모 마을의 지역난방 네트워크 구축이 실험적인 프로젝트가 아니라, 지속가능한 에너지 전환의 실질적인 해결책이 될 수 있음을 증명하는 중요한 사례다. 주민들은 안정적인 열 공급을 받는 동시에, 화석연료 의존도를 줄이며 기후 친화적인 에너지 시스템을 실천하고 있다.

| 80가구의 지역난방, 슈바벤도르프 |

슈바벤도르프 지역난방 협동조합은 2013년에 설립되었으며, 현재 약 80가구가 연결망을 이용하고 있다. 초기에 지역난방 공급에 대한 회의적인 시각도 있었으나, 많은 토론을 통해서 마을 사람들을 설득하고 참여하고 있다고 한다.

요스바흐 바이오가스 플랜트의 재생에너지원

지역난방의 공급은 원활하게 이루어지고 있으며, 조합원들의 업무 성과와 가격 안정성에 매우 만족하고 있다.

슈바벤도르프 마을에는 약 510명의 주민이 거주하며, 시내 중심부에서 3km 정도 떨어져 있다. ('23. 8)

슈바벤도르프 마을은 지역난방을 통해 매년 8만~10만리터의 난방유가 절약된다고 한다. 슈바벤도르프 또한 라우센베르크 행정구역 내에서 지역난방 협동조합을 원활히 운영하는 마을 중 하나다. 2013년 설립된 슈바벤도르프 지역난방 협동조합은 현재 약 80가구가 연결망을 통해 열에너지를 공급받고 있으며, 지역기반의 에너지자립 모델을 실현하는 데 중요한 역할을 하고 있다. 초기에는 지역난방 시스템에 대한 회의적인 시각도 존재했다. 개별 보일러를 사용하는 기존 방식에 익숙한 주민들은 공동 난방 시스템이 얼마나 효율적이고 경제적인지에 대해 확신하지 못했다. 하지만 협동조합이 적극적으로 나서 공청회와 주민 토론을 통해 장기적인 경제성과 친환경적 효과를 설명하며 점진적으로 참여를 이끌어냈다. 그 결과, 현재 슈바벤도르프에서는 안정적인 지역난방 공급이 이루어지고 있으며, 조합원들은 높은 업무 성과와 난방 비용 안정성에 대해 큰 만족감을 보이고 있다.

이러한 지역난방 시스템 도입의 가장 큰 성과 중 하나는 화석연료 소비 절감 효과다. 마을 전체적으로 매년 약 8만~10만 리터의 난방유가 절약되고 있으며, 이는 슈바벤도르프가 지속가능한 에너지 전환을 실현하는 마을로 자리 잡게 된 중요한 이유다. 협동조합을 중심으로 운영되는 이 모델은 난방비 절감, 연료 가격 변동성 감소, 공급의 안정성 확보, 탄소 배출 저감이라는 네 가지 측면에서 실질적인 성과를 거두고 있다. 이곳의 사례는 라우센베르크, 요스바흐와 함께 협력적인 지역 에너지 모델을 구축하는 과정에서 시사하는 바가 크며, 협동조합 방식의 에너지 전환이 어떻게 실현될 수 있는지를 보여주는 마을공동체 사례라고 하겠다.

| 독일의 천연가스 열긴급 지원법(EWSG)[3] |

연방 관보(BGBL Ip. 2035, 2051) 게재를 통해 2022년 11월 19일 발효된 천연가스 열긴급 지원법은 2022년 12월 열난방 고객에게 일회성 재정적 지원을 제공한다. 협동조합에서는 회원들에게 재정적 구제에 대한 세부사항을 가능한 가장 이해하기 쉬운 형식으로 설명할 의무를 이행하고 있다.

이 법의 목적은 2022년 12월 독일 연방 공화국의 보상금 지급을 통해 모든 열난방 고객에게 재정적 구제를 제공하는 것이다. 이러한 이유로 지역난방 라우센베르크 협동조합은 2022년 12월 모든 고객으로부터 합의된 월별 선불금 징수를 유보했다. 협동조합은 12월에 보상금을 받을 수 있도록 주거래은행을 통해 감사 회사에 세부 신청서를 제출했다.

펠트하임 Bahnstadt

'99%를 나누고, 나머지 1%로 살아가는 전환마을의 메카'

펠트하임 마을 입구 ('23. 8)

이곳은 독일 브란덴부르크 주 트로이엔브리첸 시에 위치한 작은 농촌 마을로, 베를린 국제공항에서 남서쪽으로 약 80km 떨어져 있다. 옛 동독 지역에 자리한 이 마을은 33가구, 약 140명의 주민이 거주하며, 대부분이 농업에 종사한다.[43]

특히, 펠트하임은 주민들이 사용하는 모든 전기와 난방을 태양광, 풍력, 바이오가스 등 100% 재생에너지로 충당하는 것은 물론 잉여 생산의 공급량으로도 유명하다. 이 마을은 인구 대비 재생에너지 생산량이 가장 높은 곳으로, 독일뿐만 아니라 전 세계적으로 에너지 전환에 성공한 대표적인 사례로 손꼽힌다.[44] 마을에서 재생 에너지 생산을 시작한 계기는 석유 등 원자재 가격의 변동성, 원자력의 안정성 문제, 그리고 지역 일자리 창출에 대한 필요에서 비롯되었다. 기존의 불완전한 전력 생산 구조에서 벗어나, 에너지의 안전성과 지속 가능성을 보장하며 최대한의 독립을 확보하기 위한 전략이었다. 이러한 접근은 유럽 내 다른 전환 마을에서도 공통적으로 나타나는 특징이다.

펠트하임이 주목받는 또 다른 이유는 단순히 화석 연료 의존을 벗어나 에너지 자립을 이룬 것에 그치지 않는다. 마을은 독립적인 에너지 네트워크를 통해 국가 전력망을 경유하지 않고도 자체적으로 생산된 에너지를 우선적으로 사용하고, 잉여 전력을 외부 전력망에 판매하는 시스템을 구축했다. 이러한 운영 방식은 마을 주민들이 "진정한 에너지 독립"이라 자부하는 이유다. 펠트하임은 기후위기에 대응하기 위해 가장 적극적인 방법으로 탄소 중립을 실천하며, 다양한 에너지 생산 방식을 결합한 모델을 통해 전환마을의 가능성을 보여준다.

| 바람: 펠트하임의 에너지 원천 |

펠트하임의 주된 에너지 생산방식은 마을을 압도하는 대단위의 풍력이다. 마을을 둘러싼 풍력발전소는 이 작은 마을을 독일 내에서도 독보적인 에너지 자립의 모델로 자리매김하게 했다. 이곳에서 생산된 풍력 에너지는 마을의 에너지 수요를 훨씬 초과하며, 대부분이 판매되어 안정적인 소득원이 되고 있다.

펠트하임에 첫 번째 풍력발전기가 설치된 것은 1995년으로, 당시 대학생이었던 미카엘 라슈만이 시 정부에 풍력발전소 설치를 제안하면서 시작되었다. 그는 마을이 풍력발전에 적합한 양질의 바람 자원을 보유하고 있다는 점과 기술적 실행 가능성을 강조하며 설득했다. 특히, 국가 전력망이 마을 인근에 위치해 있어 생산된 전기를 쉽게 계통망에 연결할 수 있다는 점은 프로젝트의 성공 가능성을 크게 높였다. 이는 에너지 전환의 핵심 조건 중 하나로, 참여자들의 동기부여와 수익 구조에 직접적인 영향을 미쳤다. 펠트하임은 지역주민이 함께 참여하는 컨셉으로 주민들의 동의를 얻었으며, 시정부의 지원이 있었다. 초기에는 0.4MW급 소규모 풍력발전기

4기로 시작했지만, 지속적인 확장을 통해 현재는 2~3MW급 풍력발전기 55기가 설치되어 있다.

2024년 기준, 이 발전소들은 연간 약 250GWh의 전력을 생산하며 이는 약 55,500 가구에 공급할 수 있는 규모다. 33가구 마을에서 엄청난 양의 전기에너지를 생산하고 있는 것이다. 중요한 건, 마을에서 필요한 전력량은 1백만kWh에 불과하며 잉여량의 거의 대부분을 국가 공급망을 통해 모두 판매한다는 점이다. 여기서 생산된 전기는 베를린을 포함하여 독일 내 여러 지역으로 공급되며 모두 재생에너지라는 점이다. 펠트하임의 풍력발전 프로젝트는 재생에너지 전문 기업인 에네르기크벨레 Energiequelle GmbH의 지원으로 시작되었다. 이 회사는 마을의 풍력 자원과 자연 조건을 철저히 분석하고, 발전소 설계와 설치를 주도했다. 또한, 독립적인 전력망을 구축하여 마을이 외부 전력망에 의존하지 않고 자립적인 에너지 시스템을 운영할 수 있도록 했다. 에네르기크벨레는 초창기 직원 2명으로 시작했지만, 이후 프랑스, 핀란드, 이탈리아에 지사를 두고 200여 명의 직원을 고용하는 기업으로 성장했다.[44] 흥미롭게도, 최초로 펠트하임에 풍력발전을 제안했던 미카엘 라슈만은 현재 에네르기크벨레의 대표로서 회사의 성장을 이끌고 있다.

1995년 0.4MW급 4기에 불과하던 풍력발전기, 지금은 2~3MW급 55기로 늘어났으며, 생산량의 0.4%는 마을에서 사용하고, 나머지 99.6%는 국가 공급망을 통해 인근 대도시에 판매된다 ('23. 8)

| 햇빛: 젤터호프 솔라 파크 |

펠트하임에서 약 12km 떨어진 곳에는 과거 40년간 군사시설로 사용되었던 약 45ha 면적의 젤터호프 Selterhof기지가 있었다. 이 시설은 1994년 폐쇄된 후, 다양한 활용 방안이 논의되었다. 초기에는 기존 건물과 주유소 부지를 환경친화적으로 정화해 농지로 전환하자는 의견도 있었지만, 높은 비용과 환경적 제약으로 실행이 어려웠다. 이에 따라, 이 부지를 재생에너지 개발을 위한 태양광 발전단지로 전환하는 방안이 채택되었다. 이후 젤터호프 기지는 젤터호프 솔라파크라는 이름의 태양광 발전단지로 새롭게 태어났다. 이 발전단지는 연간 2.75GWh의 전력을 생산하며, 이는 약 600가구의 연간 전력 소비량에 해당한다. 생산된 전력은 전량 국가 전력망을 통해 판매되어 지역 경제에 기여하고 있다.

일반적인 태양광과 달리 펠트하임의 트래커는 종과 횡으로 움직이며, 자동적으로 태양의 움직임을 따르도록 설계되어 있다 ('24. 6)

젤터호프 솔라파크의 가장 큰 특징은 고정형 태양광 패널 대신, 태양 추적 시스템인 '트래커'을 도입했다는 점이다. 이 시스템은 태양의 위치에 따라 패널이 종 horizontal과 횡 vertical 방향으로 움직이며, 최대한의 태양광을 흡수하도록 설계되었다. 트래커는 고정형 패널에 비해 전력 생산 효율이 약 20~30% 더 높다. 2008년에 총 284개의 트래커가 설치되었으며, 이들에는 9,844개의 태양광 모듈이 장착되어 있다. 이 시스템은 일조량이 낮은 시간대에도 효율적인 전력 생산이 가능하며, 전반적인 발전 단지의 경제성을 높였다. 젤터호프 솔라파크는 단순한 재생 에너지 시설 이상의 의미를 가진다. 과거 군사시설이라는 폐쇄적이고 환경적으로 부담스러운 부지를 친환경 에너지 생산 단지로 전환함으로써, 부지 정화와 함께 지속 가능한 방식으로 활용해 지역의 환경적 부담을 줄였다.[47] 그리고 태양광 발전으로 생산된 전력의 판매 수익은 지역 경제에 직접적인 기여를 하고 있다.

| 바이오 에너지 |

이 마을에서 전기에너지의 생산, 분배, 그리고 운영은 분업화 되어 있다. 우선 전기에너지는 에네르기크벨레라는 회사에서 생산하며 에너지 배분과 운영은 펠트하임 에너지 유한회사 feldheim energie GmbH &Co.KG에서 관리한다. 그리고 마을에서 중요한 역할을 담당하는 주민 협동조합에서는 마을의 지역난방을 책임지고 있다.

2004년, 감자, 설탕, 우유와 같은 펠트하임의 주 농산물 가격 폭락과 에너지 가격의 급등으로 마을 주민들은 심각한 경제적 위기를 겪었다. 특히, 난방유 가격 상승으로 인한 농가의 부담이 커지면서, 주민들은 고비용의 난방유를 대체할 수 있는 대안을 모색하기 시작했다. 그 결과, 농업 부산물과 축분을 활용한 바이오에너지 생산으로 전환하게 되었다. 이 과정에서 마을 주민들의 적극적인 협력과 참여는 바이오에너지 시스템 구축의 핵심적인 원동력이 되었다.[47] 펠트하임에 필요한 열 에너지는 바이오 플랜트에서 생산되며 마을의 지역난방과 온수를 공급하는 핵심 시설이다.

» 에너지 생산과 운영구조

- 560kWh 용량의 바이오가스 설비는 농업 부산물(옥수수, 호밀)과 축분을 혼합·발효하여 메탄을 생산한다.

- 메탄은 열병합 발전기(CHP)로 보내져 전기와 열 에너지를 동시에 생산하며, 전기는 외부 전력망에 판매되고 열은 지역난방 및 돼지 축사 등에 사용된다.
- 연간 약 4GWh의 전기와 2,175MWh의 열이 생산된다.

» 자원순환 구조

- 바이오가스 원료는 1,700ha의 경작지, 350마리의 암퇘지 축사, 그리고 400마리의 젖소에서 나온 농업 부산물과 축분으로 충당된다.
- 발효 과정에서 생산된 폐기물은 다시 비료로 활용되며, 농업과 에너지 생산 간의 순환 시스템을 형성한다.

농업 부산물과 축분의 혼합과 발효과정에서 메탄이 발생하고, 이를 열병합 발전기에 보내 전기 에너지를 만들고 이때의 폐열에 의해 난방과 온수 공급이 가능해지는 구조이다. 바이오가스 생산을 위해 축분과 옥수수, 호밀 배합하는데 약 45분이 소요되며, 일일 평균 28회 진행하여 온수와 난방에너지를 공급한다. 충분한 혼합과 발효 여부가 균일한 전기를 생산하는 원동력이 된다. 발효과정에서 메탄이 나오면 배관을 타고 열병합 발전소로 가게 되고 열병합발전소로 가기 전에 압축과 수분을 제거하는 공정을 거치게 되는데 이 컨트롤 시스템을 지역민이 24시간 관리한다.

바이오가스에서 생산된 전기는 모두 판매되는데, 때때로 마을에서 전기가 필요할 때는 이를 가져와 쓸 수 있는 구조를 만들었다. 여기에서 나오는 열은 돼지 사육농장에 쓰이고 마을의 난방과 온수에 사용된다. 농부들은 감자 등 일반 작물을 재배하는 대신 현재 옥수수와 호밀을 생산하는데 이를 갈아서 축분과 함께 숙성시키면 바이오가스를 생산할 수 있는 에너지원이 되고 동시에 젖소의 사료로 사용될 수 있다. 돼지 축사 가까이의 열병합 발전시설과, 농업부산물 분쇄시설 및 보관장소, 축분 발효조, 부산물 처리시설 등으로 바이오가스 플랜트가 구성되어 있다. 열병합 발전소에서 연간 4GWh의 전기와 2,175MWh의 열이 생산된다.

바이오플랜트 발효시설 ('24. 6)

열병합발전(CHP) 시설 ('24. 6)

열 공급 시스템은 기본구조는 다른 전환마을과 유사하다. 온수를 생산하여 각 가정으로 공급하고 일정한 온도 이하로 낮아지면 탱크로 다시 돌아오는 시스템이다. 펠트하임에서는 생산된 열을 각 가구에 공급할 때 상시적 열 공급을 주민들에게 약속했고 이를 위해 백업시스템을 구축하였다. 90℃의 온수를 생산하여 각 가정으로 공급하고 두 개의 물탱크 온도가 75도 이하로 떨어지면 우드칩 보일러가 자동으로 작동되도록 하였다. 우드칩에도 불구하고 온도가 충분히 올라가지 않으면 풍력발전을 통한 파워투히트 Power to heat 시스템을 통해 온도를 올릴 수 있는 시스템을 구축했는데 이곳의 열 난방 차별성이다.

지역난방 온수 저장시설 ('23. 9)

지역난방 망은 약 3km이며 마을의 두 시설에 연결되어 주민들에게 난방과 온수를 공급하고 있다. 만약 이 망이 없었다면 연간 160,000리터의 난방유를 사용했어야 했는데 이를 절감한 것이다. 이 마을에서는 에너지 사용에 대한 부담이 거의 없다.

| 마을공동체 |

펠트하임 협동조합은 이 마을의 에너지 전환과 공동체 운영의 핵심 축으로 자리하고 있다. 협동조합은 15명의 조합원과 15명의 고용인으로 구성되어 있으며, 이들은 바이오가스의 관리와 운영을 책임지고 있다. 협동조합은 단순한 에너지 관리 조직을 넘어, 마을 주민들이 직접 운영에 참여함으로써 에너지 자립과 지역 경제 활성화의 중심이 되고 있다.

바이오플랜트 우드칩 보관창고 ('24. 6)

펠트하임 협동조합의 활동은 마을 중심에 위치한 뉴에너지포럼 New Energy Forum을 통해 외부로 확장된다. 이 공간은 협동조합을 기반으로 설립된 복합적인 커뮤니티 공간으로, 펠트하임의 성공 사례를 배우고자 하는 방문객들을 대상으로 교육, 세미나, 워크숍, 포럼 등을 개최한다. 뉴에너지포럼은 단순히 외부 방문객을 위한 홍보의 장을 넘어, 마을 공동체의 중요한 소통 공간으로도 활용된다. 주민들의 생일과 결혼식 같은 행사도 이곳에서 열리며, 공동체 생활의 중심지로 자리 잡고 있다.

협동조합은 단순한 에너지 관리에서 그치지 않고, 마을의 경제적, 환경적 지속 가능성을 실현하는 데 핵심적인 역할을 한다. 주민들이 협동조합을 통해 자발적으로 참여함으로써, 에너지 생산에서 관리, 활용, 홍보까지 모든 과정에 주민들의 협력이 녹아 있다. 특히, 협동조합이 운영하는 바이오가스 시설은 마을의 에너지 자립을 뒷받침한다.

뉴에너지 포럼의 케서린톰슨이 방문객들에게 마을의 에너지 전환에 대해 설명하고 있다 ('23. 9).

펠트하임은 유럽 최대 규모의 리튬이온 저장 설비(10MWh)를 보유하고 있는 점에서도 주목할 만하다. 이는 풍력과 태양광에서 생산되는 전기를 판매하는 과정에서 주파수 조율을 위해 중요한 설비이다. 국내 기업인 LG가 제작한 이 시스템은 풍력과 태양광 에너지의 변동성을 보완하며, 안정적인 전력 공급을 지원한다. 재생에너지 생산량이 소비량보다 많을 때 베터리에 저장하고, 그 반대일 경우 베터리에서 에너지를 빼서 쓰는 형태가 된다. 이러한 재생에너지의 단계적 진화는 펠트하임 협동조합과 주민들의 적극적인 관심과 참여로 이루어진 것이며, 마을을 국제적인 에너지 전환의 모델로 자리매김하게 한다.

펠트하임에는 국내 기업인 LG에서 제작한 유럽 최대 리튬이온 서장설비(10MWh)가 있다('23. 9)

| 마을의 생태습지 |

펠트하임 마을 한가운데 가로 82m, 세로 30m인 장방형의 마을 못이 있다. 갈대와 부들을 비롯한 수생식물들이 못 가장자리를 둘러싸고 다양한 양서파충류를 비롯한 어류들이 서식하고 있다. 주변의 농경지와 더불어 마을생태계의 거점 역할을 하는 곳이다. 펠트하임을 방문하게 되면 쉴 새 없이 지저귀는 새들이 이곳을 찾는 다는 것을 알게 된다.

마을의 낮은 지점에 위치하는 생태습지는 생물다양성을 위한 작은 장치이며 기후위기의 적응에 기여할 수 있는 야생동식물들의 보금자리이다. 이 못이 만들어지게 된 기원은 알 수가 없다고 한다. 하지만 생태적, 사회적 가치에 대해선 잘 알고 있다. 산촌을 제외한 독일의 농촌마을들에서 쉽게 볼 수 있는 공간 구조 중 하나가 마을 못이다. 대부분 100~400m^2 정도이며, 마을 가장자리에 위치한다.

마을의 한 가운데 다양한 생물이 서식하는 장방형(가로 82m, 세로 30m)의 마을 못이 있어, 생물 서식처뿐만 아니라 미기후 조절 등 기후 적응에 기여할 수 있다 ('24. 6).

| 펠트하임의 시사 |

펠트하임은 펠트하임은 작은 씨앗에서 시작된 나무가 거대한 숲으로 자라나는 과정을 보여주는 마을이다. 한 대학생의 제안에서 시작된 프로젝트가 시정부와 마을 공동체의 협력, 그리고 수십 년간의 노력을 통해 에너지 독립마을로 성장한 모범적인 사례이다. 초기 스타트업으로 출발한 에네르기크벨레는 재생에너지 전환을 시작한 지 불과 7년 만에 투자금을 회수했으며, 전력 판매 수익의 일부를 마을에 환원했다. 현재 에네르기크벨레는 독일뿐만 아니라 유럽 여러 국가에서 재생에너지 프로젝트를 추진하며, 에너지 자립과 지역 사회의 지속 가능성을 실현하기 위한 혁신적인 모델을 설계하고 구현하고 있다. 펠트하임의 성공은 에네르기크벨레의 기술적 역량과 마을 주민들의 협력이 결합된 결과라 할 수 있다.

펠트하임은 에너지 전환이 단순히 환경적 성과에 머물지 않고, 지역 사회의 경제적 이익과 사회적 편익으로 연결될 수 있음을 보여준다. 마을은 주민 편의시설을 개선하고, 가로등을 친환경적으로 교체했으며, 값싼 전기요금을 제공해 주민들의 생활비를 절감했다. 뿐만 아니라, 재생에너지 관련 일자리를 창출하여 주민들이 에너지 전환의 직접적인 수혜자가 되도록 했다.[44] 마을 주민들은 연간 가구당 평균 300유로 이상의 전기 및 난방 요금을 절약하며, 안정적인 에너지 공급과 경제적 혜택을 동시에 누리고 있다. 펠트하임의 발전 과정에서 시정부의 적극적인 지원도 중요한 역할을 했다. 2014년 10MW급 에너지 저장 장치(ESS)를 구매할 당시, 1,250만 유로의 총 비용 중 40%를 지원하며 재생에너지 기반 시설 구축에 기여했다.[47] 이처럼 정부와 지역사회의 긴밀한 협력은 에너지 전환의 성공적인 모델을 만들어가는 핵심 동력으로 작용했다.

독일 재생에너지의 10% 이상을 차지하는 바이오에너지는 대부분 농촌 마을에서 생산되며, 펠트하임의 바이오에너지 시스템은 자원 순환적 측면에서 중요한 가치를 지닌다. 특히, 축분과 농업 부산물을 활용한 에너지 생산은 마을의 자립성을 강화하며 환경적으로도 지속 가능한 에너지 전환 모델을 제공한다. 협동조합을 중심으로 운영되는 지역 난방 시스템은 그 지속 가능성을 유지하고 있으며, 이는 주민들의 적극적인 참여와 협동조합 구성원들의 헌신적인 운영에서 기인한다. 최근 몇 년간, 펠트하임을 방문하는 외부인들은 꾸준히 증가하고 있다. 마을의 뉴에너지포럼은 홍보와 학습, 체험, 행사, 세미나를 통해 방문객들에게 재생 가능 에너지와 지역사회의 결합이 만들어낸 성공 사례를 공유하고 있다. 이를 통해 펠트하임은 에너지 전환의 선도적 역할을 국제적으로 인정받고 있다.

펠트하임의 성공은 독일의 농촌 마을에서 시작되었지만, 그 울림은 유럽을 넘어 세계로 퍼져가고 있다. 펠트하임은 이제 새로운 도약을 준비하고 있다. 전기로 난방을 해결할 수 있는 히트펌프와 영농형 태양광의 기술적 진화에 대한 기대가 더욱 커지고 있는 즈음 다음 단계를 위한 설계가 진행될 것으로 보인다. 태양광 시설을 활용한 그린 수소 생산 시설과 풍력 에너지를 이용한 수전해 기술 개발이 초기 단계에서 진행 중이라고 한다. 이러한 기술적 진화는 마을을 에너지 전환의 최전선에 위치하게 할 뿐만 아니라, 기후위기에 대응하는 지속가능한 모델로 자리 잡게 할 것이다.

웬지 조그만 시골마을에서 이 시대를 이끌어가는 느낌이 든다. 그리고 펠트하임은 우리에게 묻는다. "기후위기라는 도전을 앞에 두고, 우리는 어떤 숲을 키울 준비가 되어 있는가?"

슐뢰벤 Schlöben

'녹색 인프라의 현대화로 진화된 전환마을'

슐뢰벤은 독일 튀링겐 주 잘레 홀츨란트 지역에 위치한 여섯 개 마을[82] 중 하나로, 약 16km^{2}의 면적에 약 1,000명의 주민이 거주하는 작은 마을이다. 이 마을은 볼

바이오에너지 마을인 슐뢰벤 마을의 입구

미세 산맥 남쪽 기슭에 자리 잡고 있으며, 아이제나흐에서 로다 계곡의 헤름스도르프 크로스까지 이어지는 A4 고속도로의 북쪽에 위치한다. 주요 교통로인 1095번 국도와 119번 지방도로가 마을을 가로지르며, 이 도로는 과거 뷔르겔 방향으로 이어지는 중요한 무역로 역할을 했던 역사를 품고 있다.

슐뢰벤은 과거의 유산만을 간직한 마을이 아니라, 미래를 향해 나아가는 전형적인 바이오에너지 마을로서 주목받고 있다. 주민들은 기후위기에 대응하기 위해 자발적으로 협동조합을 설립하고, 이를 통해 지속가능한 전환을 이루어가고 있다. 독일 재생 에너지 사업의 특징인 '아래에서부터의 성장과 확산' 방식은 슐뢰벤에서도 분명히 드러난다. 주민 주도의 협동

82) 멘네비츠 Mennewitz, 그뢰벤 Gröben, 라비스 Rabis, 슐뢰벤 Schlöben, 조트니츠Zöttnitz, 트록하우젠 Trockhausen 등 6개 마을이 있다.

조합은 에너지 생산과 지역난방 시스템을 관리하며, 마을의 경제적 안정과 환경적 지속 가능성을 동시에 실현하고 있다.

슐뢰벤은 과거 무역로를 통해 연결되었던 외부와의 교류를 오늘날에는 에너지 전환이라는 새로운 방식으로 이어가고 있다. 이 작은 마을은 기후위기 시대에 지역사회가 협력과 혁신을 통해 어떤 변화를 만들어낼 수 있는지 보여주는 대표적인 사례이다.

| 바이오 에너지: 전환의 핵심 |

슐뢰벤의 바이오 에너지 모델은 독일 니더작센의 바이오마을 윤데 Jühnde 와 오스트리아의 귀싱 Güssing에서 영감을 받아 설계되었다. 이 마을의 핵심 과제는 지역에서 조달 가능한 바이오매스를 활용해 주민들에게 전기와 열에너지를 안정적으로 공급하는 것이었다. 이를 위해 3개의 열병합발전소, 우드칩 난방시스템, 그리고 지역난방 네트워크가 구축되었다.

슐뢰벤 Schlöben, 이 작은 마을은 기후위기 시대에 지역사회가 협력과 혁신을 통해 어떤 변화를 만들어낼 수 있는지 보여주는 대표적인 마을라고 할 수 있다 ('23. 8)

슐뢰벤의 재생 가능 에너지 생산량은 마을 소비량의 700%에 달하며, 생산된 전력은 마을 140여 가구 및 공공·상업 시설의 열 공급의 약 80%

를 담당한다. 잉여 전력은 전력망을 통해 판매되며, 이를 통해 마을은 연간 약 2,000톤의 온실가스를 감축하고, 130만 유로의 부가가치를 창출한다.[48, 50] 지역에서 발생하는 동식물 부산물을 에너지 자원으로 변환함으로써, 숼뢰벤은 자원순환 구조를 통한 지속가능한 에너지 모델을 구현했다.

| 바이오가스 생산: 농업과 에너지의 융합 |

숼뢰벤의 바이오가스 플랜트는 농업회사인 볼미쎄 숼뢰벤 에너지 협동조합 Wöllmisse Schlöben eG의 낙농장, 멘네비츠에 위치한다. 이 플랜트는 1, 2차 발효조와 액화 저장 시설로 구성되어 있으며, 바이오가스를 통해 열병합발전소에 연료를 공급한다. 바이오가스 설비는 각각 265kW 전기 출력을 가진 세 개의 열병합발전소를 운영하며, 지역 난방과 전력 공급을 지원한다.[48]

멘네비츠 Mennewitz의 바이오가스 생산설비

2009년 계획이 수립된 이후, 체계적인 지역사회의 노력 덕분에 바이오가스 플랜트는 불과 2년 만에 완공되었다. 2011년 말, 795kW 규모의 설비가 완공되었고, 2012년 초부터 발효조에 원료가 투입되기 시작했다. 주요 원료는 마을에서 생산되는 목초, 옥수수, 그리고 가축 분뇨로, 식물과 축분을 약 1:1 비율로 섞어 발효시킨다. 멘네비츠 낙농장의 420마리 소는 바이오가스 원료인 축분을 제공하며, 이러한 농업과 에너지의 융합은 바이오 에너지 마

축분 제공을 위한 축사(멘네비츠)

을의 자원순환 기능과 더불어 기본적으로 갖추어야 할 조건으로 인식되어 왔다.

멘네비츠에서 조트니츠를 경유하는 1.6km 길이의 바이오가스 파이프라인은 슐뢰벤의 KfL[83)]이 위치하는 이른바 위성 열병합발전소에 에너지원을 공급하는 녹색 인프라 역할을 한다.

| 열병합발전소 |

슐뢰벤의 바이오가스는 열병합발전소로 옮겨져 전기와 열 에너지로 재생산된다. 이 마을에는 총 세 개의 열병합발전소가 운영 중이며, 각각 265kW 전기 출력을 제공한다. 발전소는 멘네비츠와 슐뢰벤 내에 위치하며, 2012년부터 열 배관망에 연결되어 2개 마을 약 500명의 주민에게 열과 전력을 공급하고 있다.[48]

슐뢰벤에 위치한 두 개의 열병합발전소는 지역난방의 핵심 설비로, 지역난방 유압장치, 550kW 우드칩 보일러, 15,000리터 용량의 완충 저장탱크 2기, 그리고 비상 설비를 갖추고 있다. 겨울철 난방 수요가 증가하면 우드칩 보일러가 보조적으로 가동되어 바이오가스 연료를 보완하며, 에너지 공급의 안정성을 확보한다.

우드칩은 지역 내 농업회사와 숲 관리에서 생산된 산림 부산물을 활용

83) Kreisbetrieb für Landtechnik는 옛 구동독 지방농업기술·운영기관이었으며, 지금은 슐뢰벤 바이오에너지 마을 프로젝트의 일환으로 열병합발전소 시설로 사용되고 있다.

하며, 반경 15km 이내에서 조달된다. 이는 지역사회의 자원을 효과적으로 활용하면서 지방자치단체의 경관보전 조치와 지속 가능성을 충족시킨다.[48,52] 또한 열병합발전소에서 발생하는 폐열은 축사 난방, 건초 건조 등 농업 생산 공정에 재활용되어 자원 효율성을 극대화한다.

| 지역난방 네트워크 |

슐뢰벤과 제트니츠 Zeitznitz를 연결하는 지역난방 네트워크는 바이오가스를 활용한 지속가능한 에너지 공급망의 상징이다. 멘네비츠에서 생산된 바이오가스는 1.6km의 파이프라인을 통해 제트니츠를 경유, 슐뢰벤으로 공급된다. 이후 지역난방 네트워크를 통해 마을의 가구와 공공시설로 열 에너지를 전달한다.

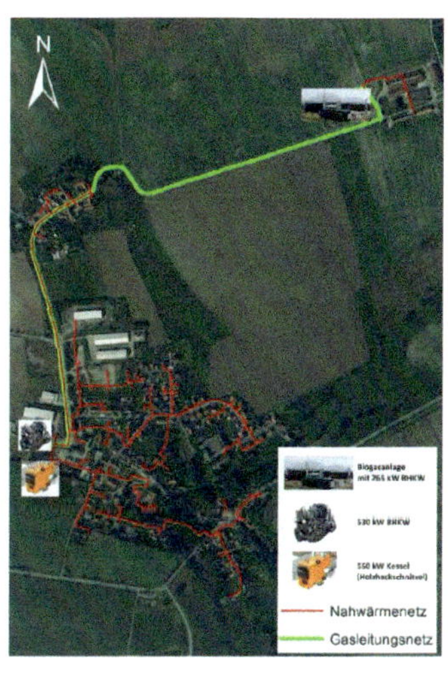

슐뢰벤 및 제트니츠의 난방네트워크 경로
(출처: https://bioenergiedorf.schloeben.eu)

마을 내 생활공간과 온수난방을 위한 열 에너지를 전달하기 위해 보일러실에서 슐뢰벤 및 제트니츠의 연결부까지 약 6km 길이의 연결망이 설치되었으며, 난방 에너지와 온수 공급의 핵심 역할을 한다. 열 배관망을 설치하는 과정은 높은 비용이 소요되었지만, 이를 통해 장기적인 비용 절감과 시너지 효과를 창출했다. 열 배관망과 전력망이 동시에 가설되었던 펠트하임의 사례와 유사하게, 비포장 도로를 활용하고 최대한 단축 경로를 선택하여, 열 공급을 담당하는 열 배관망뿐 아니라 광역통신망과 바이오가스관, 하수관 등 녹색 인프라의 현대화도 함께 진행했다는 점이 특이하다. 특히 처음부터 광대역 케이블 네트워크를 구축하는 데 중점을 두었는데, 이 지역의 인터넷 공급이 부족했기 때문이며, 광대역 통신망 작업의 병행은 상대적으로 난방 네트워크 비용 절감에 기여하였고 지역사회에 높은 부가가치를 가져올 수 있었다고 한다. 또한 독일 경제수출통제청 BAFA이 지원하는 에너지 효율화 공모 프로그램을 통해 90% 지원금 혜택의 추가적 부가가치를 창출한 사례다.

| 이격거리의 양면성: 효율과 주민 수용성의 조화 |

바이오가스는 주로 농산물, 축산 분뇨, 음식 폐기물에서 발생하는 재생에너지원이다. 혐기성 소화조 내에서 발효과정을 거치면서 발생하는 가스를 포집해 활용한다. 바이오가스는 열과 전기를 생산하는 재생에너지원일 뿐 아니라 정제를 거쳐 수소를 생산하는 차세대 에너지로 주목받고 있다. 하지만 바이오가스는 생산과정에서 발생하는 악취, 경관, 기반 시설 등의 문제 때문에 주민 수용성에 장애를 겪는 기피 시설이기도 하다.[51]

독일에는 바이오에너지를 활용하는 약 3,800여개의 마을이 있다. 바이오 에너지 생산설비의 위치가 마을 내에 있기도 하고 일정한 거리를 두고 자리 잡기도 한다.

바이오에너지 생산시설은 마을 경계에서 약 500m 떨어져 있다(사진의 맨 좌측, '23. 8)

후자에 해당되는 경우에는, 마을 내에서 발전기 돌아가는 소리와 축분 발효과정에서의 냄새 걱정을 하지 않아도 된다. 하지만 그만큼 연결망을 더 깔아야 하고 그 만큼 비용이 소요된다. 슐뢰벤에서는 이러한 문제를 해결하기 위해 바이오가스 생산시설과 발전시설을 약 1.6km 이격 배치했다. 이와 같은 분산형 모델은 열병합발전소를 지역난방 네트워크와 연결해 열과 전기를 공급하면서도, 생산 과정에서 발생할 수 있는 냄새와 소음으로부터 주민들을 보호한다.

다만, 이격 배치는 추가적인 연결망 구축 비용이 소요된다는 단점도 있다. 하지만 슐뢰벤은 이를 지역자원 활용과 지속가능한 인프라 확충으로 상쇄하며, 주민들에게 혜택이 돌아가는 효율적인 시스템을 선택했다.

| 마을 협동조합: 전환마을의 중심축 |

독일의 에너지 전환 마을에서 쉽게 볼 수 있듯이 슐뢰벤 역시 마을 협동조합에서 출발했다. 독일에는 약 1,024개의 에너지 협동조합이 있으며, 대부분 시민 소유의 형태를 띠고 있다. 구동독 지역에 속했던 슐뢰벤은 독일 통일 이후 생태적 발전이라는 비전을 세우며, 지역 자원을 활용한 친환경 에너지 생산에 주민들이 주도적으로 나섰다. 2006년에 바이오에너지 마을로 유명한 윤데 모델을 따라 바이오에너지 마을 구축 계획을 수립하고 2007년에 이를 주민들에게 발표함과 동시에 실행을 위한 작업팀을 조직하였다.[50] 이후 2009년, 연방농업부가 주관한 '바이오에너지 지역' 공모사업에 예나-잘레-홀츠란트 지역의 이름으로 응모해 선정되는 쾌거를 이루었다. 이 성공을 계기로, 주민들은 실행 조직으로서 바이오에너지 마을 슐뢰벤 협동조합 Bioenergiedorf Schlöben eG을 결성하게 되었다. 협동조합은 지방자치단체, 지역 농업회사, 열 소비자 등 다양한 이해관계자들이 참여하며 탄탄한 기반을 다졌다. 같은 해 10월 29일, 창립 멤버 5명의 서명으로 정관이 승인되었고, 감사위원회와 이사회가 구성되며 협동조합이 공식 출범했다. 바이오가스 설비가 가동되기까지는 추가로 3년의 시간이 필요했지만, 주민들의 꾸준한 노력과 협력으로 2012년 첫 바이오가스 생산이 이루어졌다.

슐리벤이 전환마을로 성공할 수 있었던 것은 지역 환경의 특성을 반영한 전략적 접근과 지역민 중심의 협동조합을 통해 하나씩 행동으로 옮겼기 때문이라고 할 수 있다. 바이오에너지 마을로의 전환 계획과 실행이 지역주민 대표들에 의해 결정되는 구조는 탄력성이 있었다. 협동조합 총회와 이사회를 통해서 지역의 자원순환으로 인한 수익, 즉 마을 농가와 인근 숲에서 나오는 바이오매스와 미이용 산림자원을 이용하여 지역의 부가가치를 올릴 수 있는 바이오가스 설비와 열 배관망 계획을 결정하고 실행하였다. 지역 인프라 현대화와 에너지 전환이 연계될 수 있도록 지자체와 연방의 재정 및 금융지원이 이루어질 수 있도록 준비하여 상대적으로 짧은 기간 내에 바이오 에너지 전환 사업이 가능할 수 있었던 중심에는 역시 '협동조합'이 있었다.

조합 운영의 의결권과 재생에너지 수익을 나눠 가질 수 있었지만 반드시 경제적 이익만이 협동조합의 성공 요인은 아니다. 전환마을을 이끈 주역이라는 자부심과 마을공동체를 아끼는 마음도 중요한 요인이 되었을 것이다. 2012년 바이오가스 생산이 시작된 이후, 10여 년 동안 협동조합은 안정적으로 운영되고 있다. 슐리벤은 바이오에너지를 중심으로 한 전환마을의 성공 사례를 만들어냈으며, 이 모든 과정의 중심에는 주민 중심의 협동조합이 있었다. 슌뢰벤의 사례는 기후위기 대응과 지속 가능한 발전을 이루기 위해 지역사회가 어떻게 협력하고 자원을 활용해야 하는지를 보여준다.[53]

| 정부 정책과 공동체 협력 |

독일 에너지 전환의 성공 배경에는 정부 정책과 제도적 지원이 중요한 역할을 한다. 슌뢰벤 역시 이러한 정책적 틀 안에서 에너지 자립과 전환을 실현했다. 연방농업부와 연방경제부의 재정지원, 바이오에너지 마을 공모 사업, 발전차액지원제도 FIT와 같은 정책은 슌뢰벤이 에너지전환 마을로 자리잡는 데 핵심적인 역할을 했다.

특히, 2005년부터 시작된 연방농업부의 '바이오에너지 마을' 공모 프로젝트는 슌뢰벤의 전환을 가속화했다. 이 프로젝트의 기준은 간단하지만 명확하다. 마을에서 생산된 새생에너지로 전력 소비량의 100%와 열 공급량의 50% 이상을 충당해야 하며, 주민 참여와 소유 비율이 50% 이상이어야 한다. 또한, 지역에서 쉽게 조달 가능한 동식물 부산물로 구성된 바이오매스를 활용해 환경 친화적이고 지속 가능한 순환 구조를 증명해야만 지정될 수 있다. 슌뢰벤은 이러한 조건을 충족하며, 바이오에너지 마을로 선정되었다.

슌뢰벤은 바이오 전기와 열 공급을 넘어 식물성 기름 생산을 통해 농업과 에너지 전환을 연결했다. 마을의 농업회사는 유채농사를 통해 발전소에 필요한 연료를 제공하며, 이를 농업기계인 트랙터에도 활용해 에너지 자립의 범위를 넓혔다. 이러한 접근은 농업 생산과 에너지 전환을 결합한 혁신적인 농업-에너지 융합 모델을 보여준다. 또한, 슐뢰벤 주민들은 마을 내에서 적극적으로 에너지를 절약하고 효율성을 높이는 데 기여했다. 가정용 지붕에 태양광 패널을 설치하고, 가로등을 LED 램프로 전환하는 등의 노력은 마을 전체의 에너지 비용 절감과 효율성 증대로 이어졌다. 이러한 작은 변화들이 모여 슐뢰벤을 지속 가능한 에너지 자립 마을로 이끄는 동력이 되었다.

자원순환을 위한 분리수거함

슐뢰벤 마을의 지붕형태양광

| 슐뢰벤의 시사 |

슐뢰벤의 성공은 정부의 정책적 지원과 지역 주민들의 협력이 만들어낸 시너지 효과를 잘 보여준다. 연방정부의 정책은 마을이 자립적 에너지 시스템을 구축할 수 있는 기반을 마련했으며, 주민들은 이러한 지원을 바탕으로 바이오매스 활용, 태양광 발전, 식물성 기름 생산 등 다양한 재생가능 에너지 프로젝트를 실행에 옮겼다. 특히, 주민들의 직접 참여와 소유구조는 에너지 전환이 단순히 기술적 과제가 아니라, 지역 사회의 연대와 협력의 산물임을 입증한다. 슐뢰벤의 사례는 기후위기 시대에 지역 자원을 활용한 에너지 전환이 어떻게 실현될 수 있는지를 보여주는 모델이다. 정부와 공동체가 협력하면, 기후 친화적인 지속 가능성을 구축하는 동시에 지역 경제의 부가가치를 창출할 수 있음을 명확히 증명한 것이다.

슌뢰벤은 지역 자원을 활용한 순환 경제의 가치를 극대화했다. 농업 부산물과 축산 분뇨, 산림 부산물 등 지역에서 쉽게 조달 가능한 바이오매스를 활용해 전기와 열을 생산하고, 그 부산물을 다시 비료로 활용하는 순환 구조를 구축했다. 이러한 접근을 통해 탄소 배출을 줄이고 자원의 낭비를 최소화하며, 기후위기 대응의 핵심인 지속 가능성을 실현한 사례로 평가받는다. 기술 혁신과 에너지 전환의 조화도 슌뢰벤의 중요한 특징 중 하나이다. 열병합발전소와 지역난방 네트워크의 효율성 향상을 위해 광대역 통신망과 같은 인프라 현대화를 동시에 진행했다.

주민들은 경제적 이익을 얻는 것뿐만 아니라, 자신들의 노력으로 만들어낸 전환마을의 성공을 자랑스럽게 여긴다. 슌뢰벤은 기후위기 시대에 우리에게 중요한 질문을 던진다. 지역사회의 자원을 어떻게 활용할 것인가? 정부와 공동체는 어떤 방식으로 협력할 수 있는가? 기술 혁신은 지역 주민들의 삶과 어떤 조화를 이룰 수 있는가? 이 마을의 사례는 작고 소박한 지역사회가 전 세계적인 변화를 이끌어낼 수 있다는 희망을 상징한다.

모르바흐 Morbach

기후 환경과 지역 관광을 융합한 마을 모델

독일 라인란트팔츠 주의 베른카스텔-비틀리히 지구에 속한 소도시이다. 약 11,000명의 거주민과 4,400세대로 구성되어 있다. 이 마을은 주로 농업, 임업, 그리고 인근의 소규모 산업 시설을 중심으로 경제가 운영되고 있다.[54] 그러나 모르바흐는 단순히 전통적인 지역 경제를 유지하는 데 그치지 않고, 지속가능한 에너지 전환과 지역사회 발전의 선도적인 사례로 자리매김하였다.

1980년대부터 시작된 석탄 채굴과 전통 산업으로부터의 탈피 노력은 2004년 본격적인 재생에너지 도입으로 이어졌으며, 마침내 100% 에너지 자립에 성공한 마을로 발전하였다. 이곳은 독일의 재생에너지 전환의 대표적인 사례로 손꼽히며, 특히 비교적 큰 규모의 재생에너지 생산 시설을 보유하고 있는 것이 특징이다. 이러한 에너지 전략은 기후 환경과 지역사회 모두에 긍정적인 영향을 미치고 있다.

모르바흐는 훈스뤼크 Hunsrück산맥의 중심부, 고도 400~500m에 위치한 산지와 고원의 아름다운 자연환경 속에 자리 잡고 있다. 언덕과 숲, 강과 계곡이 어우러진 경관은 잘 관리된 농지와 구불구불한 언덕 사이로 이어지는 짙은 숲으로 둘러싸여 있다. 주민들은 이러한 자연환경을 소중히 여기며, 지역 고유의 생물종을 관리하고 자연 생태계를 체험하고 교육할 수 있는 자산으로 활용하고 있다.

2002년, 모르바흐는 '기후건강 휴양지' Luftkurort로 지정[84]되었다. 이는 일정기준을 충족한 청정 대기질을 가진 지역에 부여되는 인증으로, 마을이 맑고 깨끗한 공기를 유지하기 위해 기울인 노력의 결실이다. 이로 인해 모르바흐는 탐방, 등산, 자전거 타기, 캠핑 등 다양한 야외 활동을 즐기려는 이들에게 북유럽 일대에서 인기 있는 목적지로 자리 잡았다.[55] 이러한 자연환경과 지역관광의 결합은 기후위기 시대에 모르바흐의 중요한 경쟁력이 되고 있다.

자연환경의 가치와 지속가능한 에너지 전략을 연계시키고, 재생에너지를 활용하여 대기질과 자연환경을 보호하면서 지역경제를 활성화하는 데 성공하였다. 기후위기 시대, 자연환경과 지역관광의 결합은 모르바흐의 경쟁력이 되어가고 있다. 눈여겨 볼 점은 자연환경의 가치와 더불어 맑고 깨끗한 대기질을 지키려는 모르바흐의 노력이 지속가능한 에너지 전략에 직접적으로 관여된다는 것이다.

---

84) 루프트쿠어오르트는 '공기'와 '기후'가 레크리에이션과 건강에 도움이 되는 특성을 가진 지역에 수여된다. 정기적으로 테스트하여 일정 기준을 충족해야 인증을 받을 수 있으며, 모르바흐는 2002년에 인증받았다(위키피디아, '24.10.13 검색).

모르바흐는 약 11,000명이 거주하며, 풍력, 태양광, 바이오에너지로 100%의 에너지 전환에 성공한 마을이며 환경보호와 지역관광을 결합한 모델로 평가받는다 ('23. 8).

| 146ha의 의미있는 경관 |

- '에너지 풍경공원' Energy Landscape Park

모르바흐의 '에너지 풍경공원'은 지속 가능한 전환을 알리는 랜드마크이자 마을의 상징이다. 이 공원은 마을 중심부에 방치되었던 미 공군의 대규모 탄약고 부지를 재활용하여 세계적인 에너지 테마 공원으로 탈바꿈한 공간이다. 과거 폭탄과 군사 장비가 저장되던 장소는 이제 바람, 햇빛, 농축산 폐기물을 활용해 친환경 에너지를 재생하는 대형 에너지 집약 시설로 변모하였다. 한때 철조망과 울타리로 가로막혔던 이곳은 글로벌 기후위기에 대응하는 의미 있는 장소로 재탄생하였다.

마을의 상징성을 잘 보여주는 에너지 풍경공원 Energy Landscape Park은 이 마을의 지속가능한 에너지 전환을 대표하는 랜드마크이다.

1995년 군사시설이 폐쇄된 이후, 부지 사용에 대한 사회적 논란을 겪었다. 재개발 논의 과정에서 처음에는 호텔, 스포츠 등 관광 분야에 초점을 맞추었으나 투자자를 찾지 못했으며, 전기 사업체의 풍력 생산단지 제안에 마을 사람들은 극렬히 반대했었다. 그러나 풍력 발전에 의한 잉여가치를 지역민들과 공유하겠다는 제안으로 1차 산업에 종사하던 일부 지역 주민들의 마음을 얻을 수 있었지만 풍력발전기 설치에 따른 자연경관에 미칠 영향에 대한 우려는 여전히 논란의 대상이었다. 지속적인 토론과 소통, 설득의 과정이 이어졌으며, 약 8년이 경과한 후, 2004년에 이르러 마침내 사회적 합의에 도달할 수 있었다.[56] 과거의 철조망 속의 군사시설 부지가 미래지향적인 지속가능한 에너지 생산을 위한 공간으로 전환될 수 있는 길이 열린 것이다.

모르바흐의 '에너지 풍경 공원'은 지속가능한 에너지 생산을 통해 지역사회에 기여하는 프로젝트이다. 이 공원은 에너지 전환의 중심에 있으며, 풍력, 태양광, 바이오매스 발전소 운영에 필요한 여러 에너지 시설을 보유하고 운영 중에 있다. 지역의 전력과 난방 공급에 사용되는 에너지를 생산하며, 연간 약 35,000 가구에 필요한 에너지량을 충족시킬 수 있다.[56]

에너지 풍경공원으로 진입하는 산책로

공원 내 풍력터빈과 태양광패널

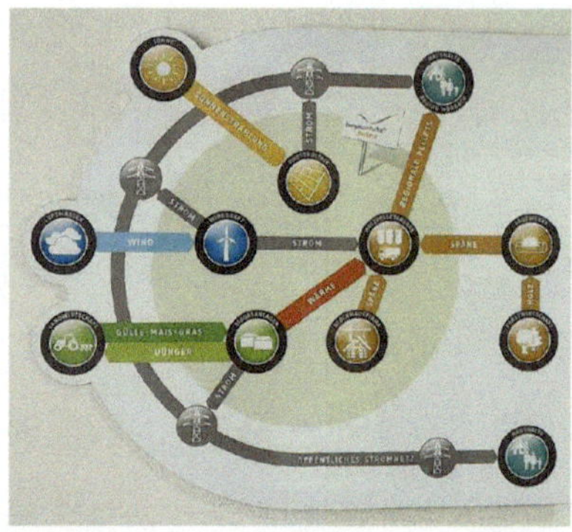

에너지 풍경공원의 생산과 공급망

- 태양광 발전소를 통해 전력으로 변환
- 풍력터빈을 통해 전기로 변환
- 풀,옥수수,목초 등 생물 자원을 활용해 바이오가스 생산, 이를 통해 열과 전력 공급
- 목재펠릿으로 난방용 연료사용
- **생산된 에너지는 가정과 공공 전력망으로 공급함**

대표적인 공공 장소인 '공원 park'과 친환경 '에너지' 시설을 결합한 것이 매우 특이하다. 이 공원에서 방문객들은 풍력 터빈, 태양열 및 태양광 시설, 바이오에너지 시설 등을 직접 볼 수 있다. 게다가 이들 재생에너지와 관련한 교육, 학습이 가능하며 이곳을 만든 배경과 과정 등 다양한 정보와 자료를 구할 수 있다. 에너지 풍경공원은 모르바흐의 지속가능한 에너지 전환 노력의 상징이다. 이 프로젝트는 지역경제에 기여하고, 주민들에게 재생 에너지의 혜택을 직접적으로 제공한다. 동시에 기후위기 대응에 중요한 역할을 수행하며, 지속가능한 지역사회 발전의 견인차 역할을 한다.

| 바람 에너지 Windkraft |
- 생태계 보전의 쟁점 해결은?

모르바흐는 에너지 전환을 위해 바람의 힘을 가장 적극적으로 활용하는 만큼, 풍력 발전의 단계별 성장을 잘 보여준다. 2004년 초기 단계에서는 출력이 2MWh인 14개의 풍력 터빈을 설치하였으며, 연간 약 3만~4만 MWh의 전기 에너지가 생성되었다. 이는 약 12,000가구에 전기를 공급할 수 있는 전력량이었으며, 온실가스 감축 측면에서는 연간 27,000톤의 이산화탄소 배출량을 줄일 수 있었다.

2016년부터 시작된 두 번째 단계에서는 풍력 터빈의 리파워링이 이루어졌다. 이를 통해 약 20,000가구의 전기 수요를 충족할 수 있는 에너지가 전력망에 공급되었으며, 연간 약 54,000톤의 온실가스를 감축할 수 있었다. 그리고 세 번째 단계는 현재 가동 중인 14개의 풍력 터빈을 2026년까지 7개의 새로운 에너콘 Enercon풍력 터빈[85]으로 교체할 계획으로 또 한 단계 성장을 예고하고 있다. 연간 약 6만7천MWh의 전력을 생산할 수 있으며, 발전량 만큼 기후 환경에 대한 기여도와 온실가스 감축 효과가 더욱 커질 것으로 기대된다.

현재 허브 높이 100m, 총 높이 140m의 풍력 터빈 14기가 모르바흐 에너지 풍경 공원에서 운영되고 있다('23. 8).

풍력 발전은 지속가능한 에너지 공급원으로, 공기는 무료이며 에너지를 생성하는 과정에서 이산화탄소 같은 온실가스를 방출하지 않는다. 모르바흐가 에너지 전환을 이루고, 이 지역의 탄소 발자국을 줄이는 데 핵심 역할을 하고 있다. 모르바흐 풍력 발전소는 순전히 커뮤니티 발전소이

85) 4.2MWh 용량이며 허브 높이는 159m 총 높이 229m인 대형 풍력발전기이다.

다. 모르바흐에 기반을 둔 두 개의 유한 파트너십이 설립되어 시민들이 재정적으로 참여할 수 있다. 지역사회에 연간 28만 유로의 수익이 발생한다. 우크라이나 전쟁 이후 수익배당금이 더 많아졌다는 점이 놀랍다.

건강한 환경과 아름다운 자연경관의 마을인 모르바흐에서 풍력발전기 설치에 따른 환경적 영향에 대한 논란은 여전히 남아 있다. 풍력발전기를 설치하려면, 조성 후 3년간 모니터링을 포함한 영향평가를 진행하게 된다. 특히 맹금류 서식 기간 또는 철새류의 이동 기간 crane migration에는 동물을 보호하기 위해 일정 기간 운영이 정지되어야 하며, 박쥐가 떼를 짓는 야간에는 충돌의 위험을 줄이기 위해 자동으로 가동이 중지되는 등 해당 지역 야생동물의 서식환경을 고려한 저감 대책을 수립하고 승인을 얻어야 한다.

인위적 시설인 풍력발전기의 경관 훼손에 대한 문제 역시 지속적인 논의과정이 필요했다. 주민 수용성을 해결하는 과정에서 경제적인 측면과 지역주민 참여의 카테고리가 주도적인 역할을 했다는 것은 분명한 사실이지만 탈석탄 에너지와 기후위기 대응에 기여해야 한다는 의무감 또한 쟁점 문제 해결에 영향을 미쳤다는 점을 간과해서는 안된다.

모르바흐의 풍력발전소는 관광 콘텐츠로서도 역할을 하고 있다. 풍력터빈을 가까이에서 볼 수 있는 관람대가 설치되어 있고, 방문객들은 풍력 발전에 대한 교육적인 정보를 얻을 수 있다. 이곳에서 재생에너지에 대한 가치 인식을 높이는 데 기여하고 있다. 재생에너지에 전념하는 146헥타르의 의미있는 경관, 여기에는 바람, 햇빛 및 바이오 매스가 함께하며, 이를 지원하는 가이드 투어가 자연과 더불어 그 곳을 더욱 의미있게 만들고 있다.

| 다양한 방식의 실험들 |

» '햇빛 에너지'

모르바흐는 태양광을 활용하는 데에도 선도적인 마을이다. '에너지 풍경공원'에는 대규모 태양광 패널이 설치되어 햇빛을 전기 에너지로 변환하고 있다. 또한, 마을 내 건물의 지붕에도 태양광 패널이 설치되어 재생에너지 생산에 기여하고 있다.

모르바흐는 태양광 에너지 사용을 촉진하고 확대하기 위한 다양한 실험을 진행하고 있다.

태양광 생산 비용은 초기 55센트/kWh에서 현재 4~7센트/kWh로 낮아져 경제적 지속가능성과 에너지 전환 실행성을 높이고 있다.

모르바흐의 태양광에서 얻는 전기는 국가 전력그리드에 공급된다. 초기에는 태양광 발전 비용이 1kWh당 55센트에 달했으나, 기술 발전과 비용 절감으로 현재는 7센트 수준으로 낮아졌다. 초기 고비용 시설 투자가 점차 안정화되면서, 태양광 에너지의 경제성이 크게 개선되었다. 이에 비해 풍력은 처음에 7센트인 것이 지금도 7센트에 공급된다고 한다[86].

이곳의 태양광 패널 설치는 단계적으로 이루어졌는데 초기 1, 2단계에서 독일과 일본 컨소시엄, 그 다음은 미국 순으로 진행하였다. 중국은 초기 단계에 참여조차 버거울 정도로 고전하였으나 지금은 품질과 비용 측면 모두에서 인정받아 에너지 풍경공원에서 중국 제품 점유율이 지배적이라고 한다. 모르바흐는 태양광 에너지 사용을 촉진하고 확대하기 위한 다양한 실험을 진행하고 있다. 이를 통해 도시 전체에서 에너지 효율을 향상시키고 탄소 배출을 줄이기 위해 노력하고 있다. 특히 에너지 풍경공원에서는 태양광 패널 하부공간에 대한 연구를 진행하고 있다. 소위 영농형 태양광 Agrivoltaics을 도입하기 위한 실험이 진행 중이다. 대규모 태양광 패널 하부 공간을 활용하여에 해당되는 실험이라고 할 수 있다. 대단위의 태양광 패널 하부공간의 활용은 태양광 발전소에서 해결해야 할 과제 중 하나이며, 이 곳에서도 생육 가능성이 있은 몇 가지 작물과 패널의 높이 조절 등의 실험을 진행 중이라고 한다.[56]

태양광 패널 하부공간을 활용하여 생육가능한 식물 재배를 실험 중이다 ('23.8)

≫ 전기, 난방, 자원순환을 동시에 해결

모르바흐는 재생에너지를 포괄적으로 활용하며, 여기에는 바이오에너지도 포함된다. 모르바흐 에너지 풍경공원 계획 초기인 2002년부터 바이오매스를 에너지원으로 활용하는 방안이 버컨펠트 Birkenfeld 환경 캠퍼스

---

86) 독일에서 전력망에 전기를 공급할 때 가격은 전력거래소의 시장 가격을 기반으로 하되, 재생에너지는 입찰제도와 보조금 정책을 통해 우선 공급되며, 추가 비용은 정부 지원과 소비자 부담으로 조정된다[3].

연구소의 조언에 따라 고려되었다.

바이오에너지는 동식물성 폐기물과 특정 유기폐기물을 활용하여 만들어지며, 독일 전체 에너지 총량의 약 10%를 차지하는 중요한 에너지원이다. 모르바흐에서는 약 6~7%를 차지하며, 마을의 지속가능한 에너지전환 전략의 핵심요소로 자리 잡고 있다. 모르바흐 지역의 삼림에서 얻은 목재는 바이오매스 발전소의 주요 연료로 사용되며, 이를 통해 지역의 난방과 전력 공급에 기여하고 있다.

모르바흐의 바이오매스 발전소는 연간 약 3만 톤의 바이오매스를 처리하며, 이는 약 5,000가구의 전력을 공급할 수 있는 에너지를 생산한다 ('23. 8).

이러한 모르바흐 바이오에너지 생산의 배경에는 독일 내에서 가장 큰 목재공장이 바로 이 곳에 있다는 점이 유리하게 작용하였다. 바이오매스 발전소는 지역 삼림에서 얻은 목재와 같은 목질계 바이오매스를 주요 연료로 활용하며, 이를 통해 지역의 난방과 전력 공급에 기여하고 있다. 4,400ha의 농지와 6,240ha의 임업을 보유한 모르바흐는 바이오매스 생산과 활용에 매우 적합한 조건을 갖추고 있다. 2006년부터 모르바흐는 자체적으로 시립 숲을 운영하고 있으며 시 소유 산림 면적은 약 3,000ha에 이른다.

바이오에너지에 의한 전기 생산은 초기에는 지역 농민들과 갈등을 빚기도 하였으나, 지방자치단체, 생산업체, 지역민(농부) 간의 협약을 통해 이를 극복하였다. 특히 바이오에너지 생산 과정에서 발생하는 고품질의 친환경 비료는 협업 구조를 더욱 공고히 하는 계기가 되었다고 한다.

모르바흐의 바이오가스 플랜트는 지역 농업 원료만을 활용하여 연간 약 3만 톤의 바이오매스를 처리한다. 이를 통해 약 3만 kWh의 전기와 8만 kWh의 열을 생산하며, 이는 약 5,000가구에 전력을 공급할 수 있는 양이다. 지역 농부들은 매년 약 7,000톤의 가축 분뇨와 약 10%의 옥수수, 5%의 삼백초 triticale, 밀과 호밀의 교배종로 구성된 원료를 바이오가스 플랜트에 공급한다. 또한 2011년부터 옥수수의 대체 식물로 큰 성공을 거둔 실피움과 실피움 퍼폴리아툼 Mixed Silphium, Silphium perfoliatum 식물[87]이 있다. 초기에는 축분과 목질의 혼합 발효 방식을 사용하였으나, 현재는 음식 쓰레기까지 처리할 수 있도록 확장되어 플랜트의 효율성이 더욱 높아지고 있다.

바이오매스 발전소의 생산과정을 살펴보면, 발전소의 발효기 내에 약 40°C의 온도와 혐기성 조건이 유지되면, 그 속의 메탄 박테리아는 물질을 분해하게 되고, 발효기에서 약 50%의 메탄 함량을 가진 가스가 방출된다. 이 가스는 열병합 발전소에서 엔진 터빈을 구동시켜 전기와 열을 생산한다. 생산된 전기는 국가 전력망에 공급되고, 폐열은 지역난방 시스템에 연결되어 상업 지역에 난방을 제공한다.

---

87) 북아메리카 동부 및 중부에 서식하는 국화과에 속하는 꽃 피는 식물의 일종으로 알려져 있다.

발효 후 남은 잔류물은 고품질 비료로 사용되어 지역 농부들이 경작지에 활용하고 있다. 이는 에너지 생산을 넘어 자원의 순환을 이루는 중요한 역할을 한다. 축분과 농업 폐기물이 에너지로 전환되고, 발효 잔류물은 액체 분뇨보다 냄새가 적어 지역 주민들의 삶의 질 개선에 도움이 된다. 지역난방을 위한 열 에너지 생산과정에서 발생하는 잠열은 펠릿 생산을 위한 목재를 건조시키는데 사용된다. 펠릿의 수분을 40%에서 10%대로 낮춰 에너지 효율을 높이는데 도움을 주고 있다. 2kg의 펠릿은 1리터의 석유에 해당하는 에너지를 가진다. 모르바흐 에너지 풍경공원 내에 위치한 목재 공장의 잔재물과 임목 부산물은 바이오 에너지를 생성하는 데 매우 유용하게 사용된다. 이 곳에서는 연간 15천톤의 임목 잔재물을 수거하며, 효율성이 높은 침엽수 펠릿을 생산한다.

풍경공원내 펠릿생산 위한 파쇄목 적치장('23.8)

좌: 펠릿원료 톱밥(40%수분), 우: 펠릿(10% 수분)

모르바흐는 겨울철의 매우 추운 날씨 탓에 난방 에너지에 대한 고민이 많은 지역이다. 열 에너지를 마을 전체로 보내는 것이 물리적으로 불리한 상황이므로 상업 시설에 우선적으로 열에너지를 공급하여 공동으로 혜택을 갖는 것으로 협의하였다.

에너지 풍경공원 바이오매스 발전소('23.8)

모르바흐는 11,000명의 지역주민이 사용하는 에너지의 7배에 해당하는 에너지를 생산하며, 이를 통해 탄소 발자국을 크게 줄이고 있다. 특히 바이오매스 발전은 일정한 에너지 공급을 보장하므로, 풍력이나 태양광이 안정적인 에너지를 제공하지 못하는 날씨 조건에서 중요한 대안이 된다.

또한, 바이오매스 에너지는 재활용 가능한 자원을 활용하여 에너지를 생산하므로, 폐기물 관리에도 기여하며 이산화탄소 배출을 줄인다. 이로 인해 모르바흐는 지속가능한 에너지 소스를 활용하는 모델 마을로 인식되어 왔다. 이렇게 함으로써 모르바흐는 이산화탄소 배출량을 줄이고, 환경 보호에 기여하며 지역경제의 버팀목이 될 수 있다. 이 과정에서 생산되는 에너지는 전기와 열을 모두 제공할 수 있다. 모르바흐의 바이오매스 발전소는 공정에서 다음과 같은 단계를 거치게 된다

에너지 풍경공원내 목재 제재소('23.8)

- **원료 수집**
  : 바이오매스 발전소는 주로 임업 부산물, 농업 폐기물, 축분 등을 원료로 사용한다. 이러한 원료는 지역 목재공장이나 산림 지역에서 수집되며, 모르바흐 지역에서 생산되는 원료를 수집한다.
- **원료 가공**
  : 수집된 원료는 바이오매스 발전소로 운송되어 가공 과정을 거친다. 이 과정에서 목재원료는 우드칩과 펠릿 생산으로 생산되며, 축분과 농업 폐기물 등은 메탄 가스 생산을 위한 발효조로 분류된다.
- **에너지 변환**
  : 가공된 원료는 에너지 변환 과정을 거친다. 바이오매스는 고온에서 소각되거

나 발효 과정을 통해 메탄 가스를 생성하며, 이를 통해 전기 에너지와 열이 생산된다.

• **에너지 사용**

: 생산된 에너지는 모르바흐의 전력 그리드와 난방 시스템에 공급되어, 마을의 주거지와 사업장에 전기와 열을 제공하게 된다.

이러한 과정은 재활용 가능한 농업 폐기물을 활용하여 에너지를 생성하므로, 환경친화적이며 자원순환의 과정을 통해 지역사회의 지속가능성을 높이는데 기여한다. 에너지 풍경공원의 1층 로비에 적혀 있는 인상적인 메시지를 소개한다.

"모든 것이 순환한다 (Alles fließt)"

자연에서 얻은 자원 순환이 모델이 되어, 지역 내 에너지와 자원이 유기적으로 조직됩니다. 이는 ***단순한 경제적 가치뿐만 아니라 환경 보호와 지역 가치 창출에 기여****합니다.*

지역 내 기업, 농부, 가정이 협력하여 에너지를 생산하고 사용함으로써 지속 가능한 발전을 도모합니다.

모르바흐 에너지 랜드스케이프는 이 과정에서 지역 주민들을 지원하며, 재생 가능한 자원을 활용해 친환경 에너지를 만듭니다.

이러한 ***혁신적인 자원 순환 시스템은 환경을 보호하고 지역 경제를 발전****시킵니다.*

이와 같은 노력은 지역 자원의 잠재력을 극대화하고, 경제 및 환경적 가치를 동시에 증진시킵니다.

| 모르바흐의 시사 |

대부분의 마을 공동체는 다양한 워크샵, 세미나, 그리고 이벤트를 통해 주민들에게 지속가능한 생활방식을 채택하고 환경보호를 위해 개인적으로 무엇을 할 수 있는지에 대해 배울 기회를 제공한다. 모르바흐 주민들은 지속 가능한 생활방식이 미래를 위한 필수적인 과제임을 인식하며, 워크샵, 세미나, 이벤트를 통해 이러한 가치를 학습하고 일상 속에서 실천하고 있다. 지역 자원의 재활용, 지역 농산물 소비는 모르바흐 주민들의 삶에서 환경과 조화를 이루는 구체적인 방식으로 자리 잡았다.

모르바흐는 지역사회와 방문객에게 지속가능한 에너지에 대한 교육을 제공할 수 있는 프로그램을 갖추고 있다. 에너지 풍경 공원은 이런 노력의 일환으로, 방문객들이 재생에너지의 중요성을 이해하고, 풍력, 태양광, 바이오 에너지 시스템의 작동 방식을 배울 수 있게 한다. 특히 이러한 방문은 미래 세대들에게 이러한 기술이 작동하는 방식과 자신들의 생활에 어떤 영향을 미치는지에 대한 실질적인 이해를 도울 것이다.

모르바흐의 연간 방문객은 약 5만 5천명 정도이며, 이중 절반 이상이 미국과 중국이며 한국에서도 많은 사람들이 찾아 온다고 한다. 에너지 전환의 교육, 학습, 견학이 주된 방문 목적이다. 모르바흐는 재생에너지 생산과 여기에 필요한 자원 관리에 익숙한 일상을 보유한 마을이다. 에너지 전환에 성공한 독일 마을들의 공통점과 중복되는 부분이 많다. 1995년 이후 20여 년간 마을 주민들의 삶의 방식은 에너지 전환과 더불어 기후환경 보전에 더욱 많은 관심을 보여 왔다. 이러한 활동들은 그들의 일상 생활의 일부이다. 마을 주민들은 재생 에너지 프로젝트의 중요성을 인식하고 있으며, 이를 지지하고 참여하고 있다. 지역 주민들에게 공동의 목표를 제공하며, 이를 통해 그들의 공동체를 더욱 진화시켜 나갈 것이다.

탄소중립과 더 많은 재생에너지 생산을 위해 시설의 확장이 필요하지 않느냐는 질문에, 에너지 풍경 공원 내 인프라의 확장은 단순히 에너지 생산만을 고려해서는 안되며, 전 생태계를 함께 고려해야 할 사항하므로, 독일에서는 이 분야에 많은 고민하고 있다고 답한다. 모르바흐는 인간과 자연이 조화롭게 공존할 수 있는 방법을 충분히 제공하고 있으며, 이 마을이 만들어 낸 가치는 전 세계의 지역사회와 공유할 만한 소중한 자산이다.

무렉 Mureck

‘기후위기를 넘어, 그린 에너지의 선두주자’

오스트리아 남동부 슬로베니아 국경지대 위치하며 슈타이어마르크 주 쥐드 오스트슈타이어마르크 행정 자치구에 포함된다. 마을의 면적은 약 38.78km²이고, 2024년 기준 인구는 약 1,700명, 인구 밀도는 41명/km²이다. 비엔나에서 기차로 약 3시간 30분 거리에 위치해 있으며, 오스트리아의 작은 농촌 마을에 해당된다.[58]

오스트리아 무렉 마을 입구 (‘23. 9)

무렉 Mureck이라는 이름은 무르 Mur강 [88]과 고대 독일어로 ‘모서리’를 뜻하는 에케 Ecke가 합쳐져 만들어졌다고 전해진다. 이 이름은 무르탈 Murtal과 빈디쉔뷜 Windischen Bühel의 합류점에 위치한 마을의 지형적 특징을 나타낸다. 강이 구부러지는 지역으로, 눈에 띄는 산악 지형이 특징이다. 이곳에는 방어를 목적으로 한 요새와 성곽이 자리 잡고 있었으며, 무르강은 과거 주요

슬로베니아와 경계를 이루는 무르강 (‘23. 9)

88) 무르(Mur)는 고대 인도유럽어로 고인 물, 습지라는 뜻이다.

교통로로 사용되었다. 특히 목재와 같은 대형 화물을 운송하는 데 중요한 역할을 했다.

세계 최초의 에너지 자립을 이룬 마을로 유명하며, 성공 노하우를 배우고 체험하기 위해 매년 전 세계에서 많은 사람들이 이 곳을 방문한다 ('23. 9).

이후 교통의 중심이 물길에서 철도로 이동하면서 강의 중요성은 감소했지만, Murcck은 여전히 전략적으로 중요한 위치에 있다[1]. 무렉은 작은 농촌 마을이지만, 자연 자원을 효과적으로 활용하며 에너지 자립을 이룬 마을로 알려져 있다. 불과 20여 년 사이에 마을은 지역사회가 필요로 하는 에너지 수요를 100% 충족시키는 시스템을 구축했다. 또한 잉여 에너지를 외부에 판매할 수 있는 구조를 갖추며 이상적인 지속 가능성을 실현한 사례로 주목받고 있다.

| 무렉의 발자취 |

현재의 바이오에너지 자립 마을로 자리 잡게 된 무렉의 여정은 1985년 마을 축산농이었던 칼토터 Karl Totter와 그의 동료 두 사람이 트랙터 연료를 자체적으로 생산해보자는 프로젝트에 의기투합하게 되면서 시작되었다고 한다. 해외로부터 수입한 화석연료에 의존하던 시절, 새로운 도전에 앞장선 3명의 선구자들은 스무명의 농민들과 함께 트랙터 연료를 만들기 위해 유채를 활용한 바이오디젤 생산에 매진하였다. 4년 후인 1989년 10월에 200여명의 지역민들이 조합원으로 참여하는 '세그 SEEG 협동조합' 설립 총회가 열렸고, 유채를 기반으로 한 바이오디젤 생산시설이 구축되었다. 이후 1991년 6월, 무렉 바이오디젤 시설이 본격 가동을 시작하였다.[58]

1993년에는 SEEG 협동조합이 그라츠 대학과 바이오디젤 생산 컨설팅 업체인 바이오디젤인터내셔널 BDI의 협력을 받아 유채가 아닌 폐식용유와 식물지방을 이용한 바이오디젤 생산 실험을 시작하였다. 같은해 12월에 협동조합은 그라츠 교통회사 GVB와 그라츠 대학과 협업으로 "후라이팬에서 연료통으로"라는 캠페인을 통해 폐식용유 기반 바이오디젤을 시내버스 연료로 사용했다. 이 프로젝트는 그라츠 시민들의 큰 호응을 얻었으며, 무렉과 SEEG 협동조합이 국제적인 명성을 얻도록 해 주었다.[59]

1994년엔 세계 최초로 폐식용유와 유채를 활용한 바이오디젤 전용 주유소가 설립되었다. 그리고 1996년까지 바이오 디젤 생산시설은 50만 리터에서 300만 리터로 확장되었고, 유채 재배 규모는 900헥타르로 확대되며 주정부로부터 생태 유채 재배지역으로 지정되었다. SEEG 협동조합의 주주였던 주민들은 1998년 난방 관련 회사인 나베르메를 설립하였으며, 같은 해 11월 난방 네트워크를 통해 500만 리터의 바이오디젤을 공급하기 시작했다. 2002년에는 바이오가스 설비 도입을 계획하였고, 2004년 SEEG 협동조합과 두 명의 농민이 공동 출자하여 지역 난방 회사이자 설비 운영을 담당하는 나베르메 무렉 Nawärme Mureck을 설립하였다. 무렉

기초자치의회는 바이오디젤 생산 설비 인근에 4MW 규모의 우드칩 보일러를 설치하고 약 14km에 달하는 열 공급망을 정비하기로 결정하였다. 이와 함께 축사에서 나오는 축분, 바이오디젤 생산 부산물, 옥수수대 등 농업 부산물을 활용해 메탄을 생산하고, 이를 통해 전력을 생산하는 바이오가스 설비를 구축하였다.

2005년에 거주지에서 불과 250m밖에 떨어지지 않은 곳에 가스 설비를 설치할 수 있었고, 나베르메 무렉과 7인의 농부가 투자하여 외코스트롬 무렉 Ökostrom Mureck회사를 설립하여 설비 운영을 담당하게 했다.[59] 외코스트롬은 연간 8,500MWh 전력을 생산하고 동시에 6,000MWh 열을 생산해서 무렉의 에너지 자립을 가능하게 해주고 있다. 같은해 3월에는 바이오가스 시설이 가동을 사작하였고, 5월부터는 바이오디젤 생산량을 기존 500만 리터에서 1,000만 리터로 확장하였다. SEEG 협동조합은 2008년까지 바이오디젤 생산량을 연간 1500만 리터로 증가시켰으며, 2009년에서 2010년까지 생산량을 1,700만 리터로 확장하였다. 그러나 바이오디젤 연료 혼소 정책과 팜오일 수입 증가로 인해 바이오디젤의 이미지가 악화되었고, 2013년도 무렵 어려움을 겪으면서 바이오디젤 생산 사업을 민간사업자 Brantner Energy GmbH에게 양도하게 되었다. 2021년 자동차 연료공급은 무렉 소재의 브란트너사가 담당하고 있다.

나베르메 무렉의 2023년 난방에너지 공급 비율은 바이오매스가 63.0%, 바이오가스가 35.0%이다. 2024년, 지역난방 네트워크에 가입된 가구는 300가구이며, 우드칩 소비량은 16,000m^3이며 6,500MWh의 전기를 생산한다. 열 난방에너지의 연간판매량은 13,000MWh이다. 선로 길이는 약

15km이고 총 연결 부하는 약 13.5MW이다. 이는 무렉의 총 열 수요의 거의 94%에 해당한다. 전력 분야는 2011년에 완공된 세바 무렉 SEBA Mureck의 태양광발전소와 2012년에 준공된 온실지붕 태양광발전소, 차고 지붕 태양광발전소 등이 있다. SEBA 무렉 유한회사에는 380명의 시민이 조합원으로 참여하여 이들 태양광발전소는 시민발전소로 불리고 있다.

무렉은 유럽 재생에너지 정책을 선도하며 국제적 명성을 얻은 사례로 손꼽힌다. 2001년, 유럽 재생에너지 단체 유로솔라 EuroSolar로부터 '세계 에너지 대상'을 수상하며 지속 가능한 에너지 전환의 선구자로 인정받았다. 이어 2006년에는 '유럽 태양에너지 대상'을, 2007년에는 '제1회 국제 기후 보호 이벤트상'을 받으며 100% 에너지 자립 마을로서의 위상을 확고히 했다. 특히 지구온난화와 에너지 위기 대응이 국제적 화두로 떠오르면서 무렉은 '그린 에너지 Green Energy'의 상징적 마을로 주목받았다.[60] 무렉의 업적과 실천 사례는 오늘날에도 지속가능한 에너지 정책의 귀감으로 평가받고 있다.

| 마을을 이끄는 3개의 작은 회사 |

무렉 에너지파크에서는 태양광, 바이오가스, 지역난방, 바이오디젤 생산공정을 볼 수 있다 ('23. 9)

재생에너지의 메카로 떠오른 무렉 마을에는 지역 농부들이 설립한 세 곳의 에너지 관련 기업이 있다. 이는 작은 규모의 마을치고는 매우 독특한 사례로, 이들 기업은 마을의 전기, 난방, 수송 에너지의 자립을 가능하게 한다. 바이오디젤을 생산하는 세그 무렉 SEEG Mureck, 마을 지역난방 회사인 '나베르메 무렉 Nahwärme Mureck', 가축 분뇨로 전기를 생산하는 '외코스트롬 Ökostrom'이 바로 그 주역들이다. 이들 기업을 통해 무렉 마을은 연간 152,000MWh의 에너지를 생산하며, 에너지 자립도는 170%에 달한다.

무렉 에너지파크에는 세그 무렉, 나베르메, 외코스트롬, 태양광 설비 등 재생에너지 생산시설이 있으며, 난방과 전기, 운송 연료 등 마을 전체에 필요한 에너지총량의 170%를 생산한다 ('23. 9)

| 바이오 디젤회사 세그 무렉 (SEEG Mureck) |

세그 무렉은 지역사회와 농부들이 주도하여 설립된 협동조합으로, 재생에너지를 생산하고 지역의 에너지 자립을 목표로 한다. 재생에너지를 통해 지역의 에너지 자립을 이루기 위해 뜻을 모아 협동조합을 설립하였으며, 시간이 지나면서 점차 회원 수가 늘어나 현재는 약 570명에 이르게 되었다. 초기에는 지역 농부들이 중심이 되어 유채 기름을 활용한 바이오디젤 생산을 시작했으며, 이후 다양한 재생에너지 프로젝트로 확장되었다. 전체 투자액 중 30%는 정부가 지원을 하였으며, 인근 대학에서 기술 제공의 도움을 받을 수 있었다.

세그 무렉에서 가장 먼저 생산한 바이오디젤은 유채 기름을 주 원료로 사용한 것이었다. 초기에는 지역 농부들이 재배한 유채에서 추출한 기름을 사용하여 바이오디젤을 생산했다. 이후에 폐식용유와 같은 다른 자원도 바이오디젤 생산에 활용되었다. 유채 기름은 오스트리아와 같은 농업 중심 지역에서 쉽게 구할 수 있는 자원으로, 세그 무렉은 이를 활용해 지역 내 에너지 자립과 지속 가능성을 촉진하는 중요한 역할을 했다.

세계 최초의 바이오디젤 주유소를 볼 수 있다. ('23. 9)

바이오디젤을 생산하는 이 회사는 그라츠시에서 수거한 폐식용유를 정제하여 바이오디젤을 생산하여 마을에 공급하고 남은 것은 재판매하여 수익을 창출한다. 여기서 생산되는 바이오디젤의 10%는 유채로부터, 나머지 90%는 폐식용유로부터 생산한다. 농부들은 이 바이오디젤 생산을 위해 유채 농사를 짓고 있으며, 전량 회사에서 사들여 생산원료로 사용한다. 그리고 유채의 일부는 고단백 가축용 배합사료 생산원료도로 사용되고 있다. 여기서 생산되는 바이오디젤은 승용차, 버스, 도로 및 철도에 의한 화물수송회사. 일반 화물차, 주유소용으로 판매된다.

SEEG사는 1989년 마을에서 가장 먼저 설립되었는데 이 공장에서는 옥수수를 키우고 돼지를 사육하던 농부 3명의 아이디어라고 한다. 3명 가운데 한 명인 카를 토터 karl Totter라는 농부 (SEEG의 이사가 됨)는 유채에서 바이오디젤을 만들 수 있다는 신문의 정보를 보고 도전해 보기로 했다고 한다. 신문기사 하나가 마을 주민들의 삶과 지역 생태계를 완전히 바꾸게 해준 셈이다.[63]

이 회사는 유채와 폐식용유를 사용해 연간 1000만 리터의 바이오디젤을 생산해낸다. 직원 3명을 시작으로 한 이 회사는 현재는 2개의 자회사를 둔 '에너지 그룹'으로 성장했다. 3개의 기업에 근무하는 직원도 16명으로 늘어났고, 매출 또한 급성장을 보이고 있다. 2000년도 매출이 겨우 213만 유로(약 33억원)이었던 것이 지금은 무려 약 6배나 늘어났다. 이 회사는 연간 9,000톤의 폐식용유를 공장연료로 사용하고, 연간 4만5,000톤의 이산화탄소를 절감하는 효과를 보고 있다.

| 지역난방회사 나베르메 무렉 (Nahwärme Mureck) |

세그 무렉 협동조합의 주주들인 주민들은 사업이 궤도에 오르자 1998년 5월 난방관련 회사인 나베르메 무렉을 설립했다. 1998년 6월부터 난방 시스템, 10km의 파이프 및 주택 연결망, 6개월 동안 필요한 6,000m³의 우드칩 보관 홀을 구축했다. 확장의 첫 번째 단계에서는 약 120채의 주택 연결이 구축되었다. 1998년 가을, 지역 난방 공급 시스템의 시운전으로 무렉은 자급자족할 수 있는 바이오 에너지를 공급하는 세계 최초의 도시가 되었다.

당초 계획했던 출력량인 2메가와트에서 4메가와트로 확대되었고 공급은 2MW 바이오매스 보일러 2대, 발전 폐열 1MW 및 바이오가스 피크 부하 보일러 2MW에 의해 제공된다. 2023년 난방에너지 공급 비율은 바이오매스가 63.0%, 바이오가스가 35.0%이다. 2024년 이 네트워

열병합발전소에 생산된 전기는 전체 소비량의 85% 차지한다 ('23. 9)

크에는 300개의 건물이 연결되어 있으며, 총 연결 부하는 약 13.5MW이며, 관로는 15km이다. 우드칩 소비량은 16,000m³이며 6,500 MWh의 전기를 생산한다. 열 난방에너지의 연간판매량은 13,000MWh이다.

이는 무렉의 총 열 수요의 거의 94%에 해당한다. 무렉의 모든 학교도 이 환경 친화적인 프로젝트에 참여한다. 나메르메 무렉은 일년 내내 이 바이오매스 난방 플랜트를 운영한다. 지역 난방 연결은 환경을 보호할 뿐만 아니라 지역 가치 창출도 확보한다.

열병합발전소 연료인 우드칩과 톱밥이 쌓여있다 ('23. 9)

| 바이오에너지 회사 외코스트롬 (Ökostrom Mureck GmbH) |

외코스트롬는 2003년에 설립되었으며 나베르메와 이 지역의 7명의 농부가 참여한 바이오가스 친환경 전기 플랜트를 운영하고 있다. 여기서 생성된 에너지는 공공 전력망에 공급되고 폐열은 지역난방 분배 네트워크로 공급된다. 농장 분뇨와 재생 가능한 원료, 바이오디젤 생산의 부산물이 에너지원으로 사용된다.

외코스트롬의 바이오가스 생산설비 ('23. 9)

에너지 생산 외에도 바이오가스 플랜트는 이 지역의 다른 많은 산업에 큰 이점을 제공한다. 바이오가스 공장은 식물에 적합한 농장 분뇨를 생산할 수 있도록 슬러리를 정제한다. 축산 농장에서 수집한 분뇨와 옥수수대,

밀짚, 유채 등 영농 잔재물을 혼합하여 발효된 상태에서 바이오 가스를 생산한 후, 열병합발전으로 연간 8,500MWh의 전력을 생산한다.[62] 오스트리아 전력공사에 판매해 수익을 얻는다. 이 회사의 투자자로 지역주민들이 참여하고 있다.

주민들은 자신들의 힘으로 에너지 회사가 하나씩 늘어날 때마다 마을의 에너지자립도가 높아지면서 더욱 자신감을 갖게 됐다. 무렉 마을 전체에 필요한 에너지총량은 난방과 전기, 운송 연료를 모두 합해 9만 MWh이다. 이들 3개 회사가 생산하는 에너지는 모두 15만2000 MWh로 에너지자립도가 무려 170%에 이른다. 잉여에너지는 다른 지역에 판매해 상당한 수익을 올리면서 주민들의 경제적 여력도 좋아졌다. 청정에너지를 자체 생산·판매·소비하고 있기 때문에 주민들의 경제적 삶은 큰 도움이 될 뿐 아니라 기후 환경을 위한 활동도 자연스럽게 하게 되는 셈이다. 난방부문에서만 석유 1500만 리터를 대체하는 효과와 연간 4만5000톤의 온실가스 절감에 기여하고 있다.[62]

| 태양에너지 시민발전소 세바 무렉 (SEBA[89]) Mureck GmbH. & Co KG) |

세바 무렉은 2010년 이 지역 주민 380명과 함께 설립되었으며 3단계로 건설되었다. 무렉의 지역공동체 및 슈타이어마르크 주의 지원으로 운영되는 유한책임 합자회사이다.

2,500kWp 규모[90]의 시민 태양광 발전소는 태양광 발전소, 지붕 패널,

89) Solar Energy Citizen System

유기농 채소를 재배하는 기후 친화적인 에너지 생성 온실로 구성되어 있다[91]. 확장 1단계는 1,050kWp의 지상 설치 시스템으로 구축되어 2011년 3월에 가동되었다. 그 당시에도 토지개발에 대한 비판의 목소리가 나왔기 때문에 더 확장하기 위한 다른 방법을 모색했다. 950kWp의 출력을 내는 확장 2단계는 온실 위에 건설되어 2012년 10월에 가동되었다. 12,400m^2 규모의 온실 지붕에는 특수 태양광 모듈이 연간 약 100만 kWh의 태양광 발전을 생산하고 그 아래에서 유기농 채소, 꽃, 관상용 관목 및 약초를 재배한다.

세바 무렉의 지상 태양광 패널 안내판('23. 9)

세바 무렉의 온실 상부의 태양광 패널('23. 9)

계획된 에너지 소비를 절반으로 줄이고 재생 에너지만 사용하면 연간 약 1,100톤의 온실가스를 감축할 수 있다. 이는 재생에너지의 기술 개발에서 한 걸음 더 나아간 것일 뿐만 아니라 지역 경제에도 매우 중요하다. 500kWp의 출력을 내는 확장 3단계는 홀과 간이 차

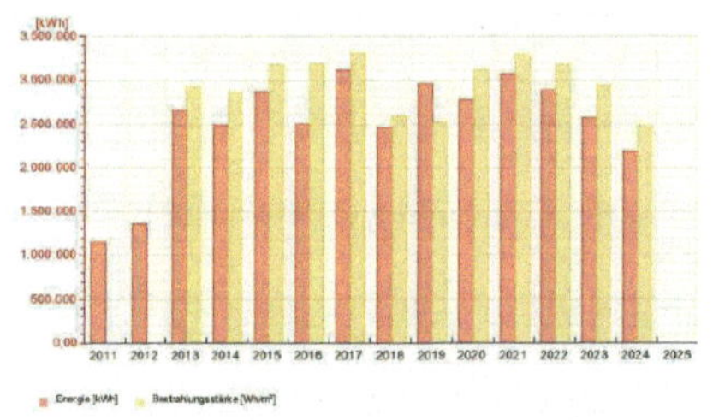

SEBA의 에너지 생산량과 일사강도 비교('24.10월)

---

90) 연간 3백만kWh 생산량이며 약 800가구 또는 1,500대 전기 차량 공급이 가능하다.

91) 지상 태양광 패널은 약 1,050kWp, 온실 지붕에 통합된 패널은 약 950kWp, 일반 지붕에 설치된 패널은 500kWp 출력 시설이다.

고에 건설되어 2012년 11월에 가동되었고 2016년에 PV시스템을 포함하여 일부가 불에 탔으며, 2016년 12월에 다시 가동되었다. 확장 1단계의 보조금 지급 OEMAG 관세[92]가 2024년 3월에 만료되었기 때문에 향후 EEG[93] 또는 BEG SEBA Mureck[94]을 통해 태양광 발전을 판매하고자 한다.[65]

| 수력 에너지 |

무어강과 술름 강이 합류하는 지점에 오베르보가우 Obervogau와 레츠나이 Retznei유수 발전소[95]가 있다. 두 강의 자연 흐름을 이용하는 유수 발전소에서 각각 6,500kW의 정격 출력으로 전기를 생산한다.

오베르보가우 및 레츠나이 수력발전소 ('23. 9)

무렉에는 무어강의 유수를 이용한 오래된 물레방아가 있다. 배 위의 물

92) OeMAG는 오스트리아의 재생에너지 운영 관리 기관이며, OeMAG 관세는 재생에너지 전력을 공공 전력망에 공급할 때 적용되는 전력 구매 가격을 의미한다.

93) EEG Erneuerbare Energiegemeinschaft SEBA Mureck는 재생에너지 공동체로, 세바 무렉이 생산하는 에너지를 지역 내에서 자급자족하는 것을 목표로 하며, 지역 전력망을 통해 세바 무렉에서 생산된 에너지 사용이 가능하다.

94) BEG Bürgerinnen Energiegemeinschaft SEBA Mureck는 시민에너지 공동체로, 무레크 지역에 국한되지 않고 오스트리아 전역에서 세바 무렉의 에너지 사용이 가능하다.

95) 저수지 발전소와 달리 강의 자연 흐름을 이용하여 전기를 생산한다. 대규모 댐을 건설하는 것이 아니라 작은 물막이의 구조물을 통해 물의 흐름을 발전기로 유도한다.

레방아인 쉬프스뮐레 Schiffsmühle[96] 이다. 중세시대 무어강에서 제분을 위해 전통방식으로 운영되었던 물레방아를 현대적으로 복원하였다. 강의 수위에 영향을 받지 않도록 부유식 선상에 물레방아를 설치하여 밀을 제분하는 방식을 따르는 전통적인 기술을 볼 수 있다. 쉬프스뮐레는 몇 차례 홍수로 인해 침수되었으나, 그때마다 복구되어 현재까지 운영되고 있다. 이곳은 방문객들에게 역사적이고 전통적인 제분 과정을 체험할 수 있는 기회를 제공하며, 주변의 아름다운 자연경관과 함께 지역의 문화유산을 감상할 수 있는 인기 관광 명소이다.

물 흐름을 이용한 부유식 물레방아

물레방아 내부, 곡물 가는 돌

| 무렉의 시사 |

무렉의 전환마을 과정을 살펴보면, 중앙정부 주도가 아닌 마을 주민들의 주도로 지역 기업들이 중심이 되어 전환을 이루어졌다는 점에서 독창성과 차별성을 갖는다. 이는 현재의 탄소중립 정책이 등장하기 훨씬 이전부터 시작된 사례로, 무렉은 자원의 수입과 외부 의존도를 낮추기 위해 자원순환 경제의 틀을 마련하여 재생에너지 마을로 이어지는 길을 열었다.

마을 주민들이 참여하는 회사를 설립하고, 설비 운영과 이익을 공유하고, 지역 대학 및 행정 기관과의 협업을 통해 새로운 마을전환의 모습을 보

96) "Schiff" (배)와 "Muhle" (물레방아)가 결합된 단어로, "배 위에 있는 물레방아"를 뜻한다.

여 준다. 특히 바이오 디젤 연구에 기여한 그라츠 대학의 기술적 지원, 정부의 금융 혜택 및 행정적 지원은 민관 협력의 성공적인 모델로 자리잡았다. 이는 마을단위의 공동체에서 '지속가능성'이라는 가치 실현의 모델이며, 기후 환경을 이해하고 더 나은 삶을 위한 일상 속의 실천 방안을 보여주는 것이라 할 수 있다.

무렉은 바이오에너지 분야에서 두드러지며, 이를 통해 지역 농업과 에너지 생산이 유기적으로 결합된 순환 경제를 형성했다. 이러한 구조는 농업 중심의 전통적인 경제 구조에서 벗어나, 미래 지향적인 에너지 자립형 지역사회로 변모하는 데 중요한 역할을 했다. 무렉은 오스트리아는 물론 국제적으로도 재생에너지와 지속가능한 농업 및 지역 발전의 성공적인 모델로서 주목받고 있다. 독일의 크론슈타트를 비롯해서 유럽의 여러 도시들이 무렉의 모델을 바탕으로 에너지 전환을 시도하거나 협력을 구축하기 위해 MOU를 체결하고 그들의 노하우를 배우고 있다. 무렉 시장인 클라우스 슈트라인의 의미있는 연설[4]에서 가장 앞서 있음에도 비장함이 느껴진다.

"우리가 혁신적인 기술을 전 세계적으로 사용하면 지구 온난화를 늦추고 심지어 멈출 수 있습니다. 우리는 이에 맞서기 위한 첫 번째 단계를 더 빨리 진행해야 합니다. 그래야 우리 무렉의 노력이 선구자적인 의미를 가지며, 온실가스 방출을 줄이는 데 있어 중요한 역할을 할 수 있습니다. 무렉 시는 공공 건물의 모든 지붕을 이용하여 태양광 발전을 통해 전기를 생산하고 있으며, 이를 통해 포괄적인 잠재력 분석을 수행하고 있습니다. 이 분석은 건물의 크기와 지붕

면적, 경사, 방향, 기타 필요한 정보를 제공하여 포토볼타익 시설의 사용을 최적화할 수 있습니다. 이는 우리가 사용할 수 있는 공간을 최대한 활용하고, 이를 통해 더 늦기 전에 기후 변화에 대응할 수 있도록 합니다. "블랙아웃 예방"이라는 프로젝트는 2023년에 장기적인 준비를 통해 시작되었습니다. 무렉이 유럽에서 가장 밝은 도시로 불릴 수 있게 만들 것입니다."

유럽의 다수 사례에서 보듯, 전환의 실험을 시작하게 된 배경 중에는 기후위기에 대한 인식과 화석연료를 벗어나 온실가스 감축에 기여해야 한다는 시대적 의무감이 공통적으로 자리한다는 것이 있으며, 이는 무렉에서도 크게 다르지 않았다. 그렇지만 이를 계획하고 실천해가는 과정에서 보여준 무렉의 방식과 성과는 분명 세계 여러 도시의 모델이 될 것이며, 무렉은 기후 환경을 위한 더 나은 삶의 지속가능한 도전을 이어갈 것이다.

귀싱 Güssing

'오스트리아가 자랑하는 재생에너지의 허브'

귀싱 바이오플랜트 입구

귀싱은 오스트리아의 남쪽 지역의 부르겐란트 주에 위치하며, 헝가리 국경에 인접해 한 작은 도시이다. 본래 헝가리에 속했던 이 도시는 1921년에 오스트리아로 귀속되었다. 귀싱은 부르겐란트 주 남부에 위치한 28개의 작은 마을로 구성된 지역으로, 전체 인구는 약 2만 7천 명이며 그중 약 4,300명이 귀싱시에 거주한다. 도시의 중심에는 중세 시대에 건설된 성 Burg Güssing이 있으며, 이 성을 중심으로 마을이 형성되있다. 귀싱은 서울의 약 6.5배에 달하는 넓은 면적을 가지며, 헝가리 국경에서 약 10km 떨어져 있다.

귀싱성(Burg Güssing)과 람사르 습지 ('23. 8)

귀싱은 역사적, 문화적 자원과 함께 아름다운 자연경관을 보유하고 있다. 대표적인 명소인 귀싱 성은 현재 박물관과 전망대로 사용되며, 방문객들에게 중세 시대의 흔적을 느낄 수 있는 기회를 제공한다. 또한, 이 도시는 그리스도교 순례지로도 잘 알려져 있으며, 매년 많은 관광객들이 찾고 있다. 귀싱은 지속가능한 에너지 전환 도시라는 수식어를 가장 먼저 사용했을 정도로 동분야의 선구적 역할을 한 곳으로 알려져 있다. 2000년대 초, 이 도시는 화석연료 의존에서 벗어나 재생에너지로 전환하는 데 성공하였다. 바이오매스 발전소와 다양한 재생에너지 프로젝트를 통해 도시 전체의 에너지 자급자족을 실현하였으며, 난방에 필요한 열은 100% 친환경 에너지를 사용한다.

방문객들은 귀싱에서 머무는 동안 화석 연료가 아닌 재생에너지로 생산된 전기와 열을 경험할 수 있다. 낙후되었던 농촌 마을은 지방자치단체의 혁신적 정책과 주민들의 협력을 통해 에너지 자립 공동체로 변모하였으며, 현재는 남는 에너지를 인근 지역에 수출하고 있다. 이러한 이유로 이 작은 마을은 유럽 사람들에게 '재생에너지 연구의 심장부'로 불린다.[66,67]

| 귀싱의 혁신 여정 |

마을의 역사는 주변 환경만큼이나 척박했다. 1차 세계대전 당시 이 지역에서는 10만 명이 넘는 사람들이 목숨을 잃었고, 2차 세계대전 이후 냉전 시대에는 '철의 장막'의 피해를 입었다. 국경을 넘나들며 힘겹게 생활하던 주민들 중 3분의 2 이상은 주중에는 빈과 같은 대도시에서 일하고 주말에만 고향으로 돌아오는 생활을 이어갔다. 1990년대 초까지 귀싱은 오스트리아에서 가장 가난한 마을 중 하나로 꼽혔다. 젊은이들은 고향을 떠났고 남은 주민들은 옥수수와 해바라기씨 기름, 나무를 팔아 생계를 이어갔고 관광지로 내세울 것은 12세기에 지어진 헝가리 귀족의 성 밖에 없었다.[68] 빈곤했었던 이 마을의 운명은 수십 년 만에 큰 전환점을 맞이했다.

귀싱 시는 성 Burg Güssing을 중심으로 약 4,300여 명의 주민들이 살고 있다 ('23. 8)

1988년 이전까지 귀싱은 에너지의 100%를 외부에서 석유 등 화석연료로 조달했고, 높은 연료비가 지역의 가장 큰 문제였다. 당시 빈곤했었던 귀싱 지역 28개 마을의 에너지 구입 비용은 연간 연료비만 3,600만 유로(한화 약 540억 원)에 달했다. 이를 해결하기 위해 귀싱 지역정부는 '화석연료로부터 100% 독립한다'는 정책을 수립하고, 구체적인 에너지 절약 프로그램과 함께 재생에너지 발전시설에 눈을 돌렸다.[67]

그리고 이 곳의 변화는 두 공무원의 아이디어에서 시작되었다. 당시 귀싱 시장이었던 페터 파다즈와 시청 전기기술직 공무원 라인하르트 코흐가 그 주인공이었다. 부르겐란트에서 교사로 일했던 파다즈와 전직 국가대표 농구선수로 세계를 여행했던 코흐는 귀싱의 에너지 문제 해결을 위해 머리를 맞댔다.[68] 이들은 지역의 절반 가까이가 숲으로 덮여 있고, 오스트리아에서 가장 일조량이 많다는 점에 주목했다. 2년 뒤, 귀싱 의회에 '우리 지역의 에너지를 100% 재생에너지로 전환하자'는 안건을 제출하여 통과시켰다. 이후 시장은 에너지 소비를 줄이고 절감된 예산을 재생에너지 사업에 투자하기로 결정했다.

에너지 자립을 위해 지역의 46%를 차지하는 숲 자원을 활용하자는 전문가의 제안을 받아들였고, 라인하르트 코흐에게 산림 자원을 에너지원으로 활용할 방안을 조사하도록 했다. 1998년, 파다즈와 코흐는 빈의 과학자 헤어만 오프바우어가 목재를 고온에서 가열하여 가스로 전환하는 기술을 개발하였다는 소식을 듣고 이를 귀싱에서 시범적으로 적용하기 시작했다.[70]

2000년대 초, 화석연료에 대한 의존성을 줄이기 위해 지역에서 쉽게 구할 수 있는 바이오 자원의 활용에 대한 연구와 실험이 진행되었고 솔루션을 찾을 수 있었다. 바이오매스 에너지를 생산하여 도시 전체의 전기와 난방 에너지로 공급하는 시스템을 구축했고, 도시 내 건물의 에너지 효율을 높이는 작업을 병행하여 에너지 소비를 50% 이상 줄였다. 또한, 27개 가구에 난방을 제공하는 바이오가스 플랜트를 설치했고, 유채꽃씨를 자동차 연료로 전환하는 시설도 도입했다. 이러한 노력으로 귀싱은 유럽의 그린 에너지 전환을 선도하는 도시로 성장했고, 지속가능한 에너지 모델의 본보기가 되었다.

| 지역 기반 바이오 에너지 |

1991년, 귀싱은 바이오디젤과 바이오매스를 활용한 마을 난방 시스템 설치 계획을 수립하였다. 지자체는 에너지 절약을 통해 설비 투자금을 마련하고, 연방정부와 주정부의 신기술 혁신 지원금을 활용하여 열에너지와 연료를 생산할 수 있는 설비를 갖추기 시작하였다[7]. 1992년에, 먼저 약 30여 가구가 거주

귀싱의 바이오매스(Biomass) 발전소 ('23. 9)

하는 마을에 목재를 이용한 지역 난방 시설을 설치하였다. 그러나 부르겐란트 전력회사는 귀싱의 사업을 반대하며 비판하였고, 일부 주민들도 이를 돈 낭비라고 여겼다.[68]

하지만 귀싱 지역은 바이오 자원의 공급이 유리한 지역으로, 목재를 이용한 바이오매스 에너지 생산에 매우 적합한 곳이었다. 전체 목재 중 64.6%를 차지하는 침엽수는 제지 산업, 제재소 등의 산업용으로 사용되는 반면, 상대적으로 산업용 활용도가 떨어지는 활엽수들을 에너지 생산용으로 활용할 수 있었다.

1996년, 목재 및 폐기물 소각 발전소인 Fernwaerme가 가동을 시작하여 귀싱의 공공건물, 개인 주택, 공장 등에 난방과 전력을 공급하기 시작하였다[97]. 연구센터 길 건너에 세워진 이곳 입구에는 우드칩이 산더미처럼 쌓여 있다. 이 발전소에서는 매일 60t의 목재 소각을 통해 에너지를 얻고 있다. 우드칩 소각을 통해 나오는 증기도 부수적인 에너지 원료가 된다. 850℃까지 올라간 증기를 150℃로 낮춘 뒤 재처리해 찌꺼기를 모아 다시 태운다. 남은 1%의 재는 다시 퇴비로 사용하는 시스템이라고 한다. 이 발전소는 목재 2.5톤당 2MW의 전기와 4.5MW의 난방 열을 생산하며, 연간 약 250만 유로(한화 약 36억 원)의 수익을 올리고 있다.

이 발전소에서는 목재 2.5t을 태워 2MW의 전기와 4.5MW의 난방용 열을 얻는다. 최근 정상 궤도에 올랐다는 이 발전소가 남은 전기와 열을 팔아

97) 이 발전소는 2011년 시 정부와 한 에너지 업체 OMV가 900만유로(약 130억원)를 투자해 세웠다.

얻는 수익은 한 해 약 250만유로(약 36억원)다. 10년이 지나면 투자금을 회수할 수 있다. 발전소 안에는 각지에서 온 연구원들의 연구시설이 있다. 최근엔 독일 울름과 미국 캘리포니아주에 발전시설 기술을 판매했다.[73]

귀싱은 풍부한 농업 자원, 즉 나무와 폐식용유, 가축 분뇨 등의 농업 부산물인 바이오매스를 이용하여 에너지 생산 시설을 구축했다. 귀싱의 야심찬 도전은 기존의 에너지를 일상의 환경을 활용한 재생에너지로 100% 전환시키는 도시로 탈바꿈시켰고 유럽 최초라는 타이틀 명예를 가지게 되었다. 이곳의 핵심시설은 귀싱 바이오매스 발전소이고 귀싱 에너지자립 원천은 목재이다. 국토의 약 70%가 산림지대이며, 하루 통나무 60t이 공급될 수 있는 환경을 보유하고 있다. 통나무를 분쇄하고, 증기가스화 시설로 간 다음 메탄화 시설에서 메탄가스가 나오는 공정으로 진행된다. "중요한 것은 지금부터이고 배출가스 정화과정이 바로 그것이다. 이 공정에 대부분 투자비가 들어갔다. 여기서 배출되는 가스 일부는 지역난방에 사용한다."라고 말한 베를린의 아고라연구소 염광희 박사의 말이 매우 인상적이다.[69] 이어 75가구 150명의 주민이 사는 유얼베르스토프 마을과 자신이 마을 대표로 있는 베른하르트 씨가 소개한 핵심은 "세상에 에너지원이 아닌 것은 없다"는 것이었다. 소똥에서부터 건초, 옥수숫대나 질피움(식물) 등 가스와 열을 만들고 이들이 이전의 화석연료를 대체했다는 것이다.[67]

귀싱 인근 마을의 우드칩 창고와 설비 ('23. 9)

알프스 산맥 지류의 풍부한 산림 자원을 바이오 에너지로 활용한다는 계획은 결국 성공하였다. 현재 이 지역은 전기를 자급자족하고 있으며, 남은 전기는 주변 지역에 판매하고 있다. 귀싱의 관심사는 100% 자급자족을 하지 못하는 열 분야에서 성과를 내는 것이라고 한다. 지역 난방의 열을 냉방에 활용하고, 가스로 액체 연료를 얻어 자동차에 쓰는 기술을 연구하고 있다. 이를 위해 열과 전기를 함께 쓸 수 있는 열병합 기술에 집중하고 있다. 폐목재 설비에서 얻은 가스를 연료전지에 넣어 수소 연료를 얻고, 나무를 태운 가스에서 순수한 메탄가스를 추출해 액체 연료를 얻는 기술을 연구하고 있다.

이곳의 우드칩은 이산화탄소와 유황, 질소 분이 거의 없는 폐목재를 잘게 부셔 만들기 때문에 친환경 에너지원으로 평가받고 있다[1]. 보일러 근처에는 건초를 발효시켜 에너지를 생산하는 바이오매스 발전 시설이 있다. 이는 우드칩 보일러를 보조하는 열을 생산하는 동시에 가스로 전기를 생산하고 부산물로 비료도 만든다고 한다. 이처럼 귀싱은 소똥과 건초, 옥수숫대와 같은 자원을 활용하여 석탄과 석유를 대체하였다. 또한, 영상 35도를 넘나드는 더위는 귀싱 시 에너지 생산의 또 다른 원천이 되었다.

발전소에서 생성된 열 에너지는 지역의 난방망을 통해 주택, 공공 건물 및 산업 시설에 공급된다. 이로 인해 귀싱 지역은 화석 연료 기반의 난방 방식에서 벗어나, 친환경적인 바이오매스 기반의 난방 시스템을 구축할 수 있었다. 바이오매스 발전소의 특징 중 하나는 동시에 전기와 열을 생산하는 공동 발전 cogeneration 방식을 사용한다는 것이다. 이 방식은 에너지의 효율성을 크게 향상시키며, 난방 요구량이 높은 겨울철에 특히 중요하다.[73]

귀싱에서 사용되는 바이오매스 원료는 주로 지역의 산림 관리 활동에서 발생하는 잔사와 같은 폐기물을 활용하여 지속 가능한 방식으로 열 에너지를 생산한다. 이러한 바이오매스 기반 열 에너지 생산은 지속가능한 에너지 전환의 모범 사례로 평가받으며, 다른 지역과 국가에도 중요한 본보기가 되고 있다.

| 태양 에너지 |

귀싱은 오스트리아에서 태양광 시설이 가장 많은 곳 중 하나로, 주택과 상업용 건물 대부분에 태양광 발전기와 태양열 온수기가 설치되어 있으며, 이는 주민들의 자발적인 투자와 정부의 정책 지원 덕분이다. 특히, 최근에는 건물을 신축할 때 태양에너지 시설을 설치하도록 의무화하는 법령이 시행되어, 지역 내 태양광 에너지 사용이 더욱 활성화되고 있다.

공공건물과 일반주택의 태양광 시설 ('23. 9).

귀싱 주민들이 직접 투자한 공동 태양광 발전소는 매년 평균 투자금 대비 약 3%의 수익을 창출하고 있으며, 이는 재생 에너지의 경제적 가능성을 입증하는 사례로 주목받고 있다. 이러한 시설은 지역 내 에너지 자급률을 높이는 데 영향을 미치며 주민들에게 추가적인 수익을 가져다 준다. 태양광 발전은 귀싱의 에너지 공급망에서 바이오매스와 같은 다른 재생에너지원과 조화를 이루고 있다. 낮 시간 동안 태양광 에너지로 생산된 전력은 지역 전력망에 공급되며, 초과 전력은 저장 시설이나 주변 지역에 판매된다. 태양열 시스템은 온수를 생산하거나 지역 난방망에 열을 공급하는 데 활용되고 있어, 화석 연료를 대체하는 귀싱의 지속 가능한 에너지 모델에 중요한 축을 담당한다.

귀싱은 태양광 에너지 기술 개발에도 적극적으로 참여하고 있다. 지역 연구소와 기업들은 태양광 패널의 효율성을 높이고, 저장 기술을 개선하기 위한 프로젝트를 진행 중이다. 이러한 노력은 귀싱이 재생 에너지 전환을 선도하는 도시로 자리매김하는 데 중요한 역할을 하고 있다.

| 지역난방 네트워크와 마을 공동체 |

에너지 자립을 이룬 오스트리아, 덴마크, 독일의 마을에는 공통점이 있다. 바로 에너지 자립 마을을 이룬 주체가 주민들이라는 점이다. 주민들은 에너지 생산 문제를 스스로 해결하려 노력했으며, 1978년 완공된 원자력 발전소 2기를 국민들의 반대로 폐기시키는 데 성공하였다. 1999년 제정된 '비원자력 오스트리아를 위한 연방헌법'으로 탈핵 정신을 영구적으로 법제화한 오스트리아의 사례는 시민 중심의 에너지 자립 정신을 보여주는 대표적인 예이다[4].

귀싱의 바이오매스 지역난방 플랜트는 1996년에 가동을 시작하였다. 이 지역난방 시스템은 약 22MW의 연결 부하, 약 35km의 노선 길이, 연간 약 50GWh의 열에너지 판매량을 기록하며, 도시 전체 연간 난방 수요의 85% 이상을 충족하고 있다. 연료는 주로 지역 농부, 산림 관리인, 목재 생산 회사에서 공급받는다. 귀싱의 글레이싱 Glasing과 우르베르스도르프 Urbersdorf 두 지구도 자체 지역난방 네트워크를 통해 열을 공급받고 있다. 귀싱 지역난방 플랜트는 귀싱 시정촌의 지역난방 유한회사가 행정적

으로 소유하고 있으며, 우르베르스도르프는 별도의 지역난방 협동조합을 운영하고 있다.[67]

귀싱은 연방정부, 지방정부, 주민 등 삼위일체의 협력을 통해 혁신적인 에너지 자립 마을을 창출하였다. 지역 공무원, 농민, 일반 주민, 과학자, 연방정부 등 다양한 구성원의 참여와 인식 공유를 통해 목표를 설정하고 실천 방안을 마련하였으며, 이를 지원하기 위한 다각적인 협조가 이루어졌다.[74,75] 특히, '화석연료로부터 100% 독립하여 재생 가능 에너지 마을을 만들자'라는 명확한 슬로건을 내세우고, 지속적인 노력을 통해 목표를 끝내 달성하였다.

| 귀싱 모델과 지역 활성화 |

'귀싱 모델'의 핵심은 태양, 나무, 그리고 농업 부산물(유채, 옥수수 등)을 활용하여 전기와 열을 생산하는 데 있다. 바람이 약하고 하천 자원이 부족한 지역적 한계를 극복하기 위해 귀싱은 다양한 에너지원과 기술을 실험하는 '테스트베드'로 자리매김하였다. 이러한 성공의 중심에는 유럽 재생에너지 연구센터 EEE가 있다[98)].

'유럽 재생에너지 연구센터'EEE는 1996년 오스트리아 귀싱에 설립되었다 ('23. 9).

98) 1996년 유럽재생에너지센터 EEE, Europaeische Zentrum fuer erneuerbare Energie가 귀싱에 설립됨으로써 지방정부-연구소-기업을 연결하는 효율적인 산학 연계 시스템이 갖추어지게 되었다.

귀싱 시에 위치한 EEE는 1996년 귀싱 모델을 홍보하고 관련 정보를 교류하기 위해 설립되었다. 이 연구소는 지방정부, 연구기관, 산업체를 연결하는 산학 연계 시스템을 구축하여 바이오매스, 바이오가스, 태양광 발전 등 다양한 재생에너지 관련 연구 프로젝트를 진행해왔다. 이를 통해 귀싱은 주민들이 필요로 하는 에너지를 100% 마을 안에서 조달할 수 있는 '에너지 자급 도시'의 기반이 만들어졌다.[72]

현재 귀싱에서는 다양한 전력 시범 모델이 운영되고 있다. 목재를 이용하여 가스와 액체 연료를 생산하는 연구가 진행 중이며, 빈 공대, 그라츠 공대, 독일 브라운호퍼 연구소와 같은 주요 연구기관이 EEE와 협력하고 있다. 또한, 르노, 볼보, 폴크스바겐, 벤츠 등 유럽 자동차 업체와 독일 루프트한자 항공사도 귀싱에서 재생에너지 연료 연구를 수행하고 있다[3].

귀싱은 에너지 자립 마을의 대표적인 모델로 유럽 전역에 널리 알려져 있다. 기존의 석유, 전력, 연료를 대체할 대체 에너지를 개발하여 외부 에너지 의존도를 줄이고 마을 일자리를 창출하겠다는 목표를 성공적으로 실현하였다. 쇠락하던 농촌 마을의 운명은 극적으로 바뀌었고, 현재 귀싱에는 40여 개의 크고 작은 재생에너지 시설이 운영되고 있다. 이 시설들은 지역 필요량의 2배 이상의 에너지를 생산하고 있으며, 초과 전력과 열은 판매하여 지역 경제를 활성화하고 있다. 지속가능한 에너지 전환을 추진하면서, 귀싱은 지역에서 다양한 녹색기술 및 재생에너지 관련 기업들이 설립되는 중심지가 되었다. 귀싱은 그 지역적 특성과 지속가능한 에너지 전환의 성공 사례로서 많은 주목을 받았다. 새로운 기술과 솔루션 도입으로 인해 많은 일자리가 생겼고, 다른 지역과 국가로부터의 관심도 높아졌다.[75]

초기에는 귀싱의 신재생에너지 독립 목표를 두고 일부에서 '수백만 유로의 무덤이 될 것'이라는 우려와 비판이 있었으나, 20여 년간의 지속적인 노력 끝에 귀싱은 석유보다 최대 40% 저렴한 연료를 공급하며 경제적 경쟁력을 확보하였다. 현재 귀싱에는 50여 개의 기업이 설립되어 약 1,000개의 일자리가 창출되었다. 생산직, 유통직, 숙박업 및 서비스직 등 다양한 직업군이 생겨났으며, 귀싱은 유럽 최초로 에너지 자립에 성공한 마을로 자리잡았다.

귀싱 시는 바이오매스 자원을 활용해 재생에너지를 생산함으로써 유럽 최초로 에너지 자립에 성공한 마을이다. 귀싱 시의 에너지 자립 성공 경험은 '귀싱 모델'이라 불린다. 이곳의 성과는 단순히 에너지 자립에 그치지 않고, 글로벌 아젠다인 기후환경과 에너지 문제에 대한 해결책을 지역 공동체 단위에서 제시했다는 점과 '친환경 공동체'로서의 가치를 확산하고 있다는 점에서 의미가 있다.

2020년 한겨레 21에 게재된 귀싱의 이야기는 '귀싱 모델'과 관련된 지역 기업의 에너지 절감과 탄소중립 실천을 잘 보여준다. 귀싱 시내 북쪽에는 1960년대부터 이곳에서 스파게티면과 빵을 생산해온 가족기업 '볼프'가 있다. 매해 6,520t 규모의 면을 생산하는 이 업체는 2년 전부터 공장 설비에 필요한 전기를 재생에너지 시설에서 100% 얻고 있다. 210만유로(약 30억원)를 투자해 세운 바이오가스 처리시설에선 이 업체가 반죽 재료인 달걀을 얻기 위해 기르는 4만 마리의 닭에서 나온 배설물과 귀싱 지역의 음식물 쓰레기를 거둬들여 발효시킨 뒤 메탄가스를 만들어 전기를 얻어 공장을 돌리고, 남는 전기는 판매를 하고 있다. 시간당 750kW를 생산하는 이 발전시설에선 발효한 찌꺼기가 나오는데 이는 지역 농가에 무료로 비료로 나눠주고 있다. 게다가 이 업체는 이곳에서 생산한 제품 포장에 '이산화탄소 중립 생산품'이라는 표시를 해 '환경기업'이라는 이미지를 얻는 데 활용하고 있다.

현재 귀싱에서 재생에너지에 쓰이는 목재의 양은 매해 4만4천t이다. 무분별한 벌목이 자연 파괴로 이어지는 게 아니냐는 질문에 도이치 시장은 "목재를 좀더 활용해 다양한 에너지원을 얻는 데 목표를 두고 있다"고 답했다. "현재 귀싱의 기술로는 나무 5kg으로 1ℓ의 자동차 연료를, 나무 3kg으로 $1m^3$의 천연가스를 생산하고 있다"는 그는 나무를 최대한 활용하고 있다는 게 중요하다고 말했다. "우리는 돈이 없이 재생에너지 사업을 시작했습니다. 그리고 사람들이 살고 싶어 하지 않던 마을을 아름다운 곳으로 바꿨습니다. 위가 아닌 아래로부터 시작한 시도였기에 가능한 일이었습니다"라고 전한다.

| 생태-에너지 관광 |

세계 전역에서 귀싱의 사례를 배우기 위해 많은 사람들이 방문하고 있다. '귀싱 모델'이 성공하면서 이 지역에 방문객이 늘어나자 2005년부터 귀싱 주변 18개 지역이 연합해 '생태-에너지 클러스터'를 결성하였고 '생태-에너지 관광'을 위해 유럽재생에너지센터를 중심으로 '에코 에너지랜드 Eco-Energy Land'라는 단체를 설립하였다. 재생에너지 교육을 비롯하여 전 세계 지역을 대상으로 재생에너지 모델을 적용하는 컨설팅 사업과 생태관광 프로그램을 진행하기 시작하였다.

오스트리아 내 120곳, 전 세계 20곳이 이 지역의 에너지 자립을 배운다고 한다. 오스트리아 내 가장 가난한 빈촌에서 연 교육생 3만 명, 관광객 30만 명이 찾는 에너지 자립 마을이 된 귀싱. 이곳 일정은 오전 에너지자립 100% 귀싱 소개와 오후 현장견학으로 진행된다. 자전거를 타고 에코에너지랜드 지도를 따라 달리면 소형 발전기와 재생에너지 원리를 보여주는 조형물들이 설치되어 있고, 귀싱 주민들이 어떻게 에너지를 생산, 공급받을 수 있는지 한 눈에 확인할 수 있다.[66] 특히, 관광객들은 숙소에 들어서면서부터 관광을 마치고 되돌아갈 때까지 화석연료를 사용하지 않고, 재생에너지만을 사용하고 간다는 인식을 갖게 되며, 이런 인식을 갖도록 정보를 공유한다.

생태-에너지 관광에 중점을 둔 유럽 재생에너지 센터는 프리젠 테이션에서 귀싱 모델을 알리고 생태 에너지 국가의 시범 공장을 방문 할 수있는 기회를 제공한다. 프로그램은 지속적으로 더 나은 방향으로 업그레이드되며 다음과 같은 생태-에너지관광 프로그램 중 선택할 수 있다.

- '귀싱 모델' 알기 (약 60분 소요)
- 기업들과 계약을 통한 재생가능에너지에 대한 컨설팅교육
- 마을에너지 자립모델 설계노하우 학습
- 귀싱 기술센터 Technology Centre 시범공장 방문
- 귀싱 바이오매스 지역난방 시설방문 (약 30분 소요)
- Urbersdorf 지역난방 시설방문 (태양열 결합, 약 30분 소요)
- 바이오가스 플랜트 (슈트렘 위치, 약 30분 소요)
- 지역난방 시설 (슈트렘 위치, 약 30분 소요)

귀싱은 단순히 바이오매스 발전소 하나에만 의존하지 않았고 꾸준한 노력으로 생태-에너지 관광 등의 가치 확산을 통해 교육하고 학습하는 공동체로 거듭나게 했다. 그리고 지속적인 연구와 기술 도입을 통해 다양한 스마트 에너지 네트워크 및 재생에너지 소스와 기술 개발을 이어가고 있다.[74] 지역의 리더십, 지역 사회의 참여, 그리고 적절한 기술 선택의 중요성을 보여주는 좋은 사례로 여겨진다.

베드제드 BedZED

'영국 최초의 에너지 자립형 주거단지'

베드제드는 런던 중심에서 자동차로 30분 거리에 있는 남부 서튼 Sutton에 위치한다. 서튼은 런던 남서부의 자치구로, 행정구역 면적은 약 43.85km^{2}에 달하며, 교통이 편리하고 주거 환경이 우수한 지역이다. 다양한 연령층이 거주하는 서튼은 풍부한 문화적, 역사적 유산을 보유하고 있어 관광객들에게도 인기가 높은 곳이다. 2023년 기준으로 약 20만 8천 명의 인구를 보유하고 있으며, 런던 남부의 중심지로서 지속적인 인구 증가를 보이고 있다.

베드제드 BedZED[99]라는 마을 명칭에서도 알 수 있듯이 석탄과 석유, 가스 같은 화석에너지를 사용하지 않는다는 의미이다. 100% 재생에너지로 공급하며, 탄소 순배량이 '0'으로 유지하도록 설계된 지속가능한 주거지역으로 알려져 있다. 베드제드는 종종 '영국에서 가장 혁신적인 그린하우스', '해피 하우스', '화석에너지 제로에 도전하는 주택단지', '넷제로 주거지역' 등 다양한 수식어로 불리며, 이상적인 친환경 주택 단지로 글로벌 관심을 끌고 있는 공동체다.

99) BedZED는 "Beddington Zero Energy Development"의 약어이다. 2000년에 영국 건축가 협회에서 선정한 건축상, 런던 리빙 시티 엑스포 건축상 수상 등 친환경 주거 단지로 인정받고 있다.

이곳은 지속가능한 에너지 시스템과 친환경 디자인을 결합한 예술적이면서도 혁신적인 건축물로 구성되어 있으며, 영국은 물론 국제적으로도 높은 평가를 받고 있다. 이러한 베드제드는 단순한 주거 단지를 넘어, 인간과 자연의 조화로운 공존을 실현하기 위한 모델로 자리 잡았다.

런던 서튼지구의 핵브릿지에 위치하는 '베드제드' 주거단지, 독특한 지붕 모양이 이곳을 상징한다.
출처: https://www.zedfactory.com/bedzed

| 탄소제로 커뮤니티의 발자취 |

런던 서튼지구의 핵브릿지 Hackbridge에 있는 환경친화적인 주택 개발로서, 탄소배출 제로를 만들기 위해 시작된 영국 최초의 대규모 커뮤니티 건설 프로젝트였다[100]. 전 세계 탄소제로 건축의 발전에 선구적 역할을 한 것으로 평가받는다.

베드제드에 대한 아이디어는 1997년에 고안되었다. 어떻게 하면 에너지 요구량을 줄일 수 있을까? 탄소제로 생태마을을 만들 기회를 찾고 있었던 건축가 빌 던스터 Bill Dunster와 엔지니어 아럽 Arup 그리고 바이오

100) Hackbridge는 베드제드의 친환경 주택 개발 형태로, 녹색의제에서 이미 성공을 이루었으며, 탄소배출 제로를 만들기 위해 고안된 최초의 대규모 커뮤니티 프로젝트였다(Wikipedia 검색 '25.1.10)

리저널에 의해 계획되었다. 저소득층을 위한 주택협회인 피바디 트러스트 Peabody Trust 사가 런던 자치구 서튼으로부터 시세보다 저렴하게 브라운필드를 매입, 2001년에 본격적인 탄소제로Carbon Neutral 주거단지로 개발을 시작했다. 영국 최초의 대규모 지속가능한 커뮤니티 즉 마을 공동체였다. 여기에는 100여 가구, 전문대학 및 커뮤니티 시설, 친환경 체육관, 고용을 위한 시설들이 포함되었다.[77]

빌 던스터와 엔지니어들은 화석 연료를 전혀 사용하지 않아도 생활할 수 있는 주거단지 설계를 위해 다양한 시도를 하였고 이 지역의 자연 환경적 특성을 최대한 활용하는데 역점을 두었다. 태양에너지를 이용한 난방 시스템의 개발에 주력했고 주거단지 에너지 문제 해결의 핵심이 되었다. 난방을 위한 공기의 순환을 통해 만들어진 닭 볏 모양의 환기구는 베드제드의 랜드마크가 되었다. 주거단지에서 필요한 전기와 열 에너지는 모두 자연으로부터 얻을 수 있는 재생에너지를 통해 해결되었을 뿐만 아니라 베드제드 건설에 필요했었던 소요 자재 역시 지역에서 조달하는 것을 원칙으로 하였고, 일부 자재는 이미 사용했었던 것을 재사용하기도 했다. 특히 아이들이 노는 곳에는 차가 다니지 못하게 하였으며, 녹지공간의 연결을 통해 마을 공동체을 더 푸르게 만들었다.

| 베드제드의 에너지 솔루션 |

30cm 단열재와 두께 40~50 cm의 페시브하우스 외벽

베드제드는 화석 연료를 전혀 사용하지 않고도 일상생활에서 불편함 없이 생활할 수 있는 혁신적인 에너지 솔루션을 제공한다. 이곳의 에너지 설계의 중심에는 페시브하우스 원리가 있

다. 건축가 빌 던스터는 베드제드에 '제3세대 디자인'이라는 신개념을 적용하여 난방 시스템을 설계했다. 3층 구조의 로프트 스타일로 설계된 이 주거 단지에서는 별도의 난방 시설 없이도 영국의 일반 가정에서 흔히 볼 수 있는 라디에이터 없이 일 년 내내 쾌적한 온도를 유지할 수 있다. 이는 닭 벼슬 모양의 환기구, 남향 창문, 3중 단열 유리, 30cm 두께의 단열재, 40~50cm의 두꺼운 외벽 등 혁신적인 설계 덕분이다.[78]

베드제드의 난방 설계는 중앙난방 시스템 없이도 햇빛과 내부 열원을 효과적으로 활용한다. 남향 건물의 가정집은 자연광을 최대한 이용하며, 북향 건물은 사무실로 사용되어 주로 낮 시간 동안 발생하는 컴퓨터 및 사무기기 열을 활용하여 자연스럽게 난방한다.

베드제드 건물 내부 통풍구

특히 베드제드의 상징인 닭 볏 모양 환기구는 난방 시스템의 핵심이다. 이 환기구는 실내 공기를 외부로 배출하고, 외부 공기를 실내로 유입시키며, 열 전달 장치를 통해 외부의 차가운 공기를 내부에서 빠져나가는 따뜻한 공기로 데워 실내로 공급한다. 이 과정 덕분에 실내 온도는 18℃로 일정하게 유지되며, 거주민에게 신선한 공기를 제공함으로써 건강에도 긍정적인 영향을 미친다. 베드제드의 건물은 다양한 구조로 이루어져 있어 원룸부터 4개 방이 있는 주택까지 다양한 요구를 충족시킨다.[78] 아이들 방은 자연광을 충분히 받을 수 있도록 천장 일부를 유리로 설계했으며, 서재는 재택 근무자를 고려해 직사광선을 차단하는 구조로 설계되었다.

에너지 생산 측면에서도 베드제드는 혁신적이다. 약 777m^2의 태양광 집열판이 설치되어 있으며, 창문 표면에도 태양광 집전 장치를 설치해 전기를 생산한다. 남향으로 설계된 건물 전면 유리창은 태양광 에너지를 적극 활용해 전체 에너지 수요의 약 10~20%를 충당한다. 흥미롭게도 20여 년 전 처음 설치한 초창기 모델의 태양광 시설을 그대로 사용하고 있다. 효율성 높은 시설로 리모델링을 하지 않는 이유는 정부에서 베드제드를 선구적인 벤치마킹의 마을로 인정하여, 이곳을 찾는 기후전문가들을 비롯한 방문객들에게 초기 모델 상태를 그대로 알려주고자 하기 때문이라고 한다. 재생에너지 문화재 대접을 받고 있다.

지금도 20여년 전 처음 설치한 초창기의 남향 유리창 태양광 패널을 그대로 사용하고 있다.

베드제드의 페시브하우스 난방 열효율에 대해 설명하고 있다. (협동조합 이사장)

베드제드는 페시브하우스와 태양광 에너지 이외에 지열, 히트펌프, 바이오매스 열병합 발전 등을 통해 전기, 난방 및 냉방 시스템을 가동하고 친환경적인 건축 디자인 등의 기술을 사용하여 에너지를 절약하고 친환경적인 생활을 제공하고 있다. 최근에 목재 난방보일러 등 바이오 플랜트 보완 공사가 진행 중이다. 지금도 이러한 시설 덕분에 베드제드는 비슷한 일반 가구에 비해 27% 절감된 전기와 36% 절감된 가스 등 약 60%의 에너지를 절약할 수 있다.[78]

| 자원순환 주거단지 |

베드제드 건설 당시 사용되었던 건축 재료는 탄소배출이 적은 소재를 사용하였고, 특히 자원순환을 극대화하는 개념을 설계에 도입했다. 베드제드에 사용된 3,400톤 이상의 건축 자재는 대부분 재생 또는 재활용된 제품이었다. 타 지역에서 사용했었던 보도블록을 재활용하였고, 철도 폐선 레일의 가지고 와서 철골구조를 재활용하였는데, 그 중 상당 부분은 브라이튼 기차역의 보수 공사에서 나온 자재였다. 이러한 모든 자재는 50km 이내에 있는 가까운 지역에서 조달해 사용함으로써, 자재 수송에 따른 에너지 소비를 최소화했다.

| 지속가능한 교통 시스템 |

베드제드 설계자는 부지를 선택할 때부터 대중교통의 접근성을 염두에 두었으며 지속가능한 교통 시스템을 구축하였다. 대중교통 접근성이 높은 부지를 선택함으로써 주민들이 자동차 의존도를 줄일 수 있도록 했다. 또한, 자전거 이용을 적극 장려하고, 차량 이용을 최소화하기 위해 카쉐어링 시스템을 도입했다.

주민들은 필요할 때만 전기 자동차 클럽을 통해 차량을 사용할 수 있다.

이로 인해 각 가구가 개별적으로 차량을 소유할 필요가 없어졌고, 그에 따른 공해와 에너지 낭비를 대폭 줄였다[2]. 차량은 주거지 외곽 가장자리에만 주차하도록 설계되었으며, 주거지 내부는 모두 보행로로 연결되어 있다. 이러한 교통 설계는 단지 내 소음을 줄이고, 주민들이 더 안전하고 쾌적한 환경에서 생활할 수 있도록 했다. 더불어, 전기 자동차는 주차장에 설치된 전기 충전기를 통해 충전되며, 소음과 공해가 없는 환경을 조성했다. 또한, 한 대의 차량을 3~4가구가 공유하도록 설계해 경제적 효율성을 높였다. 주민들은 장기 휴가 시 렌터카를 사용하고, 과일 및 야채와 같은 필수품은 유기농 농장에서 직접 주거지로 배송받는다. 이러한 시스템은 환경 보호와 주민 생활의 편의를 동시에 실현한 사례로 평가받는다. 베드제드는 자동차 운행 시간을 65%까지 감소시켰으며, 이는 단순한 친환경 주거단지를 넘어 지속가능한 생활 방식을 실현하는 커뮤니티 모델로 진화하는 데 그 역할을 하고 있다.[80]

| 빗물 순환과 생태 정원 |

베드제드는 물순환 시스템과 개인 정원을 결합하여 지속 가능한 물 관리 방식을 실현하고 있다. 생활용수는 빗물정화 시스템을 통해 재활용되며, "리빙 머신 Living Machine"이라는 자연 정화 시스템이 핵심 역할을 한다. 이 시스템은 생활 하수와 빗물을 저장한 뒤, 식물과 미생물을 이용한 정화 과정을 거쳐 재사용 가능하도록 한다. 화장실 물은 지하 탱크에 저장된 빗물을 활용하며, 샤워기와 세탁기 등에서 사용하는 물의 양은 혁신적인 설계로 대폭 절감되었다. 샤워기의 경우 공기와 물을 혼합해 사용하는 방식으로 물 소비량을 줄이며, 세탁기는 일반 세탁기의 절반 수준의 물만으로도 깨끗한 세탁이 가능하다.[78,80]

또한 주거단지의 물 사용량은 지역 평균보다 58% 낮으며, 1인당 평균 물 사용량은 약 80리터에 불과하다. 이러한 절약은 빗물 저장과 정원을 활용한 물 관리 방식 덕분에 가능했다. 각 가정의 맞은편 건물 옥상에 위치한 개인 정원은 자연스럽게 빗물을 저장하고 재활용하며, 물 순환 시스템의 일부로 활용된다.

모든 가정에서는 테라스에서 연결되는 작은 다리를 통해 맞은편 건물 옥상에 있는 개인 정원으로 건너 갈 수 있다. ('24. 2)

구름다리를 통해서 앞 건물 주민과 친한 이웃이 된다. 조그마한 야외정원의 놀라운 설계는 공동체의 소통과 교류에 크게 기여한다. ('24. 2)

베드제드의 개인 정원은 일반 아파트나 공동 주택에서는 보기 힘든 독특한 형태를 띤다. 옥상 정원은 연결된 다리를 통해 접근 가능하며, 야채를 재배하거나 작은 못 형태의 비오톱을 조성해 자연과의 조화를 이룬다. 또한, 건물 지붕을 녹화하여 단열 효과를 제공하고, 들꽃 씨앗이 뿌리를 내려 자연스럽고 아름다운 경관을 형성한다.[78] 이는 자연을 인위적으로 도입하기보다는 바람과 빗물을 자연스럽게 받아들이는 설계를 통해 베드제드가 자연과 조화를 이루는 주거 단지로 자리 잡게 했다.

| 마을 공동체와 베드제드의 시사 |

베드제드는 에너지 효율적인 건축과 재생에너지 시스템을 결합하여 지속 가능한 커뮤니티를 만들어낸 새로운 개념의 공동체다. 2002년 완공 이후 매년 수만 명의 방문객을 맞이하며 친환경 주거단지의 상징으로 자리 잡았다. 지역자치 단체인 서튼 지구에서 지역생태계 보전을 위한 베드제드 프로젝트 출범 당시, 토지를 매입하여 공동체에 20% 정도 낮은 가격으로 시작했는데 탄소배출 절감 이익이 약 20% 정도라고 한다. 이곳의 에너지 설계에 대한 기본개념은 상대적으로 수입이 적은 세입자들에게 연료비, 난방비를 최소화 시켜주는 방식에서 출발했다. 2024년 기준, 총 6개 블록(A~F)으로 구성되어진 건물[101]에 86세대가 거주하고 있는 이곳은 지속가능한 커뮤니티를 위한 다양한 서비스 시설을 갖추고 있다. 커뮤니티 내부에는 유기농 식료품 카페, 수영장, 헬스센터 등 지속가능한 생활을 유지할 수 있는 편의시설이 있다.

베드제드 주민들은 환경운동가가 아니라 평범한 사람들이 대부분이다. 그러나 이곳에 정착하면서 환경친화적인 태도로 변했다는 점이 눈에 띈다. 자전거를 우선으로 사용하고 자동차 사용을 엄격히 제한하며, 텃밭 가꾸기를 통해 음식물 쓰레기를 재활용하고 유기농산물을 생산한다. 거주민의 약 39%가 텃밭에서 재배한 채소를 소비하며, 이를 통해 이웃 간 공동체

101) 지상 4층, 지하 1층으로 이루어진 아파트형 건물과 지상 2층, 지하 1층으로 이루어진 사무실 건물로 구성되어 있다.

의식도 강화된다. 옥상정원을 만들고 특수 식물을 심어 야생동물과 공생할 수 있게 하고, 뉴스레터를 발행해 각종 생활에 유익한 정보를 제공하고, 생필품 구입시 인터넷을 활용하도록 지원하고 있다.

베드제드에서는 전기 55%, 가스 19%, 물 44%만 사용하는 효율적인 생활이 가능하다. 일반 건축물에 비해 건축 비용이 10~15% 더 소요됐지만 10년이 훨씬 지난 지금 그 이상의 비용을 줄였다. 주변 주거지에서 발생하는 탄소배출량의 50% 정도만 배출하고 있다. 각 가정에서는 연료비에서 연간 약 1400파운드 정도 절감되며, 우크라이나 사태이후 더 큰 절감액을 보인다. 이곳은 단순한 친환경 주거단지가 아니라 진정한 공동체로서, 에너지를 나누고 서로 협력하는 삶의 방식을 실현하고 있다. 베드제드는 지속 가능한 삶이 희생이나 불편을 동반하지 않아도 가능하다는 것을 보여주며, 여전히 매력적이고 인기 있는 삶의 터전으로 남아 있다.

또한 이곳의 분양현황은 50%는 일반분양, 25%는 임대방식이며 장기임대방식이다. 25%는 사회적으로 인정받는 직업을 가진 사람들을 위해 반월세 등의 방식으로 분양한다. 이곳은 일반 아파트 같은 개인주의적인 건물이 아니라 일종의 공동체이다. 본인의 집으로 들어오는 태양열과 환기구를 통해 들어오는 난방열 등 에너지를 옆 집에 나누어줄 수 있는 시스템이다. 에너지를 공동으로 나눠 사용하는 진정한 공동체이다. 주민들의 난방, 전기 및 전기 요금은 일반 주택보다 훨씬 저렴하다. 시장에 나와 있는 몇 안 되는 베드제드 주택의 판매 가격은 지역 평균보다 높으며 더 빨리 판매된다.[81] 특히, 공동체의 유대관계는 깊다. 2년마다 실시하는 주민 만족도 조사에서 항상 최고도를 보인다고 한다.

베드제드의 가장 크고 중요한 성공은 지속가능한 삶을 향한 큰 변화가 희생과 불편함을 수반할 필요가 없다는 것을 보여주면서 여전히 매력적이고 인기 있는 삶의 터전으로 남아 있다는 것이다. 석유, 석탄을 사용하지 않고, 햇빛, 바람 그리고 자연에서 에너지를 생산, 소비하고, 이웃과 소통하는 일상, 100% 친환경 주택에서의 일상을 이 곳 공동체에서 체험할 수 있다. 베드제드는 단순히 친환경적인 건축물을 넘어, 자원순환과 탄소 배출 감소라는 두 가지 목표를 동시에 실현할 수 있음을 입증했다. 또한, 이 프로젝트는 지속가능한 생활 방식이 희생이나 불편을 요구하지 않는다는 점을 강조한다.[82] 베드제드 주민들은 에너지 절약과 재활용을 실천하면서도 쾌적하고 높은 삶의 질을 유지하고 있다. 이러한 점은 친환경 주거 모델이 경제적, 사회적, 환경적으로 균형 잡힌 삶을 제공할 수 있음을 보여준다.

베드제드의 성공은 지역사회와의 협력과 주민 참여가 지속 가능성 목표 달성에 얼마나 중요한 역할을 하는지를 잘 보여준다. 이는 단순히 기술적 혁신에 의존하는 것이 아니라, 사람 중심의 접근이 중요함을 시사한다. 기후위기 시대의 지역사회 문제를 해결하기 위해 우리 사회가 나아가야 할 방향을 제시하는 실질적인 사례이다.

삼쇠 Samsø Island

'세상에서 가장 아름다운 바람개비 섬마을'

'그린 아일랜드', '탄소없는 유토피아', '아름다운 에너지섬', '재생에너지 메카 섬' 등 덴마크의 작은 섬 삼쇠 (덴마크어: Samsø)를 소개하는 수식어가 다양하다. 이 섬은 카데가트 해협, 유틀란트반도와 질란드섬 사이에 위치하며, 윌란반도에서 약 15km 떨어진 곳이다. 섬의 크기는 약 112km^{2}이며, 약 3,700여명 정도가 거주하고 있다.

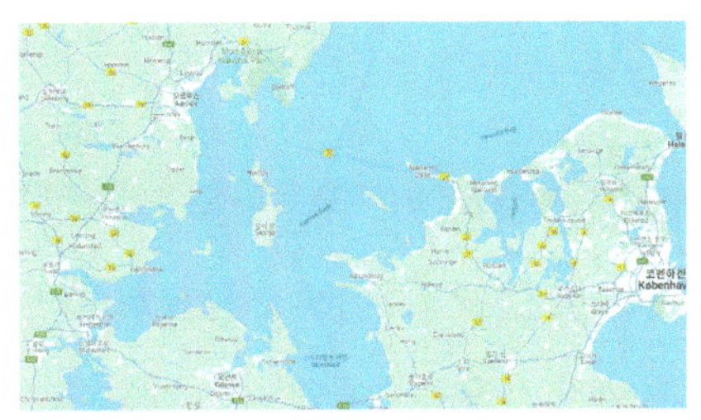

덴마크 삼쇠섬 위치

행정적으로 중앙 윌란지역 삼쇠시에 속하며 섬에서 가장 큰 마을은 트라네비에르 Tranebjerg이다. 얕은 석호인 스타븐스 피오르드Stavns Fjord는 섬의 생태학적 중요성을 부각시키는 주요 자연경관을 보유한다.[82] 삼쇠가 국제적인 주목을 받은 주요 요인은 바로 '에너지 전환'에 있어 선도적인 성과를 달성했기 때문이다. 삼쇠는 소비 전력의 100%를 재생에너지로 충당하는 데 성공한 세계 최초의 섬으로, 이로 인해 '그린 아일랜드'라는 칭호를 획득하였다. 풍력, 바이오매스, 태양열 등 다양한 재생 에너지 기술을 통합적으로 활용하여 에너지 자립을 이루었으며, 이를 통해 탄소 배출을 획기적으로 감축하였다. 이러한 성공 사례는 전 세계 전문가와 정책 입안자, 연구자, 그리고 지속 가능성에 관심을 가진 관광객들에게 배움의 장이 되고 있다.

특히, 삼쇠의 에너지 전환 모델은 지역 주민의 적극적인 참여와 협력적 의사결정 과정을 통해 구현되었으며, 경제적, 사회적 지속 가능성을 동시에 실현하였다. 주민들은 풍력 발전기와 바이오매스 시설에 공동 투자하여 경제적 이익을 공유하며, 지역사회 발전에 기여하였다.[92] 삼쇠의 사례는 에너지 전환이 단순한 기술적 접근에 국한되지 않고, 사회적 혁신과 공동체 의식의 결합을 통해 성공적으로 구현될 수 있음을 보여준다.

| 그린 아일랜드의 발자취 |

유럽의 많은 국가들이 그러했듯이, 삼쇠 역시 1970년대 국제 오일쇼크를 계기로 독립적이고 지속 가능한 에너지 전략을 수립하기 시작하였다. 화석 연료에 대한 의존도를 줄이고 재생에너지로 전환하기 위해 다양한 에너지 자원을 검토한 결과, 풍력 에너지가 지리적, 경제적 여건에 가장 적합하다는 결론에 도달하였다. 이후 풍력에 중점을 두고 에너지 정책을 진행한 결과, 2017년에는 전체 전력 소비량의 43.4%를 풍력에너지로 공급하기에 이르렀다. 이는 세계 최대 기록에 해당된다. 또한 삼쇠는 풍력뿐 아니라 태양광, 태양열, 바이오매스를 활용한 열병합 발전과 지역 난방 시스템을 도입하여 에너지 자립의 효율성을 극대화하였다.

삼쇠섬의 역사적 배경을 보면, 이곳은 바이킹 시대에 중요한 집결지로 사용되었으며, 이후 프랑스, 웨일스, 아일랜드인들에게는 매년 6월, 7월 딸기 수확지로도 알려져 왔다.[82] 그러나 평범한 섬이 새로운 전환점을 맞이한 것은 1997년 덴마크 환경에너지부가 주관한 '재생에너지 아이디어 경진대회'를 통해서였다. 삼쇠는 올보르 Aalborg 대학과 공동으로 작성한 '삼쇠섬 개발 프로젝트'가 선정되면서 새로운 기회를 맞이하게 되었다. 재생에너지 섬으로 선정된 이후 삼쇠에서는 크고 작은 변화들이 뒤따랐다.

주민들의 자발적 참여와 지속적인 노력을 통해 삼쇠는 2005년에 탄소중립을 달성하였고, 2007년에는 대규모 해양풍력 발전소를 건설하였다. 불과 10년 만에 주민 주도로 에너지 자립을 실현한 삼쇠는 섬 전체의 에너지 소비를 초과하는 재생 가능 에너지를 생산하는 '에너지 자립 섬'으로 거듭났다.[83, 84]

삼쇠에서 시도된 재생 에너지원은 해상 및 육상 풍력, 태양광, 태양열, 바이오매스 등 다양하였다. 작은 섬인 만큼 먼저 건설된 11개의 육상풍력으로도 내부 전력 소비량을 모두 충당할 수 있었지만, 난방시설과 운송수단에서 배출되는 온실가스를 상쇄할 목적으로 2.3MW급 해상풍력 발전기 10기를 추가로 설치하였다. 현재 삼쇠는 전력 수요의 100%를 풍력 에너지로 충당하며, 지역 난방의 70%를 태양열과 바이오매스 에너지로 해결하고 있다. 추가로 생산된 에너지는 그리드와 해저 케이블을 통해 덴마크 본토와 주변 국가들로 송전된다.[83]

삼쇠의 에너지 전환은 환경적 목표에 머물지 않고, 재생에너지 분야에서의 투자와 고용 창출을 통해 지역 경제를 활성화시켰다. 이를 통해 경제적 어려움을 극복하고 지역 공동체를 재건하는 데 성공하였으며, '세계 최초의 재생에너지 100% 섬'이라는 명성을 얻는 계기가 되었다. 삼쇠의 사례는 지속 가능한 에너지 전환과 지역사회 복원의 모범적 모델로 평가받고 있다.

삼쇠 해상 풍력 발전소는 10개 터빈으로 약 20,000~25,000가구에 재생에너지를 공급할 수 있으며, 주민 주도 소유 모델로 에너지 자립과 탄소중립 전환을 실현한다. ('24. 6)

| 삼쇠의 재생에너지 |

≫ 풍력 발전

삼쇠섬은 풍력, 태양열, 바이오 등 재생에너지 생산에 적합한 환경 조건을 갖추고 있다. 삼쇠섬은 수심 5~15m의 얕은 바다가 둘러싸고 있다. 이러한 환경은 50m 높이에서 풍속이 약 8.59m/s에 달해 풍력 발전에 이상적인 조건을 제공한다.[90]

1997년, 삼쇠섬은 1MWh 규모의 육상 풍력발전기 11기를 설치하여 섬 내 22개 마을에 전력을 공급하기 시작하였다. 이어 2002년에는 2.3MW급 해상 풍력발전기 10기를 추가로 설치하여 전기자동차, 전기버스, 농업용 전기 트랙터 등 다양한 용도로 활용하고 있다. 육상 풍력발전기 1기는 약 600가구, 해상 풍력발전기 1기는 약 2,000가구에 필요한 전력을 공급할 수 있다. 육상 풍력에서 생산된 전력만으로도 삼쇠섬 전체 전력 소비의 100%를 충당할 수 있으며, 해상 풍력에서 생산되는 잉여 전력의 약 40%는 본토와 인근 국가로 수출되고 있다. 삼쇠섬은 이처럼 섬 내 소비 전력보다 많은 전력을 생산하여 주민들이 사용하는 화석연료 기반 보일러와 차량에서 발생하는 온실가스를 상쇄하는 데 기여하고 있다.[87,88]

덴마크는 세계 최고 수준의 풍력발전 강국으로, 삼쇠섬뿐만 아니라 전역에 걸쳐 풍력발전소를 운영하고 있다. 덴마크 에너지청의 에너지통계에 따르면 1980년에 68기에 불과했었던 풍력발전기는 10년 후인 1990년 약 40배인 2,664기로 늘었으며, 2016년에는 육상과 해상 모두 합쳐 6,119기가 되었으며, 실제 전력생산량에서 풍력발전이 차지하는 비중은 2019년 기준 약 47%에 달했다.

덴마크는 풍력발전의 선두 주자로서 2030년까지 유럽 최대의 재생에너지 허브를 구축하기 위한 에너지 인공섬 프로젝트를 진행 중이다. 이 프로젝트는 빈되 Vindø에너지 인공섬과 본홀름 Bornholm에너지섬이라는 두 개의 주요 개발 계획으로 구성되어 있으며, 총 발전 설비 용량은 12GW에 달해 유럽 내 최대 1,200만 가구에 전력을 공급할 수 있는 규모이다.[84]

》 에너지 인공섬 계획

- **빈되 에너지 인공섬**
  - 세계 최초 에너지 인공섬이며, 덴마크 연안에서 약 100km 떨어진 북해에 건설 예정
  - 1차 생산량: 2030년까지 3GW (해상풍력발전기 약 200기)
  - 2차 생산령: 2050년까지 10GW로 확대 예정

- **본홀름 에너지섬**
  - 총 생산량: 2GW 규모 해상풍력단지 조성 예정

이 프로젝트에는 약 340억 달러(한화 약 38조 1천억 원)가 투입될 것으로 예상되며, 덴마크 역사상 가장 큰 건설사업이 될 전망이다.[84] 삼쇠섬의 풍력발전 성공 사례와 덴마크의 선도적인 재생에너지 프로젝트는 기후위기 대응 및 지속가능한 에너지 전환의 글로벌 모델로 주목받고 있다.

》 태양과 바이오 에너지

삼쇠섬은 21기의 풍력발전기 외에도 밀짚 등 바이오매스를 활용하는 열병합 발전 시설 3기와 태양열 및 목재 칩을 활용한 난방 시설 1기를 포함한 총 4기의 열병합 발전 시스템을 운영하고 있다.[89] 삼쇠섬 내 난방 에너지의 약 70%는 바이오매스와 태양열 등 지속가능한 에너지원에서 공급되며, 섬 내 2,000가구 중 절반 이상이 친환경 난방 방식, 태양열 발전소, 열펌프 시설을 이용하는 방식으로 전환되었다.[88]

이 중에서 바이오 에너지원으로는 주로 밀, 보리, 잔디의 부산물이 이용된다. 연간 600톤의 바이오 부산물은 약 200리터의 화석 연료에 상응하는 에너지 효율을 제공하며, 이는 특히 겨울철 난방 에너지로 집중적으로 사용된다. 이러한 바이오매스 활용은 화석 연료 의존도를 줄이고, 에너지 자급률을 높이는 데 기여하고 있다.

또한 대규모 재생에너지 시설을 운영하면서 일상에서 에너지를 절감할 수 있는 소규모 프로젝트를 진행 중이다. 스포츠센터, 학교, 의회, 항구 등의 건물 지붕에 태양열 전지판을 설치한 것이 대표적이다. 태양열 전지판 프로젝트를 통해 연간 578MWh의 전기가 절약된다. 전기료 및 난방비로 환산하면 연간 50만 덴마크 크로네(약 9,100만 원)의 전기료 및 난방비 절감 효과를 가져왔다. 연간 탄소배출량 역시 프로젝트 시행 후에 몇 년간 전년도 대비 매년 7~10% 줄었다.[87]

지역난방비는 가구당 연간 15,000 크로네정도이며, 화석연료를 사용했을 때 보다 약 20%정도 저렴한 비용이라고 한다.
2024. 6. 25

바이오 에너지원은 보리와 잔디의 부산물이며 마을에서 공급된다고 한다.
쇠렌 헤르만센

덴마크 기상연구소(DMI)에 따르면, 삼쇠섬은 연중 온도 변화가 크지 않고 일조 시간이 길며 강우량이 적은 기후 조건을 가지고 있다. 삼쇠섬의 연평균 기온은 9.3°C로 덴마크 평균인 8.9°C를 상회하며, 덴마크에서 세 번째로 높은 기온을 기록하는 지역이다. 이러한 온화한 기후는 섬의 주요 산업인 농업에 유리하게 작용하며, 감자와 양파 재배가 대표적이다. 섬의 총 면적 114km^2 중 81km^2 이상이 경작지로 활용되고 있어, 농업과 재생에너지가 조화를 이루는 지속 가능한 발전 모델을 제공하고 있다.[89] 삼쇠섬은 태양열과 바이오매스를 결합한 에너지 솔루션을 통해 경제적, 환경적 지속 가능성을 실현하고 있다.

| 삼쇠에너지 아카데미 |

덴마크는 사회적 갈등을 해소하는 과정에서 구성원들의 동의를 구하며 본질적인 해결안을 찾기 위한 토론 문화가 발달했다고 한다. 그러한 성숙한 시민 참여 문화에, 1973년 이후 두 차례의 석유파동과 원전반대운동을 거치며 진화한 에너지 전환에 대한 사회적 인식이 더해져 성공적인 시민 참여 모델이 완성될 수 있었다.[83]

1990년대 후반, 삼쇠섬은 경제적 위기를 겪고 있었다. 66세 이상의 노인 인구가 20% 이상을 차지하고, 주요 산업이었던 도축업이 중단되면서 약 80가구가 실직하는 등 지역 사회는 활력을 잃어가고 있었다. 그러나 에너지 자립섬 프로젝트는 삼쇠섬에 새로운 경제적, 환경적 활력을 불어넣으며 섬의 전환을 가능하게 했다. 삼쇠섬 에너지 프로젝트의 핵심 특징 중 하나는 강력한 공동체 의식과 협동조합 정신에 기반한 주민 참여 모델이었다. 재생에너지 설비의 대부분은 섬 주민들이 소유하고 있으며, 프로젝트 비용 약 800억 원 중 60억 원(약 7.5%)을 제외한 나머지 자금은 지역 주민들이 대출과 자발적 투자를 통해 마련했다. 현재 풍력 설비의 75%는 주민들이 개인 또는 협동조합 형태로 소유하고 있다.[83, 92]

삼쇠섬의 육상풍력 발전기 11기 중 9개를 지역 주민이 개인 또는 공동으로 소유하고 있으며, 나머지 2기도 협동조합 형태로 섬 주민들이 소유하고 있다. 또한 바이오매스를 이용한 지역난방 설비 4곳 중 2곳도 협동조합을 통해 섬 주민이 공동으로 소유하고 있다.

삼쇠섬에서 생산된 잉여 전력의 판매 수익은 주민들에게 직접 분배되며, 이는 주민들에게 실질적인 투자 소득을 제공하는 동시에 프로젝트에 대한 지지 기반을 강화했다. 더불어 지역 난방 시설 및 재생 에너지 설비는 접근성과 유지관리 용이성을 우선으로 설계되어, 섬 주민들이 직접 운영과 관리를 맡을 수 있도록 했다. 이러한 접근 방식은 섬 내 일자리 창출로 이어졌으며, 2006년에는 삼쇠에너지 아카데미 Samsø Energy Academy가 설립되었다. 아카데미는 재생에너지 기술과 교육의 중심지로, 지역주민 및 전 세계 방문객들에게 지속 가능성과 에너지 전환에 대한 지식을 전달하며 10여 개의 고임금 일자리를 창출했다.[92] 이는 주민들의 지지 기반을 더욱 탄탄하게 만들었다.

그러나 최근에는 재생에너지 설비 유지 및 관리의 복잡성과 비용 문제가 부각되면서, 삼쇠섬 주민 400명이 공동으로 소유하던 풍력 발전 단지의 지분을 에너지 회사에 매각하는 결정을 내렸다. 주민들의 투표로 이루어진 이 결정은 95% 이상의 찬성을 받았으며, 전문성을 갖춘 에너지 기업이 운영을 맡게 되었다. 재생에너지 설비를 가동하기 위해선 초기 설비자금과 운영자금이 필요하며, 운영할 주체와 인력도 확보돼야 한다. 그러나 오랜 기간에 걸쳐 설치된 구조 설비를 유지하고 관리하는 일은 점점 힘들어지고 운영에 특화된 기업의 전문성을 필요로 하였다. 단종된 부품의 확보와 구입비용, 즉각적인 운영 관리 문제에 의해 수익성이 낮아질 수 있다. 자본력을 갖춘 에너지 대기업은 이런 위기에 쉽게 대처할 수 있지만, 삼쇠섬의 주민은 그렇지 않다.[91]

이러한 변화는 초기 설비 자금과 운영 자금 확보, 기술적 문제 해결, 단종 부품 조달 등에서 발생하는 어려움을 해소하기 위한 필연적인 선택으로 평가된다. 재생에너지 설비 소유구조가 전문 운영기업으로 바뀌는 것을 인정할 수 밖에 없다. 소유 구조가 마을공동체에서 기업으로 이동했지만, 재생에너지로 운영된다는 점은 여전히 유효하다.[87] 초기에 참여했었던 구성원들은 20년 이상의 시간이 흐르면서 은퇴자가 생기게 되었고, 이들은 판매대금으로 전기차를 구입하고, 태양광 시스템을 설치하는 등 또 다른 방식으로 전환에 기여하고 있다.

삼쇠에너지 아카데미는 이러한 전환의 중심에서 지역 사회와 글로벌 에너지 전환 네트워크를 연결하며, 지속가능한 발전 모델로 삼쇠섬의 성공을 전 세계에 알리는 역할을 지속하고 있다. 단순한 교육 기관을 넘어 에너지 전환의 실질적인 허브로 기능하며, 기술 교육, 정책 제안, 글로벌 네트워크 형성을 통해 지속 가능한 에너지 미래를 선도하고 있다.

| 삼쇠섬 시사 |

삼쇠섬은 탄소제로 섬을 향한 여정에서 혁신적인 재생에너지 모델로 자리매김하며, 지역 경제를 활성화하고 지속가능한 발전의 새로운 길을 제시한 성공 사례로 손꼽힌다. 풍력 발전과 태양열 발전을 통해 전력을 공급하고, 지역 사회는 스마트 에너지 시스템과 고효율 단열 설비를 도입하여 탄소 배출을 획기적으로 줄였다. 이러한 노력은 삼쇠섬을 지속 가능한 에너지 전환의 상징적 사례로 만들어 전 세계에 영감을 주고 있다.

삼쇠섬의 성공은 지역 커뮤니티의 자발적인 참여와 협력적인 운영 없이는 불가능했을 것이다. 1997년 재생에너지 프로젝트를 시작할 당시, 삼쇠섬 주민의 1인당 연간 탄소 배출량은 약 15톤에 달했다. 그러나 현재 이 수치는 탄소중립을 넘어 -3.7톤을 기록하며, 온실가스를 흡수하는 섬으로 전환되었다[4]. 이러한 성과는 주민들이 풍력 발전기 설치를 적극적으로 수용하고, 개별 난방 시스템을 포기하며 지역 난방으로 전환하는 등 전폭적으로 지지하고 참여한 덕분에 가능했다.

풍력 이외에 태양광, 지열, 히터펌프, 젖소의 우유 추출을 활용한 열교환 장치 등 에너지 다원화에 대한 연구가 중요하다고 한다.[92]

주민들의 참여와 지지로 이루어낸 재생에너지 프로젝트의 성공으로 경제적 어려움에 봉착했었던 삼쇠 공동체가 다시 일어설 수 있게 되었다. 주민들의 소득 창출과 지역경제 활성화는 물론, 삼쇠섬은 세계적인 재생에너지 사례로 주목받게 되었다. 삼쇠섬이 에너지 자립섬으로 유명하게 되자 이를 벤치마킹하기 위해 많은 사람들이 삼쇠섬을 방문하고 있으며 여러 외국 정부, 지자체 및 국제기구 등과의 교류가 활성화되는 성과도 이루었다고 한다. 이러한 성과는 지역 주민과 글로벌 커뮤니티 간의 교류를 더욱 활성화시키는 기반이 되었다.

쇠렌씨는 "기후 정책의 담론을 논하는 것보다는 지역 중심의 실천과제를 발굴하고 이를 성취하기 위해 노력하는 것이 더 중요하다"라고 하였다. 이것이 실현되었을 때 "주민들에게 얼마나 이익이 되며, 더 나은 기회가 있을 것인가를 설명하고 알리는 것이 현실적이다"고 말한다. 삼쇠에너지 아카데미는 삼쇠섬의 성공을 전 세계에 전파하는 중심적 역할을 하고 있다. 아카데미는 태평양 도서국을 포함한 다양한 국가와 네트워크를 구축하며, 덴마크 및 북유럽 국가의 기후변화 정책 포럼과 워크숍의 주요 거점으로 자리 잡았다. 연간 34회의 컨퍼런스가 삼쇠섬에서 열리며, 19개 지방자치단체의 기후 정책 담당자들이 참가하고 있다. 또한 매년 34천 명의 기후 전문가와 방문객이 삼쇠에너지 아카데미를 찾아 에너지 전환과 지속가능성에 대한 지식을 공유하고 있다.

가구당 전기사용량은 약 5,000kWh/yr (2.2DKK/kWh)이며, 화석연료 사용에 비해 절감폭이 증가한다고 한다.

삼쇠섬의 사례는 지역공동체의 주도적인 참여와 협력을 통해 기후변화 대응 및 지속가능한 발전을 실현할 수 있음을 보여주는 강력한 메시지를 제공한다. 삼쇠섬이 시사하는 바는 기후변화의 글로벌 담론을 넘어, 지역 중심의 실질적인 행동과 협력이 성공적인 에너지 전환과 지속가능한 미래를 이루는 데 필수적이라는 점이다.

원천 마을

'가축분뇨에서 에너지로, 주민이 바꾼 마을의 미래'

충청남도 홍성군 결성면 금곡리에 위치한 원천 마을은 2024년 기준으로 총 32가구, 51명이 거주하는 소규모 농촌 마을이다. 이 마을은 벼, 배추, 무, 고추 등의 작물 재배와 돼지, 한우, 젖소, 닭, 염소 등의 축산업이 병행되는 전형적인 복합농촌이다.

마을 규모는 작지만, 원천 마을은 '에너지 자립'이라는 명확한 공동체 비전을 중심으로 농촌의 지속가능성을 실현하고 있는 대표적 사례로 주목받고 있다. 2014년부터 시작된 마을발전추진위원회의 활동을 통해 '마을과 축산이 상생하는 에너지 자립마을'이라는 중장기 전략이 수립되었으며, 이에 따라 재생에너지 설비와 분산형 에너지 시스템이 순차적으로 구축되었다.

가정용 태양광 패널(3.5kW급)은 마을 내 주거용 주택 전 세대에 설치되었고, 이 중 일부 가구는 약 700만 원의 자부담을 통해 지열 냉난방 시스템도 병행 설치하였다. 태양광 설비 설치는 지방정부 보조금(설치비의 90%)을 활용하였으며, 2016년부터 2020년까지 단계적으로 마을 전체에 보급이 완료되었다. 현재 대부분의 가구는 월 1,000원에서 3,000원 이내의 전기요금만을 부담하고 있으며, 주택 단열 개선 및 패시브하우스형 마을회관 조성도 진행되었다

원천 마을은 에너지 생산에서 소비까지를 마을 내부에서 순환시키는 시스템을 구축한 '마이크로그리드형 농촌 마을'의 모델로 진화하고 있으며, 탄소배출을 최소화하는 지속가능한 농촌 생태계를 실험하는 거점으로 자리매김하고 있다. 단순한 기술 도입을 넘어 마을 총회와 주민합의를 바탕으로 진행된 민주적 에너지 전환 사례라는 점에서도 그 의의가 크다.

| 전환마을로 탄생하게 된 배경 |

원천 마을의 에너지 자립은 단순한 전기요금 절감이나 신재생에너지 설비의 도입에 그치지 않았다. 이는 마을의 지속가능성이라는 보다 근본적인 과제와 밀접하게 연관되어 있었다. 2010년대 초반, 마을 내에는 가축분뇨로 인한 악취 문제가 장기간 누적되어 있었고, 축산농가와 비축산 가구 간 갈등의 소지도 존재하였다. 그러나 외부 자본이 아닌 주민 공동체 내부에서 해법을 모색하고 에너지 전환을 '공동체 비전'으로 수립한 점이 원천 마을의 변화를 가능케 한 출발점이었다.

전환의 직접적 계기는 2012년 이도헌 대표의 귀향과 양돈장 인수였다. 그는 원래 증권사와 국제금융 분야에서 경력을 쌓은 인물로, 뉴욕 월가, 인도네시아 아시아개발은행, 말레이시아 채권평가사 등에서 활동한 후, 한국투자증권의 해외사업 총괄 임원을 역임한 바 있다. 금융위기 이후 농업 분야의 미래 가능성에 주목하고 재무 투자자로 참여한 양돈장이 뜻하지 않은 구제역 사태와 경영 부실로 인해 위기에 빠지자, 본인

원천 마을 이도헌 대표

이 직접 대표직을 맡아 현장에 상주하게 되었다

축산농장을 운영하며 그는 기후변화의 실질적 영향을 체감하게 되었다. 무더위로 인해 돼지의 폐사율이 급증하고, 냄새로 인한 주민 민원도 증가하였다. 이에 따라 그는 에너지 문제와 축산 악취 문제를 동시에 해결할 수 있는 시스템적 접근을 고민하였고, 그 해법으로 가축분뇨 기반 바이오에너지 시스템을 제안하게 되었다. 이 과정에서 그는 마을총회, 발전위원회 회의 등에 꾸준히 참석하며 주민들과 신뢰를 쌓았고, 2014년에는 마을발전추진위원회가 공식적으로 조직되었다.

당시 마을은 '에너지 자립'을 핵심 과제로 설정하고, 그 첫 단계로 '가정용 태양광 보급'을 추진했다. 그러나 이도헌 대표와 마을은 한 걸음 더 나아가, 악취의 원인이자 폐기물로 간주되던 가축분뇨를 바이오가스 자원으로 전환하는 '에너지 순환형 마을 모델'을 제시하였다. 초기에는 일부 주민들의 우려와 지자체의 소극적 태도로 인해 환경부의 '친환경에너지타운' 공모에서 탈락하기도 하였지만, 이후 농림축산식품부의 가축분뇨 에너지화 공동자원화사업에 선정되어 사업이 본격 추진되었다

이러한 전환 과정은 단순히 기술 기반의 접근이 아닌, 주민 주도 공론화와 마을총회의 동의를 전제로 하는 '민주적 전환 모델'이었다는 점에서 주목된다. 마을주민들은 경남 양산 등의 선행 사례를 견학하며 냄새 제거 성능을 직접 체험하였고, 마침내 "마을과 축산이 상생하는 에너지 자립마을"이라는 공동 비전을 공유하게 되었다

| 바이오 에너지 생산설비와 구조 |

원천 마을은 2020년 12월, 6년에 걸친 기획과 협의를 거쳐 '원천에너지전환센터'를 완공하였다. 이 시설은 하루 110톤 규모의 가축분뇨와 음식물류 유기성 폐기물을 처리하며, 혐기성 발효를 통해 시간당 약 300~430kWh의 전력을 생산하는 중규모 바이오가스 플랜트이다. 농촌 기반 신재생에너지 설비로서는 전국 최고 수준의 기술적 완성도와 지속가능한 순환 구조를 갖추고 있다는 평가를 받고 있다.

원천 마을 축분 발효조와 내부 생산설비 ('24. 12 @녹색전환연구소)

이 사업은 농림축산식품부의 '가축분뇨 공동자원화사업'의 일환으로 국비 70%를 지원받았으며, 나머지는 민간 주체인 농업회사법인 성우가 자부담을 통해 총 118억 원 규모로 추진되었다. 특히 이 설비는 환경영향평가와 액비저장조 기준을 동시에 충족한 전국 최초의 시설로, 정부 시범사업지로 지정되어 있다.

» 설비 구성 및 다단계 공정

원천에너지전환센터는 총 세 기의 혐기발효조를 중심으로, 가스 저장탱크, 발전기, 탈취 설비, 폐열 회수 설비 등으로 구성되어 있으며, 모든 공정은 밀폐형 배관 시스템으로 연결된다. 외부로의 냄새 유출을 차단하고,

작업자의 위생·안전을 고려한 구조이다. 이 설비의 가동 공정은 다음과 같은 세 단계로 구성된다.

첫 번째는 수거 단계이다.

홍성, 예산, 보령 등 인근 지역의 25개 양돈농가로부터 발생한 가축분뇨가 하루 4대의 전용 수거 차량을 통해 플랜트로 운반된다. 외부에서 유입되는 모든 차량과 분뇨는 거점소독설비를 거쳐 위생적으로 처리되며, 플랜트 내부로 진입하는 순간까지 오염 위험을 최소화하는 철저한 관리 체계를 갖추고 있다.

두 번째는 발효 및 에너지화 공정이다.

원천에너지전환센터의 특징 중 하나는 고액 분리 없이 가축분뇨를 그대로 투입한다는 점이다. 이는 공정을 단순화하고, 응집제 등 화학약품 사용을 줄임으로써 잔여물의 친환경성을 높이기 위한 전략이다. 혐기성 발효는 52일간 진행되며, 이 과정에서 발생한 메탄가스(CH_4)는 플랜트 내부 발전기의 주요 연료로 활용된다. 발전기의 시간당 발전량은 약 300~430kWh에 이르며, 생산된 전력은 전량 한국전력에 판매된다. 이로써 가축분뇨는 단순 폐기물이 아닌 지역 전력자원으로 재탄생하게 된다.

세 번째는 부산물 순환처리 단계이다.

발효 후 남은 잔여물은 액체와 고형물로 분리되며, 각각 친환경 액비와 유기질 퇴비로 가공된다. 정제된 액비는 인근 농가에 무상 공급되며, 고형 잔여물은 마을 경작지와 인근 농촌 지역에 투입되어 토양 개량 효과를 제공한다. 이로써 가축분뇨 → 에너지 생산 → 농업 자원 재투입이라는 선순환 구조, 즉 경축순환형 유기물 자원화 모델이 현실화되고 있다.

미생물 발효액비 수송시설 ('24. 12 @녹색전환연구소)

원천 마을의 이 시스템은 에너지 생산과 환경보전, 농업 생산성을 동시에 추구할 수 있다는 점에서, 단순한 신재생에너지 시설을 넘어 농촌형 지속가능 인프라 모델로서의 의미를 가진다. 이는 향후 대한민국 농업·축산 분야의 탄소중립 전략에서 중요한 참고 사례로 자리잡고 있다.

» 기술적 혁신 요소

충청남도 홍성군 원천 마을의 바이오가스 플랜트는 단순한 에너지 생산을 넘어, 기술과 위생, 효율, 디지털 관리를 모두 갖춘 새로운 농촌형 에너지 기반 시설로 주목받고 있다.

무엇보다 악취 차단 설계가 눈에 띈다. 총 4곳에 설치된 악취 감지센서와 함께, 밀폐형 순환 배관 시스템이 적용되어 가축분뇨 처리 과정에서 발생할 수 있는 냄새를 원천적으로 차단한다. 외부 반입 차량은 거점소독설비를 통해 위생 기준을 충족한 뒤 내부로 진입하게 되며, 모든 공정은 외부 노출 없이 자동화되어 있다. '똥 공장'이라는 편견을 뛰어넘는 설비 구조다.

또한 이 시설은 에너지 최적화 측면에서도 높은 수준을 자랑한다. 내진 설계와 열 손실 방지 설비를 기본으로 갖추었으며, 전력 생산 과정에서 발생하는 폐열은 온실 난방, 농산물 건조, 가공시설 등에 재활용될 수 있도록 폐열 회수 장치가 병설되어 있다. 이는 단순한 발전소를 넘어 농업 에너지 순환기지로의 확장 가능성을 열어주는 구조다.

운영 시스템 역시 시대의 흐름을 반영한다. 유닛형 스마트 수배전반은 고장 시 자동 차단 및 분산 대응이 가능하며, 모바일 기반의 실시간 원격 제어 시스템이 도입되어 있다. 시설 가동률, 발전량, 설비 온도, 사고 발생 가능성 등 모든 주요 데이터는 클라우드 기반으로 축적·분석되며, ICT 기술에 기반한 디지털 에너지 자립마을 모델로 진화하고 있다.

결과적으로, 원천에너지전환센터는 단순히 가축분뇨를 처리하는 데 그치지 않는다. 주민 수용성을 높인 설계, 환경과 안전을 고려한 기술 구조, 에너지 순환을 꾀하는 농촌형 인프라 모델로서, 향후 전국적 확산을 위한 기준점을 제시하고 있다.

| 생산량과 지역 순환경제 효과 |

원천에너지전환센터를 통해 생산되는 전력은 월 평균 약 17만 kWh, 연간 약 200만 kWh에 달한다. 이는 4인 가구 기준 약 600세대가 1년간 사용하는 전력량에 해당한다. 생산된 전력은 한전에 판매되고, 액비 및 퇴비는 농가에 공급됨으로써 지역 내 자원·에너지·경제가 순환되는 구조를 형성한다.

현재 원천 마을은 이 설비에서 발생하는 폐열을 활용하여 온실 작물 재배, 농산물 건조, 마을 소규모 가공시설 운영 등으로 활용 범위를 확대 중이다. 머내협동조합과 성우농장은 향후 '저탄소 식품 브랜드' 개발, 폐열 활용 작물 특화단지 조성 등을 공동으로 구상하고 있으며, 이를 통해 재생에너지 설비가 마을경제와 직접 연결되는 분산형 탄소중립 시스템으로 기능하도록 진화하고 있다

| REC 인증이 말해주는 농촌 에너지의 가능성 |

2022년 7월, 충남 홍성군 원천 마을의 '원천에너지전환센터'는 한국에너지공단으로부터 신재생에너지 공급인증서(REC, Renewable Energy Certificate)를 공식 발급받았다. 이는 전국 최초로 가축분뇨 기반 바이오가스 발전 설비가 REC를 획득한 사례로, 기술적 성과를 넘어 제도권 에너지 시장에 농촌이 편입된 이정표적 사건으로 평가받는다. 이제 농촌도 탄소중립 사회로 나아가는 '에너지 생산 주체'가 될 수 있음을 정부가 공식적으로 인정한 것이다.

REC는 일정 규모 이상의 발전사업자에게 신재생에너지 사용을 의무화(RPS: Renewable Portfolio Standard)하고, 그 이행을 유도하기 위한 인증서 제도이다. 신재생에너지를 직접 생산하거나, 인증서를 매입함으로써 법적 의무를 충족할 수 있다. 바이오가스 플랜트처럼 탄소배출이 없는 전력을 생산하는 설비는 발전량에 따라 REC를 발급받고, 이를 전력거래소 시장에서 현금화할 수 있는 구조다.

이 제도는 그간 태양광, 풍력 등 재생에너지원에 집중되었고, 가축분뇨

같은 농축산 부산물 기반의 설비는 제도권에서 상대적으로 소외되어 있었다. 그런 점에서 원천에너지전환센터의 인증은 단순한 최초 발급 이상의 의미를 갖는다.

» REC 발급의 과정과 구조

원천 마을의 바이오가스 플랜트는 하루 110톤의 분뇨를 처리하고, 연간 약 200만 kWh의 전력을 생산한다. 이 전력은 화석연료 없이 생산되므로, 명백한 탄소감축 실적이 인정되는 재생에너지 전력이다. REC 발급은 이를 공식 인증하는 절차였으며, 마을 발전소의 법적 지위를 확립한 셈이다.

이 설비는 농림축산식품부가 주관한 '가축분뇨 공동자원화사업'으로 추진되었으며, 예산 구조는 국비 70%, 지방보조 16%, 민간 자부담 14%의 민관협력 방식이었다. 이에 따라 REC 소유권도 참여 지분에 따라 분배되는데, 홍성군은 14%의 REC를 보유하며 연간 약 1,200만 원의 세외수입을 창출하고 있다. 즉, 농촌의 탄소감축이 행정재정에 기여하는 시대가 본격적으로 열리고 있는 것이다.

이 REC 발급은 단순한 행정 승인 그 이상의 의미를 갖는다. 무엇보다, 가축분뇨라는 '혐오 폐기물'이 공식적 탄소 자산(carbon asset)으로 전환되었다는 점에서 상징성이 크다. 마을 공동체가 추진한 플랜트에서 발생한 전력에 대해 정부가 탄소감축 기여를 인정하고, 이를 금전적 가치로 환산한 첫 사례이기 때문이다. 이제 농촌도 더 이상 에너지 소비의 말단에 머무르지 않는다. 재생에너지의 생산자이자, 탄소시장의 주체로서 참여할 수 있는 가능성이 열렸다. 특히 이 사례가 민간 기업이 아닌 마을공동체 단위에서 추진되었다는 점은 향후 지역 분권형 에너지전환 모델의 핵심 지표가 될 수 있다.

향후 머내 협동조합은 이 REC 수익을 활용해 온실 난방, 태양광 확대, 에너지 취약계층 복지에 재투자할 계획이다. 순환경제와 에너지 자립, 공동체 복지라는 세 가지 목표가 유기적으로 엮인 구조다.

원천 마을의 REC 사례는 농촌이 기후위기 대응의 '수동적 피해자'가 아니라, 적극적 해결의 주체가 될 수 있다는 것을 증명했다. 에너지를 지역에서 생산하고, 자원을 순환시키며, 그 이익을 다시 마을에 돌려주는 구조는 단순한 '탄소중립'을 넘어선 농촌형 전환사회 모델의 출발점이 될 수 있다. 이제 우리는 물어야 한다. "농촌은 에너지를 어떻게 소비할 것인가?"가 아니라, "농촌은 어떤 방식으로 에너지를 생산하고, 관리하고, 분배할 것인가?"를.

| 원천 마을 '머내 협동조합' |

탄소중립과 에너지 전환은 기술의 문제가 아니다. 그것이 공동체 내부에서 어떻게 공유되고, 누가 그 혜택을 누리며, 어떻게 지역에 뿌리내리는가의 문제다. 원천 마을은 이에 대한 한 가지 명확한 해답을 보여주고 있다. 바로 머내협동조합이라는 이름의 주민 주도 에너지 공동체를 통해서다.

2020년, 원천 마을 주민 20여 명이 출자하여 설립한 머내협동조합은 단순한 전력 생산 단위를 넘어, 지역경제와 복지, 에너지 정의를 연결하는 커뮤니티 비즈니스 플랫폼으로 성장하고 있다. 이 조합은 마을 유휴부지에 500kW급 마을공동 태양광발전소를 설치하였으며, 이 시설을 통해 생산된 전력은 한국전력에 판매되어 연간 약 1억 원 수준의 수익을 창출할 것으로 기대된다.

그러나 머내협동조합의 가장 주목할 점은 수익의 분배 방식에 있다. 전체 수익 중 40%는 마을 발전기금으로 환원되어, 축제, 인프라 개선, 공공시설 운영 등에 사용되며, 또 다른 40%는 에너지 취약계층을 위한 복지사업에 사용된다. 실제로 난방용 등유를 살 여력이 없는 고령 농가에 에너지 바우처를 지원하거나, 단열 취약 주택의 에너지 효율 개선을 지원하는 등, 수익이 마을 안에서 '사회적 에너지 안전망'으로 재순환되는 구조이다. 나머지 20%는 설비의 유지관리 및 향후 설비 교체를 위한 적립금으로 활용된다.

이 구조는 단순한 에너지 판매 사업과는 전혀 다른 철학을 바탕으로 한다. 에너지를 통해 마을이 이익을 얻는 것이 아니라, 에너지를 통해 마을이 스스로의 복지를 조직하고 자립을 계획하는 방식이다. 머내협동조합은 이를 위해 지역 주민을 중심으로 운영위원회를 구성하고, 수익 사용 계획과 설비 운영 방향에 대해 총회를 통해 의견을 수렴한다. '지분'이 아니라 '참여'가 의사결정의 기준이 되는 협동조합적 거버넌스가 작동하고 있다.

무엇보다 중요한 점은, 이 협동조합이 마을의 에너지 설비를 지역 외부 자본에 의존하지 않고, 주민이 직접 소유하고 운영한다는 점이다. 이는 전국 각지에서 문제가 되고 있는 '외부기업 주도의 대규모 태양광 개발'과 근본적으로 다른 접근이다. 머내협동조합은 마을 안에서 생산된 전력이 마을의 자산으로 남고, 그 혜택도 마을 안에서 공유되는 '내재적 순환 모델'을 구현하고 있는 것이다.

원천 마을의 머내협동조합은 이제 단순한 태양광 발전 협동조합을 넘어, 에너지를 매개로 공동체를 재조직하고, 복지를 설계하며, 마을의 미래를 스스로 만들어가는 '에너지 공동체'의 전형이 되고 있다. 머지않아 이 모델은 다른 농촌 마을, 특히 에너지 빈곤과 기후위기 사이에 놓인 취약지역에서 확산 가능한 제도형 구조로 주목받게 될 것이다.

| 주렁주렁 조롱박 아래서 웃는 마을 |

원천 마을에서는 매년 여름, 무더위가 절정에 이르는 8월이면 마을의 상징과도 같은 '조롱박 축제'가 열린다. 그러나 이 축제는 단순한 향토문화 행사가 아니다. 태양광과 바이오가스로 전력을 생산하고, 그 에너지로 공동체를 꾸리는 마을의 실천이 문화적 언어로 표현되는 장이다.

이곳에서 조롱박은 단순한 장식물이 아니라, 공동체가 함께 심고 기른 탄소중립의 상징물이다.

축제의 하이라이트는 마을회관 앞 논길을 따라 조성된 110m 길이의 조롱박 터널이다. 조롱박뿐 아니라 수세미, 개구리참외, 여주, 수박, 박과 식물들이 한여름 햇살 아래 주렁주렁 열려 있다. 마을 주민들은 직접 모종을 심고 덩굴을 세우며, 봄부터 손수 축제를 준비한다. 이 긴 터널은 마을 안팎에서 찾아온 손님들에게 자연이 만든 그늘과 공동체의 온기를 동시에

선사한다.

축제는 단순한 전시를 넘어 에너지 자립을 주제로 한 체험 프로그램과 연결된다. 태양열 조리기 체험, 재생에너지 작동 시연, 바이오에너지의 순환 구조를 시각화한 전시물이 배치되고, 로컬푸드 나눔과 조롱박 공예교실, 박소원 쓰기 등도 함께 열린다. 그 속에서 방문객은 원천 마을이 '기후위기를 겪는 현실'이 아닌, 기후위기에 응답하는 마을임을 자연스럽게 느끼게 된다.

'조롱박 축제'는 에너지 전환이 기술이나 제도에만 갇히지 않고, 주민들이 스스로의 삶의 방식과 정체성으로 받아들이는 문화로 전환될 수 있음을 보여준다. 실제로 원천 마을은 축제에서 일회용품 사용을 금지하고, 남은 음식물은 바이오가스 설비로 돌려보내며, 행사에 쓰인 전기도 대부분 자가 태양광과 축분발전 전력으로 충당하고 있다.

특히 이 축제는 세대 간 공동체 회복의 장으로도 기능한다. 마을의 어르신들은 공예 강사로, 청년들은 운영진으로 참여하고, 어린이들은 수확한 박에 소원을 적는다. 이 모든 활동은 '에너지 자립'이라는 추상적인 가치가 주민 각자의 역할과 자부심으로 구체화되는 과정이다.

지속가능한 공동체는 데이터만으로 측정할 수 없다. 그 공동체가 얼마나 웃고, 서로 기대며 살아가는가로 평가해야 한다면, 원천 마을의 조롱박 터널은 분명 하나의 답을 보여준다. 축제는 끝나도, 조롱박 아래 맺힌 마을의 신념은 매해 더 단단해지고 있다.

| 원천 마을의 시사점 |
- '혐오시설'에서 '공공자산'으로

기후위기 시대, 재생에너지 확산은 선택이 아닌 필수가 되었다. 그러나 그 실천 방식이 공동체를 소외시키는 방식이라면, 갈등만을 남기고 지속가능성은 요원하다. 충남 홍성군 원천 마을의 사례는 이 질문에 대해 실질적이고도 희망적인 답변을 제공한다. 기술이 아니라 사람과 관계, 경제적 수익이 아니라 사회적 신뢰가 에너지 전환의 토대가 될 수 있다는 사실을 이 마을은 보여주었다.

원천 마을이 주목받는 이유는 단지 바이오가스 발전소나 태양광 설비를 갖췄기 때문이 아니다. 이 설비들이 공동체의 합의와 참여를 바탕으로 도입되고, 그 혜택이 마을 전체에 환원되는 구조를 만들었기 때문이다. 주민들은 마을총회에서 수차례 논의하고, 다른 지역의 사례를 견학하며, '에너지 자립마을'이라는 비전을 직접 결정했다. 기술은 뒤따랐을 뿐이다.

원천 마을을 답사한 녹색전환연구소 연구원들('24.12.2)

특히 눈여겨볼 대목은, 일반적으로 '혐오시설'로 간주되던 가축분뇨 바이오가스 플랜트가 마을의 자산으로 전환되었다는 점이다. 철저한 악취 차단 설계, 폐열 순환 이용, 그리고 무엇보다 투명한 수익 분배 구조는 시설에 대한 신뢰와 수용성을 높였다. 이렇게 주민이 신뢰하고 소유하는 인프라는 더 이상 외부의 위협이 아닌 내부의 지속가능한 자원이 되었다.

원천 마을 사례는 '에너지 전환'이 단지 기술을 보급하는 문제가 아니라, 공동체의 자율성과 연대, 책임이 작동할 때 비로소 가능하다는 사실을 입증한다. 이는 오늘날 농촌이 직면한 현실 – 인구 감소, 고령화, 재정 위축, 환경 갈등 – 속에서 매우 중요한 시사점을 던진다.

첫째, 에너지 자립은 정주 인구 유지의 기반이 될 수 있다. 안정적인 난방, 낮은 전기요금, 지역 내 일자리와 복지 지원은 청년 세대와 고령 주민 모두에게 실질적인 삶의 동기를 제공한다.

둘째, 자원순환형 에너지 구조는 지역경제 회복의 연결고리로 작동할 수 있다. REC 발급, 액비·퇴비 공급, 폐열을 활용한 2차 산업 전개 등은 농촌이 수동적인 정책 수혜지가 아닌 능동적인 녹색경제 주체가 될 수 있음을 보여준다.

셋째, 무엇보다 원천 마을은 주민주도형 전환사회의 모델로 기능한다. 외부 자본이 아닌 마을 스스로가 사업을 기획하고 운영하며, 성과를 공유한다. 이 구조는 향후 재생에너지 설비 확산이 갈등이 아닌 공공성과 정의를 실현하는 수단이 되기 위해 반드시 참고되어야 한다.

원천 마을은 거창한 슬로건을 내세우지 않았다. 대신 한 걸음씩, 공동체 내부의 합의를 통해 미래를 설계했다. 그 결과, '기후위기'라는 불안은 '마을의 내일을 함께 만드는 실천'으로 바뀌었고, 낙후된 농촌은 전환사회의 전위대로 거듭났다.

이제 한국의 다른 지역들이 이 마을을 주목해야 할 차례다. 기후정책의 방향이 '기술 공급'에 머무를 것인가, 아니면 공동체의 역량을 키우고, 자율적인 변화의 플랫폼을 설계할 것인가를 고민해야 할 시점이다.

장암리 마을

'산림 바이오에너지로 자립을 꿈꾼 담바우 마을'

괴산군 장연면의 장암리와 신대 마을 일대는 깊은 산세에 둘러싸인 전형적인 산촌 마을이다. 이 지역은 괴산군 전체 면적의 약 76%를 차지하는 풍부한 산림 자원의 중심부에 해당하며, 지형적 특성상 접근성과 인프라 구축이 어려운 지역 중 하나로 분류된다. 행정구역상 약 230명의 주민이 149가구에 나뉘어 거주하고 있으며, 인구 구성은 고령층의 비중이 높아 인구 구조 또한 전형적인 농촌 고령화의 모습을 보인다.

그러나 이러한 산림자원의 풍요로움과는 대조적으로, 장암리 마을은 오랫동안 도시가스, 지역난방, LPG 배관망 등 에너지 기반 시설로부터 소외되어 왔다. 겨울철 난방은 등유 보일러, 장작 화목보일러, 심야 전기장판 등에 의존할 수밖에 없었고, 이는 곧 에너지 비용의 부담, 연료 조달의 불편, 대기 질 악화, 화재 위험 등의 복합적 문제로 이어졌다. 특히 고령자 중심의 가구 구조에서는 장작 패기와 운반조차 육체적 부담이 크고, 난방 장치의 작동도 쉽지 않은 현실이었다.

이처럼 에너지 인프라의 미비와 고령화, 그리고 국제 에너지 가격의 상승은 장암리 마을을 전형적인 '에너지 취약지대'로 만들었다. 주민들은 한겨울에도 방 한 칸만 전기장판으로 데우는 방식으로 버텨야 했고, 연료비 절감을 위해 보일러 가동을 최소화하는 일이 일상이 되었다.

괴산군 장연면 장암리 마을은 전형적인 산촌마을로, 해발 고도가 높지 않지만 사방이 산으로 둘러싸인 분지형 지형으로 외부와의 연결성이 낮은 곳이다. 괴산군 전체 면적의 76%가 산림이며, 장암리 역시 이 산림지대 안에 위치해 있다 ('23. 12).

그러나 이 마을은 불리한 조건을 기회로 전환하는 선택을 하였다. 괴산군의 '산림에너지자립 마을 조성사업[102]'에 참여하며, 마을 차원의 중앙 난방 시스템을 구축하고자 나섰다. 핵심은 마을 인근의 미이용 산림 바이오매스를 에너지원으로 활용하는 것이다. 주민들은 자발적으로 협동조합을 조직하고, 사업 기획과 실행에 참여하면서 단순한 수혜자가 아니라 에너지 전환의 주체로 자리매김하였다.

이러한 전환은 지역 자원과 공동체 역량을 활용해 에너지 복지를 실현하는 새로운 사회적 실험이었다. 장암리 마을은 지금, 기존의 한계와 제약을 넘어 자립적이고 지속가능한 미래를 설계해 나가고 있으며, 이는 한국

102) '산림 에너지 자립마을 공모사업'은 산림청이 주관하고, 지방자치단체가 자발적으로 신청하여 조성하는 분산형 에너지 전환 마을로, 미이용 산림 바이오매스를 활용해 난방과 전기를 생산·공급하는 자립형 에너지 시스템을 구축하는 사업이다.

형 분산에너지 전환의 현실 가능한 모델로 주목받고 있다.

| 산림 에너지 전환마을로 탄생하게 된 배경 |

괴산군 장연면의 장암리 마을은 오랜 시간 동안 도시가스와 같은 기반 에너지 인프라의 외곽에 놓여 있었다. 많은 가구가 등유 보일러나 장작 화목 보일러에 의존해 겨울을 나야 했으며, 고령 인구가 다수를 차지하는 마을의 현실은 연료 수급의 어려움, 화재 위험, 고비용 에너지 구조라는 이중 삼중의 부담을 안고 있었다. 난방은 생존의 문제였고, 에너지 빈곤은 곧 삶의 질 저하로 직결되었다.

이러한 구조적 에너지 불평등의 해소를 위해 괴산군은 2022년, '산림에너지자립마을 조성사업'에 참여하였다. 그 중심지로 선정된 곳이 바로 장암리 마을이었다. 괴산군 전체 면적의 약 76%가 산림으로 이루어져 있고, 연간 7만 톤 이상의 산림 부산물이 발생함에도 그동안 에너지원으로의 활용은 극히 제한적이었다. 이처럼 방치된 '미이용 산림 바이오매스'를 체계적으로 수거·가공하여 목재칩 연료로 활용하고, 이를 통해 마을 단위 열병합 발전 시스템을 도입하겠다는 전략이 수립되었다.

폐교인 장풍초등학교 운동장 가장자리에 수집된 목재를 쌓아놓았다.

전환의 거점은 폐교된 옛 장풍초등학교 부지를 활용해 조성된 '담바우 에너지공급센터'였다. 목재칩 보일러와 열병합발전기, 축열조, 열배관망이 설치된 이곳은 단순한 설비가 아닌, 마을의 생존 기반을 다시 설계하는 에너지 중심지로 기능하게 되었다. 그리고 그 운영 주체로서 주민들이 직접 참여해 설립한 것이 바로 '담바우 에너지 협동조합'이다.

담바우에너지협동조합은 단순한 관리조직이 아니라, 주민들이 자발적으로 출자하고, 의사결정에 참여하며, 운영을 책임지는 에너지 자립 공동체의 주체로서 기능한다. 주민들은 난방 수요조사, 배관 공사, 열교환기 설치 등 사업 전 과정에 참여하였고, 이를 통해 에너지 시스템이 단지 외부 기술이 아닌 마을 내 삶의 일부로 자리잡게 되었다.

장암리 마을의 산림 바이오에너지 전환은 단순한 기술적 해법을 넘어선다. 이는 지역 자원(산림), 주민 참여(협동조합), 공공정책(지방자치단체 지원), 민간기술(설계·시공)의 네 가지 요소가 유기적으로 결합된 복합적 전환 모델이다. 중앙정부의 국비와 지방소멸 대응기금, 괴산군의 산림순환정책, 그리고 전문 기업의 기술력이 통합되며 마을 단위의 분산형 에너지 시스템을 구축할 수 있었다.

이러한 전환의 의미는 실로 다층적이다. 첫째, 산림순환경제를 기반으로 하는 새로운 지역 경제 모델의 창출이다. 둘째, 기후위기에 대응하는 탄소중립적 열·전기 공급 시스템의 실현이다. 셋째, 에너지 복지를 통해 고령 산촌의 삶의 질을 향상시키는 사회적 포용정책의 성공 사례다. 넷째, 주민이 생산과 소비에 모두 참여하는 에너지 민주주의의 실천이다.

장암리 마을은 더 이상 에너지 취약지역이 아니다. 이 마을은 숲을 에너지로 전환하고, 그 에너지를 공동체의 자립 기반으로 전환한 한국형 산림 바이오에너지 모델의 상징적 사례로 자리잡고 있다. 나무에서 난방과 전기를 얻고, 그 수익을 다시 마을로 되돌리는 이 구조는 기술 실증을 넘어서, 공동체 회복과 지역 생존을 꾀하는 전환사회적 실험이자 실현이라 할 수 있다.

| 바이오 에너지 생산설비와 구조 |

장암리 마을의 에너지 자립을 실현하는 중심축은 폐교된 장풍초등학교 부지에 조성된 '담바우 에너지공급센터'이다. 이 시설은 목재칩을 연료로 사용하여 열과 전기를 동시에 생산하는 소규모 열병합 발전 시스템 CHP을 갖추고 있다. 구체적으로는 400kW급 목재칩 보일러와 68kW급 열병합 발전기가 설치되어 있으며, 이를 통해 발생한 고온수(약 80~90℃)는 총 7.2km 길이의 열배관망을 통해 마을 내 60가구로 공급된다. 각 가구에는 축열조(300L)와 벽체형 열교환기가 설치되어, 공급받은 고온수를 효율적으로 난방과 생활온수로 전환할 수 있도록 설계되었다.

장암리 마을의 에너지 전환을 설계한 ㈜나무와에너지 이승재 대표가 난방 네트워크에 대해 설명하고 있다('23. 11).

담바우 에너지 공급센터의 특징은 난방 공급뿐만 아니라, 전기 생산 기능을 함께 갖춘 분산형 에너지 시스템이라는 점이다. 열병합발전기에서 생산된 전력은 한국전력공사에 판매되며, 이 수익은 다시 담바우 에너지 협동조합의 운영 재원으로 환원된다. 이를 통해 주민들은 열에너지 공급과 전력 생산이라는 이중의 혜택을 누리는 동시에, 자립적인 에너지 운영 모델을 실현하고 있다.

또한 에너지 공급센터는 연료 품질의 안정성 확보를 위해 폐열을 활용한 열풍 건조 장치를 갖추고 있다. 이 장치는 산림 부산물에서 수분을 제거해, 보일러 연소 효율을 극대화하고 탄소배출을 최소화하는 데 기여한다. 고품질의 목재칩은 일정한 열량 유지에 필수적이며, 연소 중 연기나 불완전연소를 줄여 설비의 안정성과 주민 체감 만족도를 높인다.

이러한 시스템을 가능하게 하는 연료는 괴산군 관내에서 수집되는 미이용 산림 바이오매스이다. 연료로 사용되는 목재는 간벌, 수종갱신, 가로수 정비 등에서 발생하는 부산물을 수거한 것으로, 이를 연간 약 700톤 규모로 목재칩화하여 사용하고 있다.

향후 괴산군이 가동 예정인 '산림자원순환센터'가 본격 운영에 들어가면, 연료 공급은 보다 체계화되고 안정적으로 이루어질 전망이다. 결국 장암리 마을은 지역 내 산림 자원을 수집 → 가공 → 에너지 생산 → 마을 소비로 이어지는 순환경제 체계를 갖추게 되었으며, 이는 경제성과 환경성을 동시에 충족시키는 지방형 에너지 전환 모델로서 의미를 가진다. 이 같은 구조는 에너지 자립뿐 아니라 탄소중립 실현과 산림경영 활성화까지 포괄하는 다층적 효과를 낳고 있다.

| 유럽산 목재칩 보일러 도입의 의미 |
- 장암리 산촌에 들어선 기술 전환의 교두보

장암리 마을의 '산림 바이오에너지 자립마을' 조성 과정에서 가장 주목할 만한 기술적 특징 중 하나는, 핵심 설비인 목재칩 보일러가 유럽산 고성능 모델로 도입되었다는 점이다. 단순한 외산 제품 도입의 사례가 아니라, 이는 기술 선택의 전략성과 한국형 에너지 전환 모델의 방향성을 동시에 내포하고 있다.

유럽, 특히 독일·오스트리아·스웨덴 등지는 목재칩 보일러 기술의 선도 지역이다. 이들 국가는 이미 1990년대부터 산림 바이오매스를 지역난방에 본격적으로 활용해 왔으며, 관련 보일러 기술은 연소 효율과 환경 규제 대응 능력 면에서 세계 최고 수준에 도달해 있다. 고효율 연소, 미세먼지 저감, 자동 연료공급 시스템, 수분함량 변화에 대한 탄력적 대응 등은 산림 바이오매스를 연료로 안정적·지속적으로 사용할 수 있도록 해준다.

장암리 마을이 이러한 기술을 선택한 배경에는 현실적 이유가 있다. 한국은 산림자원은 풍부하지만, 이를 에너지원으로 안전하게 변환할 수 있는 소규모 열병합 발전기술과 제어 시스템이 아직 초기 단계에 머물러 있다. 특히 시골 산촌에서 운영할 소규모 고효율 보일러는 국내 제조 기반이 취약하며, 기기 신뢰성이나 유지관리 경험이 부족한 상황이다. 결국 장암리 마을은 에너지 전환의 첫 실증 단계에서 안정성과 검증된 성능을 갖춘 유럽 기술을 선택할 수밖에 없었다.

산촌 지역의 에너지 취약 문제를 해결하기 위해 조성한 '담바우 에너지 공급센터가 '24. 9.12일 개관했다.

담바우 에너지 공급센터 내부의 우드칩 보일러와 온수배관 설비 ('24. 7)

이 선택은 고급 기술의 도입이라는 차원을 넘어서, 에너지 자립 시스템에 요구되는 기술 수준을 명확히 보여주는 기준선을 제시한다. 연료 품질이 일정치 않은 현실에서 보일러의 연소 제어 능력은 곧 효율과 안전, 유지비용의 문제로 직결된다. 유럽산 보일러의 자동화 기능과 저탄소·저배출 기술은 장암리와 같은 고령화 산촌 마을에서도 안정적인 운영이 가능하도록 해주는 핵심 요소다. 다시 말해, 기술의 수준이 주민의 복지 수준을 좌우하는 조건이 된 것이다.

물론 고성능 장비의 도입은 비용 부담이라는 그늘도 동반한다. 장암리 사례에서도 나타났듯, 초기 투자비는 가구당 1억 원 안팎에 이르렀고, 핵심 부품의 교체와 유지보수는 수입에 의존해야 하는 구조적 한계를 안고 있다. 이는 향후 유사 모델 확산의 가장 큰 제약이 될 수 있다. 따라서 지금 시점에서 중요한 과제는, 이러한 실증 사례를 바탕으로 국산화 전략을 수립하고, 유지보수 생태계를 구축하며, 기술 내재화를 위한 산업 기반을 조성하는 일이다.

결국 장암리에 설치된 유럽산 목재칩 보일러는 단순한 기계가 아니다. 그것은 한국형 산림 바이오에너지 전환 모델이 달성해야 할 기술적 표준이자, 지역에너지 자립을 향한 실천적 교훈이다. 더 많은 마을로 이 모델을 확산시키기 위해서는, 기술력뿐 아니라 정책적 지원, 주민 역량 강화, 지역 자원 관리 체계 등 다층적 인프라가 함께 구축되어야 한다.

장암리 마을이 보여준 이 한 대의 유럽산 보일러는, 한국 농산촌이 가야 할 녹색전환의 방향을 조용히 말해주고 있다. 그것은 '기술의 수입'이 아니라, '전환의 시작'이었다.

| 에너지 생산량과 산림 순환경제 효과 |
- 목재칩 700톤, 에너지 자립 그리고 숲의 경제적 재발견

장암리 마을에서 가동 중인 '담바우 에너지공급센터'는 단순한 난방 공급시설이 아니다. 이 마을은 연간 수백 톤에 달하는 미이용 산림 바이오매스를 활용하여, 전력과 열을 동시 생산하며 자립형 순환경제의 기초를 구축하고 있는 실험지이다. 마을 단위 에너지 전환이 환경적 선택을 넘어, 경제적·사회적 지속가능성으로 확장될 수 있음을 보여주는 대표적 사례라 할 수 있다.

현재 장암리 에너지공급센터는 연간 약 700톤의 목재칩을 연료로 사용하고 있다. 이 목재칩은 지역 내에서 발생하는 간벌재, 가로수 가지치기 부산물, 임산 부산물 등 미이용 산림 바이오매스를 수거해 가공한 것이다. 통상적으로 1톤의 목재칩은 약 4,000~4,500kWh의 열량을 제공하며, 이를 통해 고온수(80~90℃)를 생산하고 마을 60가구에 난방과 온수를 공급한다. 이 열은 7.2km에 달하는 지하 배관을 통해 각 가구로 직접 전달되며, 각 가정에 설치된 열교환기와 축열조를 통해 효율적으로 사용된다.

에너지 생산은 열에 그치지 않는다. 목재칩 가스화를 통해 생성된 가스를 이용한 소규모 열병합 발전기(68kW급)가 설치되어 있으며, 여기서 생산된 전기는 한국전력에 판매된다. 이 전력 판매 수익은 다시 협동조합 운영비용과 연료 구매에 활용되며, 에너지 생산 - 소비 - 수익 재투자의 선순환 구조를 이루고 있다. 즉, 이 마을은 단순 소비자가 아니라 전기를 생산하는 분산형 전원 DER으로 기능하고 있는 것이다.

에너지 생산뿐 아니라 산림 순환경제의 실현이라는 측면에서도 장암리의 모델은 의미가 크다. 그동안 전국 산림에서는 간벌과 수종갱신 작업이 이루어졌지만, 이에 따른 미이용 목재는 대부분 산지에 방치되거나 낮은 부가가치의 퇴비, 제재용으로 처리되어 왔다. 괴산군의 자료에 따르면 최근 3년간 미이용 산림 바이오매스 발생량은 연 평균 1만 9천 톤에 이른다. 그중 일부라도 지역 내 열·전력 생산에 활용된다면, 기존에 폐기되던 자원이 곧 지역 에너지 자립의 연료로 전환되는 셈이다. 장암리 마을은 이러한 자원 선순환 체계를 지역 내에서 통합적으로 구축하고 있다. 연료 수급은 괴산군이 가동을 앞두고 있는 '산림자원순환센터'와 연계된다. 이 센터는 연간 1만 톤의 목재칩을 생산할 수 있는 시설로, 담바우 에너지공급센터의 안정적 연료 공급처가 된다. 불용 목재를 효율적으로 수집·파쇄·건조·보관할 수 있게 되면서, 에너지 생산의 연속성과 품질 또한 한층 강화될 것으로 기대된다.

결국 장암리 마을이 보여준 모델은 단지 한 마을의 난방 문제 해결에 그치지 않는다. 지역 산림을 에너지원으로 전환하여, 경제적 부가가치와 환경적 지속가능성을 동시에 확보하는 순환경제 실현의 사례이다. 이는 에너지 전환과 산림 정책, 지역 경제 활성화가 분리된 것이 아니라 상호 통합되어야 함을 실증적으로 보여준다. 탄소중립 시대, 우리는 더 이상 '에너지'를 외부에서 수입해 오는 대상이 아니라, 지역 내부에서 순환하고 창출해야 할 공동체 자산으로 바라보아야 한다. 장암리의 사례는 그 가능성을 구체적으로 증명해 보이고 있으며, 한국 농산촌이 나아갈 '녹색 전환'의 현실적인 이정표로서 기능하고 있다.

| 담바우 에너지협동조합이 보여준 에너지 민주주의 |

괴산군 장연면 장암리. 한때 에너지 소외의 상징처럼 여겨졌던 이 산촌 마을이 이제는 에너지를 '직접 생산하고, 관리하고, 이용하는' 공동체로 거듭나고 있다. 그 중심에는 담바우 에너지협동조합이 있다. 이 협동조합은 단지 시설을 운영하기 위한 행정 수탁기구가 아니다. 주민이 에너지 전환의 주체가 되는 구조를 제도화한 실험적 조직이며, 나아가 에너지 민주주의가 실제로 구현된 사례라 할 수 있다.

이 협동조합은 2023년, 장암리와 인접한 신대 마을의 주민 60가구가 가구당 70만 원씩을 출자하여 설립하였다. 이들은 난방비와 연료비로만 수십 년간 지출해 온 비용을 공동체의 지속가능성을 위한 초기 투자로 전환했다. 그렇게 시작된 담바우 에너지협동조합은 곧장 마을의 '에너지 경영체'로 자리 잡았다. 이 협동조합은 담바우 에너지공급센터의 실질 운영 주체로서, 보일러 가동, 연료 수급, 유지보수, 전력 판매, 수익 분배에 이르는 전 과정을 담당하고 있다.

여기에서 주목할 것은 '주민이 직접 에너지를 관리한다'는 사실 그 자체다. 도시에서 이는 상상하기 어려운 일이다. 에너지 공급은 늘 대기업 혹은 공공기관의 몫이었고, 시민은 철저한 소비자였다. 그러나 장암리에서는 주민이 생산자이자 관리자가 되었다. 이는 '탈중앙화된 에너지 구조'의 핵심 철학, 즉 분산형 에너지 체계에서의 자치와 주권의 실현이라 할 수 있다. 담바우 에너지협동조합은 산림청의 사회공헌형 산림탄소상쇄제도에 참여하여 탄소배출권 인증을 준비하고 있다. 미이용 산림 바이오매스를 연료로 사용하면서 줄어든 온실가스 배출량을 실적으로 전환하고, 향후 탄소크레디트 시장에서 수익을 창출할 수 있는 구조를 구축하고 있다. 이 과정은 단지 '에너지를 싸게 쓰는 것'을 넘어서, 마을이 자원 순환과 기후 대응의 경제주체가 되는 과정을 의미한다.

무엇보다 중요한 것은 이 협동조합이 고령화된 농촌에서의 새로운 공동체 복원 모델이 되고 있다는 점이다. 난방을 공동으로 해결하게 되자, 마을에는 자연스럽게 공동 관심사가 생겼고, 이사회와 총회는 주민 간 소통의 장이 되었다. 지역의 청년과 은퇴자를 활용한 마을 내 기술 인력 양성, 공동목욕탕과 커뮤니티센터 건립 등의 연계사업도 추진되고 있다. 이는 에너지 협동조합이 단순한 기술적 장치가 아니라, 마을 재생의 중심 축이 될 수 있음을 보여준다.

담바우 에너지협동조합은 지금 이 순간에도 60가구의 난방을 책임지고, 전기를 만들어 팔고, 연료를 구매하고 있다. 그리고 이 모든 과정은 외부가 아니라 '마을 주민의 손'으로 운영되고 있다. 이것이 바로 한국형 에너지 전환의 출발점이자, 농산촌이 도시와는 다른 방식으로 지속가능성을 회복하는 길이다.

장암리는 우리에게 묻는다. "에너지는 누구의 것인가?"
그리고 이렇게 답한다.
"이제는 우리의 것이다."

| 장암리 마을의 시사점 |
- 산에서 시작된 전환의 물결

도심과 떨어진 이 산촌 마을은 오랫동안 도시가스 인프라에서 제외되어 있었고, 기름보일러나 장작 아궁이에 의존한 겨울나기가 일상이었다. 고령 인구가 절반을 넘고, 에너지 비용은 해마다 오르며, 난방은 생존의 문제가 되었다. 그런 장암리에서 전환의 물결이 시작되었다. 산림을 에너지원으로 전환하고, 주민이 직접 난방과 전기를 생산하는 이 마을은 이제 한국형 에너지 전환의 실험실이자 모델 마을로 주목받고 있다.

이 거대한 변화의 밑그림을 그린 사람 중 한 명이 바로 ㈜나무와 에너지 이승재 대표다. 그는 단순히 보일러와 배관을 설계한 기술자가 아니라, 장암리 마을의 전환을 기술과 공동체, 자원과 주민이 맞물려 작동하는 하나의 통합된 생태계로 설계한 기획자였다. 장암리 마을의 주민들이 '에너지 수요자'에서 '에너지 생산자이자 운영자'로 변화할 수 있었던 배경에는, 이승재 대표가 현장에서 직접 주민들과 눈높이를 맞추며 쌓아온 신뢰와 교육, 그리고 치밀한 실행 전략이 있었다.

그는 유럽산 고효율 목재칩 보일러의 도입을 설계하고, 열배관망과 열교환기 구조를 기술적으로 조율했을 뿐 아니라, 폐열을 활용한 열풍 건조장치까지 도입하여 연료 품질 안정성을 확보했다. 동시에 그는 협동조합 설립을 주민들과 함께 논의하고, 총회에 직접 참여해 에너지 공급 구조를 설명하고, 탄소배출권 거래 시스템까지 연결하는 등 기술과 제도를 넘나드는 전환 설계자로 활동하였다. 기술이 사람의 손에 쥐어질 수 있도록 만든 것이다.

장암리의 성공은 이처럼 한 사람의 '기술적 완성도'와 '사회적 감각'이 결합되어 가능한 것이었다. 에너지공급센터는 열과 전기를 동시에 생산하며 60가구에 난방과 온수를 제공하고 있고, 한국전력에 판매한 전기는 협동조합 운영 재원으로 환원되고 있다. 여기에 더해 산림에서 수집된 미이용 목재는 연간 약 700톤이 연료로 사용되며, 산림순환경제와 탄소중립을 동시에 실현하고 있다. 이승재 대표는 이 모든 흐름이 마을 내에서 작동 가능한 시스템으로 정착될 수 있도록 기술적 세부사항과 사회적 운영 방식을 함께 설계했다.

이 마을의 변화는 에너지 전환의 성공 사례이자, 더 나아가 '기술은 사람에게로 돌아가야 한다'는 철학이 현실에서 어떻게 구현될 수 있는지를 보여주는 상징이다. 장암리는 전환이란 거창한 선언이 아니라, 현장을 이해하고 사람을 설득하며 설계를 실행해나가는 집요한 실천의 결과라는 점을 증명했다.

이 작은 산촌 마을이 한국 사회에 던지는 메시지는 분명하다. 에너지는 누가 독점하는 것이 아니라 공동체가 함께 책임지는 자산이며, 전환은 거대한 정책이나 선언에서가 아니라 마을 주민의 난방비 걱정을 덜어주는 기술과 관계에서부터 시작된다는 사실이다. 그리고 그 전환의 배후에는 언제나 사람과 현장을 이해한 설계자가 존재한다.

장암리 마을은 우리에게 이렇게 말한다.

진짜 전환은 어디서 시작되는가?

그것은 바로 사람의 손에서 설계되고, 마을의 겨울에서 증명된다. 그리고 그 손을 잡은 사람이 있었기에, 산에서 시작된 전환의 물결은 이제 전국으로 퍼져나가고 있다.

구양리 마을

'태양을 나눈 마을, 구양리의 전환'

경기도 여주시 산북면에 위치한 구양리는 한반도 내륙 중앙부에 자리한 전형적인 중산간 농촌 지역으로, 해발 고도는 평균 150~200m 수준이며 일조량이 풍부하고 사계절의 기후 변화가 뚜렷하다. 이와 같은 자연적 조건은 농업 기반 지역으로서의 입지를 오랫동안 유지해왔으며, 벼농사와 밭작물이 주요 작물로 자리하고 있다. 일부 농가는 소규모 축산도 병행하며, 소득 다변화를 시도하고 있다.

마을은 행정구역상 1개 리 단위에 약 50여 가구로 구성되어 있으며, 인구 구조상 고령 인구 비율이 높은 편이다. 그러나 이 마을의 주목할 만한 점은 고령화 속에서도 지역 정체성과 자립적 생존 전략을 지키고자 하는 공동체의식이 매우 강하다는 데에 있다. 특히 외부 자본이나 대기업 주도의 농촌 개발에 대한 수동적 수용에서 벗어나, 지역 주민들이 자발적으로 삶의 지속가능성을 재설계하고 있다는 점은 매우 이례적이다.

구양리는 최근 한국 농촌의 구조적 전환 국면에서 하나의 전환 모델로 부상하고 있다. 농촌 지역이 처한 이중적 위기, 즉 인구 감소와 에너지 의존 구조를 동시에 타개하기 위한 실천적 대응으로, 마을 차원의 재생에너지 기반 에너지 자립체계를 구축하였다. 이러한 노력은 단순한 에너지 기술의 도입을 넘어, 농촌의 생존 전략이자 새로운 사회경제적 전환의 실험

장으로 기능하고 있다.

특히 구양리는 '농업-에너지-공동체'라는 삼중 연계를 중심축으로 하여, 지역 순환 경제의 기반을 마련하고 있다는 점에서 주목받는다. 이는 중앙정부 주도의 획일적 정책 모델과 달리, 현장 기반의 분산형 대응이 얼마나 유효할 수 있는지를 보여주는 대표 사례라 할 수 있다. 구양리는 지금, '기후 위기 시대의 농촌은 어떤 방향으로 나아가야 하는가'라는 질문에 실제적이고 구조적인 해답을 던지고 있는 마을이다.

| 태양광 에너지 전환 마을로 탄생하게 된 배경 |

구양리의 에너지 전환 여정은 단순한 신기술 도입이나 중앙정부의 지원정책에 의한 수동적 수용의 과정이 아니었다. 이 마을의 전환은 보다 본질적인 문제의식, 즉 기후위기의 가시화와 농촌 에너지 비용의 구조적 상승이라는 이중의 압박에 대한 주민들의 자발적 대응에서 비롯되었다.

2013년, 구양리 주민들은 농촌 공동체의 생존 전략이 더 이상 생산성 중심의 농업 기술 보급에만 머물러서는 안 된다는 판단 아래, 새로운 전환적 기획을 모색하게 된다. 당시 마을 이장을 중심으로 '에너지 자립 마을 만들기 추진위원회'가 결성되었으며, 이는 단발성 사업 유치가 아니라 공동체의 지속 가능성을 장기적으로 설계하기 위한 제도적 틀로 작동하였다.

주목할 점은 이 위원회가 주도한 방식이 외부 전문가나 기업 주도의 상향식 개발 모델이 아니라, 주민 주도적 설명회와 지속적 학습모임을 통해 '사회적 합의'와 '정서적 수용성'을 확보해 나간 과정에 있다. 이는 에너지 전환을 둘러싼 지역 내 갈등과 신뢰 붕괴의 문제를 사전에 차단하고, 기술 도입의 사회적 기반을 다지는 데 결정적 역할을 하였다.

구양리는 일찍이 '주민 참여형 태양광 마을'이라는 개념에 천착하였다. 이는 단순한 전력 생산 시설로서의 태양광 설비를 넘어서, 마을 소득 창출, 공동체 복원, 기후위기 대응이라는 다층적 목표를 포괄하는 전략적 선택이었다. 즉, 태양광은 수단이었고, 목적은 공동체의 생존과 재구조화에 있었다.

특히 과거 다수 농촌지역에서 반복되었던 '설계 없는 설치', '합의 없는 기술 도입'의 실패 사례를 반면교사로 삼아, 구양리는 절차적 정당성과 공동체 내 자기결정권을 최우선 가치로 두었다. 그 결과, 구양리의 에너지 전환은 외생적 개발이 아닌 내재적 성장의 서사로서 자리매김하였으며, 이는 이후 다른 마을에도 영향을 미치는 하나의 전환 모델로 작용하게 된다.

이처럼 구양리의 사례는 농촌이 단지 정책의 수혜 대상이 아니라, 기후위기 시대의 에너지 민주주의를 선도할 수 있는 주체로 전환될 수 있음을 증명한 상징적 장면이라 할 수 있다.

| 마을의 재생 에너지 생산설비와 구조 |

구양리의 재생에너지 기반 시설은 단순히 전력 생산의 기술적 도입을 넘어서, 마을 전체의 에너지 생태계를 전환하기 위한 체계적 설계와 집단적 실천의 결과물이라 할 수 있다. 2020년을 기점으로, 구양리는 가정용, 공동체용, 공공용 등 세 가지 축으로 구성된 분산형 태양광 발전 인프라를 단계적으로 구축하였다.

첫째, 가정용 태양광 시스템은 마을 주민 대부분의 주택에 설치되었으며, 평균 3kW급의 소형 태양광 패널이 가구별로 배치되었다. 이 설비는 주간 전력 자립을 가능케 하며, 여름철 냉방에 따른 에너지 비용 절감 효과가 크다는 점에서 주민 만족도가 높다. 이는 에너지 비용 절감 이상의 효과를 지닌다. 전기요금 고정비를 상쇄함으로써 고령 주민들의 가계안정에 기여하고, 기후변화에 따른 에너지 불안정성에 대한 대응력을 높이는 구조적 기반이 되고 있다.

둘째, 공동체용 태양광 발전소는 마을 유휴부지에 약 100kW급 규모로 설치되었다. 해당 설비는 주민 협의체가 관리·운영하며, 발전 수익은 공동 기금으로 적립된다. 이 기금은 마을공동사업, 에너지 취약계층 지원, 그리고 추가 재생에너지 투자에 재투입되는 순환구조를 지닌다. 이와 같은 모델은 농촌 지역에서 흔히 발생하는 '외지 사업자 중심 수익 독점' 구조를 탈피하고, 주민이 직접 생산과 소유, 운영의 주체가 되는 '에너지 민주주의' 실현 모델로 평가할 수 있다.

셋째, 공공건물 기반의 태양광 설비는 마을회관, 경로당 등 주민 집합시설에 집중 설치되어, 커뮤니티 공간의 에너지 자립을 구현하고 있다. 이는 단지 전기요금 절감의 효과를 넘어, 재난 시 또는 정전 상황에서 비상에너지원 역할까지 수행할 수 있도록 설계된 사회안전망 인프라로서 기능한다. 공동시설에 공급되는 전력이 마을 전체의 응집력을 강화시키는 상징적 공간으로 작용하고 있다는 점에서, 재생에너지가 공동체 정체성과 결합하는 사례로도 해석할 수 있다.

구양리 햇빛두레 발전소의 설비는 총 6개소이며, 생산량은 997.92kW (약1MW) 규모이다.

2024년 1~4월 442MWh 생산, 월평균 110.5MWh에 해당되며, 연간 전력 생산량은 약 1,250MWh (1.25GWh)로 추정된다.

비록 현재는 에너지 저장장치(ESS)의 도입은 이루어지지 않았으나, 장기적으로는 마이크로 그리드(Microgrid)를 기반으로 한 독립형 에너지 네트워크 구축이 마을의 미래 전략으로 설정되어 있다. 이는 송배전 중심의 중앙집중형 에너지체계에서 벗어나, 생산과 소비가 지역 단위에서 이루어지는 자율적 에너지 순환 모델로 진화하기 위한 기초 작업이라 할 수 있다.

특히 주목할 점은 기술 유지보수 인력까지 마을에서 자체 양성하였다는 사실이다. 이는 지속가능한 에너지 자립의 핵심 조건인 '운영 역량의 내재화'를 실현한 것이며, 지역 기술자립 생태계를 구성하는 데 중요한 전환점이 된다.

결과적으로 구양리의 재생에너지 설비 구조는 기술적 배치만이 아닌 사회적 합의, 경제적 수익 분배, 공동체 역량강화가 결합된 통합적 분산형 시스템이라 할 수 있다. 이 사례는 단순한 친환경 설비 구축을 넘어선, 농촌 전환사회의 실질적 인프라 설계의 모범이라 할 수 있다.

| 국내 분산형 에너지 제도의 기대와 방향 |

2024년 제정된 「분산에너지 활성화 특별법」은 중앙집중형 전력 시스템의 한계를 극복하고, 지역 기반의 에너지 자립과 탄소중립 사회로의 전환을 제도적으로 뒷받침하기 위한 출발점이라 할 수 있다. 이 법은 소규모 신재생에너지 확대, 계통 연계 유연화, 그리고 지역 주도의 에너지 공급 기반 마련 등을 주요 골자로 하며, 그동안 제도 사각지대에 놓였던 지역형 전원 시스템의 도입을 정당화하는 법적 토대를 제공하였다.

그러나 이 법이 실제로 지역 사회의 에너지 전환을 견인하려면 보다 정교한 정책 설계와 행정적 뒷받침이 병행되어야 한다. 구양리의 사례는 이 점에서 중요한 시사점을 제공한다.

여주시 산북면 구양리는 농촌 고령화, 에너지 비용 상승, 기후위기라는 삼중의 위기 속에서 2013년부터 '에너지 자립'을 마을의 공동 비전으로 설정하였다. 가정용 태양광, 공동 발전소, 공공건물 설비 등 삼중 구조의 태양광 시스템을 구축하고, 주민 협의체를 통해 설치와 운영, 수익 배분, 유지보수까지 마을 내부에서 소화해왔다. 에너지 생산 주체로서 마을이 자리 잡은 것이다.

하지만 이런 선도적 모델조차 제도적 기반이 없을 때 겪는 한계는 분명했다. 한전과의 계통 연계 문제, 장기적 유지비용 확보, ESS 및 마이크로그리드 도입의 법적 장애, 주민이 실질적 전력 거래 주체로 인정받지 못하는 현실 등은 자립 기반 확대를 가로막는 장애물이었다. 이는 단지 구양리만의 문제라기보다, 전국 대다수 에너지 전환 마을이 공통적으로 겪는 구조적 어려움이기도 하다.

따라서 분산에너지법이 단순한 선언에 그치지 않기 위해선 다음과 같은 구체적 개선이 필요하다. 첫째, 마을단위 발전사업자에 대한 제도적 지위 부여 및 전력 거래 권한 명문화가 이뤄져야 한다. 둘째, 분산전원 간 공유 인프라 구축에 대한 정부 공동 책임 원칙이 확립되어야 하며, 셋째, 에너지 협동조합 및 주민조직에 대한 금융지원과 기술역량 육성 시스템이 병행되어야 한다.

구양리는 에너지 전환이 기술의 문제가 아니라 공동체의 문제이며, 그 성공은 주민의 자기결정과 참여에 달려 있음을 보여준 사례이다. 법은 틀을 제공하지만, 그 틀을 실제로 채워가는 것은 마을 공동체와 그것을 지원하는 국가의 실행력이다.

진정한 분산형 에너지 사회는 마을이 스스로의 에너지를 설계하고, 그 이익을 공유하며, 지역의 생존 기반을 지속가능하게 구성할 수 있도록 법이 그들을 응원하는 구조에서 시작된다. 구양리는 그 길의 선두에 있으며, 이제 법이 그 뒤를 따라야 한다.

| 에너지 생산량과 에너지 협동조합 |

농촌의 에너지 전환이 성공하려면, 단지 태양광 설비를 설치하는 것을 넘어 그 전력을 누가 소유하고, 어떻게 운영하며, 누구와 이익을 공유할 것인가에 대한 체계적 해답이 필요하다. 여주시 산북면 구양리에서 실현된 에너지 협동조합 모델은 이 질문에 실질적이고 구체적인 답을 제시하고 있다.

구양리 마을은 2013년부터 추진해온 태양광 기반의 에너지 자립 전략을 제도적으로 뒷받침하기 위해, 마을 주민 전원이 조합원으로 참여하는 에너지 협동조합을 설립하였다. 이 협동조합은 태양광 설비의 소유와 운영 주체일 뿐만 아니라, 마을의 에너지 거버넌스 구조를 실질적으로 실행하는 핵심 기구로 자리잡고 있다.

구양리 마을의 에너지 전환의 과정에 대해 설명하고 있다('24.12).

구양리 마을에서 생산되는 전기에너지 수익금으로 운영되는 마을 버스('24.12).

구양리의 공동 태양광 발전소는 100kW 규모로 조성되었으며, 연간 약 200MWh의 전력을 생산한다. 이는 일반 가구의 연간 전력 사용량 대비 4~5배 수준이며, 잉여 전력은 한전에 판매되어 연간 약 3천만 원의 발전 수익을 창출하고 있다. 주목할 점은 이 수익이 소수에게 귀속되지 않고 마을 공동체 전체의 이익으로 환류된다는 점이다.

수익은 협동조합 총회를 통해 민주적으로 배분된다. 약 40%는 마을 기반시설 유지, 경로당 운영, 축제 준비 등 공공기금으로 활용되며, 또 다른 40%는 난방 취약계층 지원 및 에너지 복지사업에 배정된다. 나머지 20%는 태양광 설비 유지보수 및 차기 에너지사업 기획을 위한 조합 운영자금으로 활용된다. 이처럼 생산-소유-분배의 일치는 구양리 협동조합의 핵심 철학이자 실천 방식이다.

운영 역시 외부 위탁이 아닌 마을 내부 역량에 의해 자율적으로 수행된다. 설비 점검과 모니터링은 에너지 교육을 받은 마을 주민이 직접 수행하며, 고장 대응 및 데이터 관리는 조합장 중심으로 이뤄진다. 이를 통해 기술 외부 의존도를 줄이는 동시에, 지속 가능한 운영 생태계를 마을 내부에 축적하고 있다.

구양리 협동조합은 단순한 전기 생산 조직을 넘어선다. 이들은 에너지 생산을 수단으로 공동체를 재구성하고, 수익의 사회적 배분을 통해 마을 내부의 신뢰를 회복하며, 행정 주도 개발에서 벗어난 마이크로 거버넌스 실험을 실행하고 있다. 이는 소외된 에너지 소비자에서 벗어나 정치적·경제적 주권자로서의 농촌 공동체를 복원하는 혁신적 접근이다.

물론, 제도적 한계도 명확하다. 현재 협동조합은 전력 사업자로서 법적 지위가 불안정하고, ESS(에너지저장장치)나 마이크로그리드와 같은 고도화는 계통 연계 규제에 가로막혀 있다. 회계와 행정의 전문성 부족도 확장성과 연속성에 장애가 되고 있다. 하지만 이 한계는 구양리만의 문제가 아니라 전국 수많은 농촌형 에너지 공동체가 공유하는 제도 부재의 문제이기도 하다.

앞으로 「분산에너지 활성화법」 및 관련 제도의 개정은 협동조합형 에너지 공동체가 발전사업자로서의 지위, 전력 거래 권한, 공공 금융 지원, 기술 내재화 교육 등을 갖출 수 있도록 설계되어야 한다. 그래야만 농촌의 에너지 전환이 일시적 설치사업이 아닌, 장기적 생존전략이 될 수 있다.

구양리는 이 방향성을 실천적으로 보여주고 있다. 그들은 증명했다. 에너지를 나누는 일은 곧 마을을 지키는 일이 될 수 있으며, 협동조합은 '기후위기 시대의 농촌 헌법'이 될 수 있다는 것을. 이제 제도가 그 뒤를 따라야 한다.

| 구양리가 던지는 다섯 가지 질문 |

구양리는 작지만 강한 전환의 사례이다. 이 마을은 단순한 재생에너지 설치 지역이 아니다. 그것은 농촌이 에너지 주권을 회복하고, 공동체가 경제적 주체로 재편되며, 기술이 마을을 분열시키는 것이 아니라 결속시키는 전환의 실험장이 되었다는 점에서 주목받는다. 구양리의 사례는 현재 우리가 직면한 에너지 전환과 농촌 회복, 그리고 분산형 시스템 구축이라는 복합적 과제에 대해 다섯 가지 근본적 질문을 던진다.

첫째, 에너지 전환은 기술의 문제가 아니라 사회의 문제이다.

구양리는 태양광 패널보다 먼저 마을 총회와 협의를 시작했다. 기술 설치보다 먼저 '어떻게 함께 살아갈 것인가'에 대한 토론이 있었고, 설계보다 먼저 신뢰가 구축되었다. 수많은 지역에서 신재생에너지 사업이 갈등과 저항을 낳은 것과 달리, 구양리는 합의와 공감이라는 민주적 절차를 통해 에너지 전환의 사회적 기반을 먼저 세운 것이다.

이 사례는 에너지 정책이 공급 측 중심의 효율성과 규모 논리에서 벗어나, 수용성과 정당성의 문제로 재구성되어야 함을 말해준다.

둘째, 에너지 자립은 농촌의 생존 전략이 될 수 있다.

구양리는 연간 200MWh의 전기를 자가 생산하고, 약 3천만 원의 발전 수익을 마을 공동체가 공유한다. 이는 전력 비용 절감을 넘어, 농촌이 도시 중심 에너지 구조로부터 독립할 수 있다는 실질적 증거이다. 고령화, 인구 감소, 생산성 하락이라는 구조적 위기에 놓인 농촌에서 에너지 자립은 새로운 지역 순환경제의 핵심 인프라가 될 수 있다. 에너지는 이제 농촌의 부채가 아니라 자산으로 전환되고 있으며, 구양리는 이를 실증한 대표 사례다.

셋째, 협동조합은 에너지 거버넌스의 새로운 모델이다.

구양리의 에너지 협동조합은 기술 설치 이후의 '관리 공백'을 공동체 내부 자치로 해결했다. 조합원은 마을 주민 전원이며, 수익 배분, 유지관리, 의사결정 모두 마을 내부에서 자율적으로 운영된다. 한국형 분산형 에너지 체계가 지역 기반의 비영리 공동체 모델과 결합할 수 있음을 보여주는 강력한 실험이다. 에너지 민주주의란 기술의 분산이 아니라, 권한과 책임의 분산, 그리고 이익의 공유를 말한다는 사실을 구양리는 실천을 통해 증명하였다.

넷째, 분산형 전원은 국가 에너지 전략의 대안이 되어야 한다.

기후위기와 에너지 안보의 이중 위기 속에서, 중앙집중형 대형 전원 체계의 취약성이 드러나고 있다. 송배전 계통의 병목 현상, 자연재해에 따른 전력망 붕괴 위험, 지역 간 에너지 불균형 문제는 해마다 심화되고 있다. 구양리는 이러한 시스템적 리스크를 극복하기 위한 대안으로 소규모 분산형 전원의 가능성을 보여준다. 물론 구양리 하나로 전체 전력 수급을 해결할 수는 없다. 그러나 수천 개의 구양리가 전국 곳곳에 존재할 수 있다면, 우리의 에너지 전환은 획기적으로 안정화될 수 있다.

다섯째, 농촌은 변화의 대상이 아니라 전환의 주체이다.

오랫동안 농촌은 중앙의 정책 실험대상이 되어왔다. 태양광 개발의 수용지, 축분 문제의 부담지, 저탄소 식단의 공급지로 취급되었다. 그러나 구양리는 달랐다. 외부 자본이 아닌 마을 내부 총회가 기획했고, 설계와 시공은 외부 전문가가 도왔지만 방향은 마을이 정했다. 수익은 외부로 빠져나가지 않고 마을로 돌아왔고, 주민들의 자발적 노동과 협력이 경제적 자립을 가능케 했다.

이것은 '지역 회복 탄력성'이 기후위기 대응의 핵심 지표가 되어야 한다는 메시지이기도 하다. 구양리는 '적응'의 대상이 아니라 '설계'의 주체가 될 수 있는 농촌의 가능성을 보여준다.

결론적으로, 구양리는 기술이 아니라 신뢰로 시작되었고, 정부가 아니라 주민이 설계했으며, 효율이 아니라 연대로 완성되었다. 이 마을은 오늘의 대한민국에 묻는다. 우리는 에너지 전환을 숫자의 논리로만 말하고 있는 것은 아닌가? 우리는 농촌을 여전히 정책의 하위 단위로 취급하고 있지는 않은가?

기후위기 시대의 해답은 '작은 마을'에서 출발할 수 있다. 그 첫 번째 응답이 구양리였다.

에필로그 : 기후위기, 전환의 시작은 마을공동체로부터

기후위기와 탄소중립은 더 이상 미래의 과제가 아니다. 폭염과 가뭄, 홍수와 한파, 예측할 수 없는 기상이변은 이미 우리의 삶터를 위협하고 있으며, 오늘의 선택은 미래 세대의 삶의 질과 생존을 결정짓는 분기점이 되고 있다. 그러나 이 거대한 변화를 국가나 대기업의 노력만으로 해결하기에는 분명한 한계가 있다. 지속가능한 미래로 나아가기 위해서는 지역 공동체의 구체적인 실천과 협업되어야 한다.

유럽의 마을공동체들은 이러한 전환의 길을 먼저 걸어가며, 기후위기의 복잡한 문제를 지역 차원에서 풀어내는 구체적인 해법을 제시하고 있다. 독일의 윤데, 반슈타트, 펠트하임, 오스트리아의 무렉과 귀싱, 덴마크의 삼쇠, 영국의 베드제드와 같은 마을들은 풍력과 태양광, 바이오에너지 기반의 에너지 자립을 통해 경제적 안정과 환경적 지속가능성을 함께 달성해 왔다. 이들의 사례는 재생에너지 중심의 온실가스 감축을 적극 실천하는 '전환사회의 실험장'이자 '회복력 있는 공동체 모델'로 주목받고 있다.

국내에서도 이러한 전환은 시작되고 있다. 충남 홍성의 원천 마을은 가축분뇨 바이오가스를 활용해 전력과 난방을 자급하고, 주민 주도의 에너지 협동조합을 통해 에너지 전환과 지역경제 활성화를 실현하고 있다. 충북 괴산의 장암리 마을은 산림 바이오에너지로 겨울철 난방 안정성을 높이고, 주민 참여 기반의 산림순환경제 모델을 구축하고 있다. 경기도 여주의 구양리 마을은 태양광 발전으로 에너지 비용 부담을 줄이며, 초과 전력 판매를 통한 수익 창출로 경제적 회복력을 높이고 있다.

반면에 대부분의 마을공동체들은 기후 적응의 구체적인 실천 단계에 이르지 못하고 있다. 독일의 반슈타트 등 일부 마을만이 녹지 및 수변 공간 확대, 물순환 체계 관리 등을 통해 기후재난 피해 완화를 시도하고 있다. 지금까지 마을공동체가 보여준 것은 주로 온실가스 감축 사례이며, 기후 적응의 실천은 앞으로 풀어가야 할 중요한 공동의 과제로 남아 있다고 볼 수 있다.

기후적응은 홍수, 극한 호우, 폭염, 가뭄, 한파와 같은 기후재난으로부터 주민의 건강과 생계, 환경을 보호하기 위한 실질적 대응을 요구한다. 마을 단위의 전환은 지역 자원을 활용해 환경적 지속가능성과 경제적 안정성을 동시에 추구하며, 향후 기후위기 속에서 주민들이 안전하게 살아갈 수 있도록 돕는 기후 적응 거점으로 발전해야 한다. 국가나 대도시 중심의 대규모 방재 사업에만 의존할 것이 아니라, 지역과 마을 단위의 기후 적응을 설계하고 이를 실천하는 방식의 전환이 있어야 한다. 작은 단위에서 시작된 변화는 구체적이고 실질적이며, 주민들이 변화를 체감하고 주체적으로 참여하게 만들어 지속가능성을 담보한다. 마을 단위의 전환은 주민들이 일상의 작은 실천으로 기후 행동에 동참하게 하며, 이를 통해 주민 주도의 전환 동력을 축적한다. 주민들은 이제 수동적 수혜자가 아니라, 전환사회의 주체이자 지역의 미래를 함께 설계해 나가는 핵심 동력으로 자리잡아야 한다.

탄소중립마을은 기후위기 대응의 실질적 해법이자 전환사회의 플랫폼으로, 온실가스 감축과 기후 적응, 사회적 연대를 결합한 새로운 거점으로 진화해 나갈 것이다. 풍력, 태양광, 바이오, 지열에너지 등으로 전환하고, 자연기반해법(NbS)을 중심으로, 생태계 기반의 적응(EbA)을 실천할 수 있는 물순환 체계, 마을 숲, 생태 습지, 친환경 농업, 재해 예방 시설들이 유기적으로 작동할 때, 마을은 주민의 건강과 생명을 보호하며, 기후위기 속에서도 안전하고 회복력 있는 지역사회를 만들어 낼 수 있다.

탄소중립마을은 기후위기 대응의 실질적 해법이자 전환사회의 플랫폼으로, 온실가스 감축과 기후적응, 사회적 연대를 결합한 새로운 거점으로 발전해 나갈 것이다. 풍력, 태양광, 바이오, 지열에너지 등으로 전환하고, 자연기반해법(NbS)을 중심으로, 생태계 기반의 적응(EbA)을 실천할 수 있는 물순환 체계, 마을 숲, 생태 습지, 친환경 농업, 재해 예방 시설들이 유기적으로 작동할 때, 마을은 주민의 건강과 생명을 보호하며, 기후위기 속에서도 안전하고 회복력 있는 지역사회를 만들어 낼 수 있다. 이러한 모델은 지역 주민들의 참여를 통해 전환사회의 경제적 가치를 창출하고, 생태계 서비스를 강화함으로써 지속가능사회의 구조를 완성해 나간다. 이러한 통합적 접근은 사회적 불평등 완화와 취약계층의 기후 적응력을 강화하여 공동체 전체의 회복력을 높이는 데 기여한다. 궁극적으로 탄소중립마을은 기후 중립 목표를 달성하는 데 공동체 단위에서 그 역할을 하며, 글로벌 기후 목표와 연계된 지역적 실천의 모범을 제시한다.

마을공동체 중심의 기후변화 대응은 국가균형발전에 시너지 효과를 제공한다. 농촌과 도서 지역을 중심으로 한 탄소중립 이니셔티브는 경제적·사회적 혁신을 촉진하며 지역 간 격차를 좁히는 역할을 할 수 있다. 중앙집중형 에너지 시스템의 한계를 극복하고, 수요지 인근에서 에너지를 생산·소비하는 분산형 모델을 진화시킴으로써 에너지 자립성을 강화할 수 있다. 송전망 건설에 따른 사회적 갈등과 막대한 비용을 조금이라도 아낄 수 있으며, 지역 내 전력 자립도를 높여 에너지 비용을 절감하고, 잉여 전력을 판매함으로써 새로운 수익원을 창출할 수 있다[1]. 이는 농촌 지역의 경제 활성화로 이어지며, 인구 유출을 막고 녹색 일자리를 늘리는 효과를 기대할 수 있다. 나아가, 기후 적응을 위한 지역 중심 인프라 지원—자연기반 해법(NbS)을 활용한 홍수·폭우·폭염 예방, 생태계 복원 사업 등은 환경적 지속가능성을 강화하며, 기후재난에 대한 지역의 회복력을 높인다. 결과적으로, 이러한 접근은 수도권 중심의 인구·자원 집중 현상을 완화하고, 지역 간 경제적·사회적 불평등을 축소함으로써 국토공간의 균형적 이용을 촉진할 것이다.

궁극적으로, 마을공동체의 기후변화 대응은 지역의 회복력과 자율성을 강화하며, 국가 전체의 지속가능한 발전과 균형 있는 성장에 기여할 것이다[2,3]. 기후위기 시대, 마을에서 시작되는 작은 변화가 국가의 미래를 바꿀 수 있음을 우리는 주목해야 한다.

지역의 인구밀도, 산업 구조, 사회·문화적 특성을 반영하여 탄소중립과 기후적응이 결합된 맞춤형 마을 모델을 설계하고 구현해 나갈 때, 기후위기는 더 이상 두려움의 대상이 아니라 더 나은 미래로 향하는 기회가 될 것이다. 유럽과 한국의 마을공동체 사례는 우리에게 한 가지 중요한 메시지를 전한다. 진정한 변화는 마을공동체로부터 시작되며, 지역에서 시작된 작은 변화들이 모여야 전 세계적 전환이 가능하다는 것이다.

이 책의 궁극적 목표는 국내외의 우수 사례를 참고하되, 이를 모방하는 것이 아니라 각 지역의 문화와 환경, 주민들의 삶과 필요를 반영해 우리만의 지속가능한 전환 모델을 구축해 나가는 데 있다. 주민의 참여와 협력, 지역 자원의 활용, 기술 혁신이 결합될 때 기후위기는 두려움이 아닌 새로운 전환의 기회로 바뀔 수 있다. 탄소중립마을은 기후위기 속에서도 미래세대를 위한 지속가능한 삶의 터전을 만들어가며, 전환사회를 향한 출발점이 될 것이다.

기후위기는 인류가 직면한 가장 큰 도전이지만, 해답은 멀리 있지 않다. 우리의 마을, 우리의 공동체, 그리고 우리의 삶의 방식 속에 그 답이 있다. 마을공동체에서 시작된 작은 변화들이 모여야 비로소 지구적 전환이 가능하다. 이 책이 그 여정의 동반자가 되어, 기후위기를 기회로 바꾸고 탄소중립과 기후적응이 결합된 전환사회를 실현해 나가는 길에 작은 힘이 되기를 바란다.

References

프롤로그

1. UNEP. 2021. Making peace with nature: A scientific blueprint to tackle the climate, biodiversity and pollution emergencies.
https://www.unep.org/resources/making-peace-nature (검색일 2025.1.26)
2. World Bank Group. 2024. Climate change and development report 2024: Economic risks of climate change.
3. IPCC. 2023. Climate change 2023 : Synthesis report. Contribution of Working Groups I, II and III to the Sixth Assessment Report of the Intergovernmental Panel on Climate Change. https://www.ipcc.ch/report/ar6/syr/ (검색일 2025.1.26)
4. UNFCCC. 2024. COP29 agreement : New collective quantified goal on climate finance.
5. IEA. 2021. Net zero by 2050: A roadmap for the global energy sector. https://www.iea.org/reports/net-zero-by-2050 (검색일 2025.7.4)
6. UNEP. 2024. Adaptation gap report 2024 : Come hell and high water. https://www.unep.org/resources/adaptation-gap-report-2024 (검색일 2025.7.4)
7. IPCC. 2024. Scoping of the IPCC Special Report on Climate Change and Cities. https://www.ipcc.ch/site/assets/uploads/2024/08/Doc.- 2-Rev.-1-Outline-SR-Climate-Change-and-Cities.pdf

제1장

1. WMO. 2025. State of the global climate 2024. https://wmo.int/publication-series/state-of-global-climate-2024 (검색일 2025. 6.15)
2. WMO. (2025,1.10). WMO confirms 2024 as warmest year on record at about 1.55°C above pre-industrial level.
https://wmo.int/media/news/wmo-confirms-2024-warmest-year-record-about-155degc-above-pre-industrial-level (검색일 2025.7.4)
3. BBC News. (2021,9.14). 기후변화: 기온 50도 넘은 무더운 날 40년 전보다 2배 늘었다. https://www.bbc.com/korean/international-58544914 (검색일 2025.7.4)
4. Copernicus Climate Change Service. (n.d.). Copernicus Climate Change Service (C3S). https://climate.copernicus.eu/global-climate-highlights-2024 (검색일 2025.7.26)
5. 최경선. (2023.10.13). 기후위기와 식량안보. KONAS.net. https://konas.net/article/article.asp?idx=61520
6. 김예슬·손지연·이종익. (2024,7.11). 모두 잠든 밤, 200년 만에 '극한 폭우' 덮쳤다. 서울신문

7. 산림청. 2024. 2024년 전국산불방지 종합대책
8. 산림청. 2024. 2024년 산불 제대로 알기 https://www.forest.go.kr/kfs/images/data/down/sb_all.pdf (검색일 2025.7.8.)
9. 기상청. 2024. 2023년 이상기후 보고서
10. UNEP. 2022. Spreading like wildfire: The rising threat of extraordinary landscape fires.
https://www.unep.org/resources/report/spreading-wildfire-rising-threat-extraordinary-landscape-fires[](https://wmo.int/publication-series/wmo-global-annual-decadal-climate-update-2025-2029) (검색일 2024.11.25)
11. 정종훈. (2022,6.14). 기후변화에 홍수 잦아진다…60년뒤엔 폭우량 70% 이상 늘어. 중앙일보
12. 임지우. (2024,4.17). 1년치 비 12시간 동안 쏟아져…물에 잠긴 '사막' 두바이. 연합뉴스
13. 나무위키. 기후변화. https://namu.wiki/w/%EA%B8%B0%ED%9B%84%EB%B3%80%ED%99%94 (검색일 2025.7.8.)
14. FAO한국협회. 2023. 2023년 하반기 국제기구 농수산동향 모니터링 자료집 https://fao.or.kr/html/publication/Other_Publications.php?code=B15 (검색일 2025.7.8.)
15. Blogted. (2024,1.2). https://blogted.tistory.com/entry/점점 커지는 기후 변화의 영향: 개인이 어떻게 변화를 만들 수 있는지 (검색일 2025.7.8.)
16. UN World Food Programme. 2022. Global Network Against Food Crises.
https://www.fightfoodcrises.net/[](https://www.cma.gov.cn/en2014/research/News/202304/t20230424_5461707.html) (검색일 2025.8.5)
17. 김문성. (2022,1.30). 기후변화와 코로나의 '협공'…커지는 지구촌 식량대란 위기. 연합뉴스
18. 대한민국 정책브리핑. (2024,9.2). 기후위기 시대, 탄소중립으로 가는 길
19. IPCC. 2023. AR6 synthesis report: Climate change 2023. https://www.ipcc.ch/report/sixth-assessment-report-cycle/
20. World Wide Fund for Nature. 2022. Living planet report 2022: Building a nature-positive society.
21. 한국농촌경제연구원. 2024. 농업 전망 2024 II [Agricultural Outlook 2024 II]. https://www.krei.re.kr/krei/researchReport/975/view (검색일 2025.1.26)

제2장

1. 박덕영. 2020. 파리협정의 이해. 박영사
2. 외교부. (n.d.). 기후변화협상. https://www.mofa.go.kr/www/wpge/m_20150/contents.do (검색일 2025.1.26)
3. IPCC. 2014. Climate change 2014: Synthesis report. https://www.ipcc.ch/report/ar5/syr/ (검색일 2025.1.27)
4. IPCC. 2023. AR6 synthesis report: Climate change 2023. https://www.ipcc.ch/report/sixth-assessment-report-cycle/ (검색일 2025. 6.15)
5. IPCC. 2021. Climate change 2021: The physical science basis. https://www.ipcc.ch/

report/ar6/wg1/ (검색일 2025. 6.15)

6. European Commission. (n.d.). Priorities 2019-2024. https://commission.europa.eu/strategy-and-policy/priorities-2019-2024_en (검색일 2025. 6.15)
7. European Commission. 2020. The European Green Deal Investment Plan and Just Transition Mechanism.
https://finance.ec.europa.eu/publications/european-green-deal-investment-plan-and-just-transition-mechanism_en (검색일 2025. 6.15)
8. European Commission. (n.d.). EU ETS emissions cap.
https://climate.ec.europa.eu/eu-action/eu-emissions-trading-system-eu-ets/eu-ets-emissions-cap_en (검색일 2025.7.26)
9. 손인성, 김동구. 2021. EU ETS 4기의 주요 제도 설계가 향후 국내 배출권거래제 운영에 미칠 영향 분석. 자원환경경제연구, 30(1), 129-167.
10. 한국환경공단. (n.d.). 배출권거래제. https://www.keco.or.kr/web/lay1/S1T164C1007/contents.do (검색일 2025.7.26)
11. European Scientific Advisory Board on Climate Change. 2024. Towards EU climate neutrality: Progress, policy gaps and opportunities.
12. Sweep. 2025. CBAM – Understanding the EU's Carbon Border Adjustment Mechanism. https://www.sweep.net/blog/cbam-understanding-the-eus-carbon-border-adjustment-mechanism (검색일 2025.7.26)
13. PwC Switzerland. (n.d.). Carbon Border Adjustment Mechanism (CBAM).
https://www.pwc.ch/en/insights/sustainability/carbon-border-adjustment-mechanism.html (검색일 2025.7.26)
14. International Energy Agency. 2021. Germany's Renewables Energy Act.
https://www.iea.org/policies/12392-germanys-renewables-energy-act (검색일 2025.2.23)
15. Clean Energy Wire. 2021. What's new in Germany's Renewable Energy Act 2021. https://www.cleanenergywire.org/factsheets/whats-new-germanys-renewable-energy-act-2021 (검색일 2025.7.26)
16. Enkhardt, S. 2020. Deutschland führt neues Erneuerbare-Energien-Gesetz ein. pv magazine. https://www.pv-magazine.de/ (검색일 2025.7.30)
17. Wettengel, J. 2024. Germany's carbon pricing system for transport and buildings. Clean Energy Wire.
18. Bundesregierung. 2020. Effectively reducing CO2 emissions.
https://www.bundesregierung.de/breg-en/issues/climate-action/effectively-reducing-co2-1795850 (검색일 2025.7.30)
19. Gleiss Lutz. 2022. Germany's “Easter Package” – an overview of the latest changes to energy regulation.
20. Appunn, K., & Wettengel, J. 2022. Germany's 2022 renewables and efficiency reforms. Clean Energy Wire.
https://www.cleanenergywire.org/factsheets/germanys-2022-renewables-and-

energy-reforms (검색일 2025.7.30)

21. Swagath, B. V. 2022. Osterpaket: Deutschlands größte energiepolitische Reform seit Jahrzehnten. NS Energy. https://www.nsenergybusiness.com/ (검색일 2025.7.30)
22. Horn, J., Mersmann, F., Meier, J., & Wenderoth, F. 2023. Electricity grid expansion policies in Germany: Implementation, participation and acceptance. Climate Transparency.
23. Wehrmann, B. 2021. EU court's bird protection ruling deals blow to German wind power plans. Clean Energy Wire. https://www.cleanenergywire.org/news/eu-courts-bird-protection-ruling-deals-blow-german-wind-power-plans (검색일 2025.7.30)
24. FI Group. 2022. Easter package to accelerate the expansion of renewable energies passed.
25. Ember. (n.d.). Ember: Clean energy data and analysis. https://ember-energy.org/ (검색일 2025.7.26)
26. Mayo, F., & Bruce-Lockhart, C. (2024). The UK's journey to a coal power phase-out. Ember. https://ember-energy.org/latest-insights/the-uks-journey-to-a-coal-power-phase-out/ (검색일 2025.7.26)
27. UK Government. 2021. End to coal power brought forward to October 2024. https://www.gov.uk/government/news/end-to-coal-power-brought-forward-to-october-2024 (검색일 2025.7.26)
28. Climate Action. 2021. UK Government confirms coal power phase out will be brought forward to 2024. https://www.climateaction.org/news/uk-government-confirms-coal-power-phase-out-will-be-brought-forward-to-2024 (검색일 2025.7.30)
29. Electrek. 2021. Britain to end coal power a year early, in 2024. https://electrek.co/2021/06/30/britain-to-end-coal-power-a-year-early-in-2024/
30. Energy Saving Trust. (n.d.). Energy performance certificates (EPCs) explained. https://energysavingtrust.org.uk/advice/guide-to-energy-performance-certificates-epcs/ (검색일 2025.7.26)
31. UK Government. 2012. Energy Performance Certificates for the construction, sale and let of non-dwellings. https://www.gov.uk/government/publications/energy-performance-certificates-for-the-construction-sale-and-let-of-non-dwellings--2 (검색일 2025.4.8)
32. Boston Consulting Group. 2022. US Inflation Reduction Act: Climate & energy features and potential implications. https://media-publications.bcg.com/BCG-Executive-Perspectives-US-Inflation-Reduction-Act-16August2022.pdf (검색일 2025.5.2)
33. International Energy Agency. 2024. Clean energy is boosting economic growth. https://www.iea.org/commentaries/clean-energy-is-boosting-economic-growth (검

색일 2025.6.15)
34. U.S. Internal Revenue Service. (n.d.). Credits for new clean vehicles purchased in 2023 or after.
https://www.irs.gov/credits-deductions/credits-for-new-clean-vehicles-purchased-in-2023-or-after (검색일 2025.6.15)
35. Sud, R., Patnaik, S., & Glicksman, R. L. 2023. How to reform federal permitting to accelerate clean energy infrastructure: A nonpartisan way forward. Brookings Institution.
36. Nakano, J. 2022. IRA and the EV Tax Credits—Can We Kill Multiple Birds with One Stone? Center for Strategic and International Studies.
37. Convention on Biological Diversity. (n.d.). Introduction to the Kunming-Montreal Global Biodiversity Framework. https://www.cbd.int/gbf/introduction (검색일 2025.6.15)
38. Bixcul, B., & Auciello, B. H. (n.d.). Implementing Target 15 of the KM-GBF: Challenges and opportunities for Indigenous rights, biodiversity, and the energy transition. Cultural Survival.
39. Directorate-General for Environment. (2024,8.2). EU submits targets to implement Kunming-Montreal Global Biodiversity Framework. European Commission. https://environment.ec.europa.eu/news/eu-submits-targets-implement-global-biodiversity-framework-2024-08-02_en (검색일 2025.6.15)
40. Wikipedia contributors. (n.d.). Nature-based solutions. In Wikipedia, The Free Encyclopedia.
41. Directorate-General for Environment. (2023,12.19). Halting biodiversity loss: EU outlines achievements 1 year after adoption of global plan for nature and people. European Commission.
42. Ceglar, A., et al. 2024. Economic and financial impacts of nature degradation and biodiversity loss. ECB Economic Bulletin, Issue 6/2024. European Central Bank.
43. Aubert, G., & Dudley, N. 2023. Building on the GBF towards more ambitious global environmental commitments. Institute for European Environmental Policy (IEEP).
44. European Commission. (n.d.). Nature Restoration Regulation.
https://environment.ec.europa.eu/topics/nature-and-biodiversity/nature-restoration-law_en (검색일 2025.6.15)
45. NHK News. (2018,7.24). 猛暑で全国で100人超死亡 https://www3.nhk.or.jp/news/html/20180724/k10011548941000.html (검색일 2025.6.15)
46. Japan Meteorological Agency. 2018. 気候変動監視レポート 2018 https://www.data.jma.go.jp/cpdinfo/monitor/2018/pdf/ccmr2018_all.pdf (검색일 2025.6.20)
47. Ministry of the Environment, Japan. 2018. 気候変動適応計画 https://www.env.go.jp/earth/ondanka/tekiou/tekiou_plan2018_1.pdf (검색일 2025.6.20)
48. Kyllmann, C. (2024,6.6). Germany sets legally-binding climate adaptation targets. The Progress Playbook.

49. Kyllmann, C. (2024,7.1). Adapting to effects of climate change now legally binding in Germany. Clean Energy Wire.
50. Kyllmann, C. (2023,3.30). Climate change effects could cost Germany up to 900 billion euros by 2050 – study. Clean Energy Wire.
51. Federal Ministry for the Environment, Nature Conservation, Nuclear Safety and Consumer Protection. (2023,7.13). German government adopts first nationwide climate adaptation law.
52. 안병철. 2023. 기후위기 대응을 위한 적응의 쟁점과 방향. 2023 민주주의랩 컨퍼런스 발표자료.
53. 안병철 (2024,10..21). 기후위기 대응, 꼭 짚어야 할 과제들. 경향신문
54. IUCN. 2019. 기타 효과적인 지역기반 보전수단의 승인 및 보고. PATRS-003-Ko. https://portals.iucn.org/library/sites/library/files/documents/PATRS-003-Ko.pdf (검색일 2025.7.26)
55. WWF. (n.d.-c). OECMs: A new paradigm for area-based conservation. https://www.worldwildlife.org/stories/oecms-a-new-paradigm-for-area-based-conservation (검색일 2025.8.5)
56. IUCN. 2024b. Guidance to Advance Other Effective Area- Based Conservation Measures (OECMs) in Asia.
57. 오충현. 2022. 오충현의 무방비 생태계 | ① 생태계 생물다양성 보전을 위한 보호지역과 OECM 확대 필요. Planet 3.
58. CBD. 2009. Connecting Biodiversity and Climate Change Mitigation and Adaptation: Report of the Second Ad Hoc Technical Expert Group on Biodiversity and Climate Change. CBD Technical Series No. 41.
59. 박지훈, 홍진우, 성소영. 2022. 생태계 기반 적응 사례 연구를 통한 기후변화 대응 전략. 기후변화 연구 저널, 13(1), 1-14.
60. International Climate Initiative. 2024. Ecosystem-based adaptation(EbA). The Federal Government. https://www.international-climate -initiative.com
61. Borras, L., & Mack, P. (n.d.). Nature-based solutions and ecosystem-based adaptation in the context of forest management. Eco2Adapt. https://www.eco2adapt.eu/platform-for-policy-input/nature-based-solutions-and-ecosystem-based-adaptation-in-the-context-of-forest-management (검색일 2025.6.28)
62. IISD (International Institute for Sustainable Development). 2021. Amplifying EbA with the NAP process.

제3장

1. IPCC. 2022. Climate change 2022: Impacts, adaptation, and vulnerability. Contribution of Working Group II to the Sixth Assessment Report of the I PCC(Chapter 18). Cambridge University Press. https://www.ipcc.ch/report/ar6/wg2/ (검색일 2025.6.15)
2. Avelino, F., et al. 2014. Game-changers and transformative social innovation : The

case of the economic crisis and the new economy. TRANSIT Working Paper, (2)
3. Caldecott, B., Tilbury, J., & Carey, C. 2014. Stranded assets and scenarios (Discussion Paper). Smith School of Enterprise and the Environment, University of Oxford.
4. Rifkin, J. 2020. 글로벌 그린뉴딜. 민음사.
5. Campanale, M., & Campanale, M. 2011. Unburnable carbon: Are the world's financial markets carrying a carbon bubble? Carbon Tracker Initiative.
6. Caldecott, B., Leggett, J., & Campanale, M. 2013. Stranded assets and the carbon bubble. Carbon Tracker Initiative.
7. Schellnhuber, H. J., Rahmstorf, S., & Winkelmann, R. 2009. A safe operating space for humanity. Nature, 461(7263), 472-475.
8. 최형락. (2021,5.29). 기후위기 손쓸 시간 6년 7개월 남았다. Pressian.
9. Meinshausen, M., ., et. al., 2009. Greenhouse-gas emission targets for limiting global warming to 2°C. Nature, 458(7242), 1158-1162.
10. Mercator Research Institute on Global Commons and Climate Change. (n.d.). The remaining carbon budget.
https://www.mcc-berlin.net/en/research/co2-budget.html (검색일 2025.6.15)
11. 최병두, 김수진, 이정미, & 박영민 (Eds.). 2020. 녹색전환. 한울아카데미.
12. Bolton, P., et. al. 2020. The green swan: Central banking and financial stability in the age of climate change. Bank for International Settlements and Banque de France.
13. Besley, T., & Persson, T. 2023. The political economics of green transitions. Quarterly Journal of Economics, 138(3), 1863-1906.
14. Robins, N., Brunsting, V., & Wood, D. 2018. Investing in a just transition: Why investors need to integrate a social dimension into their climate strategies and how they could take action. Grantham Research Institute on Climate Change and the Environment, London School of Economics.
15. Verbruggen, A. 2014. Could it be that stock-stake holders rule transition arenas? In F. Kern (Ed.), Energy transitions: A socio-technical inquiry (pp. 119-131). Springer Fachmedien Wiesbaden.
16. Agora Energiewende. (n.d.). Die Energiewende. https://www.agora-energiewende.de/die-energiewende (검색일 2025.7.26)
17. Chestney, N. (2024,10.15). Renewable energy growth must accelerate to reach 2030 goal - IEA. Reuters.
18. 이유진, 김민철, & 박소영. (2024,1.15). 지구 평균기온과 세계정치, 동시에 "뜨겁다" Firenze DT.
19. IEA. 2024. Renewables 2024: Analysis and forecast to 2030. https://www.iea.org/reports/renewables-2024 (검색일 2025.7.26)
20. Russell, C. (2024,10.17). China dominates renewable energy and coal power forecasts. Reuters.
21. 이훈. (2023,6). 재생에너지 확대와 전력시장의 변화. 전기저널 (6), 12-19.
22. Caldecott, B. (Ed.). 2018. Stranded assets and the environment: Risk, resilience and opportunity. Routledge. https://doi.org/10.4324/9781315651606 (검색일 2025.7.26)

제4장

1. 박설호. 2003. 독일 생태공동체의 실천 및 발전가능성에 관한 연구. 한국환경사회학회지, 4(2), 45-67.
2. 환경부. 2004. 생태마을 활성화 방안. 환경부.
3. President's Council on Sustainable Development. 1997. Sustainable communities task force report. U.S. Government Printing Office.
4. Joubert, K., & Dregger, L. 2018. 세계 생태마을 네트워크. 열매하나. (Original work published 2015)
5. 광주매일신문 (2022,8.18). 전남도, 유기농생태마을 100개로 늘린다.
6. 국민일보. (2024,7.24). 전남도, 유기농 생태마을 운영 내실화 총력…체험 활성화
7. 서울특별시. (2019,6.24). 서울시 에너지 자립마을, 지역공동체와 함께 지속가능한 미래를 열다.
8. 서울특별시. 2019. 에너지 자립마을 백서.
9. 한국지방행정연구원. 2009. 저탄소 녹색마을 조성사업 실행방안.
10. 이인희. 2011. 저탄소 녹색마을 조성 정책과 대응방안. 충남연구원 연구보고서, (2011-05), 1-45.
11. Averchenkova, A., & Lazaro-Touza, L. 2020. Legislating for a low carbon transition in Europe: Experiences in the UK, France and Spain. Elcano Royal Institute.
12. 안병철. (2022,2.8). 지역사회 '탄소중립마을'로 기후위기 극복. 전민일보.
13. 안병철. (2022,3.3). '탄소중립 실현이 기후선진국으로, G5로 가는 길'. 경향신문
14. 안병철. (2022.2.18.). '기후위기를 도전과 성장의 기회로'. 서울경제
15. 이동규, & 안병철. 2022. 비도시 정주지의 탄소중립 기여도 분석 - 농촌지역 그린인프라를 대상으로. 한국조경학회지, 50(3), 19-34.
16. 안병철. 2023. 기후위기 대응을 위한 적응의 쟁점과 방향. 2023 민주주의랩 컨퍼런스 발표자료
17. 송소현. 2022. 어촌마을 탄소중립 실현을 위한 계획요소 도출 및 적용. 원광대학교 박사학위논문
18. 안병철. (2024,10.21). '기후위기 대응, 꼭 짚어야 할 과제들'. 경향신문
19. 안병철. (2023,10.12). 도전적 '부활절 패키지'에도…이유 있는 독일의 자신감. OhmyNews.
20. 이동규. 2022. 탄소중립형 마을 계획요소 및 모델 개발. 원광대학교 박사학위논문.
21. 한국환경연구원 국가기후위기적응센터. (n.d.). 기후변화 적응 정보포털 https://kaccc.kei.re.kr/portal/climateChange/adapt/adapt_view.do?num=1 (검색일 2025.7.2)
22. 문세영. (2024,7.29). 탄소중립 후에도 온실가스 영향 지속…엘니뇨 강화. 동아 사이언스

제5장

1. Sommer, U., & Wiechert, C. 2014. Lernen von Vauban: Ein Studienprojekt und mehr[Learning from Vauban: A study project and more]. RWTH Aachen University.

2. Freiburg City. 2023. Freiburg social report 2023.
3. 박천규·강성우. 2019. 독일의 친환경주택 패시브하우스, Vauban 생태주거단지.국토연구원 연구보고서, 2019-12, 1-50.
4. 연합뉴스. (2015,7.4). 독일 친환경마을 보봉에 가다
5. https://www.heidelberg-bahnstadt.de/953958 (검색일 2025. 2.20)
6. Stadt Heidelberg. 2007. Handlungsleitfaden zur extensiven Dachbegr⊠nung in Heidelberg[Guidelines for extensive green roofing in Heidelberg]. Heidelberg.
7. 시사IN. (2016,11). 화석연료 없앤 반슈타트의 마법. 시사IN, (483), 34-37.
8. Großkopf, W. (2024,6.20). [개인 인터뷰, 하이델베르그시 공무원]
9. 에너지정보문화재단. 2017. 재생에너지 시대, 지속가능한 저에너지 건축물들. 에너지정보문화재단.
10. https://www.bahnstadtverein.de/geschichte.html (검색일 2025. 2.20)
11. 천연바람으로 마을에 생기를 불어넣다. 2015. 주민자치, 42, 116-119.
12. 손형진. 2009. 지역주민과 마을 공동체를 살리는 풍력발전, 독일에서 배운다.환경과 생태, 23(4), 45-52.
13. Windpark Druiberg. In Wikipedia, The Free Encyclopedia. https://de.wikipedia.org/wiki/Windpark_Druiberg (검색일 2025.3.18)
14. Hankook & Company. (n.d.). https://www.hankook-atlasbx.com/ko/innovation/innovation-7.do (검색일 2025.3.18)
15. Zukunftskommunen. (n.d.). https://zukunftskommunen.de/kommunen/dardesheim-energiekommune/ (검색일 2025.3.18)
16. Energiepark Druiberg. (n.d.). http://energiepark-druiberg.de/ (검색일 2025.6.20)
17. http://www.incheontoday.com
18. Interreg Central Europe. (n.d.). Baden-Wuerttemberg—the land of bioenergy villages. https://programme2014-20.interreg-central.eu/Content.Node/ENTRAIN/Baden-Wuerttemberg—the-land-of-bioenergy-villages
19. KNOC3. (2018,12.27). https://blog.naver.com/PostView.nhn?blogId=knoc3&logNo=221428090713
20. 경남연구원. (2012). 농촌형 에너지자립 마을 추진방안. 정책포커스, 2012-18, 1-72.
21. 남해신문. (2012,6.15). 독일 최초 바이오 에너지 자립마을 마우엔하임
22. 단비뉴스. http://www.danbinews.com
23. 문계완. 2019. 에너지자급자족이 가능한 건강한 농촌 Green Village 구성방안 한국정책분석평가학회 춘계학술대회 논문집, 2019, 123-130.
24. Gemeinde Jühnde. (n.d.). Willkommen bei der Gemeinde Jühnde. http://www.gemeinde-juehnde.de/cms/front_content.php (검색일 2025.5.7)
25. 최인수. 2014. 주민 스스로 마을의 가치를 찾고 부여하다. 월간 주민자치, 37, 42-45.
26. 농민신문. (2017,8.10). 에너지 자립마을로 떠오른 독일 윤데마을.
27. 신동호·김조년. 2015. 독일 윤데마을의 바이오 에너지 생산체제에 대한 경로이론적 접근. 환경경제연구, 24(2), 89-105.
28. Gemeinde St. Peter. (n.d.). Unser Dorf [Our village]. http://www.st-peter.eu/unser-

dorf.html
29. http://www.buergerenergie-st-peter.de/fernwaerme/
30. http://www.st-peter-schwarzwald.de/bioenergiedorf/wasserkraft.html
31. Bürger Energie St. Peter eG annual report 2017.
32. 울산저널. (2018,5.3). 주민참여로 일군 바이오에너지 마을
33. Bürger Energie St. Peter eG. 2023.
34. Gemeinde Breitnau. https://www.gemeinde-breitnau.de/ (검색일 2025.5.7)
35. Breitnau Energie. (n.d.). Breitnau Energie. https://www.breitnauenergie.de/ (검색일 2025.5.7)
36. Andi (Breitnau municipal official). (2023,9.8). [개인 인터뷰, 협동조합 이사]
37. Thomas (Breitnau cooperative director). (2023,9.8). [개인 인터뷰, 시정촌 공무원]
38. https://www.bioenergie-simon.de/behaeltersysteme.html (검색일 2025.5.7)
39. https://www.rauschenberg.de/unsere-stadt/nahwaerme/nahwaerme-rauschenberg (검색일 2025.5.7)
40. https://www.klimahandeln-ostkreis.de(검색일 2025.5.7)
41. https://www.nw-r.de/ (검색일 2025.6.10)
42. https://www.josbach.de/de/index.php/en/ (검색일 2025.6.14)
43. https://nef-feldheim.info/windenergie/ (검색일 2025.6.14)
44. 박진희. 2022. 농어촌 지역 에너지전환 해외 사례. 세계농업, 2022(1), 45-60.
45. 경향신문. (2018,6.12). 구독일 펠트하임…전력·난방 100% 자립마을, 남는 에너지로 일자리 창출.
46. 정승현·남윤희. 2022. 실업자 없는 에너지 자립촌 펠드하임. 단비뉴스. http://www.danbinews.com
47. Thomson, K. (2023,9.22). [개인 인터뷰, 펠트하임의 뉴 에너지 포럼]
48. Gemeinde Schloeben. (n.d.). Bioenergiedorf Schloeben. https://bioenergiedorf.schloeben.eu
49. Wahome, T. (2023,10.15). Bioenergy villages: A sustainable future. Selina Wamucii News.
50. 박진희. 2022. 농어촌 지역 에너지전환 해외 사례. 세계농업, 2022(1), 45-60.
51. 한국경제. 2023. 한경ESG 스페셜 리포트 - 독일 바이오에너지 자립 마을 탐방
52. https://zukunftskommunen.de/kommunen-projekte (검색일 2025.6.14)
53. https://bioenergiedorf.fnr.de/index.php?id=2117 (검색일 2025.6.14)
54. https://www.morbach.de (검색일 2025.6.14)
55. https://en.wikipedia.org/wiki/Morbach (검색일 2025.6.14)
56. Grehl, M. (2023,8.30). [개인 인터뷰, 모르바흐 에너지 경관 파크 근무자]
57. Ruppert-Winkel, C. 2018. Leaders, networks and the social context: A relational leadership approach to regional renewable energy self-sufficiency. Journal of Cleaner Production, 193, 811-832.
58. https://www.mureck.gv.at
59. 박진희. (2022). 농어촌 지역 에너지전환 해외 사례. 세계농업, 245, 57-72

60. 주민들의 의기투합이 지역경제를 살리다. (2016). 주민자치, 56, 91-93
61. Arlt, E. 2005. Bioenergie in Mureck [Bioenergy in Mureck] (Revised by Ranz, E.). Gemeinde Mureck.
62. Ökostrom Mureck. (n.d.). Ökostrom Mureck [Mureck renewable electricity]. http://www.oekostrommureck.at
63. Totter, K. (2017). Kreislaufwirtschaft in der Praxis-Bioenergie Mureck [Circular economy in practice: Bioenergy Mureck]. Energie. Versorgung. Sicherheit. ÖBMV, 10, 40-45<grok:render card_id="86ced8" card_type="citation_card" type="render_inline_citation">
64. https://www.biomasseverband.at/wp-content/uploads/Totter_Bioenergie_Mureck.pdf
65. WIP Renewable Energies. 2016. Successful bioenergy villages in Europe: Best practice examples in Austria, Croatia and Germany. Deutsche Gesellschaft für Internationale Zusammenarbeit (GIZ)
66. SEBA Mureck. http://www.sebamureck.at
67. 한국에너지정보문화재단. 2018. 재생에너지와 지역사회: 에너지 자립 마을 사례
68. https://www.guessing.co.at/index.php/fernwaerme
69. 김성환. 2020. 한겨레21. hwany@hani.co.kr
70. 이일균. (2015.8.20). 국경 빈촌, 에너지자립으로 세계 유명마을 변신. 경남도민일보 https://www.idomin.com/news/articleView.html?idxno=487854
71. 강희정. (2020). 덴마크 삼쇠섬 100% 재생에너지 성공 사례. news1.
72. 한재각 등 2019. 전환적 지역혁신론의 탐색과 지역에너지 전환의 적용: 오스트리아 귀씽과 덴마크 에스비아르 사례를 중심으로. 과학기술정책연구, 29(3), 45-67
73. 더퍼블릭뉴스. http://www.thepublicnews.co.kr
74. Hofbauer, H., et al. 2002. Biomass CHP plant Güssing - A success story. Pyrolysis and Gasification of Biomass and Waste
75. Puchegger, M., Nacht, T., & Weißenbacher, R. 2017. Konzept einer smarten Verknüpfung eines urbanen Strom- & Fernwärmenetzes zu einem funktionalen Stromspeicher. Güssing 17 Conference Proceedings
76. Sáfián, F. 2014. The synergies of community ownership, renewable energy production and locality - The cases of Güssing and Samsø. Geographical Locality Studies, 2(1), 386-410
77. Suitner, J., & Ecker, M. 2020. Making energy transition work: Bricolage in Austrian regions' path-creation. Environmental Innovation and Societal Transitions, 36, 209-220
78. BedZED - UK's first major sustainable community. https://www.zedfactory.com/bedzed
79. 베드제드 협동조합 이사장. (2024,2.10). [개인 인터뷰, BedZED cooperative initiatives]
80. 해외는 지금. 2013. 영국 최초의 탄소제로마을 '베드제드와 호커튼' 해외는 지금, 20(6), 34-39

81. https://www.zedfactory.com/bedzed ·영국의 저탄소 녹색 주거단지 사례에 관한 연구 (검색일 2025.7.10)
82. 문선기·김영민·이정희. 2011. 영국의 저탄소 녹색 주거단지 사례에 관한 연구: 영국 ZEDfactory의 설계요소를 중심으로. 한국건축학회논문집, 25(4), 123-130
83. https://ko.wikipedia.org/wiki/%EC%82%BC%EC%87%A0%EC%84%AC 위기백과 삼쇠섬 (검색일 2025.7.10)
84. 주민들이 직접 만들어낸 기적의 바람, 덴마크의 미델그룬덴과 삼쇠섬. (2021,1.1). 울산저널
85. 삼쇠섬의 기적, 풍력으로 100% '에너지 독립'이룬 덴마크의 비결. (2022,4.20). 이넷뉴스
86. 주덴마크 대한민국 대사관. (2020,10.15). 덴마크 삼쇠섬의 에너지 자립 사례. https://overseas.mofa.go.kr/dk-ko/brd/m_7152/view.do?seq=910827
87. Diane Cardwell(2015.1.17). Green-Energy Inspiration Off the Coast of Denmark. The New York Times.
88. 안치용 등 (2023.4.23.). 세계 최초 재생에너지 100% 섬, 탄소 제로 넘어 네거티브. 오마이뉴스
89. Samsø Energy Academy. 2018. Samsø Energy Academy folder.
90. https://www.visitsamsoe.dk/en/inspiration/facts-about-samsoe/ (검색일 2025.7.10)
91. EPU-NTUA. 2008. Wind energy in Denmark. https://web.archive.org/web/20080725044348/http://managenergy.net/products/R1467.htm (검색일 2025.7.10)
92. EWS Schönau. (n.d.). Eine Insel voller Energie. https://www.ews-schoenau.de/energiewende-magazin/zum-glueck/eine-insel-voller-energie/ (검색일 2025.7.10)
93. 헤르만센, S. (2024,6.25). [개인 인터뷰, Samsø Academy 대표]
94. Celata, F., Dinnie, L., & Holsten, A. 2019. Sustainability transitions to low-carbon societies: Insights from European community-based initiatives. Regional Environmental Change, 19(4), 909-912
95. Fonseca, R. A. A., et al. 2022. Sustainability and social transformation: The role of ecovillages in confluence with the pluriverse of community-led alternatives. Climate Action, 1(23)
96. Sustainability Transitions Research Group. 2019. Sustainability transitions to low-carbon societies: Comparative analysis of community-based sustainability initiatives. Regional Environmental Change, 19, 1001-1025
97. 김영찬. (2020,12.26). '원천마을이 꿈꾸는 미래' 홍성신문
98. 김정식. (2022.9.16.). 홍성군, '가축분뇨에너지화시설 REC' 최초발급. 충청뉴스
99. 녹색전환연구소. (2023,12.20). 똥이 '에너지'인 마을, 이게 어떻게 가능했냐면. 오마이뉴스
100. 이도헌. (2024,12.2). [개인 인터뷰, 원천마을 에너지 대표]
101. 옥이네. (2024,7.28). 골칫거리 '돼지똥'은 어떻게 마을 재산이 됐나. 오마이뉴스
102. 윤우용. (2024.9.12). 괴산 장연에 '산림 에너지 자립마을' 조성. 연합뉴스
103. 성범모. (2025.3.18). 괴산군 산림에너지 자립마을 탄소중립 교과 기대 커진다. 퍼블릭경제
104. 이우찬. (2025.3.18). 산림에너지 마을 확충 탄력. 충청매일
105. 박승기. (2025.5.7). 산촌 목재 칩 보일러, 탄소 그레디트 수익...새 재생 모델이 된 숲[숲은 희망이다]. 서울신문

106. 배보람. (2023.12.11). 괴산의 산촌마을, 난방비 걱정 덜어낸 놀라운 방법. [녹색전환연구소 기고] 오마이뉴스
107. 오선아. (2025.1.20). 밥도 공짜 버스도 공짜, 월 1천만원 햇빛연금 마을. [녹색전환연구소 기고] 오마이뉴스
108. 노광준. (2025.2.28). '이것' 잘 깔았더니... 버스, 식당, 배당금이 생겼다. 오마이뉴스
109. 이시내. (2025.2.12). 농촌주도형 재생에너지사업...마을주민 공동이익 증진. 농민신문
110. 전형민. (2025.5.5). [르포] 이재명도, 국회의장도 간다는 그 마을엔 어떤 비밀이. 매일경제

에필로그

1. 정영훈·이수진. 2023. 한국의 분산형 에너지 시스템과 지역 경제 발전. 지속가능 에너지 정책 저널, 12(3), 45-62.
2. 김현수·박지영·최민호. 2024. 지역사회 기반 기후 적응과 국가 균형 발전에 미치는 영향. 한국 환경 정책 저널, 15(2), 89-107.

전환사회의 시작

마을공동체의 기후혁명

; 탄소중립마을 실천 가이드

초판 인쇄 | 2025년 08월 20일
초판 발행 | 2025년 08월 31일

저　　자 | 안병철
발 행 인 | 이성범
발 행 처 | 문운당
주　　소 | 서울시 종로구 혜화로5길 16(명륜1가 45-3)
전　　화 | (02)762-6010
팩　　스 | 영업 (02)745-0265 / 편집 (02)762-8758
이 메 일 | 영업 munun2@daum.net
편집 munundang@naver.com
홈페이지 | http://munundang.co.kr

ISBN 979-11-5692-820-1 (93530)

정가 35,000원